普通高等教育"十一五"国家级规划教材
四川省"十二五"普通高等教育本科规划教材

机械制造技术基础

第 2 版

主　编　邱亚玲

副主编　陈　明　韩传军

参　编　肖晓华　李蓓智　何　畏

主　审　殷国富　王金诺

机械工业出版社

本书为普通高等教育"十一五"国家级规划教材、四川省"十二五"普通高等教育本科规划教材。全书从应用型人才培养的要求出发，以系统的观点构建了机械制造技术基础知识体系，以机械制造过程中的"基础知识—基本理论—知识应用"为主线组织教材内容。全书分为五篇十八章，主要内容包括：金属切削加工原理、金属切削加工方法与设备、机械零件精度设计、机械零件加工工艺设计、现代加工制造技术。本书在第1版的基础上进行了较大幅度的修订，全部采用了最新的国家标准。每章后附有思考与练习题，教材还配有多媒体课件。

本书可作为普通高等院校机械设计制造及自动化、机械工程及自动化专业的主干技术基础课教材，同时也可作为机械类其他专业、机电类及其他相关专业的本专科教材或教学参考书，也可作为从事机械设计、机械制造专业的工程技术人员的重要参考资料。

图书在版编目（CIP）数据

机械制造技术基础/邱亚玲主编. —2版. —北京：机械工业出版社，2014.7（2024.9重印）

普通高等教育"十一五"国家级规划教材

ISBN 978-7-111-47099-1

Ⅰ.①机…　Ⅱ.①邱…　Ⅲ.①机械制造工艺-高等学校-教材

Ⅳ.①TH16

中国版本图书馆 CIP 数据核字（2014）第 132641 号

机械工业出版社（北京市百万庄大街 22 号　邮政编码 100037）
策划编辑：刘小慧　责任编辑：刘小慧　王勇哲　李　超
版式设计：霍永明　责任校对：刘志文
封面设计：张　静　责任印制：张　博
北京建宏印刷有限公司印刷
2024 年 9 月第 2 版第 8 次印刷
184mm×260mm · 21.5 印张 · 521 千字
标准书号：ISBN 978-7-111-47099-1
定价：59.80 元

电话服务　　　　　　　　　　网络服务
客服电话：010-88361066　　　机 工 官 网：www.cmpbook.com
　　　　　010-88379833　　　机 工 官 博：weibo.com/cmp1952
　　　　　010-68326294　　　金 书 网：www.golden-book.com
封底无防伪标均为盗版　网工教育服务网：www.cmpedu.com

第 2 版前言

本书是在四川省精品课程"机械制造基础"建设成果及编者多年教学改革实践成果的基础上，紧紧围绕机械类专业人才培养目标，从培养学生的工程实践能力出发，按照改革整合后的课程体系编写的。以"基础知识-基本理论-知识应用"为主线组织教材内容，是一本改革力度较大的专业基础教材。

本书出版六年来，得到了兄弟院校及广大读者的积极支持，已多次重印。经过多年使用，许多读者、专家、教师对本书提出了很多宝贵和建设性的意见。随着高等教育教学改革的不断深入，教材内容涉及的国家标准不断更新，机械制造技术的不断发展，也要求对教材内容进行修订。因此，编者根据读者的意见和实际教学体会，在机械工业出版社和西南石油大学的支持下，对本书进行第 2 版修订。第 2 版教材主要修订了以下内容：

1）重新编写了第十一章形状和位置公差。采用了最新的国家标准，将第十一章改为几何公差，按照教材体系，根据新的国家标准重新编写了本章内容。

2）重新编写了第十二章表面粗糙度。采用了最新的国家标准，按照教材体系，根据新的表面结构系列国家标准重新编写了本章内容。

3）修订了第三章刀具的选择部分内容，增加了硬质合金刀具的种类及选择。

4）根据新的国家标准修订了第四章金属切削机床的分类与编号部分内容。

5）修订了第八章砂轮的特性及选择部分内容，主要修订了砂轮硬度等级和代号。

6）修订了第十章孔轴的极限与配合部分内容，按照教材体系，将第十章改为尺寸精度设计。主要根据《极限与配合》系列国家标准修订了相关基本术语定义。

7）修订了第十三章部分内容，整合精简了部分内容，采用新的国家标准，修订基本术语及图例标注。

8）根据全书修订情况修改了目录和参考文献。

本书第 2 版由西南石油大学邱亚玲担任主编，北华航天工业学院陈明、西南石油大学韩传军担任副主编；第十章、第十二章、第十三章由邱亚玲、李蓓智修订；第四章、第八章由韩传军修订；第十一章由肖晓华修订；第三章由何畏修订。由于编者水平有限，书中难免出现误漏欠妥之处，敬请读者批评指正。

本书的修订工作得到了四川省"高等教育质量工程"建设项目、西南石油大学"本科教学质量工程"项目的资助。

编　者
于四川成都

第1版前言

长期以来，我国为机械类专业开设的制造类课程包括《金属工艺学》《互换性与技术测量》《金属切削原理及刀具》《金属切削机床概论》《机械制造工艺学》等课程，不仅内容重复，而且总学时偏多，新技术新工艺知识偏少，不能适应当前高等教育改革与发展的需要。本书是在四川省精品课程《机械制造基础》建设成果及编者多年教学改革实践成果的基础上，紧紧围绕机械工程及自动化专业人才培养目标，从培养学生的工程实践能力出发，按照改革整合后的课程体系编写的，以"基础知识—基本理论—知识应用"为主线组织教材内容，旨在使学生掌握机械制造的基础理论和基础知识，了解机械制造领域的先进技术、先进生产制造模式，培养学生的创新意识、创新精神和创新能力。该教材体系合理，内容充实，深浅适当，结合实际，是一本改革力度较大的实用教材。

本书的主要特点是：①教材内容整合力度较大，充分反映教改成果，体现了综合性和整合性的特点，信息量大，各部分内容衔接配套、系统性强，书中引用的国家标准全部为最新标准。整合后的课程内容覆盖了现代制造技术的主要知识点，注意避免内容的重复和重要知识的遗漏，能够保证工程基本训练要求，强调了能力的培养。②较好地处理了基础性与先进性、经典与现代的关系，精选保留现代生产中仍广泛应用的传统工艺方法，新技术、新工艺则精选技术上比较成熟、应用范围广，有发展前景的内容。

全书由西南石油大学张茂教授担任主编，北华航天工业学院陈明、西南石油大学邱亚玲任副主编。参加编写的还有西南石油大学韩传军、肖晓华、何畏，东华大学李蓓智。全书编写分工如下：绪论、第四章、第五章和第十二章由张茂编写；第一章、第二章、第三章和第十三章由邱亚玲编写；第六章、第九章和第十七章由陈明编写；第七章、第八章由韩传军编写；第十章和第十一章由肖晓华编写，第十四章和第十八章由李蓓智编写；第十五章、第十六章由何畏编写。西南石油大学杨德胜、陈丽霞等参与了本书文本的编写和图稿的绘制等工作。

本书由四川大学殷国富教授、西南交通大学王金诺教授主审。两位教授认真仔细地审阅了全书，提出了极为宝贵的修改意见，对提高本书质量给予了重要的帮助，作者在此谨致衷心的感谢。

本书在编写过程中得到了机械工业出版社、西南石油大学教务处、西南石油大学机电工程学院等单位和有关专家的热情帮助与大力支持，编者在此表示诚挚的谢意。本书在编写过程中，参考了许多学者和专家的文献和著作，作者特别感谢他们的学术贡献。

特别说明的是，本书主编张茂教授（博导）由于长期辛苦工作，劳累过度，在本书即将出版之际，却英年早逝，离开了我们，在此我们全体编写人员向张茂教授表示深切的哀悼。

由于本书改革力度比较大，加之时间仓促，编者水平有限，书中难免有欠妥之处，敬请读者批评指正。

编　者

目 录

绪　论

随着国民经济的不断发展，各行业都需要大量的机器、设备和交通运输工具等机械产品，它们的品种、数量和性能极大地影响着这些行业的生产能力、质量水平及经济效益。这些机器、设备和工具统称为机械装备，它们的大部分构件都是一些具有一定形状和尺寸的金属零件。能够生产这些零件并将其装配成机械装备的工业，称之为机械制造业。显然，机械制造业的主要任务，就是向国民经济的各行各业提供先进的机械产品和装备。因此，机械制造业是国家工业体系的重要基础，是国民经济的重要组成部分。机械制造的规模和水平是衡量一个国家经济实力和科学技术水平的重要标志之一。

近年来，随着科学技术和现代工业的飞速发展，特别是微电子技术、计算机技术和信息技术、材料新技术和新能源技术的迅猛发展，与制造技术的相互交叉、相互融合，已使机械制造业的各方面正在发生着深刻的变革，产生了许多先进制造技术，并从单工序的研究发展到整个制造系统的研究。当前，在全球范围内，制造技术正朝着自动化、敏捷化、精密化、柔性化和可持续方向发展。

随着国际市场竞争越来越激烈，机电产品的更新周期越来越短，多品种的中小批生产将成为今后的一种主要生产类型。如何解决中小批生产的自动化问题是摆在我们面前的一个突出问题。因此，以解决中小批生产自动化为主要目标的柔性制造技术越来越受到重视，如计算机数控技术（CNC）、计算机辅助工艺设计（CAPP）、柔性制造系统（FMS）、计算机集成制造系统（CIMS）等的应用越来越广泛，使整个生产过程在计算机控制下，不仅实现自动化，而且实现柔性化、智能化、集成化，使产品质量和生产率大大提高，生产周期缩短，产生了很好的经济效益。

另一方面，快速原型制造技术（RPM）、虚拟制造技术（VM）等，使得产品开发周期大大缩短。而精益生产（LP）、敏捷制造（AM）、并行工程（CE）等先进制造生产管理模式，进一步提高了生产率和对市场的反应速度。

加工制造正在向超精密加工的方向进一步发展。在现代高科技领域中，产品的精度要求越来越高，有的尖端产品其加工精度已达到 $0.001\mu m$，即纳米（nm）级，促使加工精度由亚微米级向纳米级发展。掌握超精密加工技术，在未来的科技竞争中具有重要意义，也是一个国家制造水平的重要标志。要实现超精密加工，必须具有与之相适应的加工设备、工具、仪器以及加工环境与检测技术。

发展高速切削、强力切削，提高切削加工效率，也是机械加工制造技术发展的一种趋势。而要实现高速切削与强力切削的关键是要具有与之相适应的机床和切削工具。而切削速度由于像陶瓷、聚晶金刚石（PCD）、聚晶立方氮化硼（PCBN）等超硬刀具材料的普及应用，也将达到每分钟数千米。目前数控车床主轴转速已达 32000r/min，铣削加工中心主轴转速已超过 60000r/min，磨削速度普遍已达 80～120m/s，高的已达 200～250m/s。

近年来，我国的制造业不断采用先进制造技术，但与工业发达国家相比，仍然存在一个阶段性的整体上的差距。在管理方面，工业发达国家广泛采用计算机管理，重视组织和管理体制、生产模式的更新发展，推出了准时生产（JIT）、敏捷制造（AM）、精益生产（LP）、并行工程（CE）等新的管理思想和技术，而我国只有少数大型企业局部采用了计算机辅助管理，多数小型企业仍处于经验管理阶段；在设计方面，工业发达国家不断更新设计数据和准则，采用新的设计方法，广泛采用计算机辅助设计技术（CAD/CAM），大型企业开始无图样的设计和生产，而我国采用CAD/CAM技术的比例依然较低；在制造工艺方面，工业发达国家较广泛地采用高精密加工、精细加工、微细加工、微型机械和微米/纳米技术、激光加工技术、电磁加工技术、超塑加工技术以及复合加工技术等新型加工方法，对此我国普及率不高，尚处于开发、掌握之中；在自动化技术方面，工业发达国家普遍采用数控机床、加工中心及柔性制造单元（FMC）、柔性制造系统（FMS）、计算机集成制造系统（CIMS），实现了柔性自动化、知识智能化、集成化，我国尚处在单机自动化、刚性自动化阶段，柔性制造单元和系统仅在少数企业使用。

我们虽然已经取得了很大成绩，但也应看到，我国机械产品的质量、劳动生产率、技术水平、经济效益和管理水平等方面与其他工业先进的国家相比，尚有较大差距，不能适应国民经济发展的需要。特别是我国加入WTO后，经济的全球化和贸易的自由化使国际经济竞争越来越激烈。因此，我们必须重视机械制造工程技术的学习和掌握，为提高我国的机械制造技术水平作出积极贡献。

本课程是机械类专业的一门主干技术基础课。其研究的对象主要包括：机械加工过程中机械零件的切削过程，机械加工的工艺装备、工艺方法，零件加工几何精度的公差标准以及现代加工技术等。其基本内容包括：

1）金属切削过程的基本理论、基本规律及金属切削刀具的基本知识。

2）金属切削机床的分类、编号，典型通用机床的工作原理、传动分析、结构特点及工艺范围。

3）机械加工后零件的几何公差标准。

4）机械制造工艺规程制定的基本理论和基本知识。

5）机床夹具的基本知识。

6）机械加工中零件的结构工艺性。

7）特种加工技术的基本原理和应用。

8）数控加工技术、柔性制造系统等先进制造技术简介。

本课程的特点是实践性、综合性强，灵活性大，如金属切削理论和机械制造工艺知识等均具有很强的实践性。因此，学习本课程时，必须重视实践环节，即通过实验、实习、设计及工厂调研来更好地体会和加深理解。

通过本课程的学习，要求学生获得机械制造最基本的专业知识和技能，掌握金属切削的基本原理和基本知识，掌握机械加工的基本知识，能选择加工方法、机床、刀具、夹具及加工参数，正确掌握零件几何尺寸精度的国家标准和表面粗糙度标准及其选用，具备制订机械加工工艺规程的基本能力，了解特种加工技术和先进制造技术的发展概况。

第一篇 金属切削加工原理

金属切削加工是机械制造工业中的一种基本加工方法，其目的是使被加工工件获得规定的加工精度以及表面质量。金属切削过程是用刀具从工件表面上切去多余的金属，形成预期加工表面的过程。本篇讲授了金属切削原理及刀具的基本知识，对切削过程中产生的一系列物理现象进行了研究，揭示了它们产生的机理和相互之间的内在联系及对切削加工的影响规律，并在此基础上讨论如何合理地选择金属切削条件。掌握这些基本理论和基本规律，对控制切削过程、保证加工质量、提高生产率、降低加工成本和促进切削加工技术的发展具有十分重要的意义。

第一章 金属切削基本知识

金属切削加工过程始终贯穿着刀具与工件之间的相互运动、相互作用。切削加工时是利用具有一定切削角度的刀具与工件作相对运动，从工件上切除多余的或预留的金属，而形成已加工表面。本章主要讲述了金属切削加工的基本知识，包括零件表面的成形方法及成形运动、机床的切削运动与切削用量、刀具的几何角度以及切削层参数与切削方式等。

第一节 切削加工概述

一、切削加工的特点

金属切削加工是用刀具从毛坯（或型材）上切去一部分多余的材料，将毛坯加工成符合图样要求的尺寸精度、形状精度和表面质量的零件的加工过程。在现代机械制造中，凡精度要求较高的机械零件，除少数采用精密铸造、精密锻造以及粉末冶金和工程塑料压制成形等方法直接获得外，绝大多数零件要靠切削加工成形，以保证精度和表面质量要求。因此，在机械制造中，切削加工占有十分重要的地位，是必不可少的。目前，切削加工占机械制造总工作量的40% ~60%。切削加工多用于金属材料的加工，也可用于某些非金属材料的加工，一般不受零件的形状和尺寸的限制，可加工内外圆柱面、锥面、平面、螺纹、齿形及空间曲面等各种型面。加工零件的尺寸公差等级一般为IT3 ~ IT12，表面粗糙度 Ra 值为 0.008 ~ 25 μm。传统的切削加工方法有车削、铣削、刨削、钻削和磨削等，它们是在相应的车床、铣床、刨床和磨床上进行的，加工时工件和刀具都安装在机床上。切削加工必须具备三个条件：刀具与工件之间要有相对运动；刀具具有适当的几何参数，即切削角度；刀具材料具有一定的切削性能。

近些年已逐步发展起来许多新的切削加工技术，如高速与超高速切削技术、硬态切削技术、干式（绿色）切削技术、振动切削与磨削技术、加热辅助切削与低温切削技术、特殊切削加工方法（磁化切削、真空中切削、惰性气体保护切削、绝缘切削等）、复合加工技术以及射流加工技术等，而电火花、电解、超声波、激光、电子束、离子束加工等特种加工方法，已完全突破传统的依靠机械能进行切削加工的范围，可以加工各种难以加工的材料、复杂的型面和某些具有细微结构的零件。

二、零件表面的切削加工成形方法

零件的表面形状不外乎是几种基本形状的表面：平面、圆柱面、圆锥面以及各种成形面。机械零件的任何表面都可看作是一条线（称为母线）沿着另一条线（称为导线）运动的轨迹。如图1-1所示，平面是由一条直线（母线）沿着另一条直线（导线）运动而形成的（图1-1a）；圆柱面和圆锥面是由一条直线（母线）沿着一圆（导线）运动而形成的（图1-1b、c）；普通螺纹的螺旋面是由"∧"形线（母线）沿螺旋线（导线）运动而形成的（图1-1d）；直齿圆柱齿轮的渐开线齿廓表面是由渐开线（母线）沿直线（导线）运动而形成的（图1-1e）。形成表面的母线和导线统称为发生线。

由图1-1可以看出，有些表面，其母线和导线可以互换，如：平面、圆柱面和直齿圆柱齿轮的渐开线齿廓表面等，称为可逆表面；而另一些表面，其母线和导线不可互换，如：圆锥面、螺旋面等，称为不可逆表面。

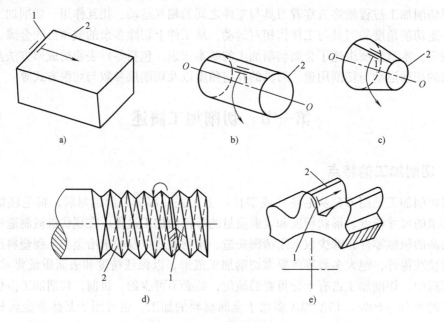

图1-1 零件表面的成形

1—母线 2—导线

在机床上，为了获得所需的工件表面形状，必须形成一定形状的发生线（母线和导线）。在通常情况下，切削加工中发生线是由刀具的切削刃和工件的相对运动得到的。这种相对运动称为表面成形运动。由于使用的刀具切削刃形状和采取的加工方法不同，形成发生线的方法可归纳为以下四种：

1. 轨迹法

它是利用刀具作一定规律的轨迹运动对工件进行加工的方法。切削刃与被加工表面为点接触，发生线为接触点的轨迹线。图 1-2a 中母线 A_1（直线）和导线 A_2（曲线）均由刨刀的轨迹运动形成。采用轨迹法形成发生线需要一个成形运动。

2. 成形法

它是利用成形刀具对工件进行加工的方法。刀具切削刃的形状和长度与所需形成的发生线（母线）完全重合。图 1-2b 中，曲线形母线由成形刨刀的切削刃直接形成，直线形的导线则由轨迹法形成。采用成形法形成发生线不需要成形运动。

3. 相切法

它是利用刀具边旋转边作轨迹运动对工件进行加工的方法。在图 1-2c 中，采用铣刀、砂轮等旋转刀具加工时，在垂直于刀具旋转轴线的截面内，切削刃可看作是点，当切削点绕着刀具轴线作旋转运动 B_1，同时刀具轴线沿着发生线的等距线作轨迹运动 A_2 时，切削点运动轨迹的包络线便是所需的发生线。为了用相切法得到发生线，需要两个成形运动，即刀具的旋转运动和刀具中心按一定规律的轨迹运动。

4. 展成法

它是利用工件和刀具作展成切削运动进行加工的方法。切削加工时，刀具与工件按确定的运动关系作相对运动（展成运动或称范成运动），切削刃与被加工表面相切（点接触），切削刃各瞬时位置的包络线便是所需的发生线。用齿条形插齿刀加工圆柱齿轮，刀具沿 A_1 方向所作的直线运动，形成直线形母线（轨迹法），而工件的旋转运动 B_{21} 和直线运动 B_{22}，使刀具能不断地对工件进行切削，其切削刃的一系列瞬时位置的包络线便是所需的渐开线形导线，如图 1-2d 所示。用展成法形成发生线需要一个成形运动（展成运动）。

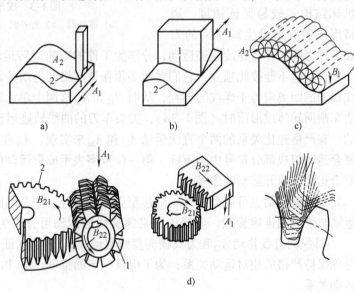

图 1-2　形成发生线的方法

三、表面成形运动

由上述可知，除成形法外，发生线的形成都是靠刀具和工件作相对运动，即表面成形运动实现的。表面成形运动按其组成情况不同，可分为简单成形运动和复合成形运动两种。

1. 简单成形运动

如果一个独立的成形运动是由单独的旋转运动或直线运动构成的，则此成形运动称为简单成形运动。通常用符号 A 表示直线运动，用符号 B 表示旋转运动，用下标表示成形运动的序号。例如，用尖头车刀车削外圆柱面时（图1-3a），工件的旋转运动 B_1 和刀具的直线移动 A_2 就是两个简单成形运动；用砂轮磨削圆柱面时（图1-3b），砂轮和工件的旋转运动 B_1、B_2 以及工件的直线移动 A_3，也都是简单成形运动。

2. 复合成形运动

如果一个独立的成形运动，是由两个或两个以上的旋转运动或（和）直线运动，按照某种确定的运动关系组合而成的，则称此成形运动为复合成形运动。例如，车削螺纹时（图1-3c），为简化机床结构和较易保证精度，通常将形成螺旋形发生线所需的刀

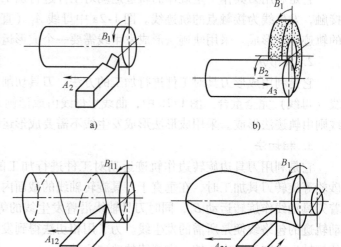

图 1-3　成形运动的组成

a) 车外圆　b) 磨外圆　c) 车螺纹　d) 车成形面

具和工件之间的相对螺旋轨迹运动，分解为工件的等速旋转运动 B_{11} 和刀具的等速直线移动 A_{12}。B_{11} 和 A_{12} 不能彼此独立，它们之间必须保持严格的运动关系，即工件每转 1 转时，刀具直线移动的距离应等于螺纹的导程，从而 B_{11} 和 A_{12} 这两个单元运动组成一个复合运动。用轨迹法车削回转体成形面时（图1-3d），尖头车刀的曲线轨迹运动，通常由相互垂直坐标方向上的、有严格速比关系的两个直线运动 A_{21} 和 A_{22} 来实现。A_{21} 和 A_{22} 也组成一个复合运动。上述复合运动组成部分符号中的下标，第一位数字表示成形运动的序号，第二位数字表示同一个复合运动中单元运动的序号。

复合成形运动也可以分解为三个甚至更多个部分。如车削圆锥螺纹时，刀具相对于工件的运动轨迹为圆锥螺旋线，形成该圆锥螺旋线的运动可分解为三个部分：工件的旋转运动 B_{11}、刀具纵向直线移动 A_{12} 和刀具横向直线移动 A_{13}。为了保证一定的螺纹导程，B_{11} 和 A_{12} 之间必须保持严格的相对运动关系；为了保证一定的锥度，A_{12} 和 A_{13} 之间也必须保持严格的相对运动关系。

随着现代数控技术的发展，多轴联动数控机床的出现，可分解为更多个部分的复合成形运动已在机床上实现。每个部分就是机床的一个坐标轴。复合成形运动虽然可以分解成几个部分，每个部分是一个旋转或直线运动，但这些部分之间保持着严格的相对运动关系，是相互依存，而不是独立的。所以复合成形运动是一个运动，而不是两个或两个以上的简单运动。

金切之美

四、辅助运动

机床上除表面成形运动外，还需要辅助运动，以实现机床的各种辅助动作。辅助运动的种类很多，主要包括以下几方面。

1. 各种空行程运动

空行程运动是指进给前后的快速运动和各种调位运动。例如，装卸工件时为便于操作且避免刀具碰伤操作者，刀具与工件应离得较远。在进给开始之前快速引进，使刀具与工件接近；进给结束后，应快退。例如，车床的刀架或铣床的工作台在进给前后的快进或快退运动。调位运动是在调整机床的过程中把机床的有关部件移到要求的位置，如摇臂钻床上为使钻头对准被加工孔的中心，主轴箱与工作台间的相对调位运动；龙门刨床、龙门铣床的横梁为适应工件不同厚度的升降运动等。

2. 切入运动

切入运动使刀具相对工件切入一定深度，以保证被加工表面获得所需要的尺寸。

3. 分度运动

当加工若干个完全相同的均匀分布的表面时，为使表面成形运动得以周期性地连续进行的运动称为分度运动。例如，车削多头螺纹，在车完一条螺纹后，工件相对于刀具要回转 $1/K$ 转（K 为螺纹头数）才能车削另一条螺纹表面，这个工件相对于刀具的旋转运动就是分度运动。多工位机床的多工位工作台或多工位刀架也需分度运动。这时，分度运动是由工作台或刀架完成的。

4. 操纵及控制运动

它包括起动、停止、变速、换向、部件与工件的夹紧和松开、转位以及自动换刀、自动测量、自动补偿等操纵控制运动。

第二节　机床的切削运动与切削用量

一、切削运动

在机床上，为了获得所需的工件表面形状，必须形成一定形状的发生线（母线和导线）。通常情况下，切削加工中发生线是由刀具的切削刃和工件的相对运动得到的。这种相对运动称为表面成形运动。

如上所述，在机床上加工各种表面时，刀具与工件之间必须要有适当的相对运动，即成形运动，而各种成形运动是由机床来实现的，因此，又称为机床的切削运动。表面成形运动中各单元运动（即切削运动），按其在切削加工中所起的作用不同，可分为主运动和进给运动。

1. 主运动

主运动是切下切屑所需要的最基本的运动。它使刀具切削刃及其邻近的刀具表面切入工件材料，使被切削层转变为切屑。一般情况下，它是切削运动中速度最高、消耗功率最大的运动。任何切削过程必须有一个，也只有一个主运动，它可以是旋转运动，也可以是直线运动。例如，车削加工时工件的旋转运动、钻削和铣削加工时刀具的旋转运动及牛头刨床刨削时刀具的直线往复运动等都是主运动。主运动可以由工件完成（如车削、龙门刨削等），也可以由刀具完成（如钻削、铣削、牛头刨床上刨削及磨削加工等）。

2. 进给运动

进给运动是使金属层不断投入切削，配合主运动以加工出完整表面所需的运动。一般情况下，进给运动的速度较低，功率消耗也较少。其数量可以是一个，如钻削时钻头轴向进给；也可以是多个，如外圆磨削时的轴向进给、圆周进给和径向进给；甚至没有进给运动（如拉削加工）。进给运动可以是连续进行的，如钻孔、车外圆、铣平面等；也可以是断续进行的，如刨平面、车外圆时的横向进给等。进给运动可以由工件完成，如铣削、磨削等；也可以由刀具完成，如车削、钻削等。

主运动和进给运动可由刀具和工件分别完成，也可由刀具单独完成。

各种切削加工机床是为实现某些表面的加工而设计的，因此都有自己特定的切削运动。常见切削加工的切削运动如图 1-4 所示。

图 1-4a 所示为在钻床上钻孔。钻头的旋转运动是主运动，钻头沿其轴线的直线运动是进给运动，由这两个运动的合成切出了工件新表面。

图 1-4b 所示为外圆车削。车床主轴带动工件旋转实现主运动；车刀的直线运动为进给运动。

图 1-4c 所示为在刨床上刨平面。刨刀在水平方向上作往复直线运动，实现主运动；工件随工作台作间歇性的横向进给运动，由这两个运动配合形成了工件新表面。

图 1-4d 所示为在铣床上铣平面。铣削加工的主运动是铣刀的旋转运动，进给运动是工件的直线移动，两者合成铣出工件新表面。

图 1-4e 所示为在外圆磨床上磨削工件外圆。它一共有四个运动：砂轮的旋转运动为主运动，砂轮横向切入工件的运动称为径向进给运动，工件相对于砂轮的轴向运动称为轴向进给运动，工件的旋转运动称为圆周进给运动。

图 1-4f 所示为在拉床上拉削圆孔。拉削运动只有一个，即拉刀的直线运动，是主运动。由于拉刀上有许多刀齿，且后一刀齿的齿高略微高于前一刀齿，当拉刀作直线运动时，便能依次地从工件上切下很薄的金属。故拉削不再需要进给运动，进给运动的功能已被刀齿的逐齿升高量取代。

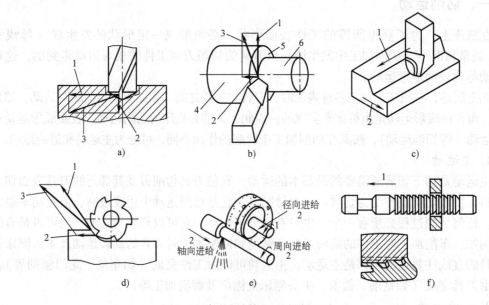

图 1-4　常见切削加工的切削运动

a) 钻孔　b) 车削外圆　c) 刨平面　d) 铣平面　e) 磨削工件外圆　f) 拉削圆孔

1—主运动　2—进给运动　3—合成运动　4—待加工表面　5—过渡表面　6—已加工表面

3. 合成切削运动

加工时工件新表面的形成是靠刀具与工件之间的切削运动实现的。在大多数的切削加工中，主运动与进给运动是同时进行的，当进给运动连续进行时，主运动和进给运动的合成运动称为合成切削运动。切削刃选定点相对于工件的合成切削运动的瞬时速度即合成切削速度 v_e，如图 1-5 所示。车削外圆时的合成切削速度为

$$v_e = v_c + v_f$$

由于通常进给速度 v_f 比主运动速度 v_c 小得多，故常将主运动看成是合成切削运动，即一般认为 $v_e \approx v_c$。

二、加工中的工件表面

以车削为例，工件在车削过程中有三个不断变化着的表面（图 1-5）：

（1）待加工表面　即将被切除金属层的表面，随着切削过程的进行，它将逐渐减小，直至全部切去。

（2）已加工表面　即已经切去一部分金属而形成的新表面，随着切削过程的进行，它将逐渐扩大。

（3）过渡表面　即切削刃正在切削的表面，它总是处在待加工表面和已加工表面之间。

上述这些定义也适用于其他类型的切削加工。

三、切削用量

切削用量是指切削速度、进给量和背吃刀量三者的总称。这三者又称切削用量三要素。切削用量是调整机床，计算切削力、切削功率、工时定额及核算工序成本等所必需的参数。

1. 切削速度（v_c）

切削刃选定点相对于工件的主运动的瞬时速度称为切削速度，单位为 m/s。若主运动为旋转运动（如车、钻、镗、铣、磨），则切削速度为其最大的线速度（图 1-6）。

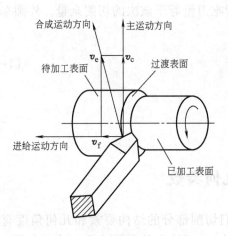

图 1-5　外圆车削运动、工件
表面及合成速度

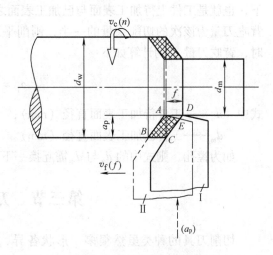

图 1-6　切削用量三要素

$$v_c = \frac{\pi d n}{1000 \times 60} \qquad (1\text{-}1)$$

式中　d——完成主运动的工件或刀具在切削处的最大直径（mm）；

　　　n——主运动的转速（r/min）。

若主运动为往复直线运动（如刨削、插削等），则常以其平均速度为切削速度，即

$$v_c = \frac{2L n_r}{1000 \times 60} \qquad (1\text{-}2)$$

式中　L——刀具或工件作往复直线运动的行程长度（mm）；

　　　n_r——主运动每分钟往复次数（str/min）。

2. 进给量（f）

进给量是指在主运动的一个循环内，刀具在进给运动方向相对工件的位移量，可用刀具或工件每转或每行程的位移量来表述和度量，其单位是 mm/r 或 mm/str。如车削外圆时，进给量 f 是指工件每转一转时车刀相对于工件在进给运动方向上的位移量，其单位为 mm/r；而在牛头刨床上刨削平面时，则进给量 f 是指刨刀往复一次，工件在进给运动方向上相对于刨刀的位移量，其单位为 mm/str。

对于铰刀、铣刀等多齿刀具，常要规定出每齿进给量 f_z，其含义为多齿刀具每转或每行程中每个刀齿相对于工件在进给运动方向上的位移量。

进给量 f 的大小反映了进给速度 v_f 的大小。进给速度 v_f 是指切削刃上选定点相对于工件的进给运动的瞬时速度，若进给运动为直线运动，则进给速度在切削刃上各点是相同的，即

$$v_f = nf = nz f_z \qquad (1\text{-}3)$$

式中　z——刀具刀齿数。

3. 背吃刀量（a_p）

背吃刀量是指在通过切削刃基点并垂直于工作平面的方向上测量的吃刀量。在一般情况下，也就是工件上待加工表面与已加工表面之间的垂直距离，单位为 mm。车削圆柱面时的背吃刀量为该次的切削余量的一半，刨削平面的背吃刀量等于该次的切削余量。外圆车削时，背吃刀量 a_p 的计算如下

$$a_p = \frac{d_w - d_m}{2} \qquad (1\text{-}4)$$

式中　d_w——工件待加工表面直径（mm）；

　　　d_m——工件已加工表面直径（mm）。

如为镗孔，则式中的 d_w 与 d_m 需互换一下位置。

第三节　刀具几何参数

切削刀具的种类虽然很多，形状各异，但它们切削部分的结构要素和几何角度有着许多共同的特征，都可以看作是以外圆车刀切削部分为基本形状的演变和组合。如图1-7所示，各种多齿刀具或复杂刀具，就其一个刀齿而言，都相当于一把车刀的刀头。外圆车刀是最基本、最典型的切削刀具。下面从普通外圆车刀入手，对刀具几何参数进行分

析和研究。

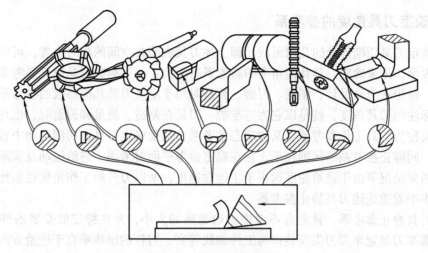

图 1-7　刀具的切削部分

一、车刀的基本组成

外圆车刀由刀头和刀体两部分组成。刀头是车刀的切削部分（用于承担切削工作），刀体是夹持部分（用来安装刀片或与机床连接），如图 1-8所示。普通外圆车刀切削部分由"三面两刃一尖"（前面、主后面、副后面、主切削刃、副切削刃、刀尖）组成，各部分定义如下：

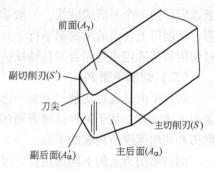

图 1-8　车刀的组成

1. 前面（A_γ）

前面是刀具上切屑流过的表面。

2. 主后面（A_α）

主后面是刀具上与前面相交形成主切削刃的后面，即过渡表面相对的表面。

3. 副后面（A'_α）

副后面是刀具上与前面相交形成副切削刃的后面，即已加工表面相对的表面。

4. 主切削刃（S）

主切削刃是前面与主后面的交线。在切削过程中担负主要切削工作，并形成工件上的过渡表面。

5. 副切削刃（S'）

副切削刃是前面与副后面的交线。它配合主切削刃完成切削工作，并最终形成已加工表面。

6. 刀尖

刀尖是指主切削刃与副切削刃连接处的那一小部分切削刃。

在 GB/T 12204—2010《金属切削基本术语》中，还规定了工作切削刃（包含工作主切削刃和工作副切削刃）和作用切削刃（包含作用主切削刃和作用副切削刃）的定义，此处不详细阐述。

二、确定刀具角度的参考系

为了确定刀具切削部分的几何形状，即上述刀具表面在空间的相对位置，可以用一定的几何角度表示。用来确定刀具几何角度的参考系有两类：一类称为刀具静止参考系，又称标注参考系，是指在刀具设计、制造、刃磨、测量时用于定义刀具几何参数的参考系，刀具设计图上所标注的刀具角度，就是以它为基准的。刀具在制造、测量和刃磨时，也均以它为基准。另一类称为刀具工作参考系，又称动态参考系，它是确定刀具在切削运动中有效工作角度的基准。同静止参考系的区别在于，它在确定参考平面时考虑了进给运动及实际安装情况的影响。通常情况下由于进给速度远小于主运动速度，所以刀具的工作角度近似地等于标注角度，故本书着重论述刀具静止参考系。

所谓刀具静止参考系，就是在不考虑进给运动的大小，并在特定的安装条件下的参考系。如外圆车刀规定车刀刀尖安装得与工件轴线等高、刀杆的轴线垂直于进给方向等。

必须注意，参考系和刀具角度都是对切削刃上某一研究点而言的，切削刃上不同的点应建立各自的参考系，表示各自的角度。

组成刀具静止参考系的参考平面有：

（一）基面 P_r

基面是过切削刃上选定点的平面，它平行于或垂直于刀具制造、刃磨及测量时适合于安装或定位的一个平面或轴线，一般垂直于该点主运动的方向，用 P_r 表示。对车刀、刨刀而言，切削刃上各点的基面都平行于刀具的安装面（即底平面）。对钻头、铣刀而言，则为通过切削刃某选定点且包含刀具轴线的平面。

（二）切削平面 P_s

切削平面是通过切削刃上某一选定点，与切削刃相切且垂直于该点基面的平面，即过切削刃上选定点，切于工件过渡表面的平面，用 P_s 表示。若切削刃为直线，切削平面则为切削刃和切削速度所构成的平面。

同一切削刃上的不同选定点，可能有不同的基面和切削平面，因而各点切削角度的数值也就不一定相等。

基面和切削平面是坐标系中两个基本的参考平面。有了它们作基准，前面和主后面在空间的位置，就可以用几何角度表示了。但仅有以上两个参考平面还不能确切地定义刀具角度，须给出第三个平面，以构成刀具角度参考系，即还必须增加一个参考平面作为标注前、后面角度的测量平面。由于第三个参考平面的方位不同，从而就构成了不同的刀具标注角度参考系。目前常采用的测量平面有：

1. 正交平面 P_o

正交平面是通过切削刃上选定点并同时垂直于基面和切削平面的平面。显然，正交平面垂直于切削刃在基面上的投影。P_o、P_s、P_r 三个平面构成了一个空间坐标系，称为正交平面参考系，如图 1-9 所示。

2. 法平面 P_n

法平面是通过切削刃选定点并垂直于切削刃的平面。P_n、P_s 与 P_r 构成法平面参考系，如图 1-10 所示。

3. 假定工作平面 P_f

假定工作平面是通过切削刃上选定点，且垂直于基面并平行于假定进给运动方向的平面，如图 1-11 所示。

4. 背平面 P_p

背平面是通过切削刃上选定点，且垂直于基面和假定工作平面的平面。显然它与假定进给方向垂直，如图 1-11 所示。

P_f、P_p 与 P_r 构成空间互相垂直的背平面-假定工作平面参考系，如图 1-11 所示。

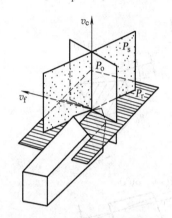
图 1-9 正交平面参考系

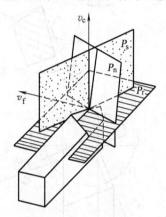
图 1-10 法平面参考系

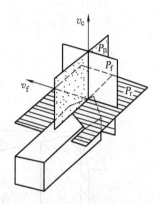
图 1-11 背平面-假定工作平面参考系

综上所述，对切削刃上同一选定点来说可以有三种标注角度参考系。参照 ISO 标准，近年来我国主要采用正交平面参考系，兼用法平面参考系。这两种参考系内所标注的角度能更好地反映切削过程的物理意义。但是，在很多刀具（如成形车刀、插齿刀等）的设计中，常需要确定背平面或假定工作平面中表明前、后面位置的角度，此时，就要使用背平面-假定工作平面参考系。

三、刀具的标注角度

刀具在设计、制造、刃磨和测量时，用刀具静止参考系中的角度来标明切削刃和刀面的空间位置，故这些角度又称为标注角度，如图 1-12 所示。标注刀具角度时，不考虑进给运动的大小，并假定刀具安装于特定的位置。

（一）正交平面参考系内的刀具角度（P_r-P_s-P_o）

1. 主偏角 κ_r

它是指在基面 P_r 内，主切削平面 P_s（即主切削刃选定点处的切削平面）与假定工作平面 P_f 之间的夹角，即主切削刃在基面内的投影与假定进给方向的夹角，如图 1-12 所示。它总是正值。

2. 刃倾角 λ_s

它是在主切削平面 P_s 内，主切削刃与基面间的夹角，如图 1-12 所示。当主切削刃与基面平行时，刃倾角为零；当刀尖是主切削刃的最高点时，刃倾角为正值；当刀尖是主切削刃的最低点时，刃倾角为负值，如图 1-13b 所示。

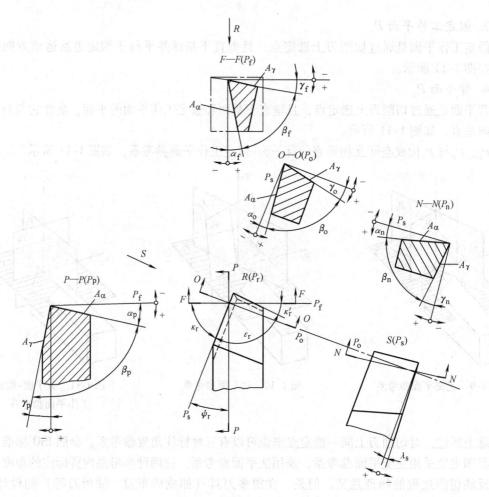

图 1-12 刀具的标注角度

3. 前角 γ_o

它是指在正交平面 P_o 内，前面与基面间的夹角，如图 1-12 所示。它有正负之分，当前面与切削平面之间的夹角小于 90°时，前角为正；大于 90°时，前角为负，如图 1-13a 所示。

前角是一个非常重要的角度，对刀具切削能力有很大的影响。

4. 后角 α_o

它是指在同一正交平面内，后面与切削平面间的夹角。它的主要作用是减小后面和过渡表面之间的摩擦。后角的正负规定是：后面与基面夹角小于 90°时，后角为正；大于 90°时，后角为负，如图 1-13a 所示。

以上四个角度是刀具的最基本的角度。对外圆车刀而言，有了主偏角和刃倾角，就确定了主切削刃在空间的位置，进而有了前角和后角，就确定了前面和主后面在空间的位置。

采用类似的方法，对副切削刃也可以定义出副偏角 κ'_r、副刃倾角 λ'_s、副前角 γ'_o、副后角 α'_o 等四个角度。但四者中只有副偏角 κ'_r 和副后角 α'_o 是独立的角度，副前角 γ'_o 和副刃倾角 λ'_s 是派生角度。只要把主偏角和后角定义中的"主切削平面"和"后面"分别换成"副切削平面"和"副后面",即为副偏角和副后角的定义。

此外,还有两个派生的角度:在正交平面 P_o 内测量的楔角 β_o 和在基面 P_r 内测量的刀尖角 ε_r。它们的定义如下:

楔角 β_o:正交平面 P_o 内,前面与后面的夹角。有

$$\beta_o = 90° - (\gamma_o + \alpha_o) \qquad (1\text{-}5)$$

刀尖角 ε_r:基面 P_r 内,主切削平面与副切削平面间的夹角。有

$$\varepsilon_r = 180° - (\kappa_r + \kappa'_r) \qquad (1\text{-}6)$$

因此,正交平面参考系中车刀的标注角度有:κ_r、κ'_r、λ_s、γ_o、α_o、α'_o、(β_o、ε_r),括号内为派生角度,如图 1-12 所示。

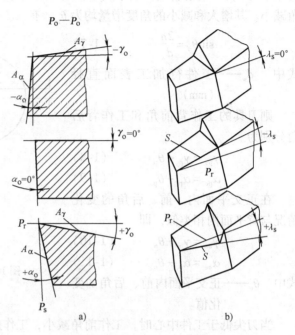

(二)法平面参考系内的刀具角度 (P_r-P_s-P_n)

法平面参考系与正交平面参考系的区别,仅在于以法平面代替正交平面作为测量前角和后角的平面。在法平面内测量的角度有法前角 γ_n、法后角 α_n、法楔角 β_n(见图 1-12 中 N—N 剖面),其定义同正交平面内的前、后角等类似。

图 1-13　刀具角度正、负的规定方法

其他如主偏角、副偏角、刀尖角和刃倾角的定义,则和正交平面参考系完全相同。

(三)背平面-假定工作平面参考系内的刀具角度 (P_r-P_p-P_f)

在背平面-假定工作平面参考系中,主切削刃的某一选定点上由于有 P_p 和 P_f 两个测量平面,故有背前角 γ_p、背后角 α_p、背楔角 β_p 及侧前角 γ_f、侧后角 α_f、侧楔角 β_f 两套角度(见图 1-12 中 P–P 和 F–F 剖面)。而在基面和切削平面内测量的角度则与正交平面参考系相同。

不同参考系内的标注角度可以进行换算,此处不予讨论。

四、刀具的工作角度

前面介绍的刀具标注角度,是在假定的运动条件和安装条件下确定的。刀具实际切削时,若考虑实际进给运动和安装情况的影响,刀具角度的参考系将发生变化,则其工作角度就不同于标注角度。在一

航天工匠

般情况下,进给运动在合成切削运动中所起的作用很小,故可用标注角度代替工作角度。但是,在某些情况下,进给运动和刀具安装对工作角度产生的影响是不能忽略的。下面讨论不同安装情况及运动情况等对刀具工作角度的影响。

(一)刀具安装情况对工作角度的影响

1.切削刃安装高低对工作角度的影响

如图 1-14 所示,车刀切削刃选定点高于工件的中心 h(mm)时,将引起工作前、后角

的变化。不论是因为刀具安装引起的还是由于刃倾角引起的，只要切削刃选定点不在工件中心高度上，则该点的切削速度方向就不与刀柄底面垂直。基面和主切削平面均发生变化，即由原来的 P_r 和 P_s 变为工作基面 P_{re} 和工作切削平面 P_{se}，所以使工作背前角增大，工作背后角减小。其增大和减小的角度增量均为 θ_p，有

$$\sin\theta_p = \frac{2h}{d_w} \qquad (1-7)$$

式中　d_w——工件待加工表面直径（mm）。

　　则刀具的工作背前角和工作背后角分别为

$$\gamma_{pe} = \gamma_p + \theta_p \qquad (1-8)$$
$$\alpha_{pe} = \alpha_p - \theta_p \qquad (1-9)$$

　　在正交平面内，前、后角的变化情况与背平面内相类似，即

$$\gamma_{oe} = \gamma_o + \theta_o \qquad (1-10)$$
$$\alpha_{oe} = \alpha_o - \theta_o \qquad (1-11)$$

式中　θ_o——正交平面内前、后角的变化值。

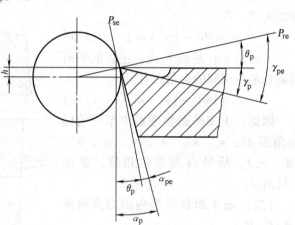

图 1-14　刀具安装高低对工作角度的影响

　　当刀尖低于工件中心时，工作前角减小，工作后角增大。镗削内孔时刀尖安装高低对工作角度的影响与车削外圆时相反。

　　2. 刀具轴线偏斜对工作角度的影响

　　如图 1-15 所示，如果车刀在安装时，刀杆轴线与进给方向不垂直，则工作切削平面和工作副切削平面与原来的切削平面和副切削平面相比，偏转了一个角度，从而使工作主偏角 κ_{re} 和工作副偏角 κ'_{re} 发生了相应的变化。其变化规律为

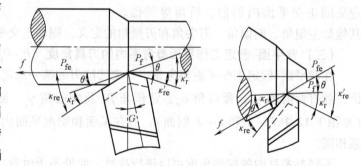

图 1-15　刀杆轴线与进给方向不垂直

刀杆右斜　　　　$\kappa_{re} = \kappa_r + \theta, \quad \kappa'_{re} = \kappa'_r - \theta \qquad (1-12)$

刀杆左斜　　　　$\kappa_{re} = \kappa_r - \theta, \quad \kappa'_{re} = \kappa'_r + \theta \qquad (1-13)$

式中　θ——刀杆轴线与进给方向的垂线之间的夹角。

　　（二）进给运动对工作角度的影响

　　1. 横向进给运动对工作角度的影响

　　如图 1-16 所示，当切断刀切断工件时，切削刃上选定点相对于工件的运动轨迹为阿基米德螺旋线。由于与该曲线相切的切削刃选定点的切削速度不再与横向进给方向垂直，所以工作基面 P_{re} 和工作切削平面 P_{se} 分别从原来静止参考系的 P_r 和 P_s 的位置转过了一个角度 μ（主运动方向与合成切削速度方向的夹角），这时工作前、后角分别为

$$\gamma_{oe} = \gamma_o + \mu \qquad (1\text{-}14)$$

$$\alpha_{oe} = \alpha_o - \mu \qquad (1\text{-}15)$$

$$\tan\mu = \frac{f}{2\pi\rho} \qquad (1\text{-}16)$$

式中 f——工件每转一转刀具的横向进
给量（mm/r）；

ρ——切削过程中不断减小的过渡
表面半径（mm）。

可见，当进给量 f 增大时，μ 值增
大；瞬时半径 ρ 值越小，μ 值越大，工
作后角越小。因此，车削至接近工件中
心时，μ 值增长很快，工作后角将变为
负值。一般当切至直径为 1mm 左右时，
常因工作后角太小而将工件挤断。因此，
对横向切削的刀具，不宜选用过大的进给量，或者应适当加大刀具的标注后角 α_o。

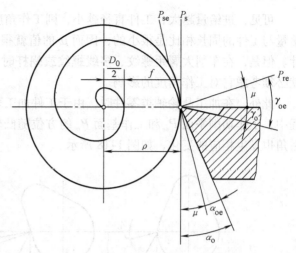

图 1-16 横向进给运动对工作角度的影响

2. 纵向进给运动对工作角度的影响

如图 1-17 所示，由于考虑了纵向进给运动的影响，过渡表面实际上为一螺旋面，切削刃
上选定点相对于工件表面的运动轨迹
就是螺旋线，合成切削运动方向相对
于主运动方向偏转了 μ_f 角（合成速度
角，即过渡表面螺旋升角）。这时工
作基面 P_{re}（通过选定点垂直于合成切
削运动方向的平面）和工作切削平面
P_{se}（切于螺旋面的平面）均发生偏转
而使工作前角增大，工作后角减小。

在假定工作平面内，有

$$\gamma_{fe} = \gamma_f + \mu_f \qquad (1\text{-}17)$$

$$\alpha_{fe} = \alpha_f - \mu_f \qquad (1\text{-}18)$$

$$\tan\mu_f = \frac{f}{\pi d_w} \qquad (1\text{-}19)$$

式中 f——纵向进给量（mm/r）；

d_w——工件待加工表面直径
（mm）。

上述角度变化在正交平面内也有
类似的关系，其角度变化量为 μ，可
按下式计算

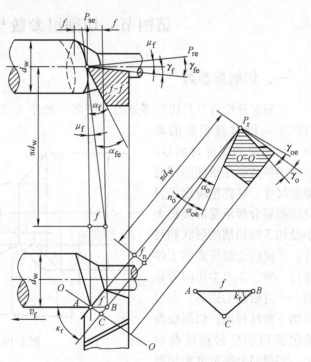

图 1-17 纵向进给对工作角度的影响

$$\tan\mu = \frac{f}{\sin\kappa_r} = (\tan\mu_f)\ \sin\kappa_r$$

可见，进给量越大，工件直径越小，则工作角度变化越大。一般在车削外圆时，由于进给量与工件的周长相比是很小的，因而 μ 的值就很小，一般不到 $1°$，所以其影响可忽略不计。但是，在车削大螺距螺纹、多线螺纹或蜗杆时，进给量 f 为其螺距或导程，其值较大，就必须考虑它对工作角度的影响。

此外，在加工凸轮轴类零件时，由于工件加工表面为非圆柱表面，所以在工件的旋转过程中，工作切削平面 P_{se} 和工作基面 P_{re} 的方位随凸轮曲线的形状而变，因而刀具的工作前、后角也发生相应的变化，如图 1-18 所示。

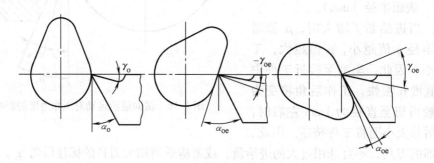

图 1-18 加工表面形状对工作角度的影响

第四节 切削层参数与切削方式

一、切削层参数

切削层是指由刀具切削部分的一个单一动作（或指切削部分切过工件的一个单程或指只产生一圈过渡表面的动作）所切除的工件材料层。切削层参数就是指切削层的截面尺寸。它直接决定了刀具切削部分所承受的负荷大小及切下的切屑的形状和尺寸。车削的切削层即指工件转过一转，车刀主切削刃移动一个进给量的距离，车刀所切下的材料层。切削层参数包括切削层公称横截面积、切削层公称宽度和切削层公称厚度，通常在基面内度量，如图 1-19 所示。

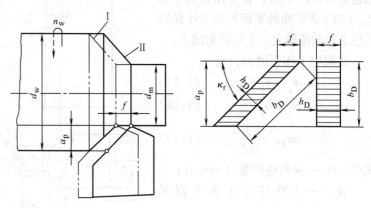

图 1-19 车外圆的切削层参数

1. **切削层公称横截面积 A_D**

切削层公称横截面积是切削层尺寸平面（即基面）内的实际横截面积，单位为 mm^2，常简称为切削面积。

2. 切削层公称宽度 b_D

切削层公称宽度是作用切削刃（实际参加切削的那段主切削刃）在基面上投影的两个极限点间的距离，即在基面内沿过渡表面度量的切削层尺寸（mm），常简称为切削宽度。

3. 切削层公称厚度 h_D

切削层公称厚度是指切削层横截面积与切削层公称宽度之比，即在基面内垂直于过渡表面度量的切削层尺寸（mm），常简称为切削厚度。

若车刀刀尖为主、副切削刃的实际交点，且 $\kappa'_r = 0°$，则切削层参数间的关系为

$$h_D = f\sin\kappa_r \tag{1-20}$$
$$b_D = \alpha_p / \sin\kappa_r \tag{1-21}$$
$$A_D = h_D b_D = \alpha_p f \tag{1-22}$$

二、切削方式

1. 自由切削与非自由切削

只有一条直线切削刃参加切削时，称为自由切削，如图 1-20a 所示。自由切削时切削变形过程比较简单，切削变形基本发生在二维平面内，切削刃上各点切屑流出方向大致相同。

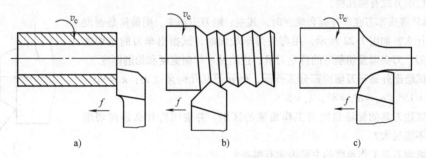

图 1-20　自由切削与非自由切削

如切削刃为曲线或两条以上的直线刃（主、副切削刃）同时参加切削，则称为非自由切削，如图 1-20b、c 所示。生产中大多数切削加工都是非自由切削。非自由切削时，由于主、副切削刃同时参加切削，则在两条切削刃交接附近的金属变形相互干涉，切削变形发生在三维空间内，从而使变形更为复杂。

2. 直角切削与斜角切削

切削刃与合成切削速度方向垂直，亦即刃倾角 $\lambda_s = 0°$ 的切削方式，称为直角切削，又称正交切削，如图 1-21a 所示。切削刃与切削速度方向不垂直，亦

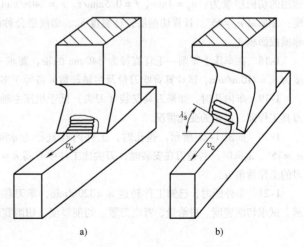

图 1-21　直角切削与斜角切削

即刃倾角 $\lambda_s \neq 0°$ 的切削方式，称为斜角切削，如图 1-21b 所示。在实际切削加工中，大多数为斜角切削方式。

思考与练习题

1-1 何谓金属切削加工？切削加工必须具备什么条件？

1-2 形成发生线的方法有哪几种？各需要几个成形运动？

1-3 何谓简单成形运动和复合成形运动？各有何特点？

1-4 切削加工由哪些运动组成？它们各有什么作用？

1-5 什么是主运动？什么是进给运动？它们各有何特点？分别指出车削圆柱面、铣削平面、磨外圆、钻孔时的主运动和进给运动。

1-6 什么是切削用量三要素？在外圆车削中，它们与切削层参数有什么关系？

1-7 车刀正交平面参考系由哪些平面组成？各参考平面是如何定义的？

1-8 刀具的基本角度有哪些？它们是如何定义的？角度正负是如何规定的？

1-9 用高速钢钻头在铸铁件上钻 $\phi3mm$ 与 $\phi30mm$ 的孔，切削速度为 $30m/min$。试问钻头转速是否一样？各为多少？

1-10 工件转速固定，车刀由外向轴心进给时，车端面的切削速度是否有变化？若有变化，是怎样变化的？

1-11 切削层参数包括哪几个？

1-12 切削方式有哪几种？

1-13 45°弯头车刀在车外圆和端面时，其主、副刀刃和主、副偏角是否发生变化？为什么？如图 1-22 所示，用弯头刀车端面时，试指出车刀的主切削刃、副切削刃、刀尖以及切削时的背吃刀量、进给量、切削宽度和切削厚度。

1-14 试绘出外圆车刀切削部分工作图。已知刀具几何角度为：$\kappa_r = 90°$，$\kappa'_r = 10°$，$\gamma_o = 15°$，$\alpha_o = \alpha'_o = 8°$，$\lambda_s = 5°$。

1-15 试述刀具的标注角度与工作角度的区别。并说明为什么横向切削时，进给量不能过大？

1-16 影响刀具工作角度的主要因素有哪些？

1-17 在 CA6140 机床上车削直径为 80mm、长度为 180mm 的 45 钢棒料，选用的切削用量为：$a_p = 4mm$、$f = 0.5mm/r$、$n = 240r/min$。试求：①切削速度；②如果 $\kappa_r = 45°$，计算切削层公称宽度 b_D、切削层公称厚度 h_D 和切削层公称横截面积 A_D。

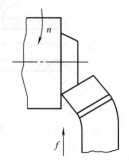

图 1-22 习题 1-13 图

1-18 在车床上车削一毛坯直径为 $\phi40mm$ 的轴，要求一次进给车至直径为 $\phi35mm$。如果选用切削速度为 $v_c = 110m/min$，试计算背吃刀量及主轴转数 n 各等于多少？

1-19 车内孔时，如果刀具安装（刀尖）低于机床主轴中心线，在不考虑合成运动的前提下，试分析刀具工作前、后角的变化情况。

1-20 如图 1-23 所示，镗孔时，工件内孔直径为 $\phi50mm$。镗刀的几何角度为：$\gamma_o = 10°$，$\alpha_o = 8°$，$\kappa_r = 75°$，$\lambda_s = 0°$。若镗刀在安装时，刀尖比工件中心高 $h = 1mm$，在不考虑合成运动的前提下，试检验镗刀的工作后角 α_{oe}。

1-21 车外圆时，已知工件转速 $n = 320r/min$，车刀移动速度 $v_f = 64mm/min$，其他条件如图 1-24 所示。试求切削速度、进给量、背吃刀量、切削厚度、切削宽度及切削面积。

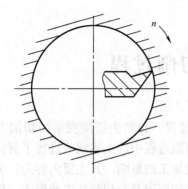

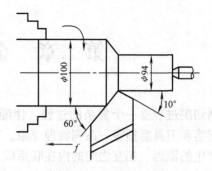

图 1-23　习题 1-20 图　　　　　　　图 1-24　习题 1-21 图

第二章　金属切削过程

金属切削过程是一个复杂的过程。伴随着切削过程，会产生切削变形、切削力、切削热、积屑瘤和刀具磨损等一系列物理现象。本章对切削过程中的上述现象进行了研究，分析了它们产生的原因、相互之间的内在联系以及对切削加工的影响。其主要内容为：金属切削过程的实质、金属切削变形、切屑类型、积屑瘤产生的原因及对切削加工的影响、切削力与切削功率、切削热与切削温度、刀具磨损与刀具寿命。

第一节　金属切削过程概述

研究切削过程时，为了使问题简化、便于观察和分析，大多数采用直角自由切削方式。这时主切削刃与主运动方向垂直，而且切削刃上各点的切屑流出方向相同，金属的变形基本在一个平面内。用直角自由切削进行研究得出的基本理论是进一步研究非自由切削和斜角切削的基础。本节以塑性金属材料为例，说明切屑的形成和切削过程中的变形情况。

一、金属切削过程的实质

金属切削过程就是通过刀具把被切金属层变为切屑的过程，其实质是一种挤压变形过程。在切削塑性金属的过程中，被切金属层在前刀面的推力作用下产生切应力，当切应力达到并超过工件材料的屈服强度时，被切金属层将沿着某一方向产生剪切滑移变形而逐渐累积在前刀面上，随着切削运动的进行，这层累积物将连续不断地沿前面流出，从而形成了切屑。简言之，被切削的金属层在前面的挤压作用下，通过剪切滑移变形便形成了切屑。

切屑的具体形成过程如图 2-1 所示。切削塑性金属时，当工件受到刀具的挤压以后，切削层金属在始滑移面 OA 以左发生弹性变形。随着刀具不断左移，当这些金属移至 OA 面位置时，应力达到材料的屈服强度，沿 OA 面开始剪切滑移，产生塑性变形。OA 面上的金属不断向刀具靠拢，最后到达终滑移面 OM 上，应力和塑性变形达到最大值，切削层金属被挤裂。超过 OM 面，切削层金属即被切离工件母体，沿刀具的前面流出而形成切屑。由此可见，塑性金属的切削过程一般要经过弹性变形、塑性变形、挤裂、切离四个阶段。

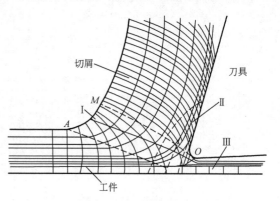

图 2-1　切屑形成过程及切削变形区

二、切削变形区

切削塑性金属时有三个变形区，如图 2-1 所示。

1. 第一变形区（Ⅰ区）

图2-1中OA与OM之间切削层的塑性变形区，称为第一变形区（剪切区，图2-1中的Ⅰ区），即从OA线（称始剪切线）开始发生剪切变形，到OM线（称终剪切线）晶粒的剪切滑移基本完成。该区域变形量最大，又称基本变形区。其变形的主要特征就是沿滑移线的剪切变形以及随之产生的加工硬化。在切削速度较高时，这一变形区较窄，可近似地用一个平面来表示该变形区，这个平面被称为剪切面。剪切面与切削速度方向的夹角称为剪切角。切削过程中的切削力和切削热主要来自这个区域，机床的大部分能量也主要消耗在这个区域。

2. 第二变形区（Ⅱ区）

切屑沿刀具前面流出时，进一步受到前面的挤压和摩擦，使底层金属再一次产生塑性变形，使靠近前面处金属纤维化，基本上和前面平行，造成切屑底边长度增加，切屑向外卷曲，即图2-1中的Ⅱ区。该区域是切屑与前面的摩擦变形区，对积屑瘤的形成和刀具前面磨损有直接影响。

3. 第三变形区（Ⅲ区）

在工件已加工表面与刀具后面之间，已加工表面受到切削刃钝圆部分和后面的挤压与摩擦，产生变形与回弹，造成纤维化与加工硬化，即图2-1中的Ⅲ区。这个区域的状况对工件表面质量以及刀具后面的磨损有很大影响。由于已加工表面的塑性变形，使其产生加工硬化和残余应力。经过切削加工的零件表层金属的性质与本体材料不同，被称为加工变质层。加工硬化给后续工序的切削加工增加了困难。

完整的金属切削过程包括上述三个变形区，它们汇集在切削刃附近。该处的应力比较集中而且复杂，工件的被切削层就在该处与工件本体材料分离，大部分变成切屑，很小一部分留在已加工表面上。此外必须指出，三个变形区互有影响，密切相关。例如，前面上的摩擦力大时，切屑流出不通畅，挤压变形就会加剧，以致第一变形区的剪切滑移刀具也受到影响而增大；第三变形区受到延伸至已加工表面下的第一变形区的影响等。

三、切削变形程度的表示方法

由上述可知，切削过程中产生的各种物理现象均来自这三个变形区，因此衡量三个变形区的变形程度显得尤其重要。但要进行准确衡量又十分困难。由于绝大多数塑性变形发生在第一变形区，因此常用第一变形区的变形大小来近似衡量切削变形的程度。

1. 剪切角 ϕ

实验证明，剪切角 ϕ 的大小和切削力的大小有直接联系。对于同一工件材料，用同样的加工刀具，切削同样大小的切削层，如 ϕ 角较大，剪切面积变小（图2-2），即变形程度较小，切削比较省力。所以，ϕ 角本身就可以表示变形的程度，ϕ 角越大，变形越小。但用剪切角衡量变形大小，必须用某种方法获得切屑根部图片，才能量出其数值，比较麻烦。一般可用切屑厚度压缩比 A_h 来表示变形的大小。

2. 切屑厚度压缩比 A_h

切削实践表明，刀具切下的切屑长度 l_{ch} 通常小于切削层公称长度 l_D，而切屑厚度 h_{ch} 通常大于切削层公称厚度 h_D，如图2-3所示。切屑在长度上收缩或在厚度上膨胀的程度，基本上反映了切削过程中切削变形的程度。所谓切屑厚度压缩比 A_h，是指切屑厚度 h_{ch} 与切削

层公称厚度 h_D 之比，可用下式计算

$$A_h = \frac{h_{ch}}{h_D} = \frac{l_D}{l_{ch}}$$

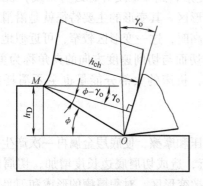

图 2-2 剪切角与切削变形

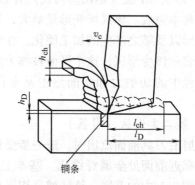

图 2-3 切屑厚度压缩比

对于同一种工件材料，若切削条件不同，则切屑厚度压缩比 A_h 也不同。A_h 越大，表明切削过程中金属的塑性变形越大，切削力和切削热相应增加，动力消耗上升，加工质量下降。因此，可通过 A_h 的大小大致判断所采用的切削条件对该种材料是否合适。如果需要减小 A_h，可通过改善切削条件来实现，例如适当地增大刀具的前角等。

对于不同的工件材料，即使切削条件相同，切屑厚度压缩比 A_h 也往往不同。材料塑性越大，A_h 也越大。如果此时需要减小 A_h，应着重降低材料的塑性，例如低碳钢可采用正火处理等。

用 A_h 反映切削变形程度比较简单、直观，但也很粗略。它只能从外形的变化上衡量切削的变形程度。由于切削变形的复杂性，用 A_h 有时不能反映切削变形的真实情况，因为 A_h 的物理意义是切削层的平均挤压程度，这是根据纯挤压的观点提出的，而金属切削过程主要是剪切滑移变形，因此 A_h 只能在一定条件下（$\gamma_o = 0° \sim 30°$，$A_h \geqslant 1.5$）反映切削变形程度。在要求较高时，采用相对滑移（剪应变）或剪切角作为衡量变形程度的指标比较合理。

四、切屑的类型及控制

由于工件材料性质不同，在不同切削条件下塑性变形程度有很大差异，因此便产生了不同类型的切屑。根据切削过程中变形程度的不同，可把切屑分为图 2-4 所示的四种形态。

（一）切屑的类型

1. 带状切屑（图 2-4a）

这是一种最常见的切屑。切屑延续成较长的带状。它的底层光滑，而外表面呈毛茸状，无明显裂纹。在切屑形成过程中，其内部的切应力尚未达到材料的破裂强度。一般加工塑性金属材料（如软钢、铜、铝等），在切削厚度较小、切削速度较高、刀具前角较大时，容易得到这种切屑。形成带状切屑时，切削过程比较平稳，切削力波动较小，加工表面质量高。但带状切屑需加以处理（断屑、排屑），以免对工作环境和工人安全造成危害。

2. 挤裂切屑（图 2-4b）

这种切屑的底层仍较光滑，有时出现裂纹，而外表面呈明显的锯齿状。这是在切屑形成过程中，由于第一变形区较宽，在剪切滑移过程中滑移量较大，由滑移变形所产生的加工硬

化使切应力增加，在局部地方达到材料的破裂强度。这种切屑大多在加工塑性较低的金属材料，且切削速度较低、切削厚度较大、刀具前角较小时产生。当工艺系统刚性不足、加工碳素钢材料时，易得到这种切屑。产生挤裂切屑时，切削过程不太稳定，切削力波动也较大，已加工表面质量较低。

3. 单元切屑（图 2-4c）

切削塑性材料，若整个剪切平面上的切应力超过了材料的破裂强度，挤裂切屑便切离成梯状的单元切屑。采用小前角或负前角，以极低的切削速度和大的切削厚度切削塑性金属（伸长率较低的结构钢）时，会产生这种形态的切屑。

上述三种形态的切屑是在切削塑性材料时得到的。

4. 崩碎切屑（图 2-4d）

由于铸铁等脆性材料的塑性很小，抗拉强度很低，在切削时切削层内靠近切削刃和前刀面的局部金属，未经塑性变形就被挤裂，形成不规则状的切屑，这种切屑称为崩碎切屑。工件材料越硬脆、刀具前角越小、切削厚度越大时，越容易产生这种切屑。产生崩碎切屑时切削力波动大，加工表面凹凸不平，切屑的压力集中在切削刃附近，切削刃容易损坏。而且，碎屑崩飞容易伤人。

在切削速度较高、前角较大时，这种切屑可转化为崩碎情况不太严重的类似带状的切屑。

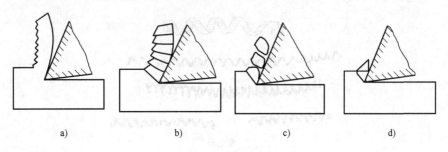

a)   b)   c)   d)

图 2-4　切屑的形态

（二）切屑的控制

了解切屑的变化规律，即可主动地控制切削条件，使切屑类型向着有利于生产的方向转化。如切削脆性材料时，为了避免产生崩碎切屑，可提高切削速度、减小进给量和适当增大前角，使崩碎切屑转化为片状甚至挤裂、带状等卷屑。

前面是按切屑形成的机理将切屑分成带状、挤裂、单元和崩碎四类，但是，这种分类法还不能满足切屑的处理和运输要求。影响切屑处理和运输的主要因素是切屑的外观形状，因此，还需按照切屑的外形将其分类［可见 ISO 3685—1977（E）］，具体可以分为带状屑、C 形屑、崩碎屑、宝塔状卷屑、长紧卷屑、发条状卷屑、螺卷屑等（图 2-5）。

高速切削塑性金属时，如不采取适当的断屑措施，易形成带状屑。带状屑连绵不断，经常会缠绕在工件或刀具上，拉伤工件表面或打坏切削刃，甚至会伤人，所以，一般情况下应力求避免。

车削一般碳钢和合金钢工件时，采用带卷屑槽的车刀易形成 C 形屑，这是一种比较好的屑形；长紧卷屑在普通车床上是一种比较好的屑形，但必须严格控制刀具的几何参数和切

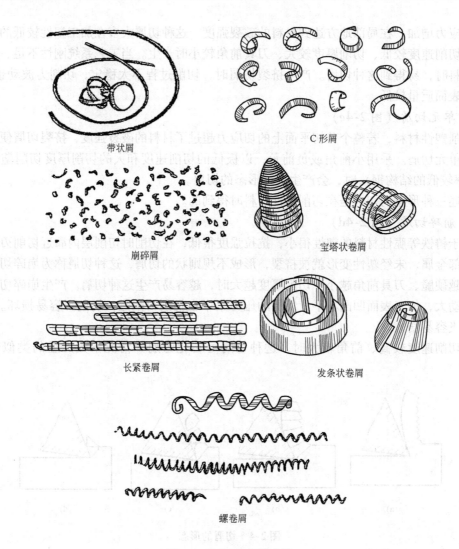

带状屑　　　　C 形屑

崩碎屑　　　　宝塔状卷屑

长紧卷屑　　　　发条状卷屑

螺卷屑

图 2-5　切屑的各种形状

削用量才能得到；在重型机床上用大的切深、大进给量车削钢件时，多将车刀卷屑槽的槽底圆弧半径加大，使切屑卷曲成发条状；在自动机或自动线上，宝塔状卷屑是一种比较好的屑形。

由此可见，切削加工的条件不同，要求的切屑形状也不同，解决的方法一般是改变卷屑槽、断屑台的尺寸和切削用量，以达到控制切屑的形状和断屑的目的。

五、积屑瘤

在中速或较低的切削速度范围内，切削一般钢料或其他塑性金属材料，而又能形成带状切屑的情况下，常在刀具前面靠近切削刃附近粘附着一小块剖面有时呈三角状的硬块。它的硬度很高，通常为工件材料硬度的 2~3 倍，其形状好似刀尖上长了一个"瘤"，这就是切削过程中一个重要的物理现象——积屑瘤，又称刀瘤，如图 2-6 所示。

1. 积屑瘤形成的原因和条件

积屑瘤是第二变形区在特定条件下金属摩擦变形的产物。在切削过程中，由于刀屑间的摩擦，使前面和切屑底层一样都是刚形成的新鲜表面，它们之间的摩擦因数很大，粘附能力较强。因此，在一定的切削条件（适当的压力和温度）下，切屑底层受到很大的摩擦阻力，致使这层金属流动速度减慢，而上层金属流动较快，流动较慢的切屑底层，称为滞流层。显然滞流层金属产生的塑性变形比切屑上层大得多，其晶粒纤维化程度很高，纤维化的方向几乎与前面平行。如果温度与压力适当，当前面对滞流层的摩擦阻力超过切屑本身分子间的结合力时，滞流层金属的流速接近于零，与前面粘结成一体，形成了积屑瘤。随后，新的滞流层在此基础上，逐层积聚、粘结，使积屑瘤逐步长大，直到该处的温度和压力不足以产生粘结为止。

积屑瘤的产生必须具备两个条件：其一是切削塑性材料。因为切削脆性材（如铸铁、青铜等）不形成连续切屑，不与刀具前面摩擦，因此一般不产生积屑瘤。其二是中等切削速度切削。因为切削速度低于 0.083m/s（即 $v_c < 5$m/min）时，切屑流动较慢，切削温度很低，切屑底层与刀具前面的摩擦因数很小，不会产生粘结现象，所以不会出现积屑瘤；切削速度在 $0.083 \sim 1$m/s 范围内（即 v_c 在 $5 \sim 60$m/min 范围内），切屑流动较快，切削温度较高，切屑底层与前面之间摩擦因数较大，易粘结产生积屑瘤；当切削速度高于 1.67m/s（即 $v_c > 100$m/min）时，由于切削温度很高，切屑底层金属呈微熔状态，摩擦因数又明显减小，也不会产生积屑瘤；加工一般钢料时，当切削速度为 0.33m/s 左右时，切削温度在 300℃ 左右，积屑瘤达最大高度（图2-7）。综上所述，积屑瘤产生的原因是切屑底层金属与前面的粘结和加工硬化。其产生和积聚高度与金属材料的性质以及刀-屑界面的温度和压力分布有关。

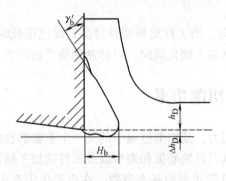

图 2-6 积屑瘤

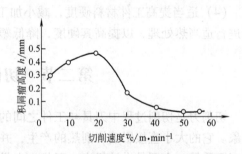

图 2-7 切削速度与积屑瘤高度的关系

积屑瘤是不稳定的，长至一定高度后，由于振动和冲击等原因，还会破碎脱落，然后又重新生长。积屑瘤就是这样周而复始、时生时灭的。积屑瘤碎片大部分被切屑带走，也有一部分粘附在工件表面上。

2. 积屑瘤对切削加工的影响

积屑瘤对切削过程有积极的影响，也有消极的影响，其主要表现在以下几个方面：

（1）增大实际前角 如图 2-6 所示，积屑瘤粘附在前面上，它增大了刀具的实际前角，因而可减小切屑变形，降低切削力，对切削过程起积极的作用。积屑瘤越高，实际前角越大。

（2）增大切削厚度 如图 2-6 所示，积屑瘤前端伸出于切削刃外，伸出量为 Δh_D。有积屑瘤时的切削厚度比没有积屑瘤时增大了 Δh_D，因而影响了加工尺寸。

（3）增大已加工表面的表面粗糙度　积屑瘤之所以使已加工表面粗糙度增大，是由于它的产生、成长与脱落是一个带有一定周期性的动态过程（每秒钟几十至几百次），使切削厚度不断变化，以及有可能由此而引起振动；积屑瘤的底部相对稳定一些，其顶部很不稳定，容易破裂，一部分粘附于切屑底部而排出，一部分留在已加工表面上，形成鳞片状毛刺；积屑瘤粘附在切削刃上，使实际切削刃呈一不规则的曲线，导致在已加工表面上沿着主运动方向刻划出一些深浅和宽窄不同的纵向沟纹，使加工表面非常粗糙。因此，在精加工时应设法避免或减小积屑瘤。

（4）影响刀具寿命　从图 2-6 可以看出，积屑瘤包围着切削刃，同时覆盖着一部分前面。积屑瘤一旦形成，在相对稳定时，它代替切削刃和前面进行切削。于是，切削刃和前面都得到积屑瘤的保护，从而减轻了刀具磨损。但在积屑瘤比较不稳定的情况下使用硬质合金刀具时，积屑瘤的破裂有可能使硬质合金颗粒剥落，反而使磨损加剧。

3. 抑制或避免积屑瘤的措施

合理地控制切削条件、调节切削参数，尽量不形成中温区就能较有效地抑制或避免积屑瘤的形成。一般可采用以下一些措施：

（1）控制切削速度　由于切削速度是影响切削温度的主要参数，应尽量使用低速或高速切削，以避开产生积屑瘤的速度范围，一般精车、精铣采用高速切削，而拉削、铰削和宽刀精刨时则采用低速切削以避免形成积屑瘤。

（2）增大刀具前角　增大刀具前角，减小刀屑接触区的压力，减小切削变形，可抑制积屑瘤的产生；经验证明，当前角大于 35°时，一般不再产生积屑瘤。

（3）使用高效切削液　使用高效切削液、提高刀具刃磨质量，从而减小摩擦抑制积屑瘤。

（4）适当提高工件材料硬度，减小加工硬化倾向　当工件材料塑性过高，硬度很低时，可进行适当热处理，以提高其硬度，降低塑性，降低加工硬化倾向，以抑制积屑瘤的产生。

第二节　切削力与切削功率

切削力是切削过程中刀具与工件之间的相互作用力，是切削过程中的又一个重要的物理现象。它的大小直接影响切削热的产生，并进而影响刀具的磨损和寿命以及工件的加工精度和表面质量。它还是设计机床、刀具、夹具和计算机床功率的基本参数。在自动化生产中，还可通过切削力来监控切削过程和刀具工作状态。因此，研究切削力的规律，掌握切削力的有关知识，对切削理论的研究和生产实际都有重要的意义。

一、切削力的来源和分解

金属切削过程中，刀具切入工件，使被加工材料发生变形并成为切屑所产生的力称为总切削力。被加工工件抵抗变形作用于刀具上的力称为切削抗力，其数值与切削力相等，作用方向与切削力方向相反。

1. 总切削力的来源

总切削力主要来源于两方面：其一是克服切屑形成过程中金属产生弹、塑性变形的变形抗力所需要的力；其二是克服切屑与刀具前面，工件表面与刀具后面之间的摩擦阻力所需要的力。这两方面力的合力就是总切削力 F，其作用于刀具上的情况如图 2-8 所示。

2. 总切削力的分解

在切削加工中，总切削力是一个空间矢量，其大小和方向随切削条件而变化，往往很难测定，且无多大实用意义。为了便于测量和实际应用，常将总切削力分解为三个互相垂直的分力：切削力 F_c、背向力 F_p 和进给力 F_f，如图 2-9 所示。

(1) 切削力 F_c　切削力 F_c 是总切削力在主运动方向的分力。因此，它垂直于基面。车削时，切削力 F_c 作用于工件切线方向，故又称为切向力。F_c 是切削过程中消耗

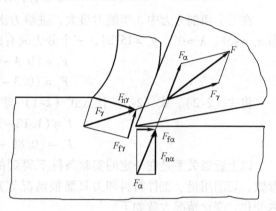

图 2-8　作用在刀具上的力

功率最大（占总切削力的 95% 以上）的一个切削分力，故又称为主切削力。它是计算切削功率，确定机床动力，校核刀具、夹具以及机床主运动系统中零件的强度、刚度的主要依据。

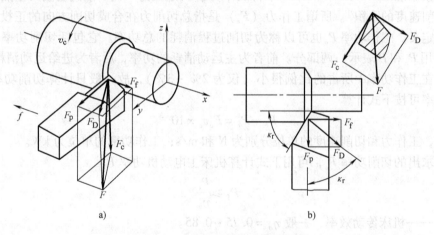

图 2-9　车削时总切削力的分解

(2) 背向力 F_p　背向力 F_p 是总切削力在垂直于工作平面方向（背吃刀量方向）的分力。它在基面内，与进给运动方向垂直。车削时，背向力 F_p 作用于工件径向方向，故又称为径向力。背向力虽不做功，但它一般作用在机床-夹具-工件-刀具组成的工艺系统中刚度最薄弱的方向，易使工艺系统变形和引起振动，故对工件的加工精度和表面质量影响较大。例如，车削时背向力 F_p 易使工件产生弯曲变形，特别是刚性差的工件（如细长轴），变形尤为明显，此时应设法减小背向力 F_p。

(3) 进给力 F_f　进给力 F_f 是总切削力在进给运动方向的分力。它在基面内，与进给运动方向一致。车削时作用于工件轴向，故又称轴向力。它一般只消耗机床总功率的 1% ~ 5%。进给力 F_f 作用在机床的进给机构上，是计算和校验机床进给系统的动力、强度及刚度的主要依据。

由图 2-9 可知，总切削力 F 与各分力的关系为

$$F = \sqrt{F_c^2 + F_p^2 + F_f^2} \tag{2-1}$$

在三个切削分力中，切削力最大，进给力次之，背向力最小且不消耗功率。根据实验，当 $\kappa_r = 45°$、$\lambda = 0°$、$\gamma_o = 15°$ 时，三个分力间有以下近似关系

$$F_f = (0.4 \sim 0.5) F_c \tag{2-2}$$
$$F_p = (0.3 \sim 0.4) F_c \tag{2-3}$$

将式（2-2）、式（2-3）代入式（2-1）得

$$F = (1.12 \sim 1.18) F_c \tag{2-4}$$
$$F_c \approx (0.85 \sim 0.89) F \tag{2-5}$$

以上近似关系是在一定的实验条件下得到的，随着切削条件（如刀具材料、刀具几何参数、切削用量、工件材料和刀具磨损情况等）的不同，三者之间的关系可以在较大范围内变化。变化情况大致如下

$$F_f = (0.1 \sim 0.6) F_c \tag{2-6}$$
$$F_p = (0.15 \sim 0.7) F_c \tag{2-7}$$

3. 工作功率 P_e 和切削功率 P_c

在国家标准 GB/T 12204—2010 中将工作功率 P_e 定义为"同一瞬间切削刃基点的工作力与合成切削速度的乘积"。所谓工作力（F_e）是指总切削力在合成切削方向的正投影，在工作平面中定义。工作功率 P_e 也可以称为切削过程消耗的总功率。它包括切削功率和进给功率（分别用 P_c 和 P_f 表示）两部分。前者为主运动消耗的功率，后者为进给运动消耗的功率。由于后者在工作功率中所占的比例很小（仅为 $2\% \sim 3\%$），故一般只计算切削功率 P_c。所以工作功率可按下式计算

$$P_e \approx P_c = F_c v_c \times 10^{-3} \tag{2-8}$$

其中，工作力和切削速度的单位分别为 N 和 m/s；工作功率的单位为 kW。

根据求出的切削功率 P_c，可用下式计算机床主电动机功率 P_E

$$P_E \geq \frac{P_c}{\eta_m} \tag{2-9}$$

式中　η_m——机床传动效率，一般 $\eta_m = 0.75 \sim 0.85$。

式（2-9）是用于校验与选用机床电动机的依据。

二、影响切削力的主要因素

切削力来源于工件材料的弹塑性变形及刀具与切屑、工件表面的摩擦，因此，凡是影响切削过程中材料变形及摩擦的因素都会影响切削力。影响因素主要为：工件材料、切削用量、刀具几何参数及其他因素。

1. 工件材料的影响

工件材料对切削力的影响较大，材料的强度、硬度越高，变形抗力越大，切削力也越大。例如，在同样切削条件下，切削中碳钢的切削力比低碳钢的大；切削工具钢的切削力又大于中碳钢。强度、硬度相近的材料，塑性、韧性大时，切削时产生的塑性变形及切屑与前面的摩擦较大，硬化强烈，发生变形或破坏所消耗的能量较多，故切削力较大。例如，不锈钢 1Cr18Ni9Ti 的硬度、强度与正火的 45 钢基本相同，但其塑性和韧性较高，所以切削力比切削正火的 45 钢大。灰铸铁 HT200 的硬度与正火的 45 钢相近，但其塑性和韧性很低，故

切削力比正火 45 钢小。

2. 切削用量的影响

当背吃刀量和进给量增大时，切削面积增大，被切除的金属量增多，切削力明显增大，但背吃刀量的影响比进给量大。这是因为背吃刀量增加一倍时，切削宽度增加一倍，由于单位长度切削刃上的切削层保持不变，故切削力成倍增加。进给量增加一倍时，切削厚度增加一倍。由于切削变形在厚度方向上呈不均匀分布，切削厚度增加的部分，变形量逐渐减小，所以总的变形量不是成倍增加，这时切削力只增加 75% 左右。因此，在切削加工时，从降低切削力和切削功率的角度考虑，加大进给量比加大背吃刀量有利。

实验表明，切削速度对切削力的影响没有背吃刀量和进给量的影响大。

切削塑性金属时，切削速度对切削力的影响要分为两个阶段。第一阶段为有积屑瘤阶段，切削速度从低速逐渐增加时，切削力先是逐渐减小，达到最低点后又逐渐增加至最大。这是由于切削速度影响积屑瘤的大小所致，切削速度从低速开始逐渐增加时，积屑瘤逐渐增大，使刀具的实际前角也逐渐增大，从而切削力相应地逐渐减小，切削力为最小值时，相当于积屑瘤高度达到最大值。切削速度继续增加，积屑瘤又逐渐减小，故切削力逐渐增大。第二阶段为积屑瘤消失阶段，随着切削速度的增加，由于切削温度逐渐升高，摩擦因数逐渐减小，因此使切削力又重新缓慢下降，而渐趋稳定。

切削脆性金属时，由于其塑性变形较小，切屑与刀具前面的摩擦也很小，因此切削速度对切削力的影响较小。

3. 刀具角度的影响

在刀具的几何参数中，前角和主偏角对切削力影响尤为突出。前角增大时，若后角不变，则楔角减小，切削刃锋利，容易切入工件，有助于减小切削变形；此外，前角增大，前面推挤金属的正压力和摩擦力都相应降低，切屑流出顺利，因此切削力下降。前角增大时，F_c、F_f、F_p 三个分力都减小，但以 F_f 减小的幅度最大，F_c 和 F_p 减小的幅度大体相当。工件材料的塑性越好，前角的影响就越显著。对脆性材料，前角的影响较小。

主偏角对 F_c 的影响较小，而对 F_f、F_p 的影响较大，主要影响 F_f、F_p 的比例关系，如图 2-9 所示。又有

$$F_p = F_D \cos\kappa_r, \quad F_f = F_D \sin\kappa_r \tag{2-10}$$

可见，当主偏角增大时，F_D 方向改变，使进给力 F_f 增大，而背向力 F_p 则减小。因此，在车削细长轴时，常采用较大主偏角（$\kappa_r > 75°$）的车刀，以减小 F_p 从而减小工件变形和切削振动。

刃倾角对 F_c 的影响较小，但对 F_f 和 F_p 的影响较大。刃倾角增大，改变了变形抗力的方向，使 F_p 减小，F_f 增大。因此，一般情况下，不宜采用过大的负刃倾角，以免 F_p 过大。

除上述主要因素外，其他如刀尖圆弧半径、负倒棱、刀具磨损、刀具材料和冷却润滑条件等，都影响着切削变形和摩擦，所以都对切削力有一定的影响。

切削力的存在对切削加工是不利的，且切削力越大，带来的不利因素越多。切削力虽不可避免，但在一定范围内减小它却是可能的。减小切削力对提高加工质量和生产率及合理使用机床设备均十分重要。减小切削力的主要措施有：增大前角、增大主偏角、减小背吃刀量以及改善冷却润滑条件。

三、切削力的计算

切削力大小可根据理论公式和实验公式计算。由于切削变形复杂，用材料力学和弹性、塑性变形理论推导的计算切削力的理论公式与实际差距很大，故理论公式通常供定性分析用，实际生产中一般用实验公式计算切削力。目前，人们已经积累了大量的切削力实验数据，对于一般加工方法，如车削、孔加工和铣削等已建立起了可直接利用的实验公式。常用的实验公式可分两类：一类是指数公式，另一类是按单位切削力进行计算。

1. 指数公式

指数公式是以背吃刀量 a_p、进给量 f 和切削速度 v_c 为变量，其他影响因素固定不变（即在一定的实验条件下），利用测力仪测出切削力的大小，绘出切削力与 a_p、f 的关系曲线，加以适当处理，得出的实验公式，其形式为指数形式

$$\left. \begin{array}{l} F_c = C_{F_c} a_p^{x_{F_c}} f^{y_{F_c}} v_c^{n_{F_c}} K_{F_c} \\ F_p = C_{F_p} a_p^{x_{F_p}} f^{y_{F_p}} v_c^{n_{F_p}} K_{F_p} \\ F_f = C_{F_f} a_p^{x_{F_f}} f^{y_{F_f}} v_c^{n_{F_f}} K_{F_f} \end{array} \right\} \tag{2-11}$$

式中　C_{F_c}、C_{F_p}、C_{F_f}——与工件材料、刀具材料有关的系数；

x_{F_c}，x_{F_p}，x_{F_f}——背吃刀量对切削力影响的指数；

y_{F_c}，y_{F_p}，y_{F_f}——进给量对切削力影响的指数；

n_{F_c}，n_{F_p}，n_{F_f}——切削速度对切削力影响的指数（表 2-1）；

K_{F_c}，K_{F_p}，K_{F_f}——分别为三个分力公式中，当实际加工条件与建立公式时的实验条件不同时，各种因素对切削力的修正系数的积。

公式中的系数和指数可在切削手册中查得。手册中的数值是在特定的刀具几何参数下针对不同的加工材料、刀具材料和加工形式，由大量的实验结果处理而来的。表 2-1 列出了计算车削切削力的指数公式中的系数和指数，其实验条件为：

硬质合金刀具：$\kappa_r = 45°$，$\gamma_o = 10°$，$\lambda_s = 0°$

高速钢刀具：$\kappa_r = 45°$，$\gamma_o = 20° \sim 25°$，刀尖圆弧半径 $r_\varepsilon = 1.0mm$

表 2-1　切削力计算公式中的系数和指数

加工材料	刀具材料	加工形式	切削力 F_c				背向力 F_p				进给力 F_f			
			C_{F_c}	x_{F_c}	y_{F_c}	n_{F_c}	C_{F_p}	x_{F_p}	y_{F_p}	n_{F_p}	C_{F_f}	x_{F_f}	y_{F_f}	n_{F_f}
结构钢及铸钢 650MPa	硬质合金	纵车、横车及镗孔	2795	1.0	0.75	-0.15	1940	0.90	0.6	-0.3	2880	1.0	0.5	-0.4
		切槽及切断	3600	0.72	0.8	0	1390	0.73	0.67	0	—	—	—	—
	高速钢	纵车，横车及镗孔	1770	1.0	0.75	0	1100	0.9	0.75	0	590	1.2	0.65	0
		切槽及切断	2160	1.0	1.0	0	—	—	—	—	—	—	—	—
		成形车削	1855	1.0	0.75	—	—	—	—	—	—	—	—	—
不锈钢 1Cr18Ni9Ti 141HBW	硬质合金	纵车、横车及镗孔	2000	1.0	0.75	0	—	—	—	—	—	—	—	—

（续）

加工材料	刀具材料	加工形式	公式中的系数及指数											
			切削力 F_c				背向力 F_p				进给力 F_f			
			C_{F_c}	x_{F_c}	y_{F_c}	n_{F_c}	C_{F_p}	x_{F_p}	y_{F_p}	n_{F_p}	C_{F_f}	x_{F_f}	y_{F_f}	n_{F_f}
灰铸铁 190HBW	硬质合金	纵车、横车及镗孔	900	1.0	0.75	0	530	0.9	0.75	0	450	1.0	0.4	0
	高速钢	纵车、横车及镗孔	1120	1.0	0.75	0	1165	0.9	0.75	0	500	1.2	0.65	0
		切槽及切断	1550	1.0	1.0	0	—	—	—	—	—	—	—	—
可锻铸铁 150HBW	硬质合金	纵车、横车及镗孔	795	1.0	0.75	0	420	0.9	0.75	0	370	1.0	0.4	0
	高速钢	纵车、横车及镗孔	980	1.0	0.75	0	860	0.9	0.75	0	390	1.2	0.65	0
		切槽及切断	1375	1.0	1.0	0	—	—	—	—	—	—	—	—

由表2-1可见，除切螺纹外，切削力 F_c 中切削速度的指数 n_{F_c} 几乎全为0，说明切削速度对切削力影响不明显（实验公式中反映不出来）。对于最常见的外圆纵车、横车或镗孔，$x_{F_c}=1.0$，$y_{F_c}=0.75$。这是一组典型的值，不光计算切削力有用，还可用于分析切削力中的一些现象。

计算举例： 在 CA6140 型车床上粗车 $\phi68mm \times 420mm$ 的圆柱面。已知工件材料为45钢，$\sigma_b=0.637GPa$；刀具材料牌号为 YT15；刀具切削部分几何参数：$\gamma_o=15°$，$\alpha_o=15°$，$\alpha'_o=6°$，$\lambda_s=0°$，$\kappa_r=60°$，$\kappa'_r=10°$，刀尖圆弧半径 $r_\varepsilon=0.5mm$；切削用量为：$a_p=3mm$，$f=0.56mm/r$，$v_c=106.8mm/min$。试求三向切削分力 F_c、F_p、F_f 及切削功率 P_c。

解： 由表2-1查得

$$C_{F_c}=2795 \quad x_{F_c}=1.0 \quad y_{F_c}=0.75 \quad n_{F_c}=-0.15$$

$$C_{F_p}=1940 \quad x_{F_p}=0.9 \quad y_{F_p}=0.6 \quad n_{F_p}=-0.3$$

$$C_{F_f}=2880 \quad x_{F_f}=1.0 \quad y_{F_f}=0.5 \quad n_{F_f}=-0.4$$

加工条件中的刀具前角 γ_o 和主偏角 κ_r 与表2-1的实验条件不符，计算时需进行修正。由文献 [28] 查得前角的修正系数分别为 $K_{\gamma_o F_c}=0.95$，$K_{\gamma_o F_p}=0.85$，$K_{\gamma_o F_f}=0.85$；主偏角的修正系数分别为 $K_{\kappa_r F_c}=0.94$，$K_{\kappa_r F_p}=0.77$，$K_{\kappa_r F_f}=1.11$；其余加工条件与表2-1试验条件相同，相应的修正系数值均为1。

$$F_c = 2795 \times 3^{1.0} \times 0.56^{0.75} \times 106.8^{-0.15} \times 0.95 \times 0.94 N = 2406N$$

$$F_p = 1940 \times 3^{0.9} \times 0.56^{0.6} \times 106.8^{-0.3} \times 0.85 \times 0.77 N = 594N$$

$$F_f = 2880 \times 3^{1.0} \times 0.56^{0.5} \times 106.8^{-0.4} \times 0.85 \times 1.11 N = 942N$$

$$P_c = 2406 \times \frac{106.8}{60} \times 10^{-3} kW = 4.3kW$$

2. 切削层单位面积切削力 k_c

切削层单位面积切削力是指切削力与切削层公称横截面积之比，用 k_c（单位为 N/mm^2）表示，一般简称为单位面积切削力或单位切削力

$$k_c = \frac{F_c}{A_D} \tag{2-12}$$

如已知单位切削力，则可根据切削用量计算出切削力 F_c

$$F_c = k_c A_D = k_c a_p f \tag{2-13}$$

式中　A_D——公称横截面积（切削面积）（mm^2）;

　　　a_p——背吃刀量（mm）;

　　　f——进给量（mm/r）。

3. 单位材料切除率的切削功率 p_s

单位材料切除率的切削功率（简称单位切削功率）是指在单位时间内切除单位体积材料所需要的切削功率，用 p_s 表示

$$p_s = \frac{P_c}{Q_z} \tag{2-14}$$

式中　Q_z——单位时间里所切除材料的体积（mm^3/s）;

　　　P_c——切削功率（kW）。

　　其中

$$Q_z = v_c a_p f \times 10^3 \tag{2-15}$$

$$P_c = F_c v_c \times 10^{-3} = k_c a_p f v_c \times 10^{-3} \tag{2-16}$$

将 Q_z 和 P_c 代入式（2-14）得

$$p_s = k_c \times 10^{-6} \tag{2-17}$$

可见，通过实验求得单位切削力 k_c 后，即可求出单位切削功率 p_s 和切削功率 P_c。

表2-2 所列为几种常用金属外圆车削时的单位切削力和单位切削功率。实验结果表明，不同的加工材料，单位切削力不同，即使是同一材料，如果切削用量、刀具几何参数不同，k_c 值也不相同。表中数值是在一定实验条件下得到的，因此，在计算 F_c 时，如果实际切削条件与实验条件不符，则必须引入相应的修正系数。修正系数可查阅切削手册有关表格。

表2-2　硬质合金外圆车刀切削常用金属时单位切削力和单位切削功率 （$f = 0.3\,mm/r$）

加工材料				实验条件		单位切削力	单位切削功率
名称	牌号	热处理状态	硬度 HBW	车刀几何参数	切削用量范围	$k_c/(N/mm^2)$	$p_s/[kW/(mm^3 \cdot s^{-1})]$
钢	Q235	热轧或正火	134~137	$\gamma_o = 15°$　$\kappa_r = 75°$ $\lambda_s = 0°$　$b_{\gamma 1} = 0°$ 前面带卷屑槽 $b_{\gamma 1} = 0.1 \sim 0.15mm$ $\gamma_{o1} = 20°$ 其余参数 Q235 钢	$a_p = 1 \sim 5mm$ $f = 0.1 \sim 0.5mm/r$ $v_c = 90 \sim 105m/min$	1884	1884×10^{-6}
	45		187			1962	1962×10^{-6}
	40Cr		212			1962	1962×10^{-6}
	45	调质	229			2305	2305×10^{-6}
	40Cr		285			2305	2305×10^{-6}
	1Cr18Ni9Ti	淬火、回火	170~179	$\gamma_o = 20°$ 其余参数 Q235 钢		2453	2453×10^{-6}
灰铸铁	HT200	退火	170	前面带卷屑槽 其余参数 Q235 钢	$a_p = 2 \sim 10mm$ $f = 0.1 \sim 0.5mm/r$ $v_c = 70 \sim 80m/min$	1118	1118×10^{-6}
可锻铸铁	KTH300-06	退火	170	前面带卷屑槽 其余参数 Q235 钢		1344	1344×10^{-6}

第三节　切削热与切削温度

切削热和切削温度是切削加工中发生的又一重要的物理现象。切削力所作的功绝大部分转化为切削热。除少部分切削热直接辐射散发到周围空间外，如果不用切削液的话，其余大部分热量将传至工件、刀具、切屑，致使整个工艺系统受热而升温，引起工艺系统热变形，这将直接影响刀具前面上的摩擦因数、积屑瘤的形成和消退、刀具磨损以及工件材料的性能、工件加工精度和表面质量，限制切削速度的提高。因而研究切削热的产生和传导规律，揭示影响切削温度的各种因素，对保证加工精度、延长刀具使用寿命具有重要的意义。

一、切削热的来源与传出

切削加工时，切削力使切削层金属发生弹性变形和塑性变形需要做功，这是切削热的一个主要来源。此外，切屑与前面间的摩擦以及工件与后面间的摩擦所做的摩擦功，则是产生切削热的又一个来源。因此，切削时共有三个发热区域。三个发热区与三个变形区相对应，即剪切面、切屑与前面接触区、后面与过渡表面接触区，如图 2-10 所示。切削时所消耗的能量，除了 1%～2% 用以形成新表面和以晶格扭曲等形式形成潜藏能外，绝大部分转换为热能。

如果忽略进给运动所消耗的功，并假定主运动所消耗的功全部转化为热能，则单位时间内产生的切削热可由下式算出

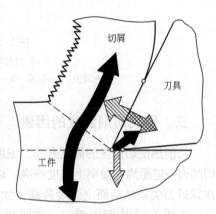

图 2-10　切削热的产生与传导

$$Q = F_c v_c \tag{2-18}$$

式中　Q——每秒产生的切削热（J/s）；

　　　F_c——切削力（N）；

　　　v_c——切削速度（m/s）。

所产生的切削热由切屑、工件、刀具以及周围的介质传导出去，如图 2-10 所示。影响热传导的主要因素是工件和刀具材料的热导率、切削速度以及周围介质的状况。据有关资料介绍，切削热由切屑、刀具、工件和周围介质传出的比例大致如下（干切削）：

1）车削加工时，50%～86% 由切屑带走，40%～10% 由车刀传出，9%～3% 由工件传出，1% 左右通过周围介质（如空气）传出。

2）钻削加工时，28% 由切屑带走，14.5% 传入刀具，52.5% 传入工件，5% 左右传入周围介质。

3）磨削加工时，4% 由磨屑带走，12% 传给砂轮，84% 传入工件。

二、切削温度的测量

测量切削温度的方法和仪器、装置很多，目前仍以利用物体的热电效应来进行温度测量的热电偶装置应用较多。这种装置比较简单，测量方便。热电偶法分为自然热电偶法和人工

热电偶法。自然热电偶法用来测量切削区域的平均温度，即狭义的切削温度；人工热电偶法用于测量刀具、切屑、工件上指定点的温度，并可得出温度分布场和最高温度的位置。图 2-11 所示为热电偶测量装置示意图。

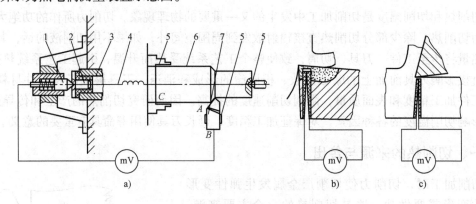

图 2-11　热电偶测量装置示意图

a）自然热电偶法　b）、c）人工热电偶法

1—顶尖　2—铜塞　3—主轴　4—切屑　5—绝缘层　6—工件　7—刀具

三、影响切削温度的因素

切削热使切削区的温度升高。温度在切削区呈不均匀状态分布：切削塑性材料时，在离主切削刃一定距离的前面上温度最高；切削脆性材料时，在靠近刀尖处的后面上温度最高，如图 2-12 所示。

由图 2-12 中可以看出，在距切削刃一定距离的前面上温度最高，因为此处是切屑与刀具前面之间的压力中心的缘故。而其他各处的温度随着离这一点的距离的增大而逐渐下降。切屑上温度最高处在切屑与刀具的接触面上，这对切屑底层金属的抗剪强度和摩擦因数有较大的影响。切削温度有时可高达 800℃，甚至 1000℃ 以上。

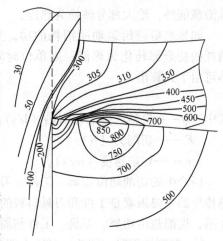

图 2-12　切屑、工件和刀具上
各点的温度分布

一般所说的切削温度，是指切屑、工件和刀具接触表面上的平均温度。切削温度的高低取决于切削热的产生和传出情况，即凡是能减少切削过程产生热量的因素，都能降低切削温度，凡能改善刀具散热条件的因素，则可以降低切削温度。影响切削温度的主要因素有：

1. 工件材料

工件材料的强度、硬度越高，切削时消耗的功越多，切削温度也越高；工件材料的导热性越好，传走的切削热越多，切削温度也就越低。如不锈钢 1Cr18Ni9Ti 和高温合金 GH131，不仅热导率小，且在高温下仍有较高的强度和硬度，故切削温度高；灰铸铁等脆性材料，切削时金属变形小，切屑呈崩碎状，与前面摩擦小，故切削温度一般较切削钢料时低。

2. 切削用量

切削用量增大，单位时间的金属切除量增多，切削热相应增多，切削温度上升。但由于切削速度、进给量和背吃刀量对切削热的产生与传导的影响不同，故对切削温度的影响程度差别很大。影响最大的是切削速度，其次是进给量，而背吃刀量的影响最小。其主要原因是：切削速度增加，使切屑底层与前面发生强烈的摩擦，因而产生较大的热量，使切削温度明显上升。进给量增加，使切屑变厚，虽然变形热有所增多，但切屑的热容量也增大，散热条件得以改善，故切削温度有所上升。背吃刀量的增加，使切削刃的工作长度成正比地增长，大大改善了刀具的散热条件，故对切削温度的影响就很小了。例如，用 YT15 刀具车削 45 钢（正火）时，切削速度增大一倍时，切削温度大约升高 20% ~ 33%；进给量增大一倍时，切削温度大约只升高 10%；背吃刀量增大一倍时，切削温度大约只升高 3%。因此，对加工者来说，在保证生产率的前提下，为了有效地控制切削温度，以提高刀具寿命，在机床允许的条件下，选用大的背吃刀量和进给量比选用大的切削速度要有利得多。这是合理选择切削用量的重要依据之一。

3. 刀具角度

刀具角度对切削温度的影响以前角和主偏角为最大。前角增大，使刀具刃口锋利，挤压作用减小，切削变形及切屑与前面的摩擦减小，产生的热量大大减少，切削温度降低。例如切削中碳钢时，当前角从 10° 增至 18° 时，切削温度约下降 15% 左右。但前角过大，会使刀头部分散热体积减小，反而不利于切削温度的降低。主偏角减小使主切削刃工作长度增加，散热条件改善，从而使切削温度降低。

4. 切削液

使用切削液是降低切削温度的主要方法。实验证明，使用切削液可使切削温度降低几十摄氏度至 150℃。这是由于切削液的润滑作用，使摩擦生成的热量大大减少，同时切削液本身也吸收并带走大量的热，从而使切削温度大大降低。

四、切削热的限制和利用

切削热是通过对切削温度的影响而影响切削过程的。一般说来，切削温度的升高，将使切削层金属的强度和硬度降低，材料软化，积屑瘤消失，切削力减小。在加工淬火钢时，就是用负前角刀具在一定切削速度下进行切削，既加强了切削刃的强度，同时只产生大量的切削热，使切削层软化，易于切削。但对于某些塑性较大的材料，切削温度的升高并不能使其强度和硬度有明显的降低。这主要是由于切削温度升高后，材料软化的效果被切削速度较高和变形速度较快而导致材料硬化的后果所抵消。工件材料预热至 500 ~ 800℃ 后进行切削时，切削力下降很多。但在高速切削时，切削温度经常达到 800 ~ 900℃，切削力下降却不多。目前加热切削是切削难加工材料的一种较好的方法。

但是过高的切削温度会加剧刀具的磨损，而工件与刀具的热变形还将影响工件的加工精度和已加工表面质量（产生加工硬化、残余应力和表面层金相组织的变化等缺陷）。精加工和超精加工时，其影响尤为显著。因此，在切削过程中，如何控制和利用切削热及切削温度是个非常重要的问题。可采用以下措施对切削热和切削温度加以控制和利用：

1. 利用切削温度自动控制切削速度或进给量

适当提高切削温度，对提高硬质合金的韧性是有利的。在高温时，硬质合金冲击强度比较高，不易崩刃。据资料介绍，各种刀具材料切削不同工件材料时，都有一个最佳的切削温度范围。例如硬质合金刀具切削钢时，切削温度在800℃左右其性能达到最佳状态，刀具的磨损率最小，寿命最高，被切材料的切削加工性也较好。因此，可利用切削温度来控制机床转速或进给量，以保持切削温度在最佳范围内，从而提高刀具的使用寿命、生产率及加工质量。

2. 利用切削温度与切削力控制刀具磨损

运用刀具-工件热电偶，能在几分之一秒内指示出一个比较显著的刀具磨损的发生。跟踪切削过程中的切削力以及切削分力之间比例的变化，也可反映切屑碎断、积屑瘤变化或刀具前、后面及钝圆处的磨损情况。切削力和切削温度这两个参数可以互相补充，以用于分析切削过程的状态变化。

第四节　刀具磨损与刀具寿命

在切削过程中，刀具在高压、高温和强烈的摩擦条件下工作，切削刃由锋利逐渐变钝以致失去正常切削能力。刀具失效直接影响加工精度、表面质量、生产率和加工成本。刀具磨损程度超过允许值后，必须及时刃磨或换用新刀，否则会引起振动，使加工质量下降，并增大切削力及动力消耗。因此，刀具磨损是切削加工中的一个重要问题。刀具磨损主要取决于刀具及工件材料的物理力学性能和切削条件。各种条件下刀具磨损有不同的特点。只有掌握这些特点，才能合理地选择刀具及切削条件，从而提高切削效率，保证加工质量。本节主要介绍刀具磨损的形式、刀具磨损的机理及刀具寿命等问题。

一、刀具磨损的形式

刀具磨损的形式分为正常磨损和破损两大类。前者是连续的逐渐磨损，后者包括脆性破损（如崩刃、碎断、剥落、裂纹破损等）和塑性破损两种。正常磨损在任何情况下都存在，而破损多数发生在脆性较大的刀具材料进行断续切削时或在高硬度材料的加工中。本节主要讨论正常磨损。刀具正常磨损的原因主要是由于硬质点磨损（低速低温下磨损的主要原因）；切削热、化学作用引起的粘结、扩散、氧化、相变磨损等（高速、高温下磨损的主要原因）。刀具正常磨损时，按其发生的部位不同，可分为以下三种形式：

（一）后面磨损

由于加工表面与后面间存在着强烈的摩擦，在后面上毗邻切削刃的地方会很快被磨出后角为零的小棱面，这就是后面磨损，如图2-13所示。这种磨损形式一般发生在切削脆性金属（如铸铁）或以较低的切削速度和较小的切削厚度（$h_D < 0.1mm$）切削塑性材料的情况下，此时，前面上的压力和摩擦力不大，温度较低，磨损主要发生在后面上。如切削铸铁、精加工钢料或各种多齿刀具（如铣刀、齿轮刀具、螺纹刀具等）的切削加工。

在切削刃的工作长度上，后面磨损量是不均匀的。在刀尖处（C区），因强度和散热条件较差，故磨损量较大，其最大值为VC。主切削刃靠近工件外表面处（N区），由于上道工序的加工硬化层或毛坯硬皮等影响，被磨成较严重的深沟，以VN表示。因为深沟的部位正是主切削刃与待加工表面接触处，故该处的磨损又称为边界磨损。同样，在靠近刀尖的副切削刃的副后面上也有边界磨损。这是由于副后面与已加工表面的交界处，其切削厚度已渐趋于零，在该处产生切削刃的打滑，造成磨损。在后面磨损带中间部位（B区）上，磨损比较均匀，平均磨损带宽度以 VB 表示，而最大磨损带宽度以 VB_{max} 表示。

（二）前面磨损（月牙洼磨损）

切削塑性金属，切削速度较高和切削层公称厚度较大（$h_D > 0.5mm$）时，切屑急速流出，刀具前面与切屑产生剧烈摩擦，在刀-屑接触区形成很高的温度和压力，从而在前面上主切削刃附近形成一段月牙形洼坑，又称月牙洼磨损，如图 2-13a 所示。月牙洼中心温度最高。月牙洼与主切削刃之间有一条小棱边，在磨损过程中，月牙洼逐渐变深、变宽，棱边变窄，刃口强度降低，容易崩刃。前面磨损程度用月牙洼的深度 KT、月牙洼的宽度 KB 表示，如图 2-13b 所示。

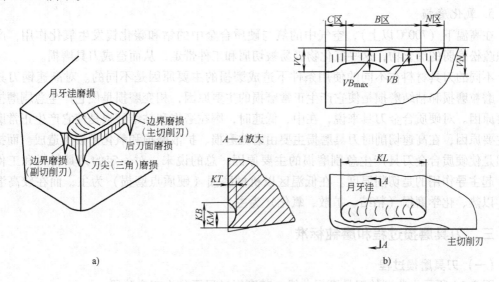

图 2-13　刀具磨损形式

（三）前、后面同时磨损

切削塑性金属，采用中等切削速度和中等进给量时（$h_D = 0.1 \sim 0.5mm$），多为前、后面同时磨损。

二、刀具磨损的原因

刀具磨损是发生在切削时的高温高压下，切削加工中伴随着多种物理、化学效应，因此磨损的原因很复杂。主要原因有以下几个方面：

1. **磨粒磨损**

磨粒磨损是指切削过程中工件或切屑上的硬质点，如工件材料中的碳化物、氧化物、剥落的积屑瘤碎片等，在刀具表面上刻划出沟痕而造成的磨损，也称机械磨损、磨料磨损。

2. **粘结磨损**

在高温高压的作用下，切屑与前面、工件表面与后面之间新鲜表面发生接触与摩擦，当接触面达到原子间距离时，就会产生材料分子之间的吸附粘结现象，而使两者粘结在一起。由于相对运动，粘结处将产生断裂，刀具材料的部分晶粒会被工件或切屑粘附带走，造成刀具的粘结磨损。

3. 相变磨损

用高速钢刀具切削，当切削温度超过其相变温度（550~600℃）时，刀具材料的金相组织发生转变，即由回火马氏体转变为奥氏体，硬度显著下降，从而使刀具迅速磨损。

4. 扩散磨损

在高温高压作用下，两个紧密接触的表面之间金属元素将互相扩散到对方材料中去，改变了原来材料的成分与结构。用硬质合金刀具切削时，硬质合金中的钨、钛、钴、碳等元素扩散到切屑和工件材料中去，而切屑中的铁扩散到硬质合金中，形成低硬度、高脆性的复合碳化物。这样改变了硬质合金的化学成分，使它的硬度和强度下降，加快了刀具磨损。

5. 氧化磨损

在高温下（700℃以上），空气中的氧与硬质合金中的钴和碳化钨发生氧化作用，产生组织疏松脆弱的氧化物，这些氧化物极易被切屑和工件带走，从而造成刀具磨损。

不同的刀具材料在不同的使用条件下造成磨损的主要原因是不同的。对高速钢刀具来说，磨粒磨损和粘结磨损是使它产生正常磨损的主要原因，相变磨损是使它产生急剧磨损的主要原因。对硬质合金刀具来说，在中、低速时，磨粒磨损和粘结磨损是使它产生正常磨损的主要原因，在高速切削时刀具磨损主要由磨粒磨损、扩散磨损和氧化磨损所造成。而扩散磨损是使硬质合金刀具产生急剧磨损的主要原因。总的说来，对一定的刀具材料和工件材料，起主导作用的是切削温度。在低温区以机械磨损（硬质点磨损）为主，而在较高温度区，以热、化学磨损（粘结、扩散、氧化）为主。

三、刀具磨损过程和磨钝标准

（一）刀具磨损过程

图 2-14 所示为典型的刀具磨损曲线，其磨损过程可分为三个阶段：

1. 初期磨损阶段 I（AB 段）

由于新刃磨后的切削刃和刀面上微观不平，峰顶棱角突出，与切屑和加工面实际接触面小，压应力较大，所以磨损较快。

2. 正常磨损阶段 II（BC 段）

因刀具上微观不平已被磨掉，表面变得平整、光洁，摩擦力小，接触面增大，压强减小，故磨损缓慢。磨损量 VB 值随时间的延续而均匀增加，切削稳定，是刀具工作的有效阶段。

3. 剧烈磨损阶段 III（CD 段）

此阶段刀具与工件接触情况急剧恶化、切削力与切削温度剧烈上升，导致磨损迅速增加，如不及时换刀或重磨，刀具会崩刃、断裂或烧毁。在使用刀具时，应避免达到这个磨损阶段。

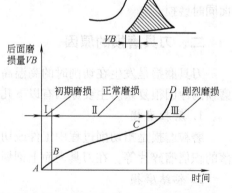

图 2-14 典型的刀具磨损曲线

（二）刀具磨钝标准

刀具磨损到一定限度就不能继续使用，必须重磨或更换新刀刃，这个磨损限度称为磨钝标准。一般刀具后面上都有磨损，它对加工质量、切削力和切削温度的影响比前面磨损显著，且易于控制和测量，因此，国际标准统一规定以 1/2 背吃刀量处后面上的磨损带宽度

VB 所允许达到的最大磨损量作为刀具的磨钝标准。粗加工的磨钝标准是根据能使刀具切削时间与可磨或可用次数的乘积最长为原则确定的，称之为经济磨钝标准；精加工的磨钝标准是在保证零件加工精度和表面粗糙度条件下制定的，因此 *VB* 值较小，该标准称之为工艺磨钝标准。自动化生产中用的精加工刀具，常以沿工件径向的刀具磨损尺寸作为磨钝标准，称为径向磨损量。表2-3 所列为硬质合金车刀的磨钝标准，可供使用时参考。

表 2-3　硬质合金车刀的磨钝标准

加 工 条 件	磨钝标准 VB/mm
精车	0.1 ~ 0.3
合金钢粗车、粗车刚性较差的工件	0.4 ~ 0.5
粗车钢料	0.6 ~ 0.8
精车铸铁	0.8 ~ 1.2
钢及铸铁大件低速粗车	1.0 ~ 1.5

四、刀具寿命

虽然规定了各种刀具的磨钝标准，但在实际生产中不可能经常停车测量刀具磨损量以判断是否达到规定的磨钝标准，为了更加方便、快速、准确地判断刀具的磨损情况，通常是用刀具寿命来间接反映刀具的磨钝标准。

(一) 刀具寿命的定义

刀具寿命是指刀具从开始切削至达到磨钝标准为止所经过的切削时间 T（min），有时也可用达到磨钝标准所加工零件的数量或切削路程表示。刀具寿命是一个判断刀具磨损量是否已达到磨钝标准的间接控制量，比直接测量后面磨损量是否达到磨钝标准要简便。

刀具寿命是一个重要参数。在相同切削条件下切削某种工件材料时，可以用寿命来比较不同刀具材料的性能；同一刀具材料切削各种工件材料时，可以用寿命来比较材料的切削加工性；还可以用寿命来判断刀具几何参数是否合理。

(二) 影响刀具寿命的因素

若磨钝标准相同，刀具寿命长，则表示刀具磨损慢。因此影响刀具磨损的因素，也就是影响刀具寿命的因素。

1. 工件材料的影响

工件材料的强度、硬度越高，导热性越差，刀具磨损越快，刀具寿命就会越短。

2. 切削用量的影响

对于某一切削加工，当工件、刀具材料和刀具几何参数确定之后，切削用量是影响刀具寿命的主要因素。切削用量三要素增加时，切削温度均要上升，使刀具磨损加剧，刀具寿命减短，其中影响最大的是切削速度，其次是进给量，影响最小的是背吃刀量。

（1）切削速度 v_c 与刀具寿命 T 的关系　切削速度对刀具寿命的影响如图 2-15 所示。由图可知，在一定的切削速度范围内，刀具寿命最长，提高或降低切削速度都会使刀具寿命缩短。这是因为开始时切削速度增大、切削温度随之增高，使工件和刀具材料的硬度都会降低，但是比较起来，工件材料硬度下降的幅度比刀具材料硬度下降的幅度更大，因此，刀具的磨粒磨损会随着温度的升高而减小。对硬质合金而言，温度升高使其冲击韧度增加，这也是刀具寿命提高的另一个原因。但当切削速度超过某一值时（此时刀具寿命最长），切削速度进一步提高，切削温度迅速升高，刀具材料硬度显著降低，磨粒磨损急剧增大，高速钢刀具将产生相变磨损，硬质合金刀具也将显著增加粘结磨损、扩散磨损和氧化磨损的程度，致使刀具寿命减短。从上述分析可知，各种刀具材料都有一个最佳切削速度范围。为了提高生产率，通常切削速度范

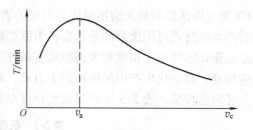

图 2-15　切削速度对刀具寿命的影响

围大多偏于图 2-15 所示曲线峰值的右方，用实验方法可得到在这个范围内切削速度和刀具寿命的关系

$$v_c = \frac{A}{T^m} \qquad (2\text{-}19)$$

式中　A——与切削条件有关的系数；

　　　m——表示切削速度对寿命影响程度的指数，其值越小，影响越大。

　　当车削中碳钢和灰铸铁时，m 值大致为：高速钢车刀，$m = 0.11$；硬质合金焊接刀，$m = 0.2$；硬质合金可转位车刀，$m = 0.25 \sim 0.3$；陶瓷车刀，$m = 0.4$。

　　（2）进给量 f、背吃刀量 a_p 与刀具寿命 T 的关系　进给量和背吃刀量增大，都会增加切削面积和切削热，使切削温度升高，刀具寿命减短；同时又使刀具散热条件得以改善，故切削温度上升较慢，对刀具寿命的影响不如切削速度显著。同样通过实验方法可得到进给量和背吃刀量与刀具寿命的关系

$$f = \frac{B}{T^n} \qquad (2\text{-}20)$$

$$a_p = \frac{C}{T^p} \qquad (2\text{-}21)$$

式中　B、C——与切削条件有关的系数；

　　　n、p——分别表示进给量和背吃刀量对寿命影响的指数，其值越小，影响越大。

　　综合式（2-19）、式（2-20）及式（2-21），可以得到切削用量三要素与寿命的关系

$$T = \frac{C_T}{v_c^{\frac{1}{m}} f^{\frac{1}{n}} a_p^{\frac{1}{p}}} = \frac{C_T}{v_c^x f^y a_p^z} \qquad (2\text{-}22)$$

式中　C_T——寿命系数，与刀具材料、工件材料和其他切削条件有关；

　x、y、z——各切削用量对刀具寿命影响的程度，通常 $x > y > z$。

　　当用 YT15 硬质合金车刀车削 $\sigma_b = 0.637\text{GPa}$（$65\text{kgf}/\text{mm}^2$）的碳钢时，切削用量与寿命的关系式为

$$T = \frac{C_T}{v_c^5 f^{2.25} a_p^{0.75}} \qquad (2\text{-}23)$$

　　　或　　　　　　　　　$$v_c = \frac{C_v}{T^{0.2} f^{0.45} a_p^{0.15}} \qquad (2\text{-}24)$$

式中　C_v——切削速度系数，与切削条件有关，其大小可查阅有关手册。

　　由式（2-24）可看出，切削速度对刀具寿命的影响最大，进给量其次，背吃刀量的影

响最小。这与切削用量对切削温度的影响规律是一致的，也反映出切削温度对刀具磨损、刀具寿命有着最重要的影响。所以，为了减小刀具磨损、提高刀具寿命，应该选大的背吃刀量、较大的进给量和合适的切削速度。

3. 刀具的影响

刀具本身的材料、几何参数也直接影响刀具寿命的长短。刀具材料的强度硬度越高，耐磨性越好；刀具材料的耐热性、导热性越好，刀具寿命就越长。合理选用刀具材料、采用涂层刀具材料和实用新型刀具材料，改善和提高刀具的切削性能，是提高刀具寿命和提高切削速度的重要途径之一。刀具几何参数中对刀具寿命影响较大的是前角和主偏角。增大前角可使切削力减小，切削温度降低，刀具寿命延长。但前角太大，刀具强度降低，散热差，导致刀具寿命减短。因此，应选取合理的刀具前角，以获得长的刀具寿命。减小主偏角、副偏角，增大刀尖圆弧半径可提高刀具强度和降低切削温度，均能延长刀具寿命。

（三）刀具寿命的合理数值

刀具寿命并不表征刀具的切削性能，而是人为的规定值。刀具寿命并不是越长越好。如果寿命选择过长，势必要选择较小的切削用量，结果使加工零件的切削时间大为增加，反而降低生产率，使加工成本提高。反之，如果寿命选择过短，虽然可以采用较大的切削用量，但却因为刀具很快磨损而增加了刀具材料的消耗和换刀、磨刀、调刀等辅助时间，同样会使生产率降低和成本提高。因此，加工时要根据具体的切削条件选择合适的刀具寿命。确定合理寿命的方法有两种：一是根据最低加工成本的原则来确定寿命（最低成本寿命 T_c），二是根据最高生产率的原则来确定寿命（最高生产率寿命 T_p）。一般 T_p 略低于 T_c。生产中常采用 T_c，但在任务紧迫或提高生产率对成本影响不大时可采用 T_p。刀具寿命推荐合理数值可在有关手册中查到，表 2-4 中的数据可供参考。

表 2-4 推荐的刀具寿命值

刀 具	寿命值/min
高速钢车刀	30 ~ 60
硬质合金焊接车刀	60
硬质合金可转位车刀	15 ~ 45
高速钢钻头	80 ~ 120
硬质合金端铣刀	120 ~ 180
齿轮刀具	200 ~ 300
自动机床及自动线用刀具	240 ~ 480

思考与练习题

2-1 金属切削过程的本质是什么？

2-2 如何划分切削变形区？三个变形区各有何特点？它们之间有什么关联？

2-3 切削变形用什么参数来表示？

2-4 常见的切屑形态有哪几种？一般在什么情况下生成？如何控制切屑形态？

2-5 什么是积屑瘤？积屑瘤形成的原因和条件是什么？积屑瘤对切削过程有哪些影响？如何抑制积屑瘤的产生？生产中最有效控制积屑瘤的手段是什么？

2-6　金属切削过程中为什么会产生切削力？车削时切削合力为什么常分解为三个相互垂直的分力来分析？试说明这三个分力的作用。

2-7　影响切削力的主要因素有哪些？

2-8　主偏角对切削力 F_p、F_f 有何影响？

2-9　背吃刀量和进给量对切削力的影响有何不同？

2-10　切削热是如何产生和传出的？仅从切削热产生的多少能否说明切削区温度的高低？为什么？

2-11　影响切削温度的主要因素有哪些？

2-12　简述前角、主偏角对切削温度的影响。

2-13　分析切削用量三要素对切削温度的影响规律。

2-14　背吃刀量和进给量对切削力和切削温度的影响是否一样？为什么？如何运用这一规律指导生产实践？

2-15　刀具的正常磨损过程可分为几个阶段？各阶段的特点是什么？刀具使用时磨损应限制在哪一阶段？

2-16　刀具磨损的主要原因是什么？

2-17　分析高速钢刀具在低、中速，硬质合金刀具在中、高速产生磨损的主要原因。

2-18　刀具磨损有几种形式？各在什么条件下产生？

2-19　什么叫刀具磨钝标准？

2-20　什么叫刀具寿命？影响刀具寿命的主要因素有哪些？

2-21　分析切削用量对刀具寿命的影响规律。

2-22　何谓最高生产率刀具寿命和最低成本刀具寿命？从提高生产率或降低成本的观点看，刀具寿命是否越长越好？为什么？

2-23　车削外圆时，工件转速 $n = 360 \text{r/min}$，切削速度 $v_c = 150 \text{m/min}$，测得此时电动机功率 $P_E = 3 \text{kW}$，设机床传动效率 $\eta = 0.8$，试求工件直径 d_w 和切削力 F_c。

2-24　用硬质合金车刀（$\gamma_o = +15°$，$\kappa_r = 45°$，$\lambda_s = +5°$）车削外圆，工件材料为 40Cr 钢，选用的 $v_c = 100 \text{m/min}$，$f = 0.2 \text{mm/r}$，$a_p = 3 \text{mm}$。试：

（1）计算切削力 F_c。

（2）校验机床功率（机床额定功率为 7.5kW，机床传动效率为 0.8）。

2-25　车削外圆如图 2-16 所示，图 2-16a ~ d 中各切削面积均相等，试比较：

（1）当 a_p 和 f 改变时（图 2-16a、b），切削力和切削温度有何变化？

（2）当 κ_r 改变时（图 2-16c、d），切削力和切削温度（或刀具寿命）有何变化？

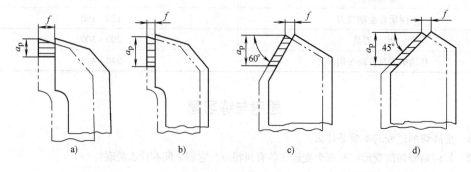

a)　　　　　　　b)　　　　　　　c)　　　　　　　d)

图 2-16　习题 2-25 图

a) $f = 1$，$a_p = 1$　b) $f = 0.5$，$a_p = 2$　c) $f = 0.5$，$a_p = 2$　d) $f = 0.5$，$a_p = 2$

第三章　金属切削条件的合理选择

合理选择金属切削条件，就是要保证按所选切削条件进行加工能获得最大的技术经济效益，即在保证产品质量合格的前提下，尽可能地降低加工成本和提高生产率。

影响金属切削技术经济效益的因素很多，涉及的问题也很复杂，如厂房设备、企业管理、工人素质、其他加工条件等，本章仅讨论几个与金属切削过程有密切关系的问题，它们是刀具角度、刀具材料、切削用量、切削液和材料的切削加工性等。

第一节　切削加工技术经济指标

技术经济效果 E，就是在实现技术方案时，输出的使用价值 V（也称效益）与输入的劳动耗费 C 之间的比值，即

$$E = \frac{V}{C} \tag{3-1}$$

使用价值是指生产活动创造出来的劳动成果，包括质量和数量两个方面。

劳动耗费是指生产过程中消耗与占用的劳动量、材料、动力、工具和设备等，这些往往以货币的形式表示，称为费用消耗。

切削加工最优的技术经济效果，是指在可能的条件下，以最低的成本高效率地加工出质量合格的零件。即要尽量做到使用价值一定，劳动耗费最小；或劳动耗费一定，使用价值最大。

切削加工的主要技术经济指标包括产品质量、生产率、经济性三个方面，其中产品质量是指零件经切削加工后的质量，包括精度和表面质量（这部分请参阅本书第三篇）。

一、生产率

切削加工中，常以单位时间内的生产合格零件数量来表示生产率，即

$$R_o = \frac{1}{t_w} \tag{3-2}$$

式中　R_o——生产率；

　　　t_w——生产一个零件所需的总时间。

在机床上加工一个零件，所用的总时间包括三个部分，即

$$t_w = t_m + t_c + t_o \tag{3-3}$$

式中　t_m——基本时间，是指直接改变工件的尺寸、形状、相对位置、表面状态或材料性质等工艺过程所消耗的时间。即加工一个零件所需的总切削时间，也称为机动时间；

　　　t_c——辅助时间，是指为实现上述工艺过程必须进行的各种辅助动作所消耗的时间。亦即除切削时间之外，与加工直接有关的时间。例如装卸工件、操作机床、改变切削用量、测量工件等所用的时间；

　　　t_o——其他时间，亦即除切削时间之外，与加工没有直接关系的时间。它包括擦拭、

润滑机床，清除切屑及自然需要时间等。

基本时间和辅助时间的总和称为作业时间。

所以，生产率又可表示为

$$R_o = \frac{1}{t_w} = \frac{1}{t_m + t_c + t_o} \qquad (3\text{-}4)$$

由式（3-4）可知，提高切削加工的生产率，实际就是设法减少零件加工的基本时间、辅助时间及其他时间。

二、经济性

经济性是指切削加工方案应使产品在保证其使用要求的前提下制造成本最低。产品的制造成本是指费用消耗的总和。它包括两大类费用：一类是与工艺过程直接有关的费用，称为工艺成本，约占生产成本的70%～75%，通常包括毛坯或原材料费用、生产工人工资、机床设备的使用及折旧费、工夹量具的折旧和修理费用、车间和企业管理费用等。另一类是与工艺过程无直接关系的费用，如行政人员的工资，厂房折旧与维护，照明、取暖和通风等。在同一生产条件下这一类费用大体上不变，所以对工艺方案进行经济性分析时可以不予考虑。

若将毛坯成本除外，则每个零件切削加工的费用可用下式计算

$$C_w = t_w M + \frac{t_m}{T} C_t = (t_m + t_c + t_o) M + \frac{t_m}{T} C_t \qquad (3\text{-}5)$$

式中　C_w——每个零件切削加工的费用；

　　　M——单位时间分担的全厂开支，包括工人工资、设备和工具的折旧及管理费用等；

　　　T——刀具寿命；

　　　C_t——刀具刃磨一次的费用。

由式（3-5）可知，零件切削加工的成本，包括工时成本和刀具成本两部分，并且受基本时间、辅助时间、其他时间及刀具寿命的影响。若要降低零件切削加工的成本，除节约全厂开支、降低刀具成本外，还要设法减少 t_m、t_c 和 t_o，并保证一定的刀具寿命 T。

第二节　刀具的选择

一、刀具材料的选择

刀具的切削性能取决于构成刀具切削部分的材料、几何形状和结构尺寸。刀具材料的切削性能关系着刀具的寿命、生产率、加工质量和加工成本，其工艺性又影响着刀具本身的制造和刃磨质量。因此，对于某一特定的切削加工，合理地选择刀具材料是很重要的。

（一）刀具材料应具备的基本性能

刀具材料是指刀具切削部分的材料。由于刀具的切削部分在很高的切削温度下工作，连续经受强烈的摩擦，并承受很大的切削力和冲击力，因此刀具材料必须具备下列基本性能：

1. 高的硬度和耐磨性

硬度是指材料抵抗其他物体压入其表面的能力。只有刀具材料具备高的硬度，刀具才能切入工件。刀具材料的硬度必须高于工件材料的硬度，常温硬度一般要求在60HRC以上。

耐磨性是指材料抵抗机械摩擦和磨料磨损的能力。一般来说，材料的硬度越高，耐磨性越好。高的耐磨性可使刀具承受剧烈的摩擦。此外，材料的耐磨性还取决于材料的化学成分、显微组织等。

2. 足够的强度和韧性

刀具材料只有具备足够的强度和韧性，才能承受切削力以及切削时产生的冲击和振动，以免刀具脆性断裂和崩刃。这两项指标常用抗弯强度和冲击韧度值来评定。

3. 高的耐热性与化学稳定性

耐热性（热稳定性）是指刀具材料在高温下仍能保持其切削性能（硬度、强度、韧性等）的能力。常用热硬温度，即维持切削性能的最高温度来评定。耐热性越好，则允许的切削速度越高，同时抵抗切削刃塑性变形的能力越强。

化学稳定性是指刀具材料在高温下不易和工件材料及周围介质发生化学反应的能力。化学稳定性越好，刀具磨损越慢。

此外，为便于刀具本身的制造和刃磨，刀具材料还应具备良好的工艺性能，如锻造性能、切削性能、磨削性能、焊接性能及热处理性能等。同时，刀具材料还应考虑其经济性，应尽可能是我国资源丰富、价格低廉的品种。

目前尚没有一种刀具材料，能全面满足上述要求，因此必须了解常用刀具材料的性能和特点，以便根据工件材料的性能和切削要求，选用合适的刀具材料。

（二）常用刀具材料及其选用

刀具材料的种类很多，常用的有工具钢（如碳素工具钢、合金工具钢、高速钢）、硬质合金、超硬刀具材料（如陶瓷材料、人造金刚石和立方氮化硼）等几类。碳素工具钢、合金工具钢因切削性能较差，仅用于制作手工锯条、锉刀等低速、手动工具。金属陶瓷、立方氮化硼和金刚石，它们的硬度和耐磨性都很好，但成本很高、性脆、抗弯强度较低，目前尚只在较小的范围内使用。目前在切削加工中使用最多的刀具材料是高速钢和硬质合金。

1. 高速钢

高速钢是含有较多钨、钼、铬、钒等合金元素的高合金工具钢，它允许的切削速度比碳素工具钢及合金工具钢高1～3倍，故称为高速钢，又称锋钢或风钢。

高速钢具有较高的硬度和耐热性，热处理后硬度可达63～70HRC，在切削温度达540～650℃时，仍能进行切削。

高速钢强度、韧性和工艺性能均较好，其抗弯强度一般为硬质合金的2～3倍，为陶瓷的5～6倍，能锻造，因此在形状复杂的刀具（钻头、丝锥、成形刀具、铣刀、拉刀、齿轮加工刀具等）和小型刀具制造中，高速钢占有重要地位。高速钢刀具容易磨出锋利的切削刃，所以广泛用于普通的中、低碳钢及有色金属等低硬度、低强度工件的切削加工。但高速钢的硬度、耐磨性、耐热性不及硬质合金，因此只适于制造中、低速切削的各种刀具。

高速钢按用途（切削性能）不同，可分为通用型高速钢和高性能高速钢；按基本化学成分，高速钢可分为钨系和钨钼系；按制造工艺方法不同，则有熔炼高速钢和粉末冶金高速钢。

通用型高速钢（如 W18Cr4V、W6Mo5Cr4V2）是切削硬度在280HBW以下的大部分结构钢和铸铁的基本刀具材料，应用最为广泛，切削速度一般不高于60m/min。高性能高速钢（如 W6Mo5Cr4V2Co8、W6Mo5Cr4V2Al）是在普通高速钢中增加一些含碳、钒元素及添加钴、铝等合金元素，制成高碳高速钢、高钒高速钢、钴高速钢及超硬高速钢等高性能高速钢，其性能（硬度、耐热性、耐磨性等）进一步提高，用于切削高强度钢，高温合金、钛合金等难加工材料，在用中等速度加工软材料时，优越性不明显。普通高速钢都是熔炼而成的，而粉末冶金高速钢是用高压氩气或纯氮气雾化熔融的高速钢钢水，直接得到细小的高速钢粉末，在高温下压制成致密的钢坯，而后锻轧成钢材或刀具形状。其结晶组织细小均匀，具有良好的力学性能和可磨削加工性，淬火时的变形及残余应力小。粉末冶金高速钢适于制造切削难加工材料的刀具、大尺寸刀具和精密刀具等。常用高速钢的牌号、性能及应用范围见表 3-1。

表 3-1　常用高速钢的牌号、性能及应用范围

类　别		牌　号	硬度 HRC	抗弯强度/GPa	冲击韧度/（MJ/m²）	600℃时硬度 HRC	主要性能和使用范围
通用型高速钢		W18Cr4V（T1）	63～66	3.0～3.4	0.18～0.32	48.5	综合性能好，可磨性好，适用于制造加工轻合金、碳素钢、合金钢、普通铸铁的精加工和复杂刀具，如螺纹车刀、成形车刀、拉刀等
		W6Mo5Cr4V2（M2）	63～66	3.5～4.0	0.30～0.40	47～48	强度和韧性略高于 W18，热硬性略低于 W18，热塑性好，适于制造加工轻合金、碳钢、合金钢的热成形刀具及承受冲击、结构薄弱的刀具
		W9Mo3Cr4V	65～66.5	4～4.5	0.343～0.392	—	高温热塑性好，而且淬火过热、脱碳敏感性小，有良好的切削性能
高性能高速钢	高碳	9W18Cr4V（9W18）	66～68	3.0～3.4	0.17～0.22	51	属高碳高速钢，常温硬度和高温硬度有所提高，适用于制造加工普通钢材和铸铁，耐磨性要求较高的钻头、铰刀、丝锥、铣刀和车刀等
	高钒	W6Mo5Cr4V3（M3）	65～67	≈3.136	≈0.245	51.7	属高钒高速钢，耐磨性很好适合切削对刀具磨损较大的材料，如纤维、硬橡胶、塑料等，也用于加工不锈钢、高强度钢和高温合金等
	超硬	W2Mo9Cr4VCo8（M42）	67～69	2.7～3.8	0.23～0.30	55	属含钴超硬高速钢，有很高的常温和高温硬度，适合加工高强度耐热钢、高温合金、钛合金等难加工材料，耐磨性好，适于作精密复杂刀具
		W6Mo5Cr4V2Co8（M36）	66～68	≈2.92	≈0.294	54	常温硬度和耐磨性都很好，高温硬度接近 M42 钢，适用于加工耐热不锈钢、高温合金、高强度钢等难加工材料
		W6Mo5Cr4V2Al（501）	67～69	2.9～3.9	0.23～0.30	55	属含铝超硬高速钢，切削性能相当于 M42，宜于制造铣刀、钻头、铰刀、齿轮刀具和拉刀等，用于加工合金钢、不锈钢、高强度钢和高温合金等
		W10Mo4Cr4V3Al（5F-6）	67～69	3.1～3.5	0.20～0.28	54	属含铝超硬高速钢，切削性能相当 M42，宜于制造铣刀、钻头、铰刀、齿轮刀具和拉刀等，用于加工合金钢、不锈钢、高强度钢和高温合金

2. 硬质合金

硬质合金是由高硬度、高熔点的金属碳化物和金属粘结剂在高温下烧结而成的粉末冶金制品。用作切削刀具的硬质合金常用的金属碳化物是 WC 和 TiC，粘结剂以钴为主。硬质合金的常温硬度为 89~93HRA，能耐 800~1000℃ 的高温，其硬度、耐磨性、耐热性均高于高速钢，故其寿命和许用切削速度比高速钢高得多，可加工包括淬硬钢在内的多种材料，因此得到了广泛的应用。目前大部分车刀已采用硬质合金，其他切削刀具采用硬质合金的也日益增多，如硬质合金端铣刀已取代了高速钢端铣刀而占主要地位。但硬质合金的抗弯强度、冲击韧度远比高速钢低，所以很少用于制造整体刀具。一般用它制成各种形状的刀片，焊接或直接夹固在刀体上使用。硬质合金的种类和牌号很多，GB/T 18376.1—2008 将切削工具按硬质合金分为三类、若干组：

(1) K 类硬质合金　K 类表示短切削加工用硬质合金，主要由 WC 和 Co 组成。这类硬质合金的抗弯强度较高，韧性较好，热导率大，容易磨出锐利的刃口，适于加工带短切屑的黑色金属、有色金属和非金属材料，如铸铁、青铜等脆性金属；它可以用来加工不锈钢和高温合金等难加工材料。由于其耐热性和耐磨性较差，因此一般不用于普通钢材的加工。

K 类硬质合金常用的牌号有 YG3、YG6、YG8 等，其中数字表示 Co 质量分数。含 Co 量越高，则冲击韧度越好，Co 的含量较少者，较脆较耐磨。因此，YG8 适于粗加工，YG3 适于精加工，而 YG6 适于半精加工。

(2) P 类硬质合金　P 类表示长切削加工用硬质合金，主要由 WC、TiC 和 Co 组成。这类硬质合金中含有 TiC，它的硬度、耐磨性、耐热性、抗粘性、抗氧化及抗扩散能力均较 YG 类硬质合金高，但抗弯强度较低，因此适于加工带切屑的黑色金属，如高速加工钢料。但在低速切削钢料时（如多轴自动车床上加工小直径棒料），由于切削过程不太平稳，P 类合金的韧性差，容易产生崩刃，这时反不如 K 类合金。在加工含钛的不锈钢和钛合金时，不宜采用 P 类硬质合金。这时容易产生严重的粘刀现象，加剧刀具磨损。

P 类硬质合金常用的牌号有 YT5、YT15、YT30 等，其中数字表示 TiC 的含量。TiC 的含量越高，则其硬度、耐磨性和耐热性越好，而强度和韧性越差，所以 YT30 适于精加工，YT5 适于粗加工，YT15 适于半精加工。

(3) M 类硬质合金　M 类表示长切削或短切削加工用硬质合金，在 WC 基硬质合金中加入少量的 TaC 或 NbC，以细化晶粒，提高韧性和耐磨性，使其具有较好的综合切削性能。因此，这类合金既可用来加工铸铁和有色金属及其合金，又可加工钢以及高温合金、不锈钢等难加工材料，因而有"通用硬质合金"之称。

为了改善硬质合金的切削性能，满足各种难加工材料的切削加工，又出现了一些新型的硬质合金，如超细晶粒硬质合金、碳化钛基硬质合金、钢结硬质合金等。

我国硬质合金牌号见 GB/T 18376.1—2008《切削工具用硬质合金牌号》。常用硬质合金牌号、性能及使用范围见表 3-2。

3. 涂层刀具材料

在韧性较好的硬质合金或高速钢刀具基体表面，通过化学或物理方法涂覆一层耐磨性高的难熔金属化合物，使合金既有高硬度和高耐磨性的表面，又有强韧的基体。一般情况下，涂层高速钢刀具的寿命较未涂层的可提高 2~10 倍，而涂层硬质合金刀具的寿命可提高 1~3 倍。国内涂层硬质合金刀片有 CN、CA、YB 等系列。

常用的涂层材料有：TiC、TiN、Al_2O_3等。TiC 的硬度高，耐磨性好。对于会产生剧烈磨损的刀具，TiC 涂层较好。TiN 与金属的亲和力小，润湿性能好。在容易产生粘结的条件下，TiN 涂层较好。在高速切削产生大量热量的场合，以采用 Al_2O_3 涂层为好，因为 Al_2O_3 在高温下有良好的热稳定性。除了单涂层外，还可采用复合涂层，如 TiC 与 TiN 复合涂层（里层 TiC、外层 TiN）、TiC-Al_2O_3复合涂层和 $TiNAl_2O_3TiC$ 三涂层硬质合金。常用的涂层方法有化学气相沉积法（CVD 法）和物理气相沉积法（PVD 法）。CVD 法的沉积温度约 1000℃，适用于硬质合金刀具，PVD 法的沉积温度约 500℃，适用于高速钢刀具。

表 3-2　常用硬质合金的牌号、性能及使用范围

类别	牌号	力学性能			使用性能			使用范围	
		硬度		抗弯强度/GPa	耐磨	耐冲击	耐热	材料	加工性质
		HRA	HRC						
P 类	YG3	91	78	1.08	↑	↓	↑	铸铁，有色金属	连续切削时精、半精加工
	YG6X	91	78	1.37				铸铁，耐热合金	精加工、半精加工
	YG6	89.5	75	1.42				铸铁，有色金属	连续切削粗加工、间断切削半精加工
	YG8	89	74	1.47	↓			铸铁，有色金属	间断切削粗加工
K 类	YT5	89.5	75	1.37	↑	↑	↓	钢	粗加工
	YT15	91	78	1.13				钢	连续切削粗加工、间断切削半精加工
	YT30	92.5	81	0.88	↓			钢	连续切削精加工
M 类	YW1	92	80	1.28	较好	较好		难加工钢材	精加工、半精加工
	YW2	91	78	1.47	好			难加工钢材	半精加工、粗加工

4. 陶瓷材料

陶瓷刀具是以氧化铝（Al_2O_3）或氮化硅（Si_3N_4）为主要成分，经压制成形后烧结而成的刀具材料。其硬度可达到 91～95HRA，摩擦因数小，耐磨性好，耐热性好，在 1200℃高温时仍能保持 80HRA 的硬度，且化学稳定性好，耐氧化，抗粘结能力强，不易产生积屑瘤，加工表面光洁，广泛用于高速切削加工中。但其最大的缺点是脆性大，抗弯强度和冲击韧度很低，切削时容易崩刃，因此，主要用于半精加工和精加工高硬度、高强度和冷硬铸铁等材料。常用的陶瓷材料有：氧化铝陶瓷、氧化铝复合陶瓷、氮化硅基陶瓷等。

为了提高陶瓷刀片的强度和韧性，可在矿物陶瓷中添加高熔点、高硬度的碳化物（TiC）和一些其他金属（如镍、钼）以构成复合陶瓷。一些新型复合陶瓷（如金属陶瓷）的性能已大大提高，也可用于冲击负荷下的粗加工。

我国的陶瓷刀片牌号有：AM、AMF、AT76、SG4、LT35、LT55 等。

5. 金刚石

金刚石是碳的同素异构体，是自然界中最硬的材料。金刚石刀具具有如下特点：硬度极高（接近 10000HV，而硬质合金仅达 1000～2000HV），耐磨性很好；摩擦因数小（所有刀具材料中最小的）；不产生积屑瘤；切削刃极锋利，能切下极薄的切屑，加工工件的表面质量很高。它可切削极硬的材料而长时间保持尺寸的稳定性。但其主要缺点是耐热性差（切

削温度不得超过800℃），抗弯强度低，脆性大，对振动敏感，与铁有很强的化学亲和力，易产生粘结作用而加快刀具磨损，故不宜于加工铁族金属。人造金刚石主要用于模具和磨料，用作切削刀具时，多用于高速精细车削或镗削有色金属及其合金和非金属材料。尤其是加工硬质合金、陶瓷、高硅铝合金、玻璃等高硬度、高耐磨性的材料时，具有很大的优越性。

金刚石材料有三种：天然金刚石、人造聚晶金刚石（PCD）及金刚石复合刀片。天然金刚石虽然切削性能优良，但价格昂贵，故很少使用。人造聚晶金刚石是在高温高压下将金刚石微粉聚合而成的多晶体材料，其硬度比天然金刚石稍低，但抗弯强度大大提高，且价格较低。金刚石复合刀片是在硬质合金刀片的基体上烧结一层约0.5mm厚的聚晶金刚石而构成的。它的强度高，材质稳定，能承受冲击载荷，是金刚石刀具的发展方向。

6. 立方氮化硼（CBN）

立方氮化硼（CBN）是人工合成的又一种高硬度材料，硬度达8000~9000HV，仅次于金刚石。但它的耐热性和化学稳定性都大大高于金刚石，能耐1300~1500℃的高温，其最大优点是与铁族金属的亲和力小，在1200~1300℃高温时也不会与铁族金属发生化学反应。它抗粘结能力强，与钢的摩擦因数小。因此，它的切削性能好，不但适于非铁族难加工材料的加工，也适于铁族材料的加工。但在高温下与水易发生化学反应，故一般用于钢和铸铁的干切削。

CBN和金刚石刀具脆性大，故使用时机床刚性要好，尽量避免冲击和振动。它主要用于连续切削。

刀具材料主要根据工件材料、刀具形状和类型及加工要求等进行选择。加工一般材料时，大量使用的仍是高速钢和硬质合金，只有在加工难加工材料或精密加工时，才考虑选用其他刀具材料。

二、刀具角度的选择

刀具角度对切削时金属的变形、切削力、切削温度、刀具磨损、已加工表面质量等都有显著的影响，因此需合理选择刀具角度。即所选刀具角度在保证加工质量的前提下，能够充分发挥刀具的切削性能，获得最高的刀具寿命，从而达到提高切削效率或降低生产成本的目的。刀具合理几何参数的选择主要决定于工件材料、刀具材料、刀具类型及其他具体工艺条件，如切削用量、工艺系统刚性及机床功率等。同时还要考虑各参数之间存在着相互依赖、相互制约的作用，因此应综合考虑各种参数的影响以便进行合理的选择。

一般地说，粗加工时，应着重考虑提高生产率和刀具寿命；而精加工时，则着重考虑保证加工质量。下面以车刀为例，分析几个主要角度对切削加工的影响和作用，提出选用原则，并介绍一些参考值。对于其他种类的刀具，则要把这些原则与刀具的结构特点和工作条件结合起来，进行分析和研究，以便选用合理的角度值。

（一）前角的作用及选择

前角是刀具最重要的角度之一，对切削的难易程度影响很大。前角的大小决定着切削刃的锋利程度，当取较大的前角时，切削刃锋利，切削轻快（即变形小、切削力小）。增大前角还可抑制积屑瘤、鳞刺等现象的产生，提高表面加工质量。但当前角过大时，切削刃和刀尖强度变弱，散热条件和受力状态变差，将使刀具磨损加快，寿命降低，甚至崩刃损坏。综合前角对刀具"锐"和"固"的影响，选择原则应为"锐字当先，锐中求固"。即前角大小的选择总的原则是，在保证刀具寿命要求的条件下，尽量取较大值。实践证明，刀具合理前角的大小主要取决于工件材料、刀具材料以及工件的加工要求。具体选择原则如下：

1. 考虑工件材料

加工塑性材料（如钢）时，为减小切削变形和切削力，应取较大的前角；加工脆性材料（如铸铁）时，为增加刃口强度，应选较小的前角。工件材料的塑性越大，前角应越大。工件材料的强度和硬度较低时，应取较大的前角；反之应取较小的前角，甚至取负值（如用硬质合金刀具加工特别硬的材料）。

2. 考虑刀具材料

刀具材料强度、韧性好，前角可选得大些；反之强度、韧性较低，脆性较大的刀具材料应选较小的前角。例如，高速钢刀具强度、韧性好，可选较大的前角；硬质合金脆性较大，故前角应较小；陶瓷刀具脆性更大，前角应更小。

3. 考虑加工要求

粗加工和断续切削时，切削力和冲击较大，为提高切削刃强度应选较小的前角；精加工时，为保证表面加工质量，应使切削刃锋利，故前角应选大些。成形刀具为了减少刃形误差，前角取较小值，有时可取 0°。在用硬质合金或陶瓷刀具进行粗加工或半精加工时，常在刃口上磨出很窄的负前角倒棱面（图 3-1）。它对提高刀具刃口强度、改善散热条件及提高刀具寿命都有很明显的效果。由于其宽度较小，它没有改变前角的作用，对切削力影响不大。一般取

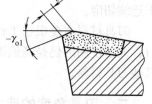

$$b_{\gamma 1} = (0.3 \sim 0.8) f, \quad \gamma_{o1} = -30° \sim -5°$$

当机床功率不足或工艺系统刚性较差时，为了减小切削力和切削功率，减轻振动，可取较大的前角。

图 3-1　负前角倒棱面

通常硬质合金车刀的前角在 -5° ~ 20° 范围内选取，高速钢刀具的前角应比硬质合金大 5° ~ 10°，而陶瓷刀具的前角一般取 -15° ~ -5°。表 3-3 所列为硬质合金车刀的前角值，可供选择时参考。

表 3-3　硬质合金车刀的前角值

工件材料	碳钢 σ_b/GPa				40Cr	调质 40Cr	不锈钢	高锰钢	钛及钛合金
	≤0.445	≤0.558	≤0.784	≤0.98					
前角（°）	25 ~ 30	15 ~ 20	12 ~ 15	10	13 ~ 18	10 ~ 15	15 ~ 30	3 ~ -3	5 ~ 10

工件材料	淬硬钢					灰铸铁		铜			铝及铝合金
	38 ~ 41 HRC	44 ~ 47 HRC	50 ~ 52 HRC	54 ~ 58 HRC	60 ~ 65 HRC	≤220HBW	>220HBW	纯铜	黄铜	青铜	
前角（°）	0	-3	-5	-7	-10	12	8	25 ~ 30	12 ~ 25	5 ~ 15	25 ~ 30

（二）后角的作用及选择

后角的主要作用是减小刀具后面与工件表面之间的摩擦，并配合前角调整切削刃的

锋利与强固，其大小对刀具寿命和加工表面质量有很大影响。后角大，摩擦小，切削刃锋利；后角也不能过大，后角过大虽然能使刃口锋利，但另一方面会使刃口强度降低，散热条件变差，加速刀具磨损，从而降低刀具寿命。因此，后角大小总的选择原则应是在保证加工质量和刀具寿命的前提下，取小值。合理后角的大小主要取决于切削厚度（进给量），同时也与工件材料、工艺系统的刚性有关。对于后角的合理选择，一般应遵循下列几条原则：

1）粗加工、强力切削及承受冲击载荷的刀具，要求切削刃有足够强度，应取较小的后角（$3° \sim 6°$）；精加工时或连续切削时，为保证已加工质量，应取较大的后角。通常，切削厚度越大，刀具后角越小。车刀后角在进给量 $f \leqslant 0.25\mathrm{mm/r}$ 时，可取 $10° \sim 12°$；在 $f > 0.25\mathrm{mm/r}$ 时，可取 $5° \sim 8°$。

2）工件材料硬度、强度较高时，为保证切削刃强度，宜取较小的后角；工件材质较软、塑性较大或易加工硬化时，后面的摩擦对已加工表面质量及刀具磨损影响较大，应适当加大后角；加工脆性材料时，切削力集中在刃区附近，宜取较小的后角；但加工特别硬而脆的材料，在采用负前角的情况下，必须加大后角才能造成切削刃切入的条件，一般取 $12° \sim 15°$。

3）工艺系统刚性差，容易出现振动时，应适当减小后角。为了减小或消除振动，还可以在车刀后面上磨出 $b_{\alpha 1} = 0.1 \sim 0.3\mathrm{mm}$、$\alpha_{o1} = -10° \sim -5°$ 的消振棱，如图3-2所示。

4）各种有尺寸精度要求的刀具，为了限制重磨后刀具尺寸的变化，宜取较小的后角。

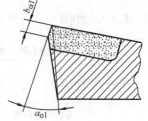

图3-2　消振棱

副后角的作用主要是减小副后面与已加工表面之间的摩擦。一般取其等于主后角或略小一些。切断刀和切槽刀的副后角，受刀头结构强度和重磨后在槽宽方向尺寸过小的限制，只能取得很小，一般取 $\alpha'_o = 1° \sim 2°$。

（三）主偏角和副偏角的作用及选择

主偏角和副偏角主要影响刀具寿命、加工表面的粗糙度和切削力（各切削分力的大小和比例）。

当背吃刀量和进给量一定时，主偏角越小，切削宽度越大而切削厚度越小，即切下薄而宽的切屑。这样主切削刃单位长度上的负荷较轻，切削刃参加切削的长度长，刀尖角增大，提高了刀尖强度，改善了切削刃散热条件，对提高刀具寿命有利。而且，当主、副偏角小时，已加工表面残留面积的高度小，可以减小表面粗糙度的数值。但是，主偏角较小时，背向切削力 F_p 大，容易使工件或刀杆（孔加工刀具）产生弹性变形而引起"让刀"现象，并且可能引起工艺系统振动，影响加工质量。而副偏角过小会增大副后面与已加工表面之间的摩擦。

总之，主偏角的选择主要考虑工艺系统的刚性。总的原则是：在不产生振动的条件下取小值。如工艺系统刚性好，不易产生变形和振动，则主偏角可取小值，如取主偏角 $\kappa_r = 30° \sim 45°$；当系统刚性差（如车削细长轴）或强力切削时，则取大值，如取 $\kappa_r = 60° \sim 75°$，甚至可取 $\kappa_r = 90° \sim 93°$。此外，主偏角的选择还要考虑到工件形状、切削冲击和切削控制等方面的要求。如车削台阶轴时，取 $\kappa_r = 90°$，镗不通孔取 $\kappa_r > 90°$ 等；而一把通用性较好的 $\kappa_r = 45°$ 的弯头车刀可先后完成端面、外圆和倒角的加工；工件材料的强度、硬度很高时，为了保证刀具的强度和寿命，常取较小的主偏角，如切削冷硬铸铁和淬硬钢时，取 $\kappa_r = 15°$。主偏角小，易形成长而连续的螺旋屑，不利于断屑，故对自动化加工来说，宜取较大的主偏角。车刀主、副偏角参考值见表3-4。图3-3所示为三种常用车刀主偏角的形式。

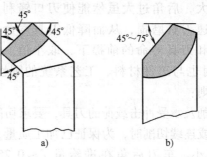
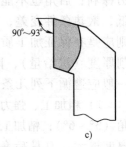

图3-3　三种常用车刀主偏角的形式
a）45°弯刀　b）尖头刀　c）90°偏刀

副偏角的大小主要根据表面粗糙度的要求选取。为了降低工件表面粗糙度值，通常取较小的副偏角，一般为5°～10°，粗加工时取大值，精加工时应取小值。为了提高刀尖强度，有时也可在刀尖处磨出圆弧或直线过渡刃，如图3-4a、b所示。必要时可磨出一段副偏角为零的修光刃以减小表面粗糙度值，如图3-4c所示。

表3-4　车刀主、副偏角参考值

加 工 情 况		主偏角 κ_r	副偏角 κ'_r
粗车，无中间切入	工艺系统刚性好	45°，60°，75°	5°～10°
	工艺系统刚性差	65°，75°，90°	10°～15°
车削细长轴，薄壁件		90°，93°	6°～10°
精车，无中间切入	工艺系统刚性好	45°	0°～5°
	工艺系统刚性差	65°，75°	0°～5°
车削冷硬铸铁，淬火钢		10°～30°	4°～10°
从工件中间切入		45°～60°	30°～45°
切断刀、切槽刀		60°～90°	1°～2°

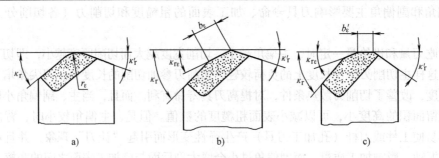

图3-4　过渡刃与修光刃
a）圆弧过渡刃　b）直线过渡刃　c）修光刃

（四）刃倾角的作用及选择

刃倾角的主要作用可归纳为以下几个方面：

1. 影响刀头强度和散热条件

负的刃倾角可以增强刀尖强度。如图3-5所示，当刃倾角由正值变至负值时，刃口将从受弯变为受压，而且开始切入工件时，刀刃或前面首先接触工件，可使刀尖免受冲击；同时使刀头体积增大，强度增加，进而改善了散热条件，有利于提高刀具寿命。如图3-5b所示，当刃倾角为0时，切削刃同时切入切出，冲击力大；如图3-5a、c所示，当刃倾角不为0时，切削刃逐渐切入工件，冲击小，而且刃倾角越大，切削刃工作长度越长，切削过程越平稳。

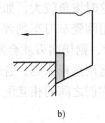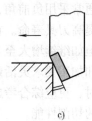

图3-5　刃倾角对刀尖强度的影响（$\kappa_r = 90°$刨刀刨削工件）
a) $\lambda_s > 0$　b) $\lambda_s = 0$　c) $\lambda_s < 0$

2. 影响切屑流出方向

图3-6所示为刃倾角对排屑方向的影响。可以看出，当刃倾角为0时，切屑沿垂直主切削刃的方向流出；当刃倾角大于0时，切屑流向待加工表面；当刃倾角小于0时，切屑流向已加工表面。因此，精加工时刃倾角应取正值，使得切屑流向待加工表面，防止缠绕和刺伤已加工表面。

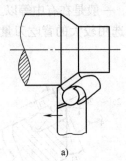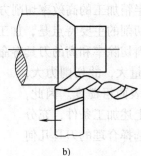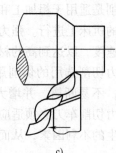

图3-6　刃倾角对排屑方向的影响
a) $\lambda_s = 0$　b) $\lambda_s < 0$　c) $\lambda_s > 0$

3. 影响切削刃的锋利性

斜角切削时，刀具的工作前角和工作后角将随刃倾角的绝对值增大而增大，而切削刃钝圆半径却随之减小，于是自然增大了切削刃的锋利性。因此，大刃倾角可增加刀具的切薄能力，降低切削力。生产中常通过采用大刃倾角的方法来增大实际前角，以达到提高刀具锐利性的目的。

4. 影响切削力的大小和方向

一般，刃倾角为正时，切削力降低；刃倾角为负时，切削力增大。特别是当负刃倾角绝对值增大时，径向力会显著增大，易导致工件变形和工艺系统振动。

刃倾角的选用可参照表3-5。在微量（$a_p = 5 \sim 10\mu m$）精加工中，为了提高刀具的锋利性和切削能力，可采用较大的正刃倾角（30°~60°）。例如，大刃倾角外圆精车刀、大刃倾角精刨刀、大螺旋角圆柱铣刀、大螺旋角立铣刀、大螺旋角铰刀和丝锥等，近年来都获得了广泛的应用。当工艺系统刚性较差时，一般刃倾角不宜取负值，以避免导致背向力增加而导致振动。

应该指出，刀具各角度之间是互相联系、互相影响的。孤立地选择某一角度并不能得到合理的刀具角度。例如，前角改变将使刀具的合理后角发生变化。在加工硬度较高的工件材料时，为了增加切削刃的强度，一般取较小的后角。但在加工特别硬的材料，如淬硬钢时，通常采用负前角，这时楔角较大，如适当增大后角，不仅使切削刃易于切入工件，而且还可提高刀具寿命。在用陶瓷车刀车削淬硬钢时，后角由5°增至15°，刀具磨损一直是减小的，但如继续增大至20°，则切削刃就会发生破损。因此，在实际生产中，应根据具体加工条件和加工要求灵活地运用选择原则，合理地选择刀具几何参数，在发挥各个参数有利因素的同时，更应综合考虑它们之间的相互配合，使刀具各几何参数产生有效的作用，充分发挥刀具的切削性能。

表 3-5　刃倾角的选用

$\lambda_s(°)$	$0 \sim 5$	$5 \sim 10$	$-5 \sim 0$	$-10 \sim -5$	$-15 \sim -10$	$-45 \sim -10$
应用范围	精车钢 车细长轴	精车有色金属	粗车钢和灰铸铁	粗车余量 不均匀钢	断续车削钢和 灰铸铁	带冲击切削 淬硬钢

（五）车刀角度选择实例——75°大切深强力切削车刀

强力切削是适用于粗加工和半精加工的高效率切削方法，一般是在有中等以上刚性和切削功率足够的机床上进行。强力切削的主要特点是，加工时选用较大的背吃刀量和进给量、较低的切削速度，以达到高的材料切除率和高的刀具寿命。

由于强力切削选用的切削用量大，故切削力大，易产生振动，不易断屑，并增大表面粗糙度。因此，所设计的强力切削车刀必须适应上述加工条件，充分考虑可能产生的不利因素，从而选择合理的刀具几何参数。

如图 3-7 所示，在中等刚性车床上，使用75°大切深强力切削车刀加工热轧和锻制的中碳钢。

刀具材料为 YT15（P10）。适用的切削速度 $v_c = 50 \sim 60 \text{m/min}$、背吃刀量 $a_p = 15 \sim 20 \text{mm}$ 和进给量 $f = 0.25 \sim 0.4 \text{mm/r}$。该车刀的结构特点如下：

（1）较大的前角　$\gamma_o = 20° \sim 25°$，以减小切削变形，减小切削力和降低切削温度。

（2）较大的主偏角　$\kappa_r = 75°$，以减小背向力 F_p 小，避免产生振动。

（3）负刃倾角　$\lambda_s = -6° \sim -4°$，保护刀尖免遭冲击作用损坏，提高了刀具强度。

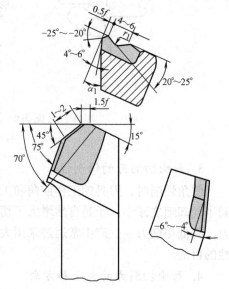

图 3-7　75°大切深强力切削车刀

（4）磨制双重后角　后角较小，$\alpha_o = 4° \sim 6°$，提高了刀具强度，提高了刀具刃磨效率和允许重磨次数。

（5）过渡刃和修光刃　过渡刃提高了刀尖处强度并改善了散热条件，修光刀刃，减小表面粗糙度，使在大进给时，达到半精加工要求。

（6）负倒棱　提高了切削刃强度，改善了散热面积，从而提高了刀具寿命。

（7）磨制断屑槽　$L_{Bn} = 4 \sim 6 \text{mm}$，能获得良好的断屑效果。

三、刀具类型及结构的选择

根据刀具的用途和加工方法的不同，通常把刀具分为切刀（包括车刀、刨刀、插刀、镗刀和成形车刀等）、孔加工刀具（如钻头、扩孔钻、铰刀等）、拉刀、铣刀（如圆柱形铣刀、面铣刀、立铣刀、槽铣刀和锯片铣刀等）、螺纹刀具（如丝锥、板牙和螺纹切头等）、齿轮刀具（滚刀、插齿刀、剃齿刀等）、磨具（包括砂轮、砂带和油石等）。此外，还有自动化加工（数控机床、加工中心等）用刀具等。刀具也可分为：单刃（单齿）刀具和多刃（多齿）刀具；一般通用刀具（如车刀、镗刀、孔加工刀具、铣刀等）和复杂刀具（如拉刀和齿轮刀具等）；定尺寸刀具（工件的加工尺寸取决于刀具本身的尺寸，如钻头、扩孔钻和铰刀等）和非定尺寸刀具（如车刀、刨刀和插刀等）；整体式刀具、装配式刀具（如机夹、可转位刀具）和复合刀具等。

尽管各种刀具的结构和形状不相同，但都有其共同的部分，即都是由工作部分和夹持部分组成的。工作部分是指负担切削的部分；夹持部分是指使工作部分与机床连接在一起，保证刀具有正确的工作位置，并传递切削运动和动力的部分。

合理的刀具结构能有效地减少换刀和重磨时间，大大提高切削效率和加工质量，为此，需根据不同的刀具类型选用、设计合适的结构。通常，一般尺寸的高速钢刀具大多做成整体式的；而大尺寸的高速钢刀具则应尽量用装配式结构，这样可节约贵重的刀具材料，刀齿或刀片可单独更换与调整，刀体（刀杆）也可重复使用，并且单个高速钢刀齿尺寸较小，易于锻造和热处理。硬质合金刀具通常制作成焊接装配式结构，并应尽量采用机夹式、可转位式、积木模块式、成组快换式等新结构。在数控机床和自动线上，为集中工序，常采用各种形式的复合刀具。

下面以外圆车刀为例，说明常用刀具的结构及其特点。

1. 整体式车刀

如图3-8a所示，整体式车刀即刀头和刀杆用同一种材料制成一个整体。这种结构使贵重的刀具材料消耗很大，目前一般只用于小尺寸高速钢车刀。

2. 焊接式车刀

如图3-8b所示，焊接式车刀是将硬质合金刀片用钎料（如黄铜）焊接在刀杆（一般为45钢）上，然后刃磨使用。焊接式车刀结构简单，刚性好，制造方便，而且便于刃磨出所需角度，适应性强。但硬质合金刀片经焊接和刃磨后，易产生内应力和裂纹，使刀片切削性能下降，寿命降低。焊接式硬质合金刀片型号已标准化，可根据需要选用。

3. 机夹可转位式车刀

如图3-8c所示，机夹可转位式车刀就是将由硬质合金或超硬材料压制而成的具有一定几何参数的多边形刀片，用机械的方法装夹在特制的刀杆上的车刀。由于刀具的几何角度是由刀片形状及其在刀杆槽中的安装位置来确定的，故不需要刃磨。刀片的每边都有切削刃，一个切削刃磨钝后，只要松开夹紧元件，把刀片转位，便可继续切削。待全部切削刃都磨钝后，再装上新刀片又可继续使用。这类车刀避免了因焊接、刃磨而引起的刀片硬度下降、产生裂纹等缺陷，刀杆可以多次重复使用，降低了刀具成本，但其结构较复杂。此外，这类车刀还具有以下特点：

1）刀杆和刀片的精度可保证刀片的转位精度，即刀片转位后，不会改变切削刃与工件

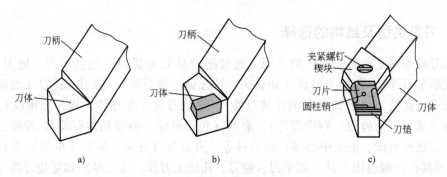

图 3-8　车刀的结构形式
a）整体式　b）焊接式　c）机夹可转位式

的相对位置，便于保证加工精度。

2）涂层刀片及金属陶瓷等不便焊接的新型刀具材料，可借助转位结构获得推广应用。

由于可转位式车刀具有上述优点，所以它是一种生产率高、经济耐用的先进刀具。可转位刀片近年来发展很快，它不仅广泛用于结构比较简单的普通车刀和刨刀，而且已逐渐用于结构复杂的铣刀、复合刀具以及数控机床和自动线所用的刀具上。可转位式车刀由刀片、刀垫、刀杆和夹紧元件组成。刀片型号已经标准化，可根据需要选用。可转位式车刀的夹紧机构应满足夹紧可靠、装卸方便、定位精确、结构简单等要求。图 3-9 所示为几种常见的夹紧机构。

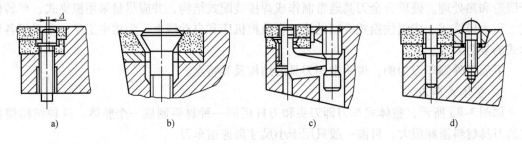

图 3-9　几种常见的夹紧机构
a）偏心式　b）压孔式　c）杠杆式　d）楔销式

第三节　切削用量的选择

切削用量对于保证加工质量、提高刀具切削效率、保证刀具寿命和降低加工成本有着重要的影响。在机床、刀具和工件等条件一定的情况下，切削用量的选择具有较大的灵活性和潜力。为了取得最大的技术经济效益，就应当根据具体的加工条件，确定切削用量三要素（a_p、f、v_c）合理的组合。所谓合理的切削用量，是指充分利用刀具的切削性能和机床性能（功率、转矩等），在保证加工质量的前提下，获得高生产率和低加工成本的切削用量。

一、选择切削用量时应考虑的因素

（一）加工质量

切削用量三要素中，背吃刀量和进给量增大，都会使切削力增大，工件变形增大，并可能引起振动，从而降低加工精度和增大表面粗糙度值。进给量增大还会使残留面积的高度显著增大，表面更加粗糙。切削速度增大时，切削力减小，并可减小或避免积屑瘤，有利于加工精度和表面质量的提高。

（二）切削加工生产率

外圆纵车时，生产率（金属切除率）P 可以表示为

$$P = \frac{1}{t_m} \tag{3-6}$$

式中　t_m——切削工时（min）。

切削工时可按下式计算

$$t_m = \frac{L\,\Delta}{nfa_p} = \frac{\pi d_w L\Delta}{1000 v_c a_p f} \tag{3-7}$$

式中　d_w——车削前的毛坯直径（mm）；

　　　L——车刀行程（mm），$L = L_w$（被加工外圆长度）$+ l_1$（车刀切入长度）$+ l_2$（车刀切出长度）；

　　　Δ——外圆半径余量（mm）；

　　　n——工件转速（r/min）。

由于 d_w、L、Δ 均为常数，令 $1000/(\pi d_w L\Delta) = A_0$，则

$$P = A_0 v_c f a_p \tag{3-8}$$

由式（3-8）可见，切削用量三要素与生产率均保持线性关系，提高切削速度、增大进给量和背吃刀量，都能"同样地"提高切削生产率，即其中任一参数增大 1 倍，都可使生产率提高 1 倍。

（三）刀具寿命

由第二章中的式（2-23）即 $T = C_T/(v_v^5 f^{2.25} a_p^{0.75})$ 可知，在切削用量中，切削速度对刀具寿命的影响最大，进给量的影响次之，背吃刀量的影响最小。也就是说，当提高切削速度时，刀具寿命下降的速度，比增大同样倍数的进给量或背吃刀量时快得多。由于刀具寿命迅速下降，势必增加换刀或磨刀的次数，增加辅助时间，从而影响生产率的提高。因此，要保持已确定的合理刀具寿命，提高切削用量中某一参数时，其他两个参数必须相应减小，可见切削用量三要素对生产率的影响程度是不同的。所以，在确定切削用量时，使三要素获得最佳组合，才能获得最高的生产率。

二、选择切削用量的原则

由以上分析可见，选择切削用量就是要选择切削用量三要素的最佳组合，即在保持刀具合理寿命的前提下，使 a_p、f、v_c 三者的乘积最大，以获得最高的生产率。根据切削用量对加工质量和刀具寿命及生产率的影响规律，选择切削用量的原则是：首先选尽可能大的背吃刀量 a_p；其次根据机床动力和刚性限制条件或已加工表面的表面粗糙度要求，选取尽可能大的进给量 f；最后根据刀具寿命要求确定合适的切削速度 v_c。不同的加工性质，对切削加工的要求是不一样的。因此在选择切削用量时，考虑的侧重点也有所不同。对于粗加工，要尽可能保证较高的金属切除率和必要的刀具寿命。一般选取较大的背吃刀量和进给量，切削速度并不是很高。半精加工、精加工时首先要保证加工精度和表面质量，同时应兼顾必要的刀具寿命和生产

率，因而常采用较小的背吃刀量和进给量，而尽可能地选用较高的切削速度。

三、切削用量参数值的确定

（一）背吃刀量 a_p 的选择

背吃刀量要尽可能取得大些。背吃刀量根据加工余量确定，不论粗加工还是精加工，最好一次走刀切除该工序全部的加工余量。粗加工时，在中等功率机床上，背吃刀量可达 8 ~ 10mm；半精加工时，背吃刀量可取 0.5 ~ 2mm；精加工时，背吃刀量可取 0.1 ~ 0.4mm。

下列情况可分几次走刀：

1）加工余量太大或一次走刀切削力太大，会产生机床功率不足或刀具强度不够时。

2）工艺系统刚性不足或加工余量极不均匀，引起很大振动时，如加工细长轴和薄壁工件。

3）断续切削，刀具受到很大的冲击而造成打刀时。

4）有时采用半精加工和精加工以保证加工精度和表面质量，也可采用二次走刀。

多次走刀时，应尽量将第一次走刀的背吃刀量取大些，一般为总加工余量的 2/3 ~ 3/4。

切削表层有硬皮的铸锻件或切削不锈钢等冷硬较严重的材料时，应尽量使背吃刀量超过硬皮或冷硬层厚度，以防刀尖过早磨损或破损。

（二）进给量的选择

粗加工时，对工件表面质量没有太高要求，这时切削力往往很大，合理的进给量应是工艺系统所能承受的最大进给量。这一进给量要受到下列因素的限制：机床进给机构的强度、刀杆的强度和刚度、刀片（硬质合金或陶瓷）的强度及工件的装夹刚度等。

半精加工和精加工时，合理进给量的大小主要受加工精度和表面粗糙度的限制。

实际生产中，可利用《机械加工工艺手册》等资料查出进给量的大小。其部分内容见表 3-6（粗车时用）和表 3-7（精车时用）。在使用表 3-7 时，要根据具体情况先估计一个切削速度：硬质合金车刀：$v_{估} > 50$m/min（加工表面粗糙度 Ra 值 $> 1.25 ~ 2.5$μm 时，取 $v_{估} > 100$m/min）；高速钢车刀：$v_{估} < 50$m/min。

表 3-6　硬质合金车刀粗车外圆和端面时的进给量参考值

工件材料	车刀刀杆尺寸（B/mm）×（H/mm）	工件直径 d_w/mm	背吃刀量 a_p/mm				
			≤3	>3 ~ 5	>5 ~ 8	>8 ~ 12	>12
			进给量 f/(mm/r)				
碳素结构钢、合金钢及耐热钢	16 × 25	20	0.3 ~ 0.4	—	—	—	—
		40	0.4 ~ 0.5	0.3 ~ 0.4	—	—	—
		60	0.5 ~ 0.7	0.4 ~ 0.6	0.3 ~ 0.5	—	—
		100	0.6 ~ 0.9	0.5 ~ 0.7	0.5 ~ 0.6	0.4 ~ 0.5	—
		400	0.8 ~ 1.2	0.7 ~ 1.0	0.6 ~ 0.8	0.5 ~ 0.6	—
	20 × 30 25 × 25	20	0.3 ~ 0.4	—	—	—	—
		40	0.4 ~ 0.5	0.3 ~ 0.4	—	—	—
		60	0.6 ~ 0.7	0.5 ~ 0.7	0.4 ~ 0.6	—	—
		100	0.8 ~ 1.0	0.7 ~ 0.9	0.5 ~ 0.7	0.4 ~ 0.7	—
		600	1.2 ~ 1.4	1.0 ~ 1.2	0.8 ~ 1.0	0.6 ~ 0.9	0.4 ~ 0.6

（续）

工件材料	车刀刀杆尺寸 (B/mm) × (H/mm)	工件直径 d_w/mm	背吃刀量 a_p/mm				
			≤3	>3~5	>5~8	>8~12	>12
			进给量 f/(mm/r)				
铸铁及铜合金	20×30 25×25	40	0.4~0.5	—	—	—	—
		60	0.6~0.9	0.5~0.8	0.4~0.7	—	—
		100	0.9~1.3	0.8~1.2	0.7~1.0	0.5~0.8	—
		600	1.2~1.8	1.2~1.6	1.0~1.3	0.9~1.1	0.7~0.9

注：1. 加工断续表面及有冲击的工件时，表内进给量应乘系数 κ（取 0.75~0.85）。

2. 在无外皮加工时，表内进给量应乘系数 κ（取 1.1）。

3. 加工耐热钢及其合金时，进给量不大于 1mm/r。

4. 加工淬硬钢时，进给量应减小。当钢的硬度为 44~45HRC 时，乘系数 0.8；当钢的硬度为 57~62HRC 时，乘系数 0.5。

表 3-7　硬质合金车刀精车时的进给量参考值

表面粗糙度 Ra 值/μm	切削速度 v_c/(m/min)	刀尖圆弧半径 r_ε/mm		
		0.5	1.0	2.0
		进给量 f/(mm/r)		
10~5	不限	0.25~0.40	0.40~0.50	0.50~0.60
5~2.5		0.15~0.25	0.25~0.40	0.40~0.60
2.5~1.25		0.10~0.15	0.15~0.20	0.20~0.35
10~5	<50	0.30~0.50	0.45~0.60	0.55~0.70
	>50	0.40~0.55	0.55~0.65	0.65~0.70
5~2.5	<50	0.18~0.25	0.25~0.30	0.30~0.40
	>50	0.25~0.35	0.30~0.35	0.35~0.50
2.5~1.25	<50	0.10	0.11~0.15	0.15~0.22
	50~100	0.11~0.16	0.16~0.25	0.25~0.35
	>100	0.16~0.20	0.20~0.25	0.25~0.35

待实际切削速度确定后，如发现所选 $v_{估}$ 与其相差较大，再对进给量进行修正。

（三）切削速度 v_c 的选择

背吃刀量和进给量选定后，可根据合理的刀具寿命计算或查表确定切削速度。

车削速度（m/min）可按下述公式计算

$$v_c = \frac{C_v}{T^m a_p^{x_v} f^{y_v}} K_v \qquad (3-9)$$

式中　C_v——切削速度系数，与切削条件有关；

　　　T——刀具寿命；

　　　K_v——切削速度修正系数，与工件材料、毛坯表面状态、刀具材料、刀具几何角度及刀杆尺寸有关。

C_v、x_v、y_v、m 及 K_v 值见表 3-8。

切削速度的具体数值，也可从《切削用量手册》等资料中查出选取 v_c 的参考值，其部

表3-8　外圆车削时切削速度公式中的系数和指数

工件材料	刀具材料	进给量 $f/(\text{mm/r})$	公式中的系数和指数				
			C_v	x_v	y_v	m	K_v
碳素结构钢 $\sigma_b = 0.65\text{GPa}$	YT15 （不用切削液）	≤0.30	291	0.15	0.20	0.20	0.65 ~ 0.75
		>0.30 ~ 0.70	242		0.35		
		>0.70	235		0.45		
	W18Cr4V （不用切削液）	≤0.25	67.2	0.25	0.33	0.125	0.60 ~ 0.70
		>0.25	43		0.66		
灰铸铁 190HBW	YG4 （不用切削液）	≤0.40	189.8	0.15	0.20	0.20	0.80 ~ 0.90
		>0.40	158		0.40		

分内容摘列于表3-9。加工时，由于切削力一般较大，切削速度主要受机床功率的限制。如果依据刀具寿命选定的切削速度，使切削功率超过了机床许用值，就应当适当降低切削速度。精加工时，切削力较小，切削速度主要受刀具寿命的限制。

切削速度确定之后，机床转速（r/min）为

$$n = \frac{1000v_c}{\pi d_w}$$　　　　　　（3-10）

计算出的转速 n 应按机床转速系列最后确定。

此外，在选择切削速度时，还应考虑以下几点：

1）精加工时，应尽量避免积屑瘤和鳞刺产生的区域。

2）断续切削时，为减小冲击和热应力，宜适当降低切削速度。

3）在易发生振动的情况下，切削速度应避开自激振动的临界速度。

4）加工大件、细长件、薄壁件以及带硬皮的工件时，应选用较低的切削速度。

5）工件材料强度、硬度较高时，应选较低的切削速度，如加工奥氏体不锈钢、钛合金和高温合金等难加工材料时，只能取较低的切削速度。

按上述方法所选择的切削用量，还应校核其切削功率是否满足机床功率的要求。若切削功率超过了机床许用功率，则应调整切削用量以减小切削功率，主要方法是降低切削速度。

表3-9　硬质合金外圆车刀切削速度的参考值

（单位：m/min）

工件材料	热处理状态或硬度	$a_p = 0.3 \sim 2\text{mm}$ $f = 0.08 \sim 0.3\text{mm/r}$	$a_p = 2 \sim 6\text{mm}$ $f = 0.3 \sim 0.6\text{mm/r}$	$a_p = 6 \sim 10\text{mm}$ $f = 0.6 \sim 1\text{mm/r}$
中碳钢	热 轧	130 ~ 160	90 ~ 110	60 ~ 80
	调 质	100 ~ 130	70 ~ 90	50 ~ 70
合金结构钢	热 轧	100 ~ 130	70 ~ 90	50 ~ 70
	调 质	80 ~ 110	50 ~ 70	40 ~ 60
灰铸铁	190HBW 以下	90 ~ 120	60 ~ 80	50 ~ 70
	190 ~ 225HBW	80 ~ 110	50 ~ 70	40 ~ 60
铜及铜合金		200 ~ 250	120 ~ 180	90 ~ 120
铝及铝合金		300 ~ 600	200 ~ 400	150 ~ 300

四、提高切削用量的途径

从提高加工生产率来考虑，要尽量提高切削用量。提高切削用量的途径很多，从切削原理这个角度来看，主要包括以下几个方面：

1. 采用切削性能更好的新型刀具材料

如采用超硬高速钢、含有添加剂的新型硬质合金、涂层硬质合金和涂层高速钢、新型陶瓷（如 Al_2O_3、TiC 及其他添加剂的混合陶瓷，Si_3N_4 陶瓷）及超硬材料等新型刀具。采用耐热性和耐磨性高的刀具材料是提高切削用量的主要途径。例如，车削 350～400HBW 的高强度钢，在 $a_p = 1mm$、$f = 0.18mm/r$ 的条件下，用高速钢 W12Cr4V5Co5 及 W2Mo9Cr4VCo8 车刀加工时，适宜的切削速度 $v_c = 15m/min$；用焊接硬质合金车刀时，$v_c = 76m/min$；用涂层硬质合金车刀时，$v_c = 130m/min$；而用陶瓷刀具时，v_c 可达 335m/min（$f = 0.102mm/r$）。TiN 涂层高速钢滚刀和插齿刀的寿命可比未涂层刀具提高 3～5 倍，有的甚至达 10 倍。

2. 改善工件材料的加工性

如采用添加硫、铅的易切钢；对钢材进行不同热处理以便改善其力学性能和金相显微组织等来改善工件材料的加工性。例如，在车削 175～225HBW 的中碳钢时，在 $a_p = 4mm$，$f = 0.4mm/r$ 条件下，用高速钢和硬质合金车刀车削时，适宜的切削速度分别为 30m/min 和 100m/min，而加工同样硬度的易切削钢时相应的切削速度则分别为 40m/min 和 125m/min。

3. 改进刀具结构和选用合理刀具几何参数

例如，采用可转位刀片的车刀可比采用焊接式硬质合金车刀提高切削速度 15%～30%。另外，采用良好的断屑装置也是提高切削效率的有效手段。

4. 提高刀具的刃磨质量

例如，采用金刚石砂轮代替碳化硅砂轮刃磨硬质合金刀具，刃磨后不会出现裂纹和烧伤，刀具寿命可提高 50%～100%。用立方氮化硼砂轮刃磨高钒高速钢刀具，比用刚玉砂轮磨削的质量要高得多。

5. 采用新型的性能优良的切削液和高效率的冷却方法

例如，采用含有极压添加剂的切削液和喷雾冷却方法，在加工一些难加工的材料时，通常可使刀具寿命提高好几倍。

高端制造

五、切削用量选择实例

已知：工件材料为热轧 45 钢，$\sigma_b = 0.637GPa$，毛坯直径 $d_w = 50mm$，装夹在自定心卡盘和顶尖中，装夹长度 $l_o = 350mm$。加工示意图如图 3-10 所示。

加工要求：车外圆至尺寸 $d = \phi44mm$，表面粗糙度 Ra 值为 3.2μm，加工长度 $l_w = 300mm$。

机床：CA6140 型车床。

刀具：焊接式硬质合金外圆车刀，刀片材料为 YT15，刀杆尺寸为 16mm × 25mm；刀具几何参数：$\gamma_o = 15°$，$\alpha_o = 8°$，$\kappa_r = 75°$，$\kappa'_r = 10°$，$\lambda_s = 6°$，$r_\varepsilon = 1mm$，$b_{\gamma1} = 0.3mm$，$\gamma_{o1} = -10°$；刀具磨钝标准 $VB = 0.4mm$。

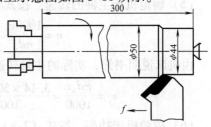

图 3-10 车削加工示意图

试求：外圆车削的切削用量。

解：因表面粗糙度有一定要求，故分粗车和精车两道工序。根据切削用量选择原则，按背吃刀量、进给量、切削速度的顺序分别选择粗、精加工的切削用量。

1. 确定粗车时的切削用量

（1）确定背吃刀量 a_p　粗车时背吃刀量主要受加工余量的限制，应尽可能一次切去全部余量。

根据已知条件，单边总余量为

$$\Delta = \frac{d_w - d}{2} = \frac{50 - 44}{2} \text{mm} = 3 \text{mm}。$$

粗车工序中取余量 $\Delta_1 = 2.5 \text{mm}$，并一次切去，则 $a_p = 2.5 \text{mm}$，剩下 0.5mm 为精车的加工余量。

（2）选择进给量 f　查表选择进给量。考虑刀杆尺寸、工件材料、工件直径及选定的背吃刀量，从表 3-6 中查得 $f = 0.5 \text{mm/r}$。根据机床实有进给量确定 $f = 0.51 \text{mm/r}$。

（3）校验机床进给机构强度　由表 2-2 中查得单位切削力 $\kappa_c = 1962 \text{N/mm}^2$，由《切削用量手册》查得实际进给量对单位切削力的修正系数 $\kappa_{f\kappa_c} = 0.925$，故主切削力为

$$F_c = \kappa_c a_p f \kappa_{f\kappa_c} = 1962 \times 2.5 \times 0.51 \times 0.925 \text{N} = 2314 \text{N}$$

由《切削用量手册》查得，当 $\kappa_r = 75°$ 时，$F_f / F_c = 0.5$，当刀尖圆弧半径 $r_\varepsilon = 1 \text{mm}$ 时，对进给力的修正系数为 $K_{r_\varepsilon F_f} = 0.81$，故进给力 F_f 为

$$F_f = F_c (F_f / F_c) K_{r_\varepsilon F_f} = 2314 \times 0.5 \times 0.81 \text{N} = 937.2 \text{N}$$

由机床说明书可知，CA6140 车床纵向进给机构允许承受的最大进给抗力 $F_{f\max} = 3528 \text{N}$，故机床进给机构的强度是足够的。因此，所选择的进给量可以使用。

（4）计算和选择切削速度 v_c　切削速度可以根据寿命公式计算，也可查表确定。考虑工件材料及既定的背吃刀量和进给量，并选择刀具寿命 $T = 60 \text{min}$，按式（3-9）计算切削速度。通过查表 3-8 得

$$C_v = 242, \ x_v = 0.15, \ y_v = 0.35, \ m = 0.2, \ K_v = 0.7$$

得切削速度

$$v_c = \frac{C_v}{T^m a_p^{x_v} f^{y_v}} K_v$$

$$= \frac{242}{60^{0.2} \times 2.5^{0.15} \times 0.45^{0.35}} \times 0.7 \text{m/min} = 86.9 \text{m/min}$$

如按上述条件查表 3-9，得 $v_c = 90 \text{m/min}$，与计算结果基本一致。现即选定 $v_c = 90 \text{m/min}$。

（5）确定机床主轴的转速　按式（3-10）得

$$n = \frac{1000 v_c}{\pi d_w} = \frac{1000 \times 90}{3.14 \times 50} \text{r/min} = 573 \text{r/min}$$

由机床说明书知，实际的主轴转速取为 560r/min。故实际的切削速度为

$$v_c = \frac{\pi d_w n}{1000} = \frac{3.14 \times 50 \times 560}{1000} \text{m/min} = 87.9 \text{m/min} = 1.47 \text{m/s}$$

（6）校验机床功率　按式（2-8）得切削功率为

$$P_c = F_c v_c \times 10^{-3} = 2341 \times 1.47 \times 10^{-3} \text{kW} = 3.4 \text{kW}$$

从机床说明书可知，CA6140 车床的电动机功率 $P_E = 7.8\text{kW}$，取机床传动效率 $\eta_m = 0.8$，则机床有效功率为

$$P'_E = P_E \eta_m = 7.8 \times 0.8\text{kW} = 6.2\text{kW}$$

可见，机床有效功率大于所需切削功率，所以机床功率足够。

（7）计算切削工时　取切入长度 $l_1 = 2\text{mm}$，切出长度 $l_2 = 2\text{mm}$，则切削工时由式（3-7）得

$$t_m = \frac{L\Delta}{nfa_p} = \frac{300+2+2}{560 \times 0.51} \times \frac{2.5}{2.5}\text{min} = 1.06\text{min}$$

因此，取粗车的切削用量为：$a_p = 2.5\text{mm}$，$f = 0.51\text{mm/r}$，$v_c = 87.9\text{m/min}$（$n = 560\text{r/min}$）。

2. 确定精车时的切削用量

（1）确定背吃刀量 a_p　取背吃刀量等于精加工余量，即 $a_p = 0.5\text{mm}$。

（2）选择进给量 f　可查表 3-7 选取进给量。已知要求表面粗糙度 Ra 值为 3.2，刀尖圆弧半径 $r_\varepsilon = 1\text{mm}$，由于是精加工，切削速度应较高，先假设 $v_c > 50\text{m/min}$，则查表得：$f = 0.3 \sim 0.35\text{mm/r}$。

根据机床实有进给量选取 $f = 0.3\text{mm/r}$。

（3）选择切削速度 v_c　考虑工件材料及既定的背吃刀量和进给量，从表 3-9 中选取 $v_c = 130\text{m/min}$。

（4）确定机床主轴转速

$$n = \frac{1000v_c}{\pi d_w} = \frac{1000 \times 130}{3.14 \times (50 - 2.5 \times 2)}\text{r/min} = 920\text{r/min}$$

根据机床说明书知，实际主轴转速取为 900r/min。故实际切削速度为

$$v_c = \frac{\pi d_w n}{1000} = \frac{3.14 \times (50 - 2.5 \times 2) \times 900}{1000}\text{m/min} = 127.2\text{m/min}$$

（5）计算切削工时

$$t_m = \frac{L\Delta}{nfa_p} = \frac{300+2+2}{900 \times 0.3} \times \frac{0.5}{0.5}\text{min} = 1.13\text{min}$$

因此，取精车的切削用量为：$a_p = 0.5\text{mm}$，$f = 0.3\text{mm/r}$，$v_c = 127.2\text{m/min}$（$n = 900\text{r/min}$）。

第四节　切削液的选用

在金属切削过程中，切削液可以吸收并能渗入刀具与工件和切屑的接触表面，形成润滑膜，改善切削过程的界面摩擦情况。合理使用切削液，可有效地减少刀具和切屑的粘结，抑制积屑瘤和鳞刺的生长，降低切削温度，减小切削力，保证加工质量，提高刀具寿命和生产率。此外，切削液还具有清洗和防锈的作用。

一、切削液的作用

1. 冷却作用

切削液通过热传导带走大量切削热，起到冷却作用，从而降低切削温度，提高刀具寿命

和切削效率；减小工件、刀具的热变形，提高加工精度。在刀具材料、工件材料的导热性较差、热膨胀系数较大的情况下，切削液的冷却作用显得更为重要。

切削液的冷却性能取决于其热导率、比热容、汽化热、汽化速度、流量、流速等。

2. 润滑作用

由于切削液的渗透和吸附作用，切削液能渗入到刀具与工件和切屑的接触面间，形成润滑膜，改善切削过程的界面摩擦情况，减小摩擦因数，减轻粘结现象、抑制积屑瘤和鳞刺的生长，改善加工表面质量。

切削液的润滑性能主要取决于切削液的渗透性、形成吸附膜的能力以及润滑膜的强度。在切削液中加入不同成分和比例的添加剂，可改变其润滑性能。

3. 清洗作用

切削液的流动可冲走切削过程中产生的细小的切屑及脱落的磨粒，而防止碎屑或磨粉粘附在工件、刀具和机床上，影响工件已加工表面质量、刀具寿命和机床精度。这对深孔加工、磨削和自动线加工等是十分重要的。

切削液的清洗作用主要与切削液的渗透性、流动性、流量及使用的压力有关。

4. 防锈作用

在切削液中加入防锈添加剂，可在金属表面形成一层保护膜，可减小工件、机床、刀具受周围介质（空气、水分等）的腐蚀。在气候潮湿的地区，对切削液防锈作用的要求显得更为突出。

切削液防锈作用的好坏，取决于切削液本身的性能和加入的防锈添加剂的性质。

此外，切削液还应配制方便、稳定性好、不污染环境、不影响人体健康且价格低廉。

二、切削液的添加剂

为改善切削液的性能，常在切削液中加入各种添加剂。常用的添加剂有以下几种：

1. 油性添加剂

油性添加剂含有极性分子，能与金属表面形成牢固的吸附膜（物理吸附膜），起润滑作用。但这种吸附膜只能在较低温度下起到较好的润滑作用。所以多用于低速精加工的情况。油性添加剂包括：动植物油、脂肪酸、胺类、醇类及脂类。

2. 极压添加剂

极压添加剂是含硫、磷、氯、碘等的有机化合物。它们能在高温下与金属表面起化学反应，形成能耐较高温度和压力的化学吸附膜，可避免金属界面直接接触，降低摩擦因数，保持良好的润滑条件。为了获得性能良好的切削液，可根据实际需要在一种切削液中加入几种极压添加剂。

3. 表面活性剂

表面活性剂即乳化剂，它能使矿物油和水乳化形成稳定的乳化液。表面活性剂是一种有机化合物，其分子由极性基团和非极性基团两部分组成，前者亲水，可溶于水，后者亲油，可溶于油。将表面活性剂搅拌在本不相溶的油、水之中，它能定向地排列并吸附在油水两极界面上，极性端向水，非极性端向油，把油和水连接起来，降低油-水的界面张力，使油以微小的颗粒稳定地分散在水中，形成乳化液。表面活性剂除了起乳化作用外，还吸附在金属表面上形成润滑膜，起到油性添加剂的润滑作用。表面活性剂的种类很多，常用的有石油磺酸钠、油酸钠皂等，它们的乳化性能好，且具有一定的清洗、润滑及防锈性能。

4. 防锈添加剂

防锈添加剂是一种极性很强的化合物，与金属表面有很强的附着力，能吸附在金属表面形成保护膜，或与金属表面化合成钝化膜，起到防锈作用。常用的防锈添加剂有碳酸钠、三乙醇胺、石油磺酸钡、亚硝酸钠等。

除上述主要添加剂外，还有抗泡沫添加剂（如二甲基硅油）、防霉添加剂（如苯酚）等。

三、切削液的种类

生产中常用的切削液有以下三类：

1. 水溶液

水溶液主要成分是水，并在水中加入少量的防锈剂和乳化剂。它的冷却性能好，润滑性能差，呈透明状，便于操作者观察。

2. 乳化液

乳化液是将乳化油（由矿物油、乳化剂和其他添加剂配制）用水稀释而成的。呈乳白色，一般水占 $95\% \sim 98\%$（质量分数），故冷却性能好，并有一定的润滑性能。若乳化油占的比例大些，其润滑性能会有所提高。乳化液中常加入极压添加剂以提高油膜强度，起到良好的润滑作用。低浓度的乳化液冷却效果较好，高浓度乳化液润滑效果较好。

3. 切削油

切削油主要是矿物油（机油、煤油、柴油等），有时采用少量的动、植物油及它们的复合油。切削油的润滑性能好，但冷却性能差。在切削油中加入极压添加剂形成极压切削油，可提高切削油在高温高压下的润滑性能。

切削加工中，除采用切削液进行冷却、润滑外，有时也采用固体的二硫化钼作为润滑剂，采用各种气体作为冷却剂，以减小切削液飞溅造成的不良影响和化学浸蚀作用。

四、切削液的选用

切削液的使用效果除取决于切削液的性能外，还与刀具材料、加工要求、工件材料、加工方法等因素有关，应综合考虑，合理选用。

（一）根据刀具材料、加工要求选用切削液

高速钢刀具耐热性差，粗加工时，切削用量大，切削热多，容易导致刀具磨损，应选用以冷却为主的切削液；精加工时，主要是获得较好的表面质量，可选用润滑性好的极压切削油或高浓度极压乳化液。硬质合金刀具耐热性好，一般不用切削液，必要时也可用低浓度乳化液或水溶液，但应连续地、充分地浇注，不宜断续浇注，以免处于高温状态的硬质合金刀片在突然遇到切削液时，产生巨大的内应力而出现裂纹。

（二）根据工件材料选用切削液

加工钢等塑性材料时，需用切削液；而加工铸铁等脆性材料时，一般则不用，原因是作用不如钢明显，又易弄脏机床和工作环境；对于高强度钢、高温合金等，应选用极压切削油或极压乳化液；对于铜、铝合金，为了得到较好的表面质量和精度，可采用质量分数为

10%～20%乳化液、煤油或煤油和矿物油的混合液；切削铜时不宜用含硫的切削液，因硫会腐蚀铜。

（三）根据加工性质选用切削液

钻孔、攻螺纹、铰孔、拉削等，排屑方式为半封闭或封闭状态，导向部、校正部与已加工表面的摩擦严重，对硬度高、强度大、韧性大、冷硬严重的难切削材料尤为突出，宜用乳化液、极压乳化液和极压切削油；成形刀具、齿轮刀具等，要求保持形状、尺寸精度等，应采用润滑性好的极压切削油或高浓度极压切削液；磨削加工温度很高，且细小的磨屑会破坏工件表面质量，要求切削液具有较好冷却性能和清洗性能，常用半透明的水溶液和普通乳化液，磨削不锈钢、高温合金宜用润滑性能较好的水溶液和极压乳化液。

表3-10列出了不同工件材料、刀具材料及加工方法等情况下可供选择的切削液。

表3-10　切削液选用推荐表

工件材料			碳钢、合金钢		不锈钢		高温合金		铸铁		钢及其合金		铝及其合金	
刀具材料			高速钢	硬质合金	高速钢	硬质合金	高速钢	硬质合金	高速钢	硬质合金	高速钢	硬质合金	高速钢	硬质合金
加工方法	车	粗加工	3, 1, 7	0, 3, 1	4, 2, 7	0, 4, 2	2, 4, 7	0, 2, 4	0, 3, 1	0, 3, 1	3	0, 3	0, 3	0, 3
		精加工	3, 7	0, 3, 2	4, 2, 8, 7	0, 4, 2	2, 8, 4	0, 2, 4, 8	0, 6	0, 6	3	0, 3	0, 3	0, 3
	铣	粗加工	3, 1, 7	0, 3	4, 2, 7	0, 4, 2	2, 4, 7	0, 2, 4	0, 3, 1	0, 3, 1	3	0, 3	0, 3	0, 3
		精加工	4, 2, 7	0, 4	4, 2, 8, 7	0, 4, 2	2, 8, 4	0, 2, 4, 8	0, 6	0, 6	3	0, 3	0, 3	0, 3
	钻孔		3, 1	3, 1	8, 7	8, 7	2, 8, 4	2, 8, 4	0, 3, 1	0, 3, 1	3	0, 3	0, 3	0, 3
	铰孔		7, 8, 4	7, 8, 4	8, 7, 4	8, 7, 4	8, 7	8, 7	0, 6	0, 6	5, 7	0, 5, 7	0, 5, 7	0, 5, 7
	攻螺纹		7, 8, 4	—	—	—	8, 7	—	0, 6	—	5, 7	—	0, 5, 7	—
	拉削		7, 8, 4	—	—	—	8, 7	—	0, 3	—	3, 5	—	0, 3, 5	—
	滚齿，插齿		7, 8	—	—	—	8, 7	—	0, 3	—	5, 7	—	0, 5, 7	—

注：表中数字意义如下：0—干切削；1—润滑性不强的水溶液；2—润滑性较好的水溶液；3—普通乳化液；4—极压乳化液；5—普通矿物油；6—煤油；7—含硫、氯的极压切削油，或动植物油与矿物油的复合油；8—含硫氯、氯磷或硫氯磷的极压切削油。

五、切削液的使用方法

一般的使用方法是浇注法，提高喷嘴，将切削液自上而下浇注到切削区。这种方法切削液流速慢，压力低，不易直接渗入高温切削区，影响其使用效果。但浇注法设备简单，使用方便。一般机床均配置有浇注系统。

高压冷却法是利用较高的工作压力（1～10MPa）和较大的流量（30～200L/min），把切削液迅速喷至切削区，并把切屑带出。该法需专门的设备，主要用于深孔加工。

喷雾冷却法是利用一定压力的压缩空气，借助喷雾装置使切削液雾化，通过喷嘴高速喷射到切削区。由于雾化成微小液滴的切削液的汽化和渗透作用，吸收了大量的切削热，可获得良好的冷却润滑效果。

第五节　工件材料的切削加工性

一、材料切削加工性的概念及衡量指标

切削加工性是指材料被切削加工的难易程度。它具有一定的相对性,某种材料切削加工性的好坏一般是相对另一种材料而言的。具体的切削条件和加工要求不同,加工的难易程度也有很大差异。所以,在不同的条件下,切削加工性要用不同的指标来衡量。常用指标如下:

(一) 刀具寿命或切削速度指标

在相同切削条件下加工不同的工件材料,在一定速度下刀具寿命 T (min) 较高或一定寿命下所允许的切削速度 v_T 较高的材料,其切削加工性就好;反之,其切削加工性就差。通常取 $T = 60\text{min}$, v_T 写作 v_{60};对于一些特别难加工的材料,也可取 $T = 15\text{min}$ 或 30min,相应的 v_T 为 v_{15} 或 v_{30}。

由于切削加工性的相对性,一般以 $\sigma_b = 735\text{MPa}$ 的 45 钢的 v_{60} 作为基准,记作 $(v_{60})_j$,将某种被切削材料的 v_{60} 与其相比,则此比值 K_r 称为此种材料的相对加工性,即

$$K_r = \frac{v_{60}}{(v_{60})_j} \tag{3-11}$$

常用工件材料的相对加工性可分为八级,见表 3-11。某种材料的 K_r 大于 1,说明其加工性比 45 钢好。v_T 和 K_r 是最常用的切削加工性指标。若以某材料的 K_r 乘以 45 钢的切削速度,就可得出切削该材料的许用切削速度。K_r 值实际上只反映了不同材料对刀具磨损和寿命的影响程度,并没有反映表面粗糙度和断屑问题,因此只对选择切削速度有指导意义。

表 3-11　材料切削加工性等级

加工性等级	材料名称及种类		相对加工性 K_r	代表性材料
1	很容易切削材料	一般有色金属	>3.0	铝镁合金, QA19-4
2	容易切削材料	易切削钢	2.5 ~ 3.0	15Cr, 退火, $\sigma_b = 373 \sim 441\text{MPa}$
				自动机钢 $\sigma_b = 393 \sim 491\text{MPa}$
3		较易切削钢	1.6 ~ 2.5	30 钢, 正火, $\sigma_b = 441 \sim 549\text{MPa}$
4	普通材料	一般钢及铸铁	1.0 ~ 1.6	45 钢, 灰铸铁
5		稍难切削材料	0.65 ~ 1.0	2Cr13, 调质, $\sigma_b = 834\text{MPa}$
				85 钢, $\sigma_b = 883\text{MPa}$
6	难切削材料	较难切削材料	0.5 ~ 0.65	40Cr 调质, $\sigma_b = 1030\text{MPa}$
				65Mn, 调质, $\sigma_b = 932 \sim 981\text{MPa}$
7		难切削材料	0.15 ~ 0.5	50CrVA, 调质;1Cr18Ni9Ti 某些钛合金
8		很难切削材料	<0.15	某些钛合金, 铸造镍基高温合金

(二) 加工表面质量指标

精加工时,常用一定的切削条件下能达到的已加工表面质量作为衡量指标,一般用表面粗糙度表示。精加工容易获得较小的表面粗糙度值。对某些特殊要求的精密零件,则应从已加工

表面完整性的概念，全面衡量已加工表面层的变质层深度、残余应力和加工硬化等指标。

（三）切削力指标

在相同切削条件下，使切削力（消耗的切削功率）大、切削温度高的材料，其切削加工性就差，反之切削加工性就好。粗加工或机床刚性、功率不足时，常以此来表示其切削加工性。对于某些导热性差的难加工材料，常以切削温度的高低来衡量。

（四）断屑性能指标

断屑性能指标是指以所形成的切屑是否便于处理作为一项指标。凡切屑容易被控制或断屑性能良好的材料，其加工性就好，反之则差。对于自动机床、数控机床或自动线等，断屑性能是衡量材料切削加工性的主要指标。

一种工件材料很难在各方面都获得较好的切削加工性指标，而只能根据需要，选择一项或几项作为衡量其切削加工性的指标。在一般生产中，常以刀具一定寿命下所允许的切削速度 v_T 或相对加工性 K_r 作为衡量材料切削加工性的指标。

二、影响切削加工性的主要因素

材料的切削加工性与材料本身的物理、化学、力学性能有密切关系，主要影响因素有：

1. 硬度

工件材料的硬度越高，加工性越差。这是因为硬度高，切削力大，切削温度高，刀具磨损快的缘故。工件材料的高温硬度越高，加工性越差。这是因为在切削温度作用下，刀具材料硬度下降，而工件材料高温硬度高则刀具磨损加剧，这就是高温合金、耐热钢加工性差的原因。工件材料中硬质点越多，分布越广，则加速刀具磨损，加工性就越差。工件材料加工硬化越严重，则加工性越差，不锈钢难加工就是这个原因。

2. 强度

工件材料的强度越高，切削加工性越差。这是因为切削力、切削温度随材料强度高而升高，刀具磨损严重。工件材料的高温强度越高，切削加工性越差，合金钢与不锈钢加工性低于碳素钢就是因为此原因（常温强度相差不大）。

3. 塑性

在工件材料的硬度、强度大致相同时，塑性越大，切削加工性越差。这是因为塑性越大，切削力、切削温度越高，刀具容易产生粘结磨损，刀具磨损快。另外，塑性大的材料，加工时易产生积屑瘤，使表面粗糙度增大。但塑性太低时，切屑与前面的接触长度短，切削力、切削热集中在切削刃附近，使刀具容易磨损。可见，塑性过大或过小都使切削加工性下降。

4. 韧性

工件材料的韧性越大，切削加工性越差。这是因为韧性越大，它在破断之前所吸收的能量越多，切削力、切削温度也越高，刀具磨损越快。此外，韧性越大，断屑越难。

5. 导热性

工件材料的导热性好，由切屑带走的热量多，切削温度低，刀具磨损慢，其切削加工性好，反之则差，导热性差是切削加工性差的材料难加工的原因之一。

三、改善工件材料切削加工性的途径

当工件材料的切削加工性满足不了加工要求时，往往需要针对难加工的因素采取措施，达到改善切削加工性的目的。

(一) 采取适当的热处理

通过热处理可以改变材料的金相组织，改变材料的物理力学性能。例如，低碳钢采用正火处理以降低其塑性、提高表面加工质量；高碳钢采用退火处理降低硬度以减小刀具的磨损；马氏体不锈钢通过调质处理以降低塑性；热轧状态的中碳钢，通过正火处理使其组织和硬度均匀；中碳钢有时也要退火，铸铁件一般在切削前都要进行退火以降低表层硬度，消除应力。

(二) 调整工件材料的化学成分

在大批量生产中，可通过调整工件材料的化学成分来改善切削加工性。例如易切削钢就是在钢中适当添加一些化学元素（S、Pb 等）形成一些不连续的金属夹杂物（如 MnS），从而使得切削力小、容易断屑，且刀具寿命高，加工表面质量好。

此外，还应针对工件材料难加工的因素，采取其他相应的对策。例如，采用其他工艺方法（如低碳钢通过冷拔处理可降低塑性），使切削加工性得到改善；选择或研制最合适的刀具材料；选择最佳的刀具几何参数；选择合理的切削用量；选择合适的切削液等；安排适当的加工方法和加工顺序，都可改善材料的切削加工性。

思考与练习题

3-1 何谓技术经济效果？切削加工技术经济指标主要有哪几个？

3-2 试述前角的功用及选择原则。

3-3 增大前角可以使切削温度降低，为什么？是不是前角越大切削温度越低？为什么？

3-4 试述后角的功用及选择原则。

3-5 为什么精加工刀具一般都采用较大的后角？而拉刀、铰刀后角却较小，甚至为零？

3-6 试述主偏角、副偏角的功用及选择原则。

3-7 试述刃倾角的功用及选择原则。

3-8 刀具切削部分的材料必须具备哪些基本性能？

3-9 普通高速钢有什么特点？常用的牌号有哪些？主要用来制造哪些刀具？

3-10 硬质合金刀具有哪些常用牌号？其性能特点如何？一般如何选用？

3-11 高速钢和硬质合金在性能上的主要区别是什么？各适合制作何种刀具？

3-12 试说明在下列不同情况下刀具几何参数的选择有何不同：①加工灰铸铁和一般碳素结构钢；②加工不锈钢和中碳钢；③加工高硬度高强度钢和中碳钢。

3-13 试述切削用量的选择原则。

3-14 选择切削用量的一般顺序是什么？如果选完切削用量后，发现所需的功率超过机床功率，应如何解决？

3-15 试述粗加工与精加工时如何选择切削用量？

3-16 粗加工时进给量的选择受哪些因素限制？精加工时进给量的选择受哪些因素限制？

3-17 提高切削用量可采取哪些措施？

3-18 在 CA6140 车床（电动机功率为 7.5kW）上车削调质 45 钢（$\sigma_b = 0.681$GPa，200~230HBW）外圆，毛坯直径为 ϕ90mm，加工后达到 ϕ80mm，表面粗糙度 Ra 值为 3.2μm。试确定合理的切削用量。

3-19 切削液有哪些主要作用？分为哪几类？加工中如何选用？

3-20 什么是工件材料的切削加工性？用什么指标来衡量工件材料的切削加工性？

3-21 影响工件材料切削加工性的主要因素有哪些？如何改善工件材料的切削加工性？

第二篇 金属切削加工方法与设备

金属切削加工是机械制造工业中的一种基本加工方法，其目的是使被加工工件获得规定的加工精度以及表面质量。不同的切削加工方法有不同的切削加工设备，典型的切削加工方法有车削、铣削、磨削、钻削和镗削等，它们是在相应的车床、铣床、磨床、钻床和镗床上进行的。本篇主要研究典型的切削加工方法及相应的切削加工设备与刀具。

第四章 金属切削机床基本知识

金属切削机床简称机床，是用切削的方法将金属毛坯（或半成品）加工成机器零件的设备，它是制造机器的机器，所以又称工作母机或工具机。金属切削机床是加工机械零件的主要设备，它所担负的工作量，通常情况下占机器制造总工作量的40%～50%。因此，机床的技术性能直接影响机械制造业产品的质量、成本和生产率。

第一节 金属切削机床的分类与编号

一、机床的分类

金属切削机床的品种和规格繁多，为了便于区别、使用和管理，须对机床加以分类和编制型号。机床的分类方法，主要是按加工性质和所用的刀具进行分类。根据我国制定的机床型号编制方法，目前将机床共分为11大类：车床（C）、钻床（Z）、镗床（T）、磨床（M）、齿轮加工机床（Y）、螺纹加工机床（S）、铣床（X）、刨插床（B）、拉床（L）、锯床（G）及其他机床（Q）。在每一类机床中，又按工艺范围、布局形式和结构等，分为10个组，每一组又细分为若干系（系列）。同时还可根据机床其他特征进一步细分。

同类型机床按应用范围（通用性程度）可分为：

（1）通用机床 可用于加工多种零件的不同工序，加工范围较广，通用性较大，但结构比较复杂。这种机床主要适用于单件小批生产，如卧式车床、万能升降台铣床等。

（2）专门化机床 工艺范围较窄，专门用于加工某一类或几类零件的某一道（或几道）特定工序，如曲轴车床、凸轮轴车床等。

（3）专用机床 工艺范围最窄，只能用于加工某一种零件的某一道特定工序，适用于大批量生产。如机床主轴箱的专用镗床、机床导轨的专用磨床等，汽车、拖拉机制造中使用的各种组合机床也属于专用机床。

同类型机床按工作精度可分为普通精度机床、精密机床和高精度机床。

机床还可按自动化程度分为手动、机动、半自动和自动机床。

专用机床

机床还可按质量和尺寸分为仪表机床、中型机床（一般机床）、大型机床（质量达10t）、重型机床（质量大于30t）和超重型机床（质量大于100t）。

按机床主要工作部件的数目，可分为单轴、多轴或单刀、多刀机床等。

通常，机床根据加工性质进行分类，再根据其某些特点进一步描述，如多刀半自动车床、高精度外圆磨床等。

随着机床的发展，其分类方法也将不断发展。现代机床正向数控化方向发展，数控机床的功能日趋多样化，工序更加集中。现在一台数控机床集中了越来越多的传统机床的功能。例如，数控车床在卧式车床功能的基础上，又集中了转塔车床、仿形车床、自动车床等多种车床的功能；车削中心出现以后，在数控车床功能的基础上，又加入了钻、铣、镗等类机床的功能。又如，具有自动换刀功能的镗铣加工中心机床（习惯上称"加工中心"），集中了钻、镗、铣等多种类型机床的功能；有的加工中心的主轴既能采用立式又能采用卧式，集中了立式加工中心和卧式加工中心的功能。可见，机床数控化引起机床传统分类方法的变化，这种变化主要表现在机床品种不是越分越细，而应是趋向综合。

二、机床型号的编制方法

机床的型号是机床产品的一个代号，用以简明地表示机床的类型、通用和结构特性、主要技术参数等。我国的机床型号，现在是按 GB/T 15375—2008《金属切削机床　型号编制方法》编制的。此标准规定，机床型号由汉语拼音字母和数字按一定的规律组合而成，它适用于各类通用机床和专用机床（不包括组合机床和特种加工机床）。

通用机床型号由主要部分和辅助部分组成，中间用"/"分开。具体表示方式为：

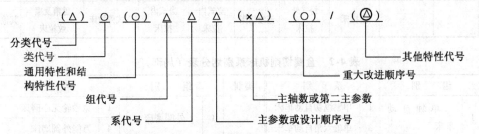

注：（1）有"（）"的代号或数字，若无内容则不表示（包括括号），若有内容则不带括号。

（2）有"○"符号者，为大写的汉语拼音字母。

（3）有"△"符号者，为阿拉伯数字。

（4）有"◎"符号者，为大写的汉语拼音字母或为阿拉伯数字、或两者兼有之。

1. 机床的类、组、系代号

机床的类别用汉语拼音大写字母表示。例如，"车床"用"C"表示。当需要时，每类又可分为若干分类；分类代号用阿拉伯数字表示，它在类代号之前，居于型号的首位，但第一分类不予表示，如磨床类分为 M、2M、3M 三个分类。机床的组别和系别代号用两位数字表示。每类机床按其结构布局及使用范围划分为 10 个组，用数字 0~9 表示。每组机床又分若干个系（系列），系别的划分原则是：主参数相同、主要结构及布局形式相同的机床，即划为同一系。常用机床的类、组划分详见表 4-1，系别划分见表 4-2。

对于具有两类特性的机床的命名，主要特性应放在后面，次要特性放在前面。例如铣镗床是以镗为主，铣为辅。

表 4-1　金属切削机床类、组划分表（局部）

类别＼组别	0	1	2	3	4	5	6	7	8	9
车床C	仪表车床	单轴自动半自动车床	多轴自动、半自动车床	回轮、转塔车床	曲轴及凸轮轴车床	立式车床	落地及卧式车床	仿形及多刀车床	轮、轴、辊及铲齿车床	其他车床
钻床Z		坐标镗钻床	深孔钻床	摇臂钻床	台式钻床	立式钻床	卧式钻床	铣钻床	中心孔钻床	其他钻床
镗床T			深孔镗床		坐标镗床	立式镗床	卧式镗床	精镗床	汽车修理用镗床	其他镗床
磨床 M	仪表磨床	外圆磨床	内圆磨床	砂轮机	坐标磨床	导轨磨床	刀具刃磨床	平面及端面磨床	曲轴、凸轮轴、花键轴磨床	工具磨床
磨床 2M		超精机	内圆珩磨机	外圆及其他珩磨机	抛光机	砂带抛光磨削机床	刀具刃磨及研磨机	可转位刀片磨削机床	研磨机	其他磨床
磨床 3M		球轴承套圈沟磨床	滚子轴承套圈磨床	轴承套圈超精机		叶片磨削机床	滚子加工机床	钢球加工机床	气门、活塞磨削机床	汽车修磨机
齿轮加工机床Y	仪表齿轮加工机		锥齿轮加工机	滚齿机及铣齿机	剃齿及珩齿机	插齿机	花键轴铣床	齿轮磨齿机	其他齿轮加工机	齿轮倒角及检查机
螺纹加工机床S			套丝机	攻丝机			螺纹铣床	螺纹磨床	螺纹车床	
铣床X	仪表铣床	悬臂及滑枕铣床	龙门铣床	平面铣床	仿形铣床	立式升降台铣床	卧式升降台铣床	床身铣床	工具铣床	其他铣床
刨插床B		悬臂刨床	龙门刨床		插床	牛头刨床			边缘及模具刨床	其他刨床
拉床L			侧拉床	卧式外拉床	连续拉床	立式内拉床	卧式内拉床	立式外拉床	键槽及螺纹拉床	其他拉床

表 4-2　金属切削机床系别划分表（局部）

类别	组别		系别	类别	组别		系别
车床 C	1	单轴自动车床	1 单轴纵切自动车床	磨床 M	1	外圆磨床	1 宽砂轮无心磨床
			3 单轴六角自动车床				4 万能外圆磨床
	5	立式车床	1 单柱立式车床		2	内圆磨床	1 内圆磨床
			2 双柱立式车床				2 半自动内圆磨床
	6	落地及卧式车床	0 落地车床		7	平面及端面磨床	2 立轴矩台平面磨床
			1 卧式车床				3 卧轴圆台平面磨床
钻床 Z	3	摇臂钻床	0 普通摇臂钻床	齿轮机床 Y	3	滚齿机及铣齿机	1 单轴滚齿机
			1 万向摇臂钻床				5 双轴滚齿机
	5	立式钻床	1 立式钻床		5	插齿机	1 插齿机
			2 多轴立式钻床				4 万能斜齿插齿机
镗床 T	4	坐标镗床	1 单柱坐标镗床	铣床 X	5	立式铣床	0 立式升降台铣床
			2 双柱坐标镗床				4 坐标升降台铣床
	6	卧式镗床	1 卧式镗床		6	卧式铣床	0 卧式升降台铣床
			3 卧式镗铣床				1 万能升降台铣床

2. 机床特性代号

机床的通用特性代号表示机床所具有的特殊性能，当某类型机床除有普通型外，还具有表4-3所列的某种通用特性时，则在类别代号之后加上相应的特性代号。例如"CK"表示数控车床。如同时具有2~3种通用特性时，则可用2~3个代号按重要程度排序同时表示，如"MBG"表示半自动高精度磨床。如某类型机床仅有某种通用特性，而无普通型者，则通用特性不必表示。如C1107型单轴纵切自动车床，由于这类自动车床没有"非自动"型，所以不必用"Z"表示通用特性。

为了区分主参数相同而结构不同的机床，在型号中用结构特性代号表示。结构特性代号用汉语拼音字母（通用特性代号已用的字母和I、O两个字母不能用）表示，排在类代号之后，当型号中有通用特性代号时，结构特性代号应排在通用特性代号之后，结构特性代号在型号中没有统一的含义，只在同类机床中起区分机床结构与性能的作用。

3. 机床主参数、主轴数第二主参数和设计顺序号

机床主参数代表机床规格的大小，一般用两位数字给出主参数折算值（1、1/10或1/100）。某些通用机床，当无法用一个主参数表示时，则在型号中用设计顺序号表示。设计顺序号由1起始。当设计顺序号小于10时，则在设计顺序号之前加"0"。

机床的主轴数应以实际数值列入型号，置于主参数之后，用"×"分开读作"乘"。单轴可省略不标注。第二主参数主要是指最大跨距、最大工件长度、最大模数等。第二主参数也用折算值表示，通常情况可不予表示。

4. 机床的重大改进顺序号

当机床的性能及结构布局有重大改进，并按新产品重新设计、试制和鉴定时，在原机床型号的尾部，加重大改进顺序号，以区别于原机床型号。序号按A、B、C、…，汉语拼音字母的顺序选用（I、O两个字母不能用）。

表4-3 通用特性代号

通用特性	高精度	精密	自动	半自动	数控	加工中心（自动换刀）	仿形	轻型	加重型	简式或经济型	柔性加工单元	数显	高速
代号	G	M	Z	B	K	H	F	Q	C	J	R	X	S
读音	高	密	自	半	控	换	仿	轻	重	简	柔	显	速

5. 机床其他特性代号

其他特性代号置于辅助部分之首，用于反映各类机床的特性，如数控机床控制系统的不同、同一型号机床的变型等，用汉语拼音字母（I、O两个字母除外）或阿拉伯数字表示。其中"L"表示联动数，"F"表示复合。单个字母不够用时，可将两个字母或字母和数字组合起来使用。

通用机床型号的编制方法举例如下：

示例1：最大车削直径为320mm的普通卧式车床，型号为：C6132。

示例2：最大钻孔直径40mm，最大跨距为1600mm的摇臂钻床，型号为：Z3040×16。

示例3：最大磨削直径为400mm的高精度数控外圆磨床，型号为：MKG1340。

示例4：镗轴直径为400mm的五轴联动卧式加工中心，型号为：TH6340/5L。

示例5：最大磨削直径320mm的半自动万能外圆磨床，结构不同时，型号为：MBE1432。

专用机床的型号一般由设计单位代号和设计顺序号组成。设计单位代号位于型号之首，可以是汉语拼音字母、数字及其组合。设计顺序号按该单位的设计顺序号排列，由001起始位于设计单位代号之后，并用"-"隔开。如某单位设计制造的第15种专用机床为专用磨床，其型号为：×××-015。

由通用机床或专用机床组成的机床自动线型号由设计单位代号、机床自动线代号ZX（读作"自线"）和设计顺序号组成，如某单位以通用机床或专用机床为某厂设计的第一条机床自动线，其型号为：×××-ZX001。

三、机床的精度和技术性能

1. 机床的精度

机床本身的精度直接影响零件的加工精度。因此，机床的精度必须满足加工的要求。机床的精度主要包括几何精度、传动精度和位置精度。

机床的几何精度包括：车身导轨的直线度、工作台台面的平面度、主轴的回转精度、刀架和工作台等移动轨迹的直线度、车床刀架移动方向与主轴轴线的平行度等，这些都决定着刀具和工件之间的相对运动轨迹的准确性，从而也就决定了被加工零件表面的形状精度以及表面之间的相对位置精度。机床传动精度是指机床内联系传动链两端件之间运动关系的准确性，它决定着复合运动轨迹的精度，从而直接影响被加工表面的形状精度（如螺纹的螺距误差）。机床位置精度是机床运动部件（如工作台、刀架和主轴箱等）从某一起始位置运动到预期的另一位置时，所到达的实际位置的准确程度，如坐标镗床对位置精度有很高要求。

机床的精度还要分静态精度和动态精度。静态精度是在无切削载荷以及机床不运动或运动速度很低的情况下检测的。其国家标准的内容包括：精度检验项目、检验方法和允许的误差范围。动态精度是机床在载荷、温升、振动等作用下的精度。动态精度除了与静态精度密切有关外，很大程度上取决于机床的刚度、抗振性和热稳定性等。

2. 机床的技术性能

为了能正确选择和合理使用机床，必须很好地了解机床的技术性能。机床的技术性能是有关机床加工范围、使用质量和经济性的性能指标，包括工艺范围、技术规格、加工精度和表面粗糙度、生产率、自动化程度和精度保持性等。

机床的工艺范围是指其适应不同生产要求的能力，即可以完成的工序种类、能加工的零件类型、毛坯和材料种类以及适应的生产规模等；机床的技术规格是反映机床尺寸大小和工作性能的各种技术数据，包括主参数和影响机床工作性能的其他各种尺寸参数，运动部件的行程范围，主轴、刀架、工作台等执行件的运动速度，电动机功率，机床的轮廓尺寸和质量等。加工精度和表面粗糙度是指在正常工艺条件下，机床上加工的零件所能达到的尺寸精度、形状和位置精度以及所控制的表面粗糙度。机床的生产率通常是指在单位时间内机床所能加工的工件数量，它直接影响到生产率和生产成本。在实际生产中，在满足加工质量等条件的情况下，应尽量提高生产率。

机床自动化程度可以用机床自动工作的时间与全部工作时间的比值表示。自动化程度高，有利于提高劳动生产率，提高加工精度，减轻工人劳动强度，保证产品质量的稳定。目前数控技术的发展，使各类机床的自动化程度有所提高，并得到广泛应用。

精度保持性是指机床保持其规定的加工质量的时间长短。精度保持性差的机床常因精度降低而影响加工精度，降低了设备利用率。因此，精度保持性是机床，特别是精密机床重要的技术性能指标。

高性能机床

第二节 机床运动分析

一、机床的运动联系

为了实现加工过程中所需的各种运动，机床必须具备以下3个基本部分：

1. 执行件

它是执行机床运动的部件，如主轴、刀架、工作台等，其任务是带动工件或刀具完成一定形式的运动（旋转或直线运动）和保持准确的运动轨迹。

2. 动力源

它是提供运动和动力的装置，是执行件的运动来源。普通机床通常都采用三相异步电动机作为动力源，现代数控机床的动力源采用直流或交流调速电动机和伺服电动机。

3. 传动装置

它是传递运动和动力的装置，通过它把动力源的运动和动力传给执行件。通常，传动装置同时还需完成变速、变向、改变运动形式等任务，使执行件获得所需的运动速度、运动方向和运动形式。

二、机床的传动链

如上所述，机床上为了得到所需要的运动，需要通过一系列的传动件把执行件和动力源（例如把主轴和电动机），或者把执行件和执行件（例如把主轴和刀架）之间连接起来，以构成传动联系。构成一个传动联系的一系列传动件，称为传动链。根据传动联系的性质，传动链可以区分为两类：

1. 外联系传动链

它是联系动力源（如电动机）和机床执行件（如主轴、刀架、工作台等）之间的传动链，使执行件得到运动，而且能改变运动的速度和方向，但不要求动力源和执行件之间有严格的传动比关系。例如，车削螺纹时，从电动机传到车床主轴的传动链就是外联系传动链，它只决定车螺纹速度的快慢，而不影响螺纹表面的成形。再如，在卧式车床上车削外圆柱表面时，由于工件旋转与刀具移动之间不要求严格的传动比关系，两个执行件的运动可以互相独立调整，所以，传动工件和传动刀具的两条传动链都是外联系的传动链。

2. 内联系传动链

内联系传动链联系复合运动之内的各个分解部分，因而传动链所联系的执行件相互之间的相对速度（及相对位移量）有严格的要求，以保证运动的轨迹。例如，在卧式车床上用螺纹车刀车螺纹时，为了保证所需螺纹的导程大小，主轴（工件）转一周时，车刀必须移动一个导程。联系主轴-刀架之间的螺纹传动链，就是一条传动比有严格要求的内联系传动链。在内联系传动链中，各传动副的传动比必须准确不变，不应有摩擦传动或是瞬时传动比变化的传动件（如链传动）。

螺纹加工

三、传动原理图

通常传动链中包括有各种传动机构，如带传动、定比齿轮副、齿轮齿条、丝杠螺母、蜗轮蜗杆、滑移齿轮变速机构、离合器变速机构、交换齿轮或挂轮架以及各种电的、液压的、机械的无级变速机构等。在考虑传动路线时，可以先撇开具体机构，把上述各种机构分成两大类：固定传动比的传动机构（简称"定比机构"）和变换传动比的传动机构（简称"换置机构"）。定比传动机构有定比齿轮、丝杠螺母副、蜗轮蜗杆副等，换置机构有变速器、交换齿轮架、数控机床中的数控系统等。

为了便于研究机床的传动联系，常用一些简明的符号把传动原理和传动路线表示出来，这就是传动原理图。图 4-1 所示为传动原理图常用的一些示意符号。其中，表示执行件的符号，还没有统一的规定，一般采用直观的图形表示。为了把运动分析的理论推广到数控机床，图中引入了数控机床传动原理图中所要用到的一些符号，如脉冲发生器等符号。

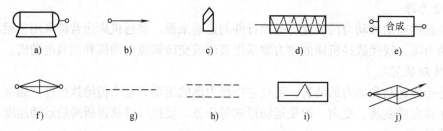

a)　　　　b)　　　　c)　　　　d)　　　　e)

f)　　　　g)　　　　h)　　　　i)　　　　j)

图 4-1　传动原理图常用的一些示意符号

a）电动机　b）主轴　c）车刀　d）滚刀　e）合成机构　f）传动比可变换的换置机构
g）传动比不变的机械联系　h）电联系　i）脉冲发生器　j）快调换置机构——数控系统

下面以卧式车床为例说明传动原理图的画法和所表示的内容（图 4-2）。

卧式车床在形成螺旋表面时需要一个运动——刀具与工件间相对的螺旋运动。这个运动是复合运动，可分解为两部分：主轴的旋转运动 B 和车刀的纵向移动 A。联系这两个运动的传动链 4—5—i_f—6—7 是复合运动内部的传动链，所以是内联系传动链。这个传动链为了保证主轴旋转运动 B 与刀具移动 A 之间严格的比例关系，主轴每转一转，刀具应移动一个导程。此外，这个复合运动还应有一个外联系传动链与动力源相联系，即传动链 1—2—i_v—3—4。

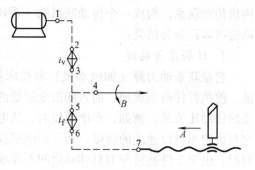

图 4-2　卧式车床的传动原理图

车床在车削圆柱面或端面时，主轴的旋转运动 B 和刀具的移动 A（车端面时为横向移动）是两个互相独立的简单运动。不需保持严格的比例关系，运动比例的变化不影响表面的性质，只是影响生产率或表面粗糙度。两个简单运动各有自己的外连传动链与动力源相联系。一条是电动机—1—2—i_v—3—4—主轴，另一条是电动机—1—2—i_v—3—5—i_f—6—7—

丝杠。其中 1—2—i_v—3 是公共段。这样的传动原理图的优点是既可用于车螺纹，也可用于车削圆柱面等。

第三节　机床运动的调整计算

一、运动参数及其换置机构

每一个独立的运动都需要有 5 个参数来确定。这 5 个运动参数是：运动的起点、运动的方向、运动的轨迹、运动的路程和运动的速度。机床工作时由于加工对象的不同，机床上各运动的某些参数便需改变。所谓机床运动的调整，就是调整每个独立运动的 5 个参数。改变运动参数的机构称为换置机构，在传动原理图中通常用棱形框符号表示，其旁标以 i_v、i_f 等表示换置量。用来改变运动速度的换置机构可以是变速箱、交换齿轮等，现代数控机床是通过数控系统来改变运动速度的。但是有些运动参数是由机床本身的结构来保证的，例如，轨迹为圆或直线，通常由轴承和导轨来确定；运动的起点和行程的大小，可由机床上的挡块来调整，也可由操作工人控制。

例如，在卧式车床上车削螺纹时，只需要一个成形运动，用于形成导线-螺旋线。要确定这个成形运动，就必须确定它的 5 个运动参数。对这个成形运动来说，运动的起点，一般由操作者控制。运动的方向，即由螺旋线的一头车削到另一头，由主运动链中的换向机构来确定。对于右旋螺纹来说，通常主轴正转，刀具从右向左移动，即从螺旋线的右端向左端运动。运动的轨迹参数是螺旋线的导程和旋向。导程的大小由螺纹链的换置机构的传动比 i_f（图4-2）来确定；螺纹的旋向由螺纹链中变换螺纹旋向的机构来确定。至于这个成形运动的速度参数，由主运动传动链的换置机构的传动比 i_v 来确定。而行程的大小，则由操作工人控制，有时可以使用调整挡块。

二、机床运动调整计算步骤

机床运动计算按每一传动链分别进行，其一般步骤如下：

1）根据对机床的运动分析，确定各传动链两端的末端件。例如，对于卧式车床的螺纹链来说，其两端的末端件就是主轴和刀架。

2）根据传动链两末端件的运动关系，计算位移量，仍以螺纹链为例，主轴转一周则刀架移动 P_h（螺纹导程）。

3）根据计算位移量以及相应传动链中各个传动环节的传动比，列出运动平衡式。

4）根据运动平衡式，导出该传动链的换置公式，即解出运动平衡式中的 i_f，并由此确定进给箱中变速齿轮的传动比和交换齿轮。

例　在车床上加工螺纹，要求加工螺纹的导程 $S = 9\text{mm}$。已知该车床的螺纹进给传动链如图 4-3 所示，试确定车削该螺纹时，交换齿轮变速机构的换置公式。

解：1）传动链两端末端件：主轴和刀架。

2）计算位移：主轴转一周则刀架移动一个 P_h。

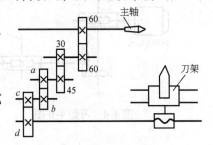

图 4-3　螺纹进给传动链

3）列运动平衡式

$$1 \times \frac{60}{60} \times \frac{30}{45} \times \frac{a}{b}\frac{c}{d} = \frac{P_\text{h}}{P_\text{h丝杠}}$$

（图 4-3 中丝杠导程 $P_\text{h丝杠} = 12\text{mm}$）

4）整理换置公式，确定配换齿轮齿数。将工件螺纹导程 S 代入运动平衡式，得出换置公式

$$i_\text{f} = \frac{a}{b}\frac{c}{d} = \frac{9}{8}$$

确定配换齿轮 a、b、c、d 的齿数有两种方法：若传动比 i_f 是有理数且分解因子不大，则可用因子分解法，本例 $i_\text{f} = \frac{a}{b}\frac{c}{d} = \frac{3 \times 3}{2 \times 4} = \frac{45}{30} \times \frac{60}{80}$，即 $a = 45$、$b = 30$、$c = 60$、$d = 80$。为了保证齿轮 c 的齿顶不至于碰到齿轮 a 上的轴、齿轮 b 的齿顶不至于碰到齿轮 d 上的轴，需满足 $c + 15 < a + b$ 和 $b + 15 < c + d$，交换齿轮的齿数一般在 $20 \sim 120$ 之间，间隔 5 选不同值；若 i_f 为无理数，则可参阅有关资料查表取得近似值（误差必须在允许的范围内）。

思考与练习题

4-1　试说明下列机床型号的含义。

　　CM6132　CK6150A　X6132　MG1432　Y3180E　CKM1116

4-2　何谓机床的外联系传动链和内联系传动链？两者的本质区别是什么？

4-3　机床的精度包括哪几种？何谓静态、动态精度？

4-4　何谓机床的换置机构？机床的传动链中为什么要设置换置机构？

4-5　机床的调整计算一般有哪几个步骤？

4-6　按图 4-4 所示传动系统进行下列计算。

（1）求轴 A 的转速。

（2）求轴 A 转 1 转时，轴 B 的转数。

4-7　传动系统如图 4-5 所示，如要求工作台移动 L（单位为 mm）时主轴转 1 周，试导出换置机构 $\left(\dfrac{a}{b}\dfrac{c}{d}\right)$ 的换置公式。

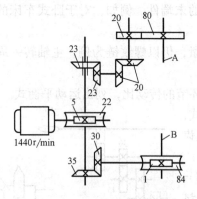

图 4-4　习题 4-6 图

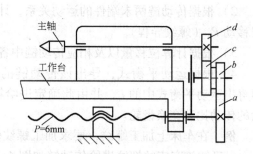

图 4-5　习题 4-7 图

第五章 车削加工

在机械制造中车削是使用最广泛的一种加工方法，在车床上进行切削加工称为车削加工，车工是机械加工中最基本、最常用的工种，车床加工在金属切削加工中所占比重最大。本章主要讲述车削的加工原理、卧式车床的传动系统和部分结构。

第一节 车削加工概述

一、车削加工的用途和运动

在机械制造中车削主要用于加工各种回转表面，如车削内外圆柱面、圆锥面、环槽及成形回转面；也可以车削端面、螺纹；还可以进行钻孔、扩孔、铰孔和滚花等工作，如图 5-1 所示。由于多数机器零件具有回转表面，车床的通用性又较广，因此在机器制造中，车床的应用极为广泛，在金属切削机床中所占的比重最大，占机床总台数的 20% ~35%。

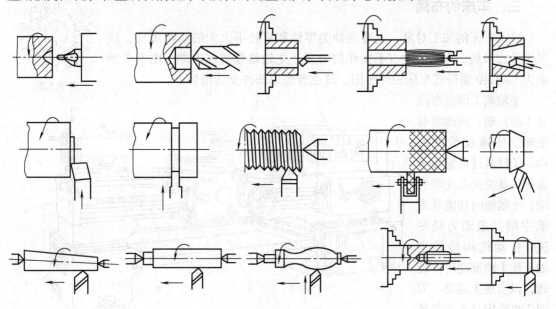

图 5-1 卧式车床所能完成的典型加工形式

由图 5-1 可知，为了加工出所要求的工件表面，车床必须使刀具和工件实现下列运动。

1. 表面成形运动

(1) 工件的旋转运动 即车床的主运动，其转速较高，常以主轴转速 n （r/min）表示，是消耗机床功率的主要部分。

(2) 刀具的移动 即车床的进给运动。刀具可作平行于工件旋转轴线的纵向进给运动（车圆柱表面）或作垂直于工件旋转轴线的横向进给运动（车端面），也可作与工件旋转轴线倾斜一定角度的斜向运动（车圆锥表面）或作曲线运动（车成形回转表面）。进给量常以主轴每转刀具的移动量 f（mm/r）表示。

车削螺纹时，只有一个复合成形运动：螺旋运动。它可以被分解为两部分：主轴的旋转运动和刀具的移动。

2. 辅助运动

为了将毛坯加工到所需要的尺寸，车床还应有切入运动，有的还有刀架纵、横向的机动快移。重型车床还有尾架的机动快移等。

二、车床的分类

车床的种类很多，按其结构和用途不同，主要可分为以下几类：①卧式车床和落地车床；②立式车床；③转塔车床；④单轴和多轴自动和半自动车床；⑤仿形车床和多刀车床；⑥数控车床和车削中心；⑦各种专门化车床，如凸轮轴车床、曲轴车床、车轮车床及铲齿车床等。此外，在大批量生产的工厂中还有各种各样的专用车床。在所有的车床类机床中，以卧式车床应用最广。

卧式车床的通用性较大，但结构较复杂而且自动化程度低，在加工形状比较复杂的工件时，换刀较麻烦，加工过程中的辅助时间较多，所以适用于单件、小批量生产及修理车间等。

三、车床的布局

高端车床

卧式车床的加工对象，主要是轴类零件和直径不太大的盘类零件，故采用卧式布局。为了适应右手操作的习惯，主轴箱布置在左端。图5-2所示为CA6140型卧式车床的外形图，其主要组成部件及功用如下。

主轴箱1固定在床身4的左端，内部装有主轴、变速及传动机构。工件通过自定心卡盘等夹具装夹在主轴前端。主轴箱的功能是支承主轴并把动力经变速、传动机构传给主轴，使主轴带动工件旋转，以实现主运动。刀架2可沿床身4上的导轨作纵向移动。刀架部件由几层组成，它的功用是装夹车刀，实现纵

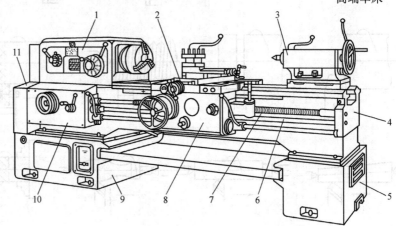

图5-2　CA6140型卧式车床外形图
1—主轴箱　2—刀架　3—尾座　4—床身　5、9—床腿
6—光杠　7—丝杠　8—溜板箱　10—进给箱　11—交换齿轮变速机构

向、横向或斜向运动。尾座3安装在床身4右端的尾座导轨上，可沿导轨纵向调整其位置。它的功能是用后顶尖支承长工件，也可以安装钻头、铰刀等孔加工刀具进行孔加工。进给箱10固定在床身4的左端前侧。主轴的运动通过交换齿轮变速机构11将运动传给进给箱10，进给箱内装有进给运动的换置机构，用于改变机动进给的进给量或所加工螺纹的导程。

溜板箱 8 与刀架 2 的最下层——纵向溜板相连，与刀架一起作纵向运动，功用是把进给箱传来的运动传送给刀架，使刀架实现纵向和横向进给或快速移动。溜板箱上装有各种操纵手柄和按钮。床身 4 固定在左右床腿 5 和 9 上。在床身上安装着车床的各个主要部件，使它们在加工工件时保持准确的相对位置或运动轨迹。

第二节 车削加工的刀具

在车床上使用的刀具，主要是各种形式的车刀，有的车床还可以采用各种孔加工刀具，如钻头、铰刀、丝锥、板牙等。这里主要介绍各种车刀的形式。根据加工表面的不同，车削加工刀具可分为外圆车刀、端面车刀、割刀、镗刀和成形车刀等多种形式，如图 5-3 所示。

1. 外圆车刀

外圆车刀用于纵向车削外圆，如图 5-3 所示，它又可分为 3 种：

（1）直头外圆车刀（图 5-3 中的 5） 这种车刀制造简单，但只能加工外圆，加工端面时必须转动刀架。

（2）弯头外圆车刀（图 5-3 中的 4） 用于纵向车削外圆，也可用于横车端面及内外圆倒角，但其副偏角 k'_r 较大，加工的表面粗糙度较大及刀具寿命均较低。

（3）宽刃精车刀（图 5-3 中的 7） 做成平头直线刃，能获得表面粗糙度较小的工件表面，用于精车工作。

2. 端面车刀

端面车刀用于车端面，进给方向可以是纵向也可以是横向，因此又分为两种：

（1）纵切端面车刀 又称劈刀，实际上就是 $k_r = 90°$ 的外圆车刀，按进给方向不同分为左偏刀和右偏刀，用于加工不大的台肩端面。在车削阶梯轴及细长轴时，也常使用。

（2）横切端面车刀（图 5-3 中的 9） 可以由外圆向内进给，也可以由中心向外进给，这两种情况的主、副切削刃及主、副偏角均不相同，前者的轴向切削分力有可能使车刀压入端面，得到逐渐加深的内凹锥面（图 5-4a 中虚线所示），会造成不可修复的废品；后者受切削力外推（图 5-4b），可能会车出逐渐变浅的凸面，但能修复，故车端面时要加以考虑。

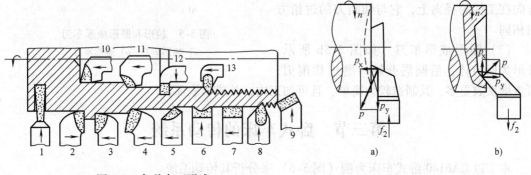

图 5-3 各种车刀形式　　　　　　　　图 5-4 端面车刀形式

3. 切断刀

切断刀又称割刀，用于切断工件或切槽（图 5-3 中的 1）。刀头长度和宽度由工件直径及槽宽尺寸确定。用于切断时，刀头长度应比切断处外圆半径略大一些，而在选择宽度的时候，要考虑减少工件材料消耗，又要保证刀具本身强度，通常取在 2～6mm 之间。割刀有两个副切削刃，一般取副偏角 $\kappa'_r = 1° \sim 2°$ 以减小与工件侧面的摩擦。

切断刀应用

4. 内孔车刀

内孔车刀又称镗刀，用在车床上加工通孔、不通孔、孔内的槽或端面（图 5-3 中的 10、11、12）。

镗刀刀杆尺寸受孔径和孔深的限制，而且伸出较长，刚度相应降低，特别在加工小直径的深孔时，切削条件很不利，生产率很低。

5. 成形车刀

成形车刀是根据工件外形加工出其型面轮廓而设计的专用车刀，主要用于在卧式车床、转塔车床、半自动和自动车床上加工工件内、外表面的回转型面。

用普通车刀加工固然可车削工件的复杂型面，但这种方法不仅操作费力，生产率低，而且很难保证所加工的各零件有准确一致的加工精度，特别是大批生产时困难更大。所以常采用仿型装置或成形车刀加工。前者适用于长度较大的型面，后者主要用于长度较小的型面。在仪表制造中，常有形状复杂、精度高而生产批量很大的零件，通常用成形车刀在转塔车床或自动车床上加工。

成形车刀按车刀形状可分为杆形、棱形和圆形三种。

（1）杆形成形车刀　它就是相当于切削刃磨成特定形状的普通车刀（图 5-3 中的 6），杆形成形车刀构造简单，但用钝后，为保持切削刃形状不变，只能沿车刀前面刃磨，可磨次数不多，常用的螺纹车刀（图 5-3 中的 8、13）和铲齿车刀即属此类。

（2）棱形成形车刀　如图 5-5a 所示，外形为棱柱体，刀头厚，可磨次数增多，切削刃强度和加工精度较高。但制造复杂，且不能加工内表面。常用的棱形成形车刀进给方向在工件的径向上，它与切断刀的进给方向相同。

（3）圆形成形车刀　如图 5-5b 所示，外形为回转体，沿圆周开缺口磨出切削刃，可重磨次数更多，其制造较为简单，且可加工内、外成形表面。

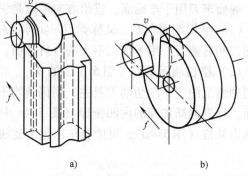

图 5-5　棱形和圆形成形车刀
a）棱形车刀　b）圆形车刀

第三节　卧式车床的传动系统

本节以 CA6140 卧式车床为例（图 5-6）来分析其传动系统。

一、主运动传动链

1. 传动路线

主运动传动链的两末端件是主电动机和主轴。运动由电动机（7.5kW，1450r/min）经带轮传动副 130mm/230mm 传至主轴箱中的轴 I 。在轴 I 上装有双向多片摩擦离合器 M₁，使主轴正转、反转或停止。当压紧离合器 M₁ 左部的摩擦片时，轴 I 的运动经齿轮副 56/38 或 51/43 传给轴 II，使轴 II 获得两种转速；压紧右部摩擦片时，经齿轮 50、轴 VII 上的空套齿轮 34 传给轴 II 上的固定齿轮 30。这时轴 I 至轴 II 间多一个中间齿轮 34，故轴 II 的转向与经 M₁ 左部传动时相反。当离合器处于中间位置时，左、右摩擦片都没有被压紧，轴 I 的运动不能传至轴 II，主轴停转。

轴 II 的运动可通过轴 II、III 间三对齿轮的任意一对传至轴 III，故轴 III 正转共 2×3 = 6 种转速。

（1）高速传动路线　主轴上的滑移齿轮 50 移至左端，使之与轴 III 上右端的齿轮 63 啮合。运动由轴 III 经齿轮副 63/50 直接传给主轴，得到 450 ~ 1400r/min 的 6 种高转速。

（2）低速传动路线　主轴上的滑移齿轮 50 移至右端，与主轴上的齿式离合器 M₂ 啮合。轴 III 的运动经齿轮副 20/80 或 50/50 传给轴 IV，又经齿轮副 20/80 或 51/50 传给轴 V，再经齿轮副 26/58 和齿式离合器 M₂ 传至主轴，使主轴获得 10 ~ 500r/min 的低转速。

传动系统可用传动路线表达式表示如下

$$\text{主电动机} - \dfrac{\phi 130mm}{\phi 230mm} - \text{I} - \left\{ \begin{array}{l} \text{M}_1\text{（左）}\\ \text{（正转）} \end{array} - \left\{ \begin{array}{l} \dfrac{56}{38}\\ \dfrac{51}{43} \end{array} \right\} - \\ \text{M}_1\text{（右）}\\ \text{（反转）} - \dfrac{50}{34} - \text{VII} - \dfrac{34}{30} \right\} - \text{II} - \left\{ \begin{array}{l} \dfrac{39}{41}\\ \dfrac{30}{50}\\ \dfrac{22}{58} \end{array} \right\} -$$

$$\text{III} \left\{ \begin{array}{l} - \dfrac{63}{50} - \\ \left\{ \begin{array}{l} \dfrac{20}{80}\\ \dfrac{50}{50} \end{array} \right\} - \text{IV} - \left\{ \begin{array}{l} \dfrac{20}{80}\\ \dfrac{51}{50} \end{array} \right\} - \text{V} - \dfrac{26}{58} - \text{M}_2\text{（右移）} \end{array} \right\} - \text{VI（主轴）}$$

2. 主轴转速级数和转速

由传动系统图和传动路线表达式可以看出，主轴正转时，可得 2×3 = 6 种高转速和 2×3×2×2 = 24 种低转速。如 III - IV - V 之间的 4 条传动路线的传动比为

$$i_1 = \frac{20}{80} \times \frac{20}{80} = \frac{1}{16}, \quad i_2 = \frac{20}{80} \times \frac{51}{50} \approx \frac{1}{4}$$

$$i_3 = \frac{50}{50} \times \frac{20}{80} = \frac{1}{4}, \quad i_4 = \frac{50}{50} \times \frac{51}{50} \approx 1$$

式中，i_2 和 i_3 基本相同，所以实际上只有 3 种不同的传动比。因此，运动经由低速条件传动路线时，主轴实际上只能得到 2×3×（2×2-1）= 18 级转速。加上由高速路线传动获得的 6 级转速，主轴总共可获得 2×3×［1 + （2×2-1）］= 6 + 18 = 24 级转速。

同理，主轴反转时，有 3×［1 + （2×2-1）］= 12 级转速。

主轴的各级转速，可根据各滑移齿轮的啮合状态求得。如当处于图 5-6 中所示的啮合位置时，主轴的转速为

$$n_{主} = 1450 \times \frac{130}{230} \times \frac{51}{43} \times \frac{22}{58} \times \frac{20}{80} \times \frac{20}{80} \times \frac{26}{58} r/min \approx 10 r/min$$

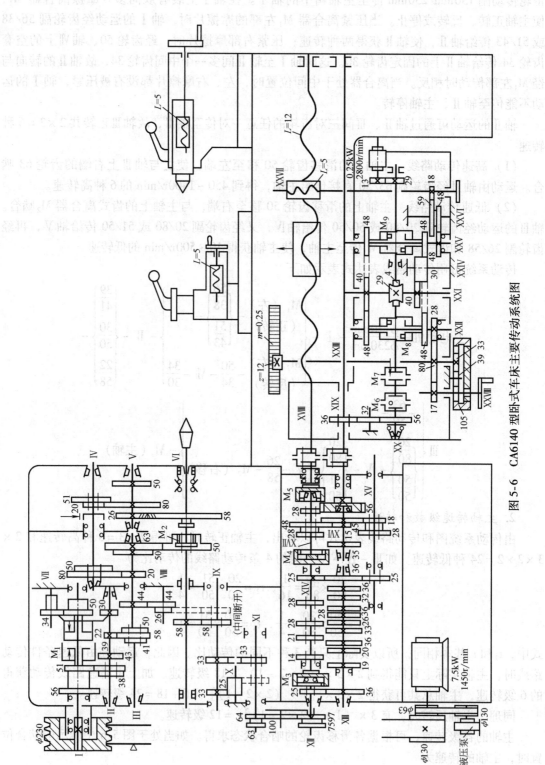

图 5-6　CA6140 型卧式车床主要传动系统图

同理，可以计算出主轴正转时的 24 级转速为 10~1400r/min；反转时的 12 级转速为 14~1580r/min。主轴反转通常不是用于切削，而是用于车削螺纹时，切削完一刀后使车刀沿螺旋线退回，因转速较高可节约辅助时间。

二、进给传动链

进给传动链是实现刀具纵向或横向移动的传动链。卧式车床在切削螺纹时，进给传动链是内联系传动链，主轴每转刀架的移动量应等于螺纹的导程。在切削圆柱面和端面时，进给传动链是外联系传动链，进给量也以工件每转刀架的移动量计。因此，在分析进给链时，都把主轴和刀架当做传动链的两端。

运动从主轴Ⅵ开始，经轴Ⅸ或轴Ⅹ传至轴Ⅺ，然后，经交换齿轮架至进给箱。从进给箱传出的运动，一条路线经丝杠带动溜板箱，使刀架作纵向运动，这是车削螺纹传动链；另一条路线经光杠和溜板箱，传动刀架作纵向或横向的机动进给，这是进给传动链。

1. 车螺纹

CA6140 型卧式车床可车削米制、英制、模数制和径节制四种标准的常用螺纹；此外，还可以车削大导程、非标准和较精密的螺纹。既可以车削右旋螺纹，也可以车削左旋螺纹。螺纹进给传动链的作用，在于能得到上述四种标准螺纹。

车螺纹的运动平衡式为

$$1_{r(主轴)} i_总 P_{h丝杠} = P_h$$

式中　$1_{r(主轴)}$——主轴转一转；

　　　$i_总$——从主轴到丝杠之间的总传动比；

　　　$P_{h丝杠}$——机床丝杠的导程，CA6140 型卧式车床的 $P_{h丝杠} = 12mm$；

　　　P_h——被加工螺纹的导程（mm）。

改变传动比 $i_总$，就可得到以上四种标准螺纹的任意一种。

（1）米制螺纹　标准米制螺纹导程见表 5-1。

表 5-1　标准米制螺纹导程

（单位：mm）

-	1	-	1.25	-	1.5
1.75	2	2.25	2.5	-	3
3.5	4	4.5	5	5.5	6
7	8	9	10	11	12

由表 5-1 可以看出，螺纹导程的每一行都是按等差数列排列的，行与行之间成倍数关系。

车削米制螺纹时，进给箱中的离合器 M_3 和 M_4 脱开、M_5 接合。交换齿轮架齿数为 $63/100 \times 100/75$。运动传入进给箱后，经换置机构的齿轮副 25/36 传至轴Ⅷ，再经过双轴滑移变速机构的齿轮副 $i_基$ 中的任一对齿轮传至轴ⅩⅣ，然后再由置换机构的齿轮副 $25/36 \times 36/25$ 传至轴ⅩⅤ，接下去再经轴ⅩⅤ~ⅩⅥ间的两组滑移变速机构，最后经离合器 M_5 传至丝杠。溜板箱中的开合螺母闭合，带动刀架移动。

车削米制螺纹时传动链的传动路线表达式如下

$$\text{主轴VI} - \frac{58}{58} - \text{IX} - \begin{Bmatrix} \text{右螺纹} \\ \dfrac{33}{33} \\ \text{左螺纹} \\ \dfrac{33}{25} - \text{X} - \dfrac{25}{33} \end{Bmatrix} - \text{XI} - \frac{63}{100} \times \frac{100}{75} - \text{XII} - \frac{25}{36} - \text{XIII} - i_{\text{基}} -$$

$$\text{XIV} - \frac{25}{36} \times \frac{36}{25} - \text{XV} - i_{\text{倍}} - \text{XVII} - M_5 - \text{丝杠 XVIII} - \text{刀架}$$

其中轴XIII ~ XIV之间的变速机构可变换八种不同的传动比

$$i_{\text{基}1} = \frac{26}{28} = \frac{6.5}{7}, \quad i_{\text{基}2} = \frac{28}{28} = \frac{7}{7}, \quad i_{\text{基}3} = \frac{32}{28} = \frac{8}{7}, \quad i_{\text{基}4} = \frac{36}{28} = \frac{9}{7}$$

$$i_{\text{基}5} = \frac{19}{14} = \frac{9.5}{7}, \quad i_{\text{基}6} = \frac{20}{14} = \frac{10}{7}, \quad i_{\text{基}7} = \frac{33}{21} = \frac{11}{7}, \quad i_{\text{基}8} = \frac{36}{21} = \frac{12}{7}$$

即 $i_{\text{基}j} = P_{hj}/7$, $P_{hj} = 6.5$、7、8、9、9.5、10、11、12。这些传动比的分母相同, 分子则除 6.5 和 9.5 用于其他种类的螺纹外, 其余按等差数列排列, 相当于米制螺纹导程标准的最后一行。这套变速机构称为基本组。轴XV ~ XVII间的变速机构可变换四种传动比

$$i_{\text{倍}1} = \frac{18}{45} \times \frac{15}{48} = \frac{1}{8}, \quad i_{\text{倍}2} = \frac{28}{35} \times \frac{15}{48} = \frac{1}{4}, \quad i_{\text{倍}3} = \frac{18}{45} \times \frac{35}{28} = \frac{1}{2}, \quad i_{\text{倍}4} = \frac{28}{35} \times \frac{35}{28} = 1$$

它们用以实现螺纹导程标准中行与行间的倍数关系, 称为增倍组。基本组、增倍组和换置机构组成进给变速机构。它和交换齿轮一起组成换置机构。

车削米制（右旋）螺纹的运动平衡式为

$$P_h = 1_{r(\text{主轴})} \times \frac{58}{58} \times \frac{33}{33} \times \frac{63}{100} \times \frac{100}{75} \times \frac{25}{36} \times i_{\text{基}} \times \frac{25}{36} \times \frac{36}{25} \times i_{\text{倍}} \times 12\text{mm}$$

式中 $i_{\text{基}}$——基本组的传动比;

$i_{\text{倍}}$——增倍组的传动比。

将上式简化后可得

$$P_h = 7 i_{\text{基}} \, i_{\text{倍}} = 7 \times \frac{P_{hj}}{7} i_{\text{倍}} = P_{hj} i_{\text{倍}}$$

选择 $i_{\text{基}}$ 和 $i_{\text{倍}}$ 的值, 就可以得到各种标准米制螺纹的导程 P_h。P_{hj} 最大为 12, $i_{\text{倍}}$ 最大为 1, 故能加工的最大螺纹导程 $P_h = 12\text{mm}$。

（2）模数制螺纹 模数制螺纹的导程 $P_{hm} = nT_m = n\pi m$, 这里 n 为螺纹的线数。模数 m 的标准值也是按分段等差数列的规律排列的。由于在模数螺纹导程 P_{hm} 中含有特殊因子 π。因此, 车削模数制螺纹时, 交换齿轮需换为 $\dfrac{64}{100} \times \dfrac{100}{97}$。其余部分的传动路线与车削米制螺纹时完全相同。运动平衡式为

$$P_{hm} = 1_{r(\text{主轴})} \times \frac{58}{58} \times \frac{33}{33} \times \frac{64}{100} \times \frac{100}{97} \times \frac{25}{36} \times i_{\text{基}} \times \frac{25}{36} \times \frac{36}{25} \times i_{\text{倍}} \times 12\text{mm}$$

其中, $\dfrac{64}{100} \times \dfrac{100}{97} \times \dfrac{25}{36} \approx \dfrac{7\pi}{48}$, 代入化简后得

$$P_{hm} = \frac{7\pi}{4} i_{\text{基}} \, i_{\text{倍}}$$

因为 $P_{hm} = n\pi m$，从而得

$$m = \frac{7}{4K} i_{\underset{}{基}} i_{倍} = \frac{1}{4K} P_{hj} i_{倍}$$

改变 $i_{基}$ 和 $i_{倍}$，就可以车削出各种标准模数的螺纹。

（3）英制螺纹 英制螺纹以每英寸长度上的螺纹扣数 a（扣/in）表示，因此英制螺纹的导程 $P_{ha} = 1/a$ in。由于车床的丝杠是米制螺纹，被加工的英制螺纹也应换算成以 mm 为单位的相应导程值，即

$$P_{ha} = \frac{1}{a} in = \frac{25.4}{a} mm$$

a 的标准值也是按分段等差数列的规律排列的，所以英制螺纹导程的分母为分段等差级数。此外，还因有特殊因子 25.4，在车削英制螺纹时，应对传动路线作如下两点变动：

1）将基本组两轴（轴ⅩⅢ和ⅩⅣ）的主、被动关系对调，使轴ⅩⅣ变为主动轴，轴ⅩⅢ变为被动轴，就可使分母为等差级数。

2）在传动链中实现特殊因子 25.4。

为此，将进给箱中的离合器 M_3 和 M_5 接合，M_4 脱开，轴ⅩⅤ左端的滑移齿轮 25 移至左面位置，与固定在轴ⅩⅢ上的齿轮 36 相啮合。运动由轴ⅩⅡ经 M_3 先传到轴ⅩⅣ，然后传至轴ⅩⅢ，再经齿轮副 36/25 传至轴ⅩⅤ。其余部分的传动路线与车削米制螺纹时相同。

2. 车削圆柱面和端面

（1）传动路线 为了减少丝杠的磨损和便于操纵，机动进给是由光杠经溜板箱传动的。这时，将进给箱中的离合器 M_5 脱开。使轴ⅩⅦ的齿轮 28 与轴ⅩⅨ左端的齿轮 56 相啮合。运动由进给箱传至光杠ⅩⅨ，再经溜板箱中的传动机构分别传至齿轮齿条机构和横向进给丝杠ⅩⅩⅦ，使刀架作纵向机动进给车削圆柱面和作横向机动进给车削端面。其传动路线表达式如下

$$\cdots ⅩⅦ - \frac{28}{56} - ⅩⅨ - \frac{36}{32} \times \frac{32}{56} - M_6 - M_7 - ⅩⅩ - \frac{4}{29} -$$

$$-\begin{cases} \begin{cases} M_8 \uparrow \frac{40}{48} \\ M_8 \downarrow \frac{40}{30} \times \frac{30}{48} \end{cases} - ⅩⅫ - \frac{28}{80} - ⅩⅩⅢ - Z_{12} - 齿条 \\ \begin{cases} M_9 \uparrow \frac{40}{48} \\ M_9 \downarrow \frac{40}{30} \times \frac{30}{48} \end{cases} - ⅩⅩⅤ - \frac{48}{48} - \frac{59}{18} - ⅩⅩⅦ - （横向丝杠） \end{cases}$$

（2）机动进给量 CA6140 型卧式车床的纵向机动进给量有 64 种。当运动由主轴经正常导程的米制螺纹传动路线时，可获得 32 种正常进给量。另外 32 种进给量可分别通过英制螺纹传动路线和扩大螺纹导程机构得到。通过传动计算可知，64 种横向机动进给量是纵向进给量的一半。

3. 刀架的快速移动

为了减轻工人的劳动强度和缩短辅助时间，刀架可以实现纵向和横向机动快速移动。按下快速移动按钮，快速电动机（0.25kW，2800r/min）经齿轮副 13/29 使轴ⅩⅩ高速转动，然后再经溜板箱内的转换机构，使刀架实现纵向或横向的快速移动。快移方向仍由溜板箱中

双向离合器 M_8 和 M_9 控制。

刀架快速移动时，不必脱开进给传动链。为了避免仍在转动的光杠和快速电动机同时传动轴XX，在齿轮56与轴XX之间装有超越离合器 M_6，可以避免与进给箱传来的慢速进给运动发生矛盾。

第四节　卧式车床的主要结构

一、主轴箱

机床主轴箱的功用是支承主轴和使主轴旋转，并使其实现起动、停止、变速和换向等功能。常用展开图表达主轴箱中各传动件的结构和装配关系。在主轴箱的侧视图（图5-7）上沿轴IV－I－II－III(V)－VI－X－IX－XI的轴线剖切，并展开在一个平面上，如图5-8所示。

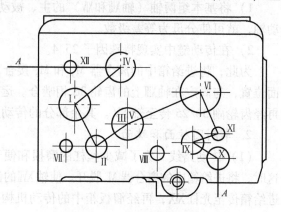

展开图把立体图展开在一个平面上，因而其中有些轴之间的距离拉开了（如轴IV画得离开轴III与轴V较远）。因而使原来相互啮合的齿轮副分开了。看展开图时，首先应弄清传动关系。展开图不表示各轴的实际位置。表示主轴和各传动轴实际空间位置的，是主轴箱的侧视图和横剖面图，可参见《金属切削机床图册》。

图5-7　主轴箱展开图的剖切面

1. 卸荷式带轮

电动机经V带将运动传至轴I左端的带轮2，如图5-8的左上部分所示。带轮2与花键套1用螺钉联接成一体，支承在法兰3内的两个深沟球轴承上。法兰3固定在主轴箱体5上。这样，带轮2可通过花键套1带动轴I旋转，V带的拉力则经轴承和法兰3传至箱体5。轴I的花键部分只传递转矩，从而可避免因V带拉力而使轴I产生弯曲变形，并可提高传动的平稳性。

2. 主轴组件及主轴与卡盘的连接

CA6140型卧式车床的主轴支撑大多采用滚动轴承，一般为前后两点支撑。如图5-8所示，前支承装有一个双列短圆柱滚子轴承8，后支撑装有角接触球轴承11和一个推力球轴承12。主轴径向力由双列短圆柱滚子轴承8和角接触球轴承11承受。向左的轴向力由推力球轴承12承受；向右的轴向力由角接触球轴承11承受。前轴承8的间隙可由螺母10和轴套9来调整；后轴承11及推力球轴承12的间隙可由螺母13来调整。

CA6140型卧式车床主轴的前端为短锥法兰式结构，用于安装卡盘或拨盘，前端锥孔为莫氏6号锥度，用来安装顶尖及顶尖套，也可安装心轴，利用锥面配合的摩擦力直接带动心轴和工件转动。主轴尾部的圆柱面是安装各种辅具（气动、液压或电气装置）的安装基准面。

3. 双向多片摩擦离合器、制动器及其操纵机构

双向多片摩擦离合器装在轴I上，原理如图5-9所示。摩擦离合器由内摩擦片3、外摩

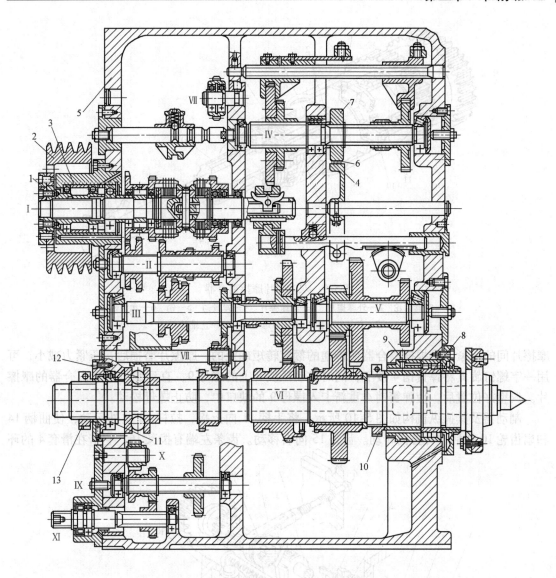

图 5-8 CA6140 型卧式车床主轴箱展开图

1—花键套 2—带轮 3—法兰 4—杠杆 5—箱体 6—制动钢带 7—制动盘

8、11、12—轴承 9—轴套 10、13—螺母

擦片 2、止推片 10 及 11、压块 8 及空套齿轮 1 等组成。离合器左、右两部分结构是相同的。左离合器用来传动主轴正转，用于切削加工，需传递的转矩较大，所以片数较多。右离合器传动主轴反转，主要用于退回，片数较少。

图 5-9 表示的是左离合器，内摩擦片 3 的孔是花键孔，装在轴I的花键上，随轴旋转。外摩擦片 2 的孔是圆孔，直径略大于花键外径，外圆上有 4 个凸起的部分，嵌在空套齿轮 1 的缺口中。内、外摩擦片相间安装。当杆 7 通过销 5 向左推动压块 8 时，将内片与外片互相压紧。轴I的转矩便通过摩擦片间的摩擦力矩传给空套齿轮 1，使主轴正转。同理，当压块 8 向右时，使主轴反转。压块 8 处于中间位置时，左、右离合器都脱开，轴Ⅱ以后的各轴停转。

摩擦离合器还能起过载保护的作用。当机床过载时，摩擦片打滑，就可避免损坏机床。

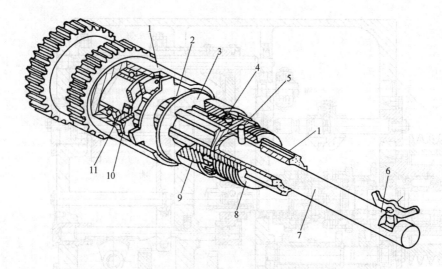

图 5-9　双向多片摩擦离合器
1—空套齿轮　2—外摩擦片　3—内摩擦片　4—弹簧销　5—销　6—元宝销
7—杆　8—压块　9—螺母　10、11—止推片

摩擦片间的压紧力是根据离合器应传递的额定转矩确定的。摩擦片磨损后,压紧力减小,可用一字螺钉旋具将弹簧销 4 按下,同时拧动压块 8 上的螺母 9,直到螺母压紧离合器的摩擦片。调整好位置后,使弹簧销 4 重新卡入螺母 9 的缺口中,防止螺母松动。

　　制动器及其操纵机构如图 5-10 所示。将手柄 11 向上扳,拉杆 13 向外运动,使曲柄 14 和扇齿轮 10 作顺时针方向转动。齿条 15 向右移动。齿条左端有拨叉 16,它卡在滑套 4 的环

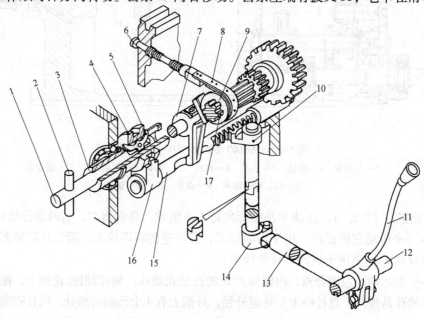

图 5-10　制动器及其操纵机构
1、13—拉杆　2—销　3—轴套　4—滑套　5—元宝销（摆杆）　6—调节螺钉　7—杠杆　8—制动带
9—制动轮　10—扇齿轮　11—手柄　12—操纵杆　14—曲柄　15—齿条　16—拨叉　17—花键轴

槽内,使滑套 4 也向右移动。滑套 4 内孔的两端为锥孔,中间为圆柱孔。当滑套 4 向右移动时,就将元宝销(摆杆)5 的右端向下压。摆杆 5 的回转中心轴装在轴 I 上。摆杆作顺时针方向转动时,下端的凸缘便推动装在轴 I 内孔中的拉杆 1 向左移动,压紧左摩擦片,主轴正转。同理,将手柄 11 扳至下端位置时,右离合器压紧,主轴反转。当手柄 11 处于中间位置时,离合器脱开,主轴停止转动。

制动器装在轴Ⅳ上,在离合器脱开时制动主轴,以缩短辅助时间。制动轮 9 是一个钢制圆盘。制动带 8 的一端与杠杆 7 连接,另一端通过调节螺钉 6 等与箱体相连。为了操纵方便并避免出错,制动器和摩擦离合器共用一套操纵机构,也由手柄 11 操纵。当离合器脱开时,齿条轴处于中间位置。这时齿条 15 上的凸起部分正处于与杠杆 7 下端相接触的位置,使杠杆 7 向逆时针方向摆动,将制动带拉紧。齿条 15 凸起部分的左、右边都是凹槽。左、右离合器中任一个接合时,杠杆 7 都按顺时针方向摆动,使制动带放松。制动带的拉紧程度由调节螺钉 6 调整。调整后应检查在压紧离合器时制动带是否松开。

4. 变速操纵机构

轴 II 上的双联滑移齿轮和轴Ⅲ上的三联滑移齿轮共用一个手柄操纵。图 5-11a 所示其操纵机构,变速手柄每转一转,变换全部 6 种转速,故手柄共有均布的 6 个位置。

变速手柄装在主轴箱的前壁上,通过链传动带动轴 4 转动。轴 4 上装有盘形凸轮 3 和曲柄 2。凸轮 3 上有一条封闭的曲线槽,由两段不同半径的圆弧和直线组成。凸轮上有 6 个变速位置,如图 5-11b 所示。位置 1、2、3,杠杆 5 上端的滚子处于凸轮槽曲线的大半径圆弧处。杠杆 5 经拨叉 6 将轴 II 上的双联滑移齿轮移向左端位置。位置 4、5、6 则将双联滑移齿轮移向右端位置。

曲柄 2 随轴 4 转动,带动拨叉 1 拨动轴Ⅲ上的三联滑移齿轮,使它处于左、中、右三个位置。顺次地转动手柄,就可使两个滑移齿轮的位置实现 6 种组合,使

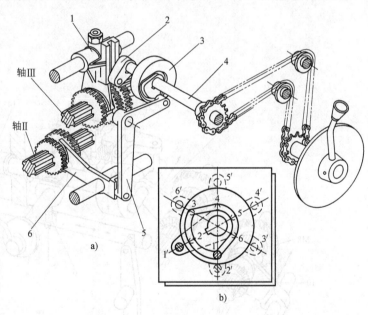

图 5-11　轴 II 和轴Ⅲ滑动齿轮操纵机构
1、6—拨叉　2—曲柄　3—凸轮　4—轴　5—杠杆

轴Ⅲ得到 6 种转速。滑移齿轮到位后通过定位钢球定位。

二、溜板箱

1. 开合螺母机构

开合螺母的结构如图 5-12 所示,由上半螺母 1 和下半螺母 2 组成,它们都可沿溜板箱

中竖直的燕尾形导轨 3 上下移动。每个半螺母上装有一个圆柱销 4，它们分别插入槽盘 8 的两条偏心圆弧槽 5 中（图 5-12b）。车削螺纹时，转动手柄 6，使槽盘 8 转动。两个圆柱销带动上、下半螺母互相靠拢，于是开合螺母就与丝杠啮合。槽盘 8 上的偏心圆弧槽 5 接近盘中心部分的倾斜角比较小，使开合螺母闭合后能自锁。

2. 纵、横向机动进给及快速移动操纵机构

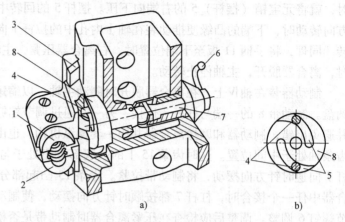

图 5-12　开合螺母结构
1—上半螺母　2—下半螺母　3—燕尾形导轨　4—圆柱销
5—偏心圆弧槽　6—手柄　7—轴　8—槽盘

纵、横向机动进给及快速移动由一个手柄集中操纵，如图 5-13 所示。纵向进给时，向左或向右扳动手柄 1。轴 14 用台阶及卡环轴向固定在箱体上，只能转动而不能轴向移动。因此，手柄 1 只能绕销 2 摆动。手柄 1

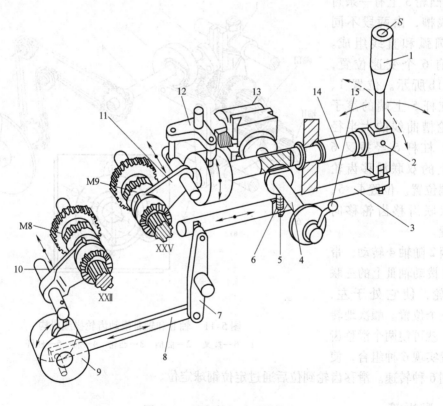

图 5-13　溜板箱机动进给操纵
1、15—手柄　2—销　3、4、14—轴　5—锁轴　6—弹簧　7、12—杠杆　8—连杆
9—凸轴　10、11—拨叉　13—凸轮

通过其下部的开口槽可拨动轴 3 轴向移动。轴 3 通过杠杆 7 及连杆 8 使圆柱形凸轴 9 转动。凸轴 9 的曲线槽使拨叉 10 移动，推动轴 XXII 上的双向牙嵌离合器 M_8 向相应的方向啮合（图 5-9）。进给运动从光杠传给轴 XX，使刀架作纵向机动进给。如按下手柄 1 上端的快速移动按钮 S，快速电动机起动，刀架就可向相应方向快速移动。

横向进给时，向前或向后扳动手柄 1，使轴 14 和圆柱凸轮 13 转动。凸轮 13 上的曲线槽使杠杆 12 摆动，通过拨叉 11 拨动轴 XXV 上的双向牙嵌离合器 M_9 向相应方向啮合。手柄 1 处于中间位置时，离合器 M_8 和 M_9 都断开，机动进给脱开。

为了避免损坏机床，手柄 1 和开合螺母操作手柄 15 之间有互锁机构，使开合螺母和机动进给不能同时接通。

3. 超越离合器

在蜗杆轴 XX 的左端与齿轮 56 之间装有超越离合器 M_6（图 5-6），以避免光杠和快速电动机同时传动轴 XX。超越离合器的工作原理如图 5-14 所示。

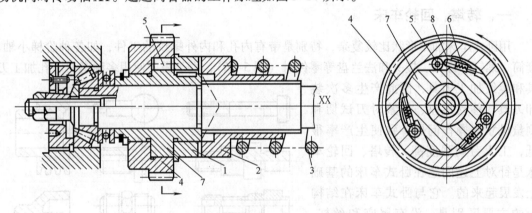

图 5-14 超越离合器工作原理
1—安全离合器左半部 2—安全离合器右半部 3—弹簧
4—空套齿轮 5—圆柱滚子 6—弹簧 7—星形体 8—小圆柱体

机动进给时，由光杠传来的低速进给运动，使空套齿轮 4 连同超越离合器的外环按图示逆时针方向转动。三个圆柱滚子 5 在弹簧 6 的弹力和摩擦力的作用下，楔紧在空套齿轮 4 和星形体 7 之间。外环 4 就可经圆柱滚子 5 带动星形体 7 一起转动。进给运动再经超越离合器右边的安全离合器左半部 1、安全离合器右半部 2 传至轴 XX。当按下快移按钮，快速电动机经齿轮副 13/29 传给轴 XX，经安全离合器使星形体 7 得到一个与外环 4 转向相同但转速高得多的转动。这时，摩擦力使圆柱滚子 5 经小圆柱体 8 压缩弹簧 6，向楔形槽的宽端滚动，脱开了外环与星形体之间的联系。因此，快移时可以不用脱开进给链。

4. 安全离合器

机动进给时，如进给力过大或刀架移动受阻，则有可能损坏机件。为此，在进给链中设置安全离合器来自动地停止进给。

超越离合器的星形体 7 空套在轴 XX 上；安全离合器左半部 1 用键固定在星形体上；安全离合器右半部经花键与轴 XX 相联。安全离合器的工作原理如图 5-15 所示。安全离合器左、右半部之间有螺旋形端面齿，倾斜的接触面在传递转矩时产生轴向力，这个力靠弹簧 3 平衡，当进给力过大时，右半部后退，使端面齿脱离接合，安全离合器脱开。图 5-15b、c

表示当进给力超过预定值后安全离合器脱开的过程。

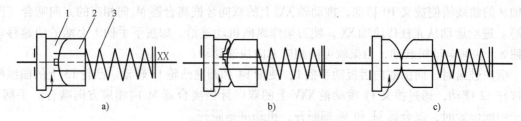

图 5-15　安全离合器工作原理

1—安全离合器左半部　2—安全离合器右半部　3—弹簧

第五节　其他类型车床及其工艺范围

一、转塔、回轮车床

　　用卧式车床加工形状比较复杂，特别是带有内孔和内外螺纹的工件，如各种阶梯小轴、套筒、螺钉、螺母、接头和法兰盘等零件时（图 5-16），由于需要使用多种车刀、孔加工刀具和螺纹加工刀具，因此产生多次装卸刀具、移动尾座、频繁对刀试切和测量尺寸等操作问题，致使生产率很低，工人劳动强度高。转塔、回轮车床是针对上述问题在卧式车床的基础上发展起来的。它与卧式车床在结构上的主要区别是：没有尾座和丝杠，并在床身尾部装有一个能纵向移动的多工位刀架，其上可安装多把刀具。加工过程中，多工位刀架可周期地转位，将不同刀具依次转到加工位置，顺序地对工件进行加工。因此它在成批生产，特别是在加工形状较复杂的工件时，生产率比卧式车床高。

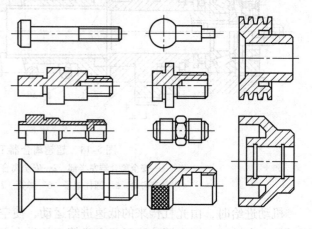

图 5-16　转塔、回轮车床上加工的典型工件

1. 转塔车床

　　滑鞍转塔车床的外形如图 5-17 所示，其中 1、2 分别为进给箱、主轴箱。机床除有一个前刀架 3 外，还有一个转塔刀架 4，前刀架与卧式车床的刀架类似，既可纵向进给，切削大直径的外圆柱面，也可以作横向进给，加工端面和内外沟槽。转塔刀架只能作纵向进给，它一般为六角形，可在六个面上各安装一把或一组刀具。转塔刀架用于车削内外圆柱面，钻、扩、铰和镗孔，攻螺纹以及套螺纹等。前刀架和转塔刀架分别由溜板箱 7 和 8 来控制它们沿导轨 5 运动。转塔刀架设有定程机构 6，加工过程中当刀架到达预先调定的位置时，可自动停止进给或快速返回原位。

2. 回轮车床

　　回轮车床的外形如图 5-18a 所示，在回轮车床上没有前刀架，只有一个可绕水平轴线转

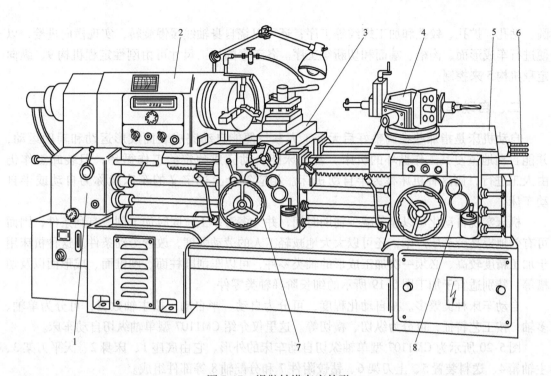

图 5-17 滑鞍转塔车床外形

1—进给箱 2—主轴箱 3—前刀架 4—转塔刀架 5—导轨 6—定程机构 7、8—溜板箱

位的圆盘形回轮刀架 4，其回转轴线与主轴轴线平行。回轮刀架（图 5-18b）上沿圆周均匀分布着许多轴向孔，供安装刀具用。当刀具孔转到最高位置时，其轴线与主轴轴线在同一直线上。回轮刀架随着纵向溜板一起，可沿着床身 6 上的导轨作纵向进给运动，进行车内外

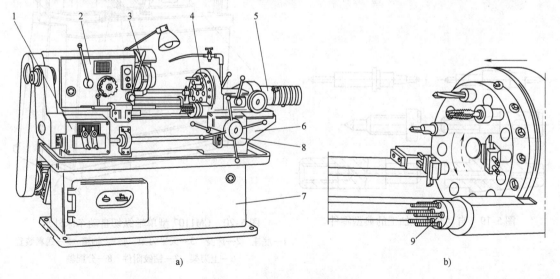

a)　　　　　　　　　　　　　　b)

图 5-18 回轮车床及回轮刀架

a）回轮车床外形 b）回轮刀架

1—进给箱 2—主轴箱 3—夹头 4—回轮刀架 5—纵向定程机构

6—床身 7—底座 8—溜板箱 9—刚性定程机构

圆、钻孔、扩孔、铰孔和加工螺纹等工序；还可以绕自身轴线缓慢旋转，实现横向进给，以便进行车成形面、沟槽、端面和切断等工序。各工序的加工尺寸可由刚性定程机构9、纵向定程机构5来控制。

二、自动车床

自动机床是指那些在调整好后无需工人参与便能自动完成表面成形运动和辅助运动，并能自动地重复其工作循环的机床。若机床能自动完成预定的工作循环，但装卸工作仍由人工进行，则这种机床称为半自动机床。相应符合上述定义的车床就称为自动或半自动车床。

机床实现自动化可以显著减少辅助时间，并为多刀多工位同时加工创造有利条件，因而可有效地提高劳动生产率，还可以大大地减轻工人的劳动强度，改善劳动条件。这种机床用于加工精度较高、必须一次加工成形的轴类零件，可以车削圆柱面、圆锥面、成形面以及切槽等，特别适宜于加工图5-19所示的细长阶梯轴类零件。

自动车床种类繁多。按自动化程度，可分为自动、半自动；按主轴数目，可分为单轴、多轴；按工艺特征，可分为纵切、横切等。这里仅介绍CM1107型单轴纵切自动车床。

图5-20所示为CM1107型单轴纵切自动车床的外形。它由底座1、床身2、天平刀架3、主轴箱4、送料装置5、上刀架6、钻铰附件7和分配轴8等部件组成。

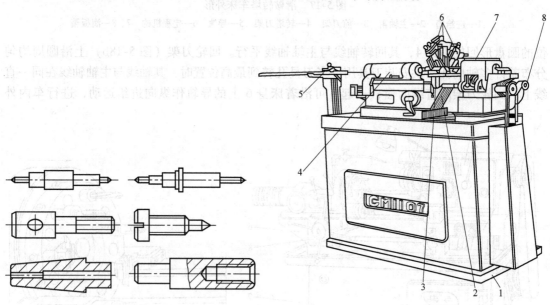

图5-19 自动车床上加工的典型零件　　图5-20 CM1107型单轴纵切自动车床外形
1—底座 2—床身 3—天平刀架 4—主轴箱 5—送料装置
6—上刀架 7—钻铰附件 8—分配轴

加工外圆柱面时，移动天平刀架3或上刀架6，使刀尖到达所需的半径位置后停止，然后由主轴箱4带着棒料作纵向进给运动。切端面、切槽或切断时，主轴箱和棒料不动，由刀架作径向进给运动。如果需要车削锥面或成形表面，应使刀架和主轴箱两者都作协调的移动。钻孔或加工内、外螺纹时，可使用钻铰附件 7，它是一个可摆动的支架，支架上有 3 根刀具主轴及其传动机构。工作时，刀具主轴的轴线可摆动到与主轴轴线对准的位置。机床加工时在上一个工件被切断刀切断后，切断刀并不退离，而是留在原处作为下一个工件的挡料装置，控制加工工件的长度。因此，机床的自动加工循环从切断刀退回开始，之后主轴箱和各刀架根据加工要求协同动作，完成各工步的加工，接着切断已加工好的工件，切断刀停留在原处。

该车床采用了凸轮和挡块控制的自动控制系统，这种系统工作稳定可靠，但当加工工件改变时，要花费较多时间去设计和制造凸轮，而且停机调整的时间较长，因此，它只适用于大批量生产。

三、立式车床

立式车床用以加工厚度大、长度较短、质量大、直径超过 1000mm 的大型工件的旋转表面。立式车床分单柱式（图 5-21a）和双柱式（图 5-21b）两类。单柱式立式车床只用于加工直径不太大的工件。

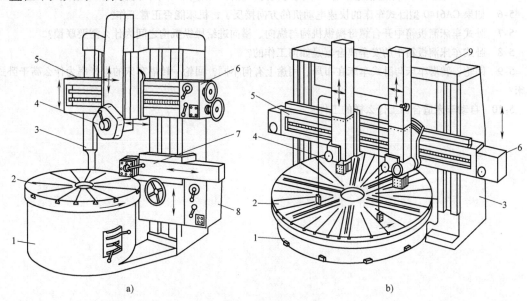

图 5-21 立式车床

a）单柱式 b）双柱式

1—底座 2—工作台 3—立柱 4—垂直刀架 5—横梁 6—进给箱
7—侧刀架 8—水平刀架进给箱 9—顶梁

立式车床的结构布局特点是主轴垂直布置，并有一个直径很大的圆形工作台 2 装在底座 1 上，工件装夹在工作台上并由工作台带动作主运动。工作台面处于水平位置，因而笨重工件的装夹和扶正比较方便。进给运动由垂直刀架 4 和侧刀架 7 实现。侧刀架 7 可在立柱 3 的导轨上移动作竖直进给运动，还可沿刀架滑座的导轨作横向进给运动。垂直刀架 4 由进给箱 6 带动，可在横梁 5 的导轨上移动作横向进给，垂直刀架的滑板可沿其刀架滑座的导轨作竖直进给运动。中小型立式车床的一个垂直刀架上通常带有转塔刀架，在此转塔刀架上可以安装几组刀具（一般为5组），供轮流进行切削。横梁5可根据工件的高度沿立柱导轨调整位置。在双柱式立式车床中，为加强刚度用顶梁9连接两个立柱。

思考与练习题

5-1 在 CA6140 型卧式车床上车削导程 $P_h = 10mm$ 的米制螺纹，试指出可能加工此螺纹的传动路线有几条？

5-2 写出在 CA6140 型卧式车床上进行下列加工时的运动平衡式，并说明主轴的转速范围。

（1）米制螺纹 $P_h = 16mm$，$K = 1$。

（2）英制螺纹 $\alpha = 8$ 牙/in。

（3）模数螺纹 $m = 2mm$，$K = 3$。

5-3 参照 CA6140 型卧式车床的传动系统图，说明欲以手轻快地转动主轴时，主轴箱中各滑移齿轮及离合器应在什么位置？

5-4 CA6140 型卧式车床主轴的前后轴承间隙应如何调整（图5-8）？作用在车床主轴上的轴向力是如何传递到箱体上的？

5-5 CA6140 型卧式车床主轴箱中有几个换向机构？能否取消其中一个？为什么？

5-6 如果 CA6140 型卧式车床的快速电动机的方向接反了，机床能否正常工作？

5-7 卧式车床溜板箱中开合螺母操纵机构与纵向、横向进给操纵机构之间为什么需要联锁？

5-8 卧式车床溜板箱中的安全离合器是如何工作的？

5-9 回轮、转塔车床与卧式车床在布局、用途上有何不同？回轮、转塔车床的生产率为什么高于卧式车床？

5-10 自动车床适合加工什么样的工件？

第六章 铣削加工

铣床是用铣刀进行加工的机床，用铣刀在铣床上的加工称为铣削。铣削的加工范围广、生产率高，而且还可以获得较好的加工表面质量，其加工精度一般为 IT8~IT9，表面粗糙度 Ra 值为 $1.6~6.3\mu m$。本章主要介绍铣削的适用范围、铣削参数、铣削方式、铣削特点、铣削刀具和机床。

第一节 铣削加工概述

一、铣削加工适用范围

铣削是金属切削加工常用的方法之一。铣削可以加工平面、台阶面、沟槽（键槽、T 形槽、燕尾槽等）、分齿零件（齿轮、链轮、棘轮、花键轴等）、螺旋形表面（螺纹、螺旋槽）及各种曲面等，如图 6-1 所示。

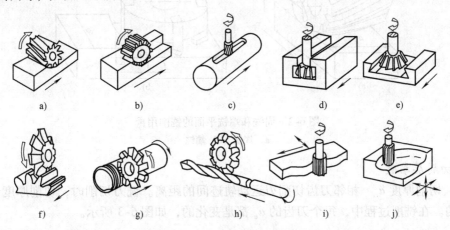

a)　　　b)　　　c)　　　d)　　　e)

f)　　　g)　　　h)　　　i)　　　j)

图 6-1　铣削加工的典型表面

从图 6-1 中看出，铣削可以加工各种形状的表面，而且使用范围还在不断扩大。近年来，已有用精铣刀加工导轨面，加工的表面粗糙度 Ra 值为 $0.4~0.8\mu m$，代替了精刨和磨削工艺，大大提高了生产率，成为高效切削加工方法。

二、铣削参数

1. 铣削用量

铣削用量包括铣削速度、进给量、背吃刀量和侧背吃刀量四个要素：

（1）铣削速度 v_c（m/min）　铣刀切削刃选定点相对工件的主运动的瞬时速度。由下式计算

$$v_c = \frac{\pi d_0 n}{1000} \tag{6-1}$$

式中 d_0——铣刀直径，它是指刀齿回转轨迹的直径（mm）；

n——铣刀转速（r/min）。

（2）进给量 铣刀旋转时，它的轴线和工件的相对位移。它有三种表示法：

1）每齿进给量 f_z。铣刀每转一个齿间角时，工件与铣刀的相对位移，单位为 mm/z。

2）每转进给量 f。铣刀每转一转，工件与铣刀的相对位移，单位为 mm/r。

3）进给速度 v_f。铣刀相对工件每分钟移动的距离，单位为 mm/min。

上述三种进给量之间的关系为

$$v_f = fn = a_z z n \tag{6-2}$$

式中 z——铣刀齿数。

（3）背吃刀量 a_p 垂直于工作平面测量的切削层中最大的尺寸，如图 6-2a、b 所示。

（4）侧吃刀量 a_e 平行于工作平面测量的切削层中最大的尺寸，如图 6-2a、b 所示。

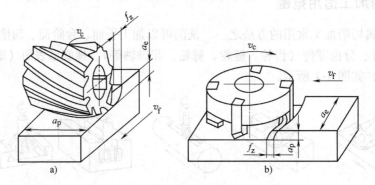

图 6-2 周铣和端铣平面的铣削用量
a）周铣 b）端铣

2. 切削层参数

（1）切削厚度 a_c 相邻刀齿切削刃运动轨迹间的距离。铣刀切削时，切削厚度 a_c 是随时变化的。在铣削过程中，每个刀齿的 a_c 都是变化的，如图 6-3 所示。

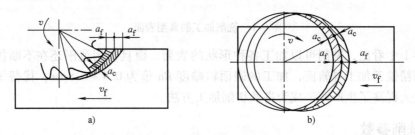

图 6-3 铣刀铣削中切削厚度的变化
a）圆柱铣刀 b）端铣刀

（2）切削宽度 a_w 铣刀刀齿和工件相接触部分的长度（沿刀刃方向测量）。

（3）切削面积 A_c 铣刀每个刀齿的切削面积 $A_c = a_c a_w$，铣刀的总切削面积 $A_{c\Sigma}$ 等于同时参与切削的各刀齿切削面积之和。由于同时参与切削的齿数 z_e、切削厚度 a_c、切削宽度 a_w 都在随时变化，故 $A_{c\Sigma}$ 也是随时变化的。

三、铣削方式

在铣削过程中，刀齿依次切入和切离工件，切削厚度与切削面积随时在变化，容易引起振动和冲击，所以铣削过程又有一些特殊规律。铣削方式是指铣削时铣刀相对于工件的运动和位置关系。它对铣刀寿命、工件加工表面粗糙度、铣削过程平稳性及切削加工生产率都有较大的影响。铣刀刀齿在刀具上的分布有两种形式：一种是切削刃分布在铣刀的圆柱面上，另一种是切削刃分布在铣刀的端部。它们对应的铣削方式分别是圆周铣削（周铣）和端面铣削（端铣）。

1. 周铣

周铣是用铣刀圆周上的切削刃来铣削工件的表面。铣削时，根据铣刀旋转方向和工件移动方向的相互关系，可分为逆铣和顺铣两种，如图 6-4 所示。

（1）逆铣　在切削部位刀齿的旋转方向和工件的进给方向相反，称为逆铣，如图 6-4a 所示。切削过程中，切削厚度从零逐渐增大到最大。开始切削时，由于切削厚度为零，小于铣刀刃口钝圆半径，刀齿在加工表面上挤压、滑移，切不下切屑，使这段表面产生严重冷硬层，直到切削厚度大于刃口钝圆半径时，才能切下切屑。在刚开始切削时的一段已加工表面形成冷硬层，致使工件表面粗糙，刀齿容易磨损。

逆铣时，在刀齿初切入工件时由于与工件的挤压摩擦，垂直分力 F_v 可能向下；当刀齿切离工件时，F_v 可能向上，工件受向上抬的切削力。在切削过程中，垂直分力方向时上时下，引起振动，从而影响加工精度。

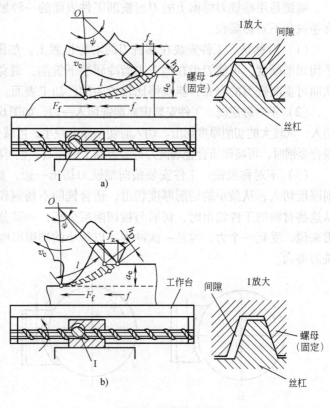

图 6-4　顺铣与逆铣
a）逆铣　b）顺铣

铣床工作台的纵向进给运动一般是依靠工作台下面的丝杠和螺母来实现的，螺母固定不动，丝杠一边转动，一边带动工作台移动。在逆铣时，工件所受的水平分力方向与纵向进给方向相反，使丝杠与螺母间传动面紧贴，故工作台不会发生窜动现象，铣削较平稳。

（2）顺铣　在切削部位刀齿的旋转方向和工件的进给方向相同，称为顺铣，如图 6-4b

所示。切削时，切削厚度从最大开始逐渐减小至零，避免在已加工表面产生冷硬层，刀齿也不会产生挤压、滑移现象，从而使工件表面粗糙度减小，铣刀寿命可提高 2 ~ 3 倍。但顺铣不宜于铣削带硬皮的工件。顺铣时，在切削过程中垂直分力 F_v 始终向下，把工件压在工作台上，不会产生振动，可获得好的加工质量。

顺铣时，工件所受的水平分力 F_f 与纵向进给方向相同。纵向进给运动是由铣床工作台下面的丝杠和螺母实现的，本来应当由螺母螺纹表面推动丝杠前进，但由于丝杠、螺母之间螺纹有轴向间隙，所以螺母与螺纹只能在右侧面接触。在切削过程中，当水平分力 F_f 超过螺母螺纹表面推动丝杠前进的力时，就变成由铣刀带动工作台前进，使工作台带动丝杠向左窜动，丝杠与螺母传动右侧面出现间隙。在切削过程中，水平分力 F_f 可能不稳定，致使工作台带动丝杠左右窜动，造成工作台颤动和进给不均匀，严重时会使铣刀崩刃。因此，在没有消除丝杠与螺母间隙装置的铣床上，是无法采用顺铣的。

2. 端铣

端铣是用端铣刀端面上的刀齿铣削工件表面的一种加工方式。端铣可分为对称铣、不对称逆铣和不对称顺铣。

（1）对称铣　工件安装在端铣刀的对称位置上，如图 6-5a 所示。这种方式具有较大的平均切削厚度，可使刀齿在加工表面冷硬层下铣削，避免了铣削开始时对加工表面的挤刮，从而可提高铣刀的寿命，能获得比较均匀的已加工表面。铣削淬硬钢时，宜采用这种方式。

（2）不对称逆铣　工件安装偏向端铣切入一边，如图 6-5b 所示。端铣刀从最小的切削厚度切入，从较大的切削厚度切出。切入时切削厚度最小，可减少切入时的冲击力。当铣削碳钢和一般合金钢时，可将硬质合金端铣刀寿命提高 1 倍左右，也可减小工件已加工表面粗糙度数值。

（3）不对称顺铣　工件安装偏向端铣刀切出一边，如图 6-5c 所示。端铣刀从最大的切削厚度切入，从最小的切削厚度切出，适合铣削不锈钢和耐热合金钢。因为铣削中，端铣刀从这些材料的工件切出时，切屑与被切削层分离，一部分金属受压而成为毛刺，这时对切削刃来说，受到一个力，也是一次冲击。以最小的切削厚度切出，可减少这样的冲击，能提高铣刀寿命。

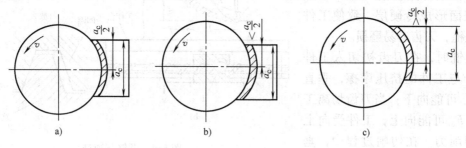

图 6-5　三种端铣方式

a）对称铣　b）不对称逆铣　c）不对称顺铣

3. 端铣与周铣加工的特点

端铣与周铣均可加工平面，但端铣比周铣的生产率高，表面质量好，故一般采用端铣；但周铣也有它的用途，如可同时装几把刀加工组合平面等。铣削平面时应根据具体情况，决定使用何种铣削方式。对端铣和周铣作如下分析：

1）端铣时形成已加工表面是靠主切削刃，过渡刃和副切削刃有修光的作用，使已加工表面粗糙度数值小。周铣仅由主切削刃形成加工表面，特别是逆选时切削厚度从零开始，刀齿产生滑移使刀齿磨损加剧，已加工表面粗糙度数值大，因此从加工表面质量方面看，周铣比端铣差些。

2）端铣时每齿切下的切削层厚度变化较小，故切削力变化较小，不会使切削过程有较大的振动。周铣切削层厚度变化很大，切削力变化也大，使切削过程振动较大。

3）端铣时所用的端铣刀便于使用机械夹固可转位硬质合金刀片或镶装硬质合金刀片，主轴刚性较好，可进行高速铣削，故生产率高。周铣由于使用的圆柱铣刀和本身结构的关系，难以用硬质合金刀，也不能使用很高的切削速度。

4）端铣时同时参加切削的刀齿数较多，铣削过程比较平稳，有利于提高加工表面的质量。

四、铣削加工的工艺特点

铣削加工的工艺特点如下：

（1）工艺范围广　通过合理地选用铣刀和铣床附件，铣削不仅可以加工平面、沟槽、成形面、台阶，还可以进行切断和刻度加工。

（2）生产率高　铣削时，同时参加铣削的刀齿较多，进给速度快，铣削的主运动是铣刀的旋转，有利于进行高速切削。因此，铣削生产率比刨削高。

（3）刀齿散热条件较好　由于是间断切削，每个刀齿依次参加切削。在切离工件的一段时间内，刀齿可以得到冷却。这样有利于减小铣刀的磨损，延长使用寿命。

（4）容易产生振动　铣削过程是多刀齿的不连续切削，刀齿的切削厚度和切削力时刻变化，容易引起振动，对加工质量有一定影响。另外，铣刀刀齿安装高度的误差，会影响工件的表面粗糙度值。

第二节　铣削加工的刀具

铣刀为多齿回转刀具，其每一个刀齿都相当于一把车刀固定在铣刀的回转面上。铣刀种类很多，结构不一，应用范围很广，按其用途可分为加工平面用铣刀、加工沟槽用铣刀、加工成形面用铣刀等三大类。通用规格的铣刀已标准化，一般均由专业工具厂生产。现介绍几种常用铣刀的特点及适用范围。

1. 圆柱铣刀

圆柱铣刀如图6-6所示，一般都是用高速钢制成整体的，螺旋形切削刃分布在圆柱表面上，没有副切削刃，螺旋形的刀齿切削时是逐渐切入和脱离工件的，所以切削过程较平稳。主要用于卧式铣床上加工宽度小于铣刀长度的狭长平面。根据加工要求不同，圆柱铣刀有粗齿、细齿之分。粗齿的容屑槽大，用于粗加工，细齿用于精加工。铣刀外径较大时，常制成镶齿的。

2. 端铣刀

端铣刀如图6-7所示，主切削刃分布在圆柱或圆锥表面上，端面切削刃为副切削刃，铣刀的轴线垂直

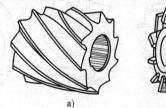

图 6-6　圆柱铣刀

a）整体式　b）镶齿式

于被加工表面。按刀齿材料可分为高速钢和硬质合金两大类，多制成套式镶齿结构。它主要用在立式铣床和卧式铣床上加工台阶面和平面，特别适合较大平面的加工，主偏角为90°的端铣刀可铣底部较宽的台阶面。用端铣刀加工平面，同时参加切削的刀齿较多，又有副切削刃的修光作用，使加工表面粗糙度值小，因此可以用较大的切削用量，生产率较高，应用广泛。

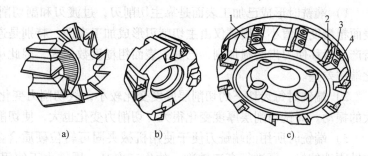

图 6-7　端铣刀

a) 整体式刀片　b) 镶焊接式硬质合金刀片　c) 机械夹固式可转位硬质合金刀片

1—不重磨可转位夹具　2—定位座　3—定位座夹具　4—刀片夹具

3. 立铣刀

立铣刀如图6-8所示，一般由3～4个刀齿组成，圆柱面上的切削刃是主切削刃，端面上分布着副切削刃，工作时不能沿铣刀轴线方向作进给运动。它主要用于加工凹槽，台阶面以及利用靠模加工成形面。另外有粗齿大螺旋角立铣刀、玉米铣刀、硬质合金波形刃立铣刀等，它们的直径较大，可以采用大的进给量，生产率很高。

4. 三面刃铣刀

三面刃铣刀如图6-9所示，可分为直齿三面刃和交错齿三面刃。它主要用在卧式铣床上加工台阶面和一端或两端贯穿的浅沟槽。三面刃铣刀除圆周具有主切削刃外，两侧面也有副切削刃，从而改善了切削条件，提高了切削效率，减小了表面粗糙度值。但重磨后宽度尺寸变化较大，镶齿三面刃铣刀可解决这一个问题。

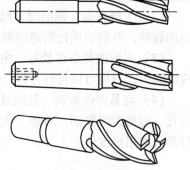

图 6-8　立铣刀

5. 锯片铣刀

锯片铣刀如图6-10所示，锯片铣刀本身很薄，只在圆周上有刀齿，用于切断工件和铣窄槽。为了避免夹刀，其厚度由边缘向中心减薄，使两侧形成副偏角。

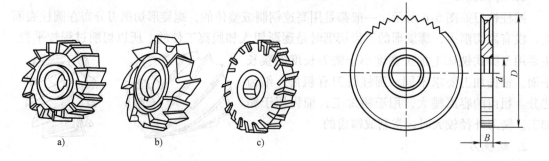

图 6-9　三面刃铣刀　　　　　　　图 6-10　锯片铣刀

a) 直齿　b) 交错齿　c) 镶齿

其他还有角度铣刀、成形铣刀、T形槽铣刀、燕尾槽铣刀、键槽铣刀和仿形铣用的指形铣刀等，如图 6-11 所示。

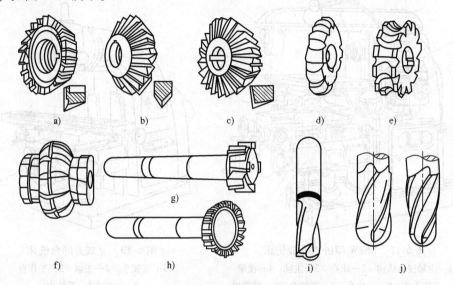

图 6-11　特种铣刀

a)、b)、c) 角度铣刀　d)、e)、f) 成形铣刀　g) T形槽铣刀　h) 燕尾槽铣刀　i) 键槽铣刀　j) 指形铣刀

第三节　铣削加工机床

铣床的种类很多，根据其结构形式和用途可分为卧式升降台铣床（简称卧式铣床）、立式升降台铣床（简称立式铣床）、数控铣床、工具铣床和龙门铣床等。

一、升降台铣床

1. 卧式升降台铣床

X62W 型卧式万能铣床是目前应用最广泛的一种铣床，如图 6-12 所示。床身 2 固定在底座上，在床身内部装有主轴变速机构 1 及主轴 3 等。床身顶部的导轨上装有横梁 4，可沿水平方向调整其前后位置。刀杆支承 5 用于支承刀杆的悬伸端，以提高刀杆刚性。升降台 9 安装在床身前侧的垂直导轨上，可上下垂直移动。升降台内装有进给变速机构 10，用于工作台的进给运动和快速移动。在升降台的横向导轨上装有回转盘 7，它可绕垂直轴在 ±45°范围内调整一定角度。工作台 6 安装在回转盘 7 上的床鞍导轨内，可作纵向移动。横溜板可带动工作台沿升降台横向导轨作横向移动。这样固定在工作台上的工件，可以在三个方向实现任一方向的调整或进给运动。

2. 立式升降台铣床

这类铣床与卧式升降台铣床的主要区别在于它的主轴是垂直安置的，可用各种端铣刀或立铣刀加工平面、斜面、沟槽、台阶、齿轮、凸轮以及封闭轮表面等。图 6-13 所示为立式升降台铣床，其工作台 3、床鞍 4 及升降台 5 与卧式升降台铣床相同。立铣头 1 可根据加工要求在垂直平面内调整角度，主轴 2 可沿轴线方向进行调整。

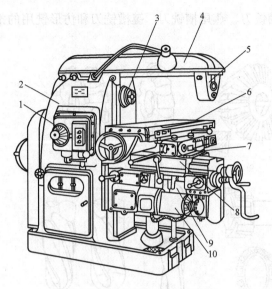

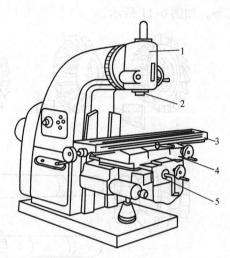

图 6-12 　X62W 型卧式万能铣床

1—主轴变速机构　2—床身　3—主轴　4—横梁

5—刀杆支承　6—工作台　7—回转盘　8—横滑板

9—升降台　10—进给变速机构

图 6-13 　立式升降台铣床

1—立铣头　2—主轴　3—工作台

4—床鞍　5—升降台

二、数控铣床

数控铣床按通用机床的分类方法分为立式数控铣床、卧式数控铣床、铣削加工中心等。

铣削加工中心机床是一种具有自动换刀功能的高效、高精度数控铣床，它除了能完成铣床的各项功能外，还集中了镗床和钻床的加工功能，是各类数控机床中应用范围最广的机床。下面以 JCS-018 型加工中心为例介绍数控机床的结构。

1. JCS-018 型加工中心的外形和传动系统

（1）加工中心的外形　JCS-018 型加工中心的外形如图 6-14 所示，它类似于立式铣床。在床身 1 上有滑座 2，作横向运动（Y 轴方向）。工作台 3 在滑座上作纵向运动（X 轴方向）。床身后部有框式立柱 5。主轴箱 9 在立柱导轨上作垂直升降运动（Z 轴方向）。在立柱的左后部是数控装置 6，左前部装有刀库 7 和自动换刀机械手 8，左下方安置有润滑装置 4。刀库中共装有 16 把刀具，可以完成各种孔加工和铣削加工。操作面板 10 悬挂在操作者右前方，以便于操作。机床各工作状态显示在操作面板上。

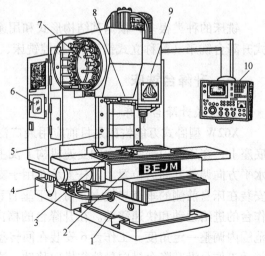

图 6-14 　JCS-018 型加工中心外形

1—床身　2—滑座　3—工作台　4—润滑装置　5—立柱

6—数控装置　7—刀库　8—自动换刀机械手

9—主轴箱　10—操作面板

（2）加工中心的传动系统 JCS-018 型加工中心的传动系统如图 6-15 所示，主轴由交流变频调速电动机驱动，主电动机额定功率为 5.5kW，采用变频调速实现无级调速，经一级带传动减速，当经 $\phi 183.6\text{mm}/\phi 183.6\text{mm}$ 带传动时，主轴转速为 45~4500r/min。当经 $\phi 119\text{mm}/\phi 239\text{mm}$ 带传动时，主轴转速为 22.5~2250r/min。

加工中心的三个轴各有一套相同的伺服进给系统，进给速度均为 1~4000mm/min。三个宽幅直流伺服电动机均与滚珠丝杠直接连接，分别由数控指令通过计算机发出的脉冲信号进行控制，任意两个轴都可以实现联动。

刀库的回转由一个直流伺服电动机经 1/40 蜗杆蜗轮减速后直接驱动。

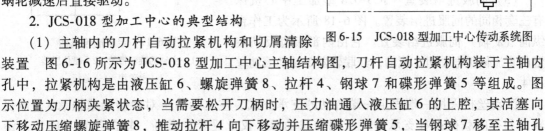

图 6-15 JCS-018 型加工中心传动系统图

2. JCS-018 型加工中心的典型结构

（1）主轴内的刀杆自动拉紧机构和切屑清除装置 图 6-16 所示为 JCS-018 型加工中心主轴结构图，刀杆自动拉紧机构装于主轴内孔中，拉紧机构是由液压缸 6、螺旋弹簧 8、拉杆 4、钢球 7 和碟形弹簧 5 等组成。图示位置为刀柄夹紧状态，当需要松开刀柄时，压力油通入液压缸 6 的上腔，其活塞向下移动压缩螺旋弹簧 8，推动拉杆 4 向下移动并压缩碟形弹簧 5，当钢球 7 移至主轴孔径较大处时，便松开了刀柄，刀柄一起可被机械手取下。当需要夹紧刀柄时，液压缸中卸除压力油，在螺旋弹簧 8 的弹力作用下活塞向上移，拉杆 4 在碟形弹簧 5 作用下向上移动，钢球 7 被迫收拢，卡紧在拉钉 2 的环槽中使刀具夹紧。这种靠油压力松刀，靠弹簧力夹紧刀具的工作方式，可在机床失电情况下，仍能使刀具夹紧，确保工作安全可靠。

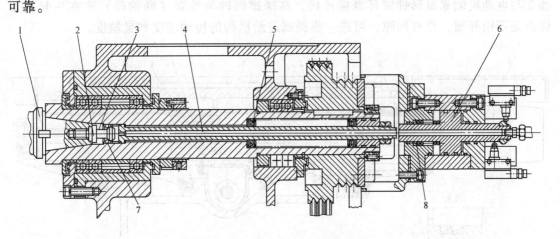

图 6-16 JCS-018 型加工中心主轴结构

1—刀柄 2—拉钉 3—主轴 4—拉杆 5—碟形弹簧 6—液压缸 7—钢球 8—螺旋弹簧

在液压缸 6 内活塞杆孔的上端接有压缩空气，每次换上的新刀具在装入主轴的锥孔之前，压缩空气自动地吹净刀柄和主轴锥孔，使新刀具装入主轴孔中能紧密地贴合，保证有高的定位精度。

（2）主轴的定向准停机构　此机构的作用是使主轴能准确地停在圆周方向的一定位置上，保证固定在主轴前端上的两个端面键对准刀具刀柄上的两个缺口（键槽），在自动换刀时主轴上的端面键正好嵌入缺口内，把主轴转矩传至刀具。此机构的周向定位原理如图6-17所示。在主轴的旋转带轮1上装一个固定在盖板4上的永磁块3，在静止壳体的准停位置处，装一个磁传感器2。当数控系统发出主轴停转信号后，主轴减速，以很低的转速旋转，至永磁块对准磁传感器2，磁传感器2发出准停信号，电动机制动，主轴便准确停在规定的周向位置上。主轴停止的角度位置精度可达±1°。

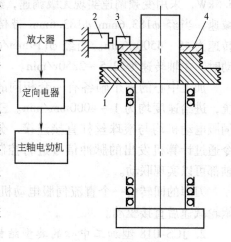

图6-17　定向准停机构
1—主轴的旋转带轮　2—磁传感器
3—永磁块　4—盖板

（3）伺服进给装置　JCS-018型加工中心机床有三套相同的伺服进给装置。图6-18所示为工作台纵向（X轴）伺服进给装置。它由内部装有反馈装置的直流伺服电动机1驱动，经联轴器2转动滚动丝杠4。

滚动丝杠采用一端固定一端游动的支承方式，左支承为一对角接触球轴承3，承受轴向和径向载荷；右支承为一个深沟球轴承，仅承受径向载荷，轴向位置不固定。滚动丝杠螺母5、8固定在工作台下面，采用双螺母结构，左螺母固定于螺母座9中，右螺母可轴向调整其位置。左、右螺母之间通过安装两个适当厚度的半圆垫圈6，来消除丝杠螺母的间隙，并可以适当地预紧，从而提高传动刚度和灵敏度。为了消除爬行现象，提高导轨的位移精度和抗振性，该机床采用了聚四氟乙烯基贴塑滑动导轨。联轴器2与电动机轴靠锥形锁紧环摩擦连接，靠摩擦把轴与外套（联轴器）连在一起，其优点是不用开槽，没有间隙，可进一步提高进给机构的传动刚度和灵敏度。

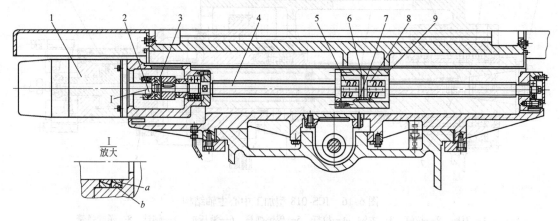

图6-18　工作台纵向伺服进给系统
1—直流伺服电动机　2—联轴器　3—角接触球轴承　4—滚动丝杠　5、8—螺母
6—半圆垫圈　7—键　9—螺母座

思考与练习题

6-1　试分析圆周铣削与端面铣削的切削厚度、切削宽度、切削层面积和铣削力，以及它们对铣削过程的影响。

6-2　试分析比较圆周铣削时，顺铣和逆铣的优缺点。

6-3　铣床主要有哪些类型？各用于什么场合？

6-4　为何多刃刀具加工时容易引起振动？

6-5　铣刀排屑功能的优劣主要受哪些因素的影响？

6-6　试述铣刀的螺旋角对铣削过程的影响。

第七章 钻削与镗削加工

在机械制造中，大多数零件都有孔的加工，通常在工件上形成孔的加工方法是钻孔，扩大或修整已有孔的加工方法有扩孔、锪孔、镗孔、铰孔和拉孔等。所使用的刀具主要有钻头、铰刀、镗刀等。孔加工所使用的机床主要是钻床和镗床。

第一节 钻镗加工的刀具

一、钻削加工的刀具

1. 麻花钻

用钻头在实体材料上加工内圆面的方法称为钻孔，钻孔最常用的刀具是麻花钻。麻花钻主要由以下几部分组成：

(1) 工作部分 麻花钻的主要部分，由切削和导向两部分组成（图7-1a）。切削部分担负着主要的切削工作；导向部分保持钻头在切削过程中的方向，且是切削部分的备磨部分。

麻花钻的切削部分有两个主切削刃，由横刃连接（图7-1c）。形成主切削刃的螺旋面为前面，另一面为后面，副后面是钻头外缘的刃带棱面。前面与刃带相交的棱边为副切削刃，两后面相交形成横刃。

导向部分外缘的棱边可引导钻头正确的进给方向，也可减小导向部分与已加工孔的摩擦；两螺旋槽可容屑、排屑，并作为切削液的流入通道；棱边外径磨有倒锥量，沿轴线向尾部逐渐减小，从而减小了棱边与孔壁的摩擦，同时也避免了钻头在钻孔时因前端磨损大形成顺锥而产生咬死，以致折断的情况。标准麻花钻的倒锥量为 (0.03~0.12mm)/100mm，大直径钻头取大值。

连接两刃瓣的部分为钻芯，不通过钻头中心的两主刀刃间的距离为钻芯直径 d_c，为保证钻头切削时的强度和刚度，钻芯在轴心线上形成正锥体（图7-1d），即钻芯直径由钻尖向尾部逐渐增大，称为钻芯锥度。增大量为 (1.4~2mm)/100mm。

(2) 柄部 也称尾部，用于夹持钻头，传递转矩和轴向力。柄部有直柄与锥柄两种。钻头直径 $d_0 \leqslant 12mm$ 时用直柄，$d_0 > 12mm$ 时用锥柄，采用莫氏标准锥度。

(3) 空刀 位于工作部分与柄部之间，为磨柄部时退砂轮之用，也是打印标记的地方。直柄麻花钻一般无空刀（图7-1b）。

决定麻花钻结构的主要参数有：

1) 外径 d_0。钻头的外径即刃带的外圆直径，它按标准尺寸系列设计。

2) 钻芯直径 d_c。它决定钻头的强度及刚度并影响容屑空间的大小。一般来说 $d_c = (0.125~0.15)d_0$。

3) 顶角 2ϕ。它是两条主切削刃在与它们平行的平面上投影之间的夹角。它决定切削刃

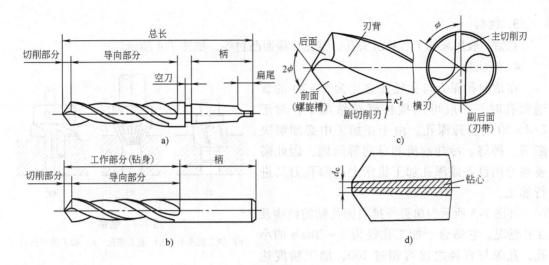

图 7-1　标准高速钢麻花钻

a) 锥柄麻花钻的组成　b) 直柄麻花钻的组成　c) 标准麻花钻的切削部分　d) 正锥体

的长度及负荷情况。

4）螺旋角 β。它是指钻头外圆柱面与螺旋槽交线的切线与钻头轴线的夹角。若螺旋槽的导程为 L，钻头外径为 d_0，则

$$\tan\beta = \frac{\pi d_0}{L} = \frac{2\pi R}{L} \tag{7-1}$$

式中　R——钻头半径（mm）。

2. 扩孔钻

用扩孔钻对工件上已有的孔进行扩大加工，称为扩孔。扩孔既可用作孔的最终加工，也可以作为铰孔或磨孔的预加工。扩孔钻形状与麻花钻相似，只是齿数多，一般有 3～4 个，故导向性能较好，切削平稳；扩孔加工余量小，参与工作的主切削刃较短，比钻孔大大改善了切削条件；且扩孔钻的容屑槽浅，钻芯较厚，刀体强度高，刚性好，因此扩孔钻钻孔的加工质量比麻花钻高。扩孔的公差等级一般为 IT10，表面粗糙度 Ra 值为 $6.3\mu m$。

扩孔钻主要有两种类型：整体锥柄扩孔钻（图 7-2），扩孔范围为 $\phi10\sim32mm$；套式扩孔钻（图 7-3），扩孔范围为 $\phi25\sim80mm$。扩孔钻加工精度一般可达 IT10～IT11，表面粗糙度 Ra 值可达 $3.2\sim6.3\mu m$，常用于铰孔或磨孔前的扩孔，以及一般精度孔的最后加工。

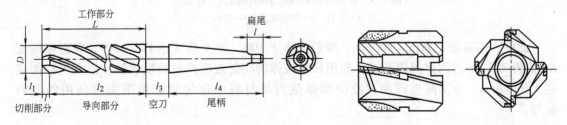

图 7-2　锥柄扩孔钻　　　　　　　　　图 7-3　套式扩孔钻

3. 锪钻

锪钻一般用来加工各种沉头孔、锥孔、端面凸台等，如图7-4所示。

4. 深孔钻

在钻削孔深 L 与孔径 d 之比为 $5 \sim 20$ 的普通深孔时，一般可用接长麻花钻加工，对于 $L/d > 20$ 的特殊深孔，由于在加工中必须解决断屑、排屑、冷却润滑和导向等问题，因此需要在专用设备或深孔加工机床上用深孔刀具进行加工。

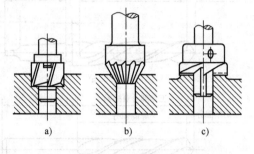

图7-4 锪钻
a) 加工沉头孔 b) 加工锥孔 c) 加工端面凸台

如图7-5所示为单刃外排屑深孔钻的结构及工作情况。它适合于加工孔径为 $3 \sim 20mm$ 的小孔，孔深与直径之比可超过100，加工精度达 IT8 ~ IT10，表面粗糙度 Ra 值达 $0.8 \sim 3.2\mu m$。

深孔钻

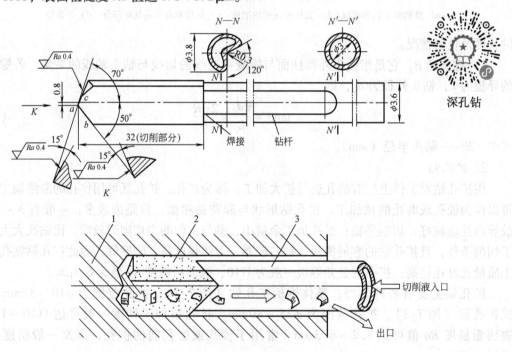

图7-5 单刃外排屑深孔钻的结构及工作情况
1—工件 2—切削部分 3—钻杆

此外，还有加工 $\phi15 \sim 200mm$、深径比小于100、加工精度达 IT6 ~ IT9、表面粗糙度 Ra 值为 $3.2\mu m$ 的内排屑深孔钻；利用切削液体的喷射效应排屑的喷吸钻；以及当钻削直径大于 $60mm$，为提高生产率，减少切除量而将材料中部的料芯留下来再利用的套料钻等。

5. 铰刀

铰刀是用于提高被加工孔质量的半精加工和精加工刀具（图7-6），用铰刀对孔进行的加工称为铰孔。铰刀的形状类似扩孔钻，但是由于铰刀加工余量更小，刀齿数目更多（$z =$

6～12），又有较长的修光刃，切削更加平稳，因此加工精度和表面质量都很高，铰孔的公差等级为 IT6～IT7，表面粗糙度 Ra 值为 $0.8～1.6\mu m$。铰刀的刀刃多做成偶数，并成对地位于通过直径的平面内，目的是便于测量直径的尺寸。

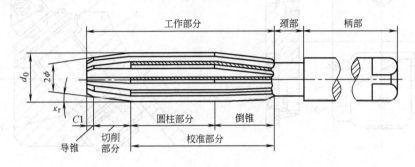

图 7-6 铰刀

二、镗削加工的刀具

1. 常用镗刀

镗刀是一种使用范围较广的刀具，可以对不同直径和形状的孔进行粗、精加工，特别是加工一些大直径的孔和孔内环槽时，镗刀几乎是唯一可用的刀具。

常用镗刀分单刃镗刀和多刃镗刀两大类。单刃镗刀只有一个主刀刃（图 7-7），结构简单，制造方便，通用性强，但加工精度难以控制，生产率较低。双刃镗刀两端都有刀刃，可在对称方向同时参加切削，这样可以消除因径向力对镗杆的影响而产生的加工误差，工件孔径尺寸和精度由镗刀尺寸保证。

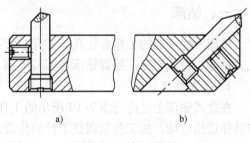

图 7-7 单刃镗刀

2. 浮动镗刀

浮动镗刀是采用浮动连接结构的双刃镗刀（图 7-8）。镗孔时，刀块无需固定在镗刀杆上，而是以间隙配合状态浮动地安装在镗杆的孔中，刀块通过作用在两刀片 2 上的切削力自动保持其正确位置，以补偿由于镗刀安装误差或镗杆径向圆跳动引起的不良影响，从而得到加工质量较高的孔形，精度达 IT6～IT7，表面粗糙度 Ra 在 $0.8\mu m$ 以下。但浮动镗刀镗孔对预加工孔有一定的精度要求，而且不能校正已有孔轴线的歪斜和偏差，只能用于余量很小的精加工。

3. 微调镗刀

为了提高镗刀的调整精度，在数控机床和精密镗床上常使用微调镗刀，其读数值可达 $0.01mm$，如图 7-9 所示。调整微调镗刀时，先松开拉紧螺钉 5，然后转动带刻度盘的调整螺母 3，待刀头调至所需尺寸后，再拧紧拉紧螺钉 5。此种结构比较简单，刚性较好，但调整不便。

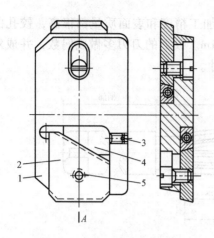

图7-8　装配式浮动镗刀块
1—刀体　2—刀片　3—尺寸调节螺钉
4—斜面垫板　5—刀片夹紧螺钉

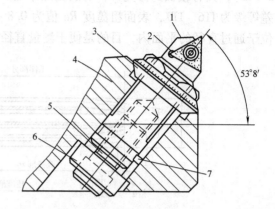

图7-9　微调镗刀
1—镗刀头　2—刀片　3—调整螺母　4—镗刀杆
5—拉紧螺钉　6—垫圈　7—导向键

第二节　钻床和镗床

一、钻床

钻床所能完成的工作有钻孔、扩孔、铰孔、攻螺纹、锪端面等。钻床按结构形式可分为立式钻床、台式钻床、摇臂钻床等多种类型，以下分别予以简要介绍。

1. 立式钻床

在立式钻床上可进行图7-10所示的工作。加工时，刀具旋转实现主运动，同时沿轴向移动作进给运动。加工前须调整工件的位置，使被加工孔中心线对准刀具的旋转中心线。在加工过程中工件是固定不动的。

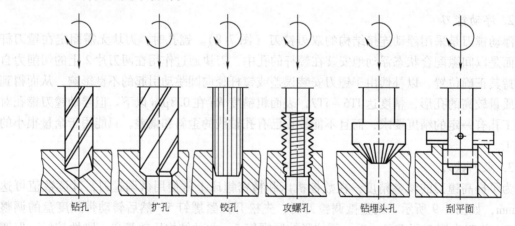

钻孔　　　扩孔　　　铰孔　　　攻螺孔　　　钻埋头孔　　　刮平面

图7-10　立式钻床上可进行的工作

图7-11所示为Z5135型立式钻床的外形。加工时工件直接或通过夹具安装在工作台4上。主轴3的旋转运动是由电动机经变速箱1传动的。在加工过程中，主轴既旋转又作轴向

进给运动，由进给箱传来的运动通过小齿轮和主轴套筒上的齿条，使主轴随着轴套筒作直线进给运动。进给箱和工作台可沿立柱上的导轨，调整其上下位置，以适应加工不同高度的工件。

在立式钻床上，加工完一个孔后再钻另一个孔时，需要移动工件，使刀具与另一个孔对准。这对于大而重的工件，操作很不方便。因此，立式钻床仅适用于加工中、小型工件。此外，立式钻床的自动化程度往往不高，所以在大批量生产中通常被组合钻床所代替。

2. 摇臂钻床

一些大而重的工件在立式钻床上加工很不方便，这时希望工件固定不动，移动主轴，使主轴中心对准被加工孔的中心，因此就产生了摇臂钻床。摇臂钻床（图7-12）的主轴箱5可沿摇臂4的导轨横向调整位置，摇臂4可沿外立柱3的圆柱面上下调整位置，此外，摇臂4及外立柱又可绕内立柱2转动至不同的位置。由于摇臂结构上的这些特点，可以很方便地调整主轴6的位置，工作时工件不动。为了使主轴在加工时保持准确的位置，摇臂钻床上具有立柱、摇臂及主轴箱的夹紧机构，当主轴的位置调整妥当后，就可快速地将它们夹紧。由于摇臂钻床在加工时需经常改变切削用量，因此，摇臂钻床通常具有既操作方便，又节省时间的操纵机构，可快速地改变主轴转速和进给量。摇臂钻床广泛地应用于单件和中、小批量生产中，加工大、中型零件。

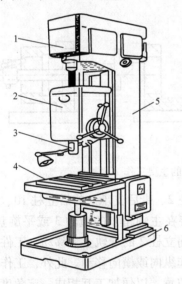

图 7-11　Z5135 型立式钻床外形
1—变速箱　2—进给箱　3—主轴
4—工作台　5—立柱　6—底座

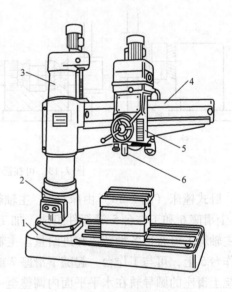

图 7-12　Z3040 型摇臂钻床
1—底座　2—内立柱　3—外立柱　4—摇臂
5—主轴箱　6—主轴

二、镗床

镗床类机床的主要工作是用镗刀进行镗孔，此外还可进行一定的铣平面、车凸缘、车螺纹等工作。镗床按其结构形式可分为卧式镗床、立式镗床、落地镗床、金刚镗床和坐标镗床等各种类型。镗床加工时，刀具作旋转主体运动，进给运动则根据机床的不同类型和所加工工序的不同，可由刀具或工件来实现。镗床的主参数根据机床类型不同，由最大镗孔直径、镗轴直径或工作台宽度来表示。

1. 卧式镗床

在一些箱体零件（如机床主轴箱和变速箱等）中，需要加工多个不同尺寸的孔，通常这些孔的尺寸较大，精度要求较高，特别在孔的轴心线之间有严格的同轴度、垂直度、平行度及孔间距精度等要求。此外，这些孔的中心线往往与箱体的基准面平行。这种零件在一般立式钻床或摇臂钻床上加工，必须应用一定的工艺装备，否则就比较困难。这时，根据工件的精度要求，可在选定的镗床上加工，其中卧式镗床用得较多。在卧式镗床上可以进行孔加工、车端面、车凸缘的外圆、车螺纹和铣平面等工作（图7-13），这种机床工作的万能性较强，所以习惯上又称为万能镗床。

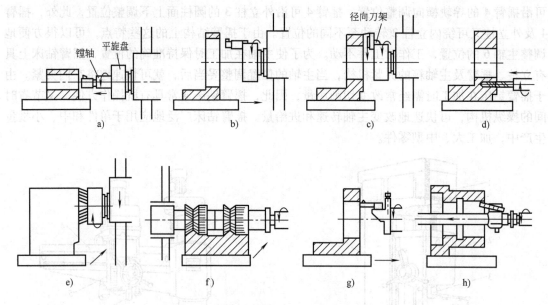

图 7-13　可在卧式镗床上进行的主要工作

卧式镗床（图7-14）由床身8、主轴箱1、前立柱2、带后支承9的后立柱10、下滑座7、上滑座6和工作台5等部件组成。加工时，刀具装在主轴箱1的镗轴3或平旋盘4上，由主轴箱1可获得各种转速和进给量。主轴箱1可沿前立柱2的导轨上下移动。工件安装在工作台5上，可与工作台一起随下滑座7或上滑座6作纵向或横向移动。此外，工作台5还可绕上滑座的圆导轨在水平平面内调整至一定的角度位置，以便加工互相成一定角度的孔或平面。

装在镗轴上的镗刀还可随镗轴作轴向运动，以实现轴向进给或调整刀具的轴向位置。当镗轴及刀杆伸出较长时，可用后支承9来支承它的左端，以增加镗轴和刀杆的刚度。当刀具装在平旋盘4的径向刀架上时，径向刀架可带着刀具作径向进给，以车削端面（图7-13c）。

2. 落地镗床

在重型机械制造厂中，某些工件庞大而笨重，加工时移动很困难，这时希望工件在加工过程中固定不动，运动由机床部件来实现。因为机床部件的重量比工件轻，由较轻的部分来实现运动，往往可使机床结构简单紧凑些。因此，在卧式镗床的基础上，又产生了落地镗床。落地镗床的外形如图7-15所示。落地镗床没有工作台，工件直接固定在地面的平板上。

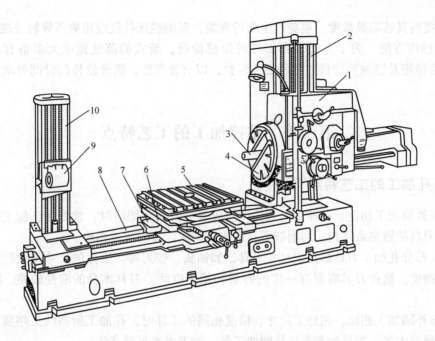

图 7-14 卧式镗床外形
1—主轴箱 2—前立柱 3—镗轴 4—平旋盘 5—工作台
6—上滑座 7—下滑座 8—床身 9—后支承 10—后立柱

镗轴 3 的位置，是由立柱 1 沿床身 5 的导轨作横向移动及主轴箱 2 沿立柱导轨上下方向移动来进行调整的。落地镗床比卧式镗床大，它的镗轴直径往往在 125mm 以上。落地镗床是用于加工大型零件的重型机床，因此它具有下列主要特点。

（1）万能性强 大型工件装夹及找正困难而且费时，希望尽可能在一次安装中将全部表面加工出来，所以落地镗床的万能性较强，机床可以进行镗、铣、钻等各种工作。

（2）集中操纵 由于机床外形庞大，为使操纵方便，通常用悬挂式操纵板 4 或操纵台集中操纵。

（3）提高移动部件的灵敏度 由于机床的移动部件质量

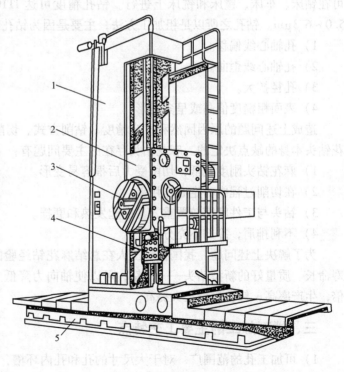

图 7-15 落地镗床外形
1—立柱 2—主轴箱 3—镗轴 4—操纵板 5—床身

大，为了提高其移动灵敏度，避免产生爬行现象，新型机床往往应用静压导轨或滚动导轨。

（4）操作方便 为了方便观察部件的位移情况，新式的落地镗床大多备有移动部件（立柱、主轴箱及镗轴）位移的数码显示装置，以节省观察、测量位移的时间并减轻工人的劳动强度。

第三节 钻镗加工的工艺特点

一、孔加工的工艺特点

1）与外圆加工相比，孔加工的条件一般较差。刀具在切削时，常处在已加工表面的包围之中，刀具的散热条件差，切削液不易进入切削区，排屑比较困难。

2）大部分孔加工刀具都是定尺寸刀具，如钻头、铰刀等。工件的尺寸很大程度上取决于刀具的精度。这种刀具需要有一定的容屑和排屑空间，刀具本身的刚性较差，结构也较复杂。

3）与外圆加工相比，在加工尺寸、精度相同的工件时，孔加工所需的工序要多些，刀具的损耗量要大些，而且生产率比外圆加工低，加工成本也要高些。

二、钻削加工的工艺特点

钻孔是孔的粗加工方法，也是在实心材料上进行孔加工的唯一切削加工方法。钻孔一般可在钻床、车床、镗床和铣床上进行。钻孔精度可达 IT10 ~ IT13，表面粗糙度 Ra 值可达 $5.0 ~ 6.3 \mu m$。钻孔之所以是粗加工方法，主要是因为钻孔有以下几方面的质量问题：

1）孔轴心线偏移。

2）孔轴心线歪曲。

3）孔径扩大。

4）表面粗糙度值高或呈多角形。

造成上述问题的原因固然和机床精度、钻削方式、切削用量等因素有关，但主要还是麻花钻头本身的缺点决定的。麻花钻头存在的主要问题有：

1）麻花钻头刚度较低，切削受力后很容易变形。

2）在切削过程中，定心作用差。

3）钻头与工件摩擦较严重，易引起发热和磨损。

4）不利排屑，冷却不充分。

为了解决上述问题，我国机械工人在总结麻花钻经验的基础上，成功创造一种效率高、寿命长、质量好的新型钻头——群钻，可以使轴向力降低 35% ~ 47%，钻头寿命提高 3 ~ 5 倍，生产率高，钻孔质量大大提高。

三、镗削加工的主要工艺特点

1）可加工孔的范围广，对于大尺寸的孔和孔内环槽，几乎是唯一的加工方法。

2）所加工的孔在尺寸、形状和位置精度上均较高。其尺寸精度可达 IT5 ~ IT6 级，表面粗糙度 Ra 值可达 $0.8 ~ 3.2 \mu m$，特别适宜用来完成孔距精度要求较高的孔系加工。

3）镗孔精度主要决定于机床主轴回转精度和刀具的调整精度。镗孔能修整前道工序所造成孔的轴线偏斜和不直。

4）和扩孔、铰孔相比，加工经济性好，但操作水平要求较高，生产率较低。

5）刀具的准备较简单，费用较低。

思考与练习题

7-1　标准高速钢麻花钻是由哪几部分组成的？切削部分包括哪些几何参数？

7-2　试分析钻孔、扩孔和铰孔三种孔加工方法的工艺特点，并说明这三种工艺之间的联系。

7-3　常用钻床有几类？其适用范围如何？

7-4　深孔加工有哪些特点？

7-5　镗削加工有何特点？常用的镗刀有哪几种类型？其结构和特点如何？

7-6　镗床由哪些部件组成？作用如何？其进给运动由哪些部件完成？

7-7　从镗刀安装方法与进给运动的实现，说明镗床上的镗孔方法有哪些。

7-8　比较镗孔与钻孔的工艺特点及应用场合。

7-9　试阐明对于相同直径、相同公差等级的轴和孔，为什么孔的加工比较困难。

第八章　磨 削 加 工

磨削是一种广泛使用的切削加工方法。磨削后加工精度可达到 IT4～IT6，表面粗糙度 Ra 值可达到 0.25～0.8 μm。它除能磨削普通材料外，还能磨削一般刀具难以切削的高硬度材料，如淬硬钢、硬质合金、陶瓷等；能磨削外圆、内孔、平面、螺纹、花键、齿轮和成形表面。磨削除可用于精加工和超精加工外，还可用于预加工和粗加工。此外，随着高速磨削和强力磨削工艺的发展，磨削效率得到了进一步提高。因此磨削加工的使用范围正日益扩大。

本章主要介绍磨削加工原理、磨削加工工艺方法、磨床以及光整加工和超精加工。

第一节　砂轮的特性及选择

磨削是用带有磨粒的工具来对工件进行加工的方法。砂轮是磨削加工最常用的工具。它是由结合剂将磨料颗粒粘结而成的多孔体。砂轮的特性主要由磨料、粒度、结合剂、硬度和组织等五个因素决定。

一、磨料

磨料是构成砂轮的主要成分。常用的磨料均为人造磨料，主要分为刚玉系、碳化物系和超硬磨料系三大类。常用磨料的性能及适用范围见表 8-1。

表 8-1　常用磨料的代号、特性及适用范围

系列	名称	代号	主要成分[①]	颜色	性　能	适 用 范 围
刚玉	棕刚玉	A	Al_2O_3 92.5%～97% TiO_2 1.5%～3.8%	棕褐色	硬度较低，韧性较好，价廉	磨削碳素钢、合金钢、可锻铸铁与硬青铜
	白刚玉	WA	Al_2O_3 不少于 98.5%	白色	较 GZ 硬度高，磨粒锋利，韧性差，价格较高	磨削淬硬的高碳钢，合金钢、高速钢、磨削薄壁零件，成形零件
碳化物	黑碳化硅	C	SiC 97%～98.5%	黑色带光泽	比刚玉类硬度高、导热性好、但韧性差	磨削铸铁和黄铜
	绿碳化硅	GC	SiC 97.5%～99%	绿色带光泽	较 TH 硬度高、导热性好、韧性较差	磨削硬质合金、宝石、光学玻璃
超硬磨料	人造金刚石	D	C	白色淡绿黑色	硬度最高，韧性最差，价格昂贵	磨削硬质合金、光学玻璃、宝石、陶瓷等高硬度材料
	立方氮化硼	CBN	BN	棕黑色	硬度仅次于 D，韧性较 D 好，与铁元素亲和性好	磨削高钒高速钢等难加工材料

① 主要成分中的百分数为质量分数。

二、粒度

粒度表示磨料颗粒的尺寸大小。对于颗粒最大尺寸大于 $40\mu m$ 的磨料，用机械筛分法来决定粒度号，其粒度号数就是该种颗粒能通过的筛子的网号。网号就是每英寸（25.4mm）长度上筛孔的数目。因此，粒度号数越大，颗粒尺寸越小。颗粒尺寸小于 $40\mu m$ 的磨料称为微粉，用显微镜分析法来测量，按其实际大小分级。例如 W20 是指颗粒尺寸在 $20\sim28\mu m$ 之间的磨料。

磨料的粒度对磨削加工时的磨削生产率和磨削表面质量有较大影响。一般情况下，粗磨用粗粒度，精磨用细粒度；磨削材料软、塑性大、面积大的工件时，选用粗粒度砂轮，以防止砂轮堵塞；成形磨削和高速磨削时应选用细粒度砂轮。

三、结合剂

结合剂的作用是将磨粒粘合在一起，使砂轮具有必要的形状和强度。常用的结合剂种类及其用途可参见表 8-2。

表 8-2 结合剂的种类及用途

种类	代号	性 能	用 途
陶瓷	V	无机结合剂；耐热性、耐蚀性好（不怕水、油和普通的酸、碱）。砂轮中气孔率大，不易堵塞；较脆，不能承受大的冲击力和振动，不能承受大的侧面推力；弹性差，磨粒退让性差	除薄片砂轮外，能制成各种粒度、硬度、组织及各种形状和尺寸的砂轮。最常用
树脂	B	有机结合剂；强度高，弹性好，砂轮退让性好；自锐性好，具有一些抛光作用；耐热性差，耐蚀性差（切削液中含碱量不能超过15%，潮湿环境将使砂轮强度降低），砂轮存放期不能超过一年	磨窄槽、切断用的薄片砂轮；高速磨削砂轮；磨削钢坯、钢板用重负荷预磨砂轮；精磨、抛光用砂轮
橡胶	R	有机结合剂；强度高，弹性更好，砂轮退让性好；耐热性很差，不耐油；气孔率小，易堵塞	切断用薄片砂轮、精磨用砂轮；无心磨用的导轮；抛光成形面用的砂轮
金属	M	青铜结合剂；强度最高，型面保持性好，磨耗小，自锐性差	适用于金刚石砂轮

四、硬度

砂轮的硬度是指磨粒在磨削力作用下，从砂轮表面脱落的难易程度。砂轮硬表示磨粒难以脱落；砂轮软，表示磨粒容易脱落。所以，砂轮的硬度主要由结合剂的粘结强度决定，而与磨粒本身的硬度无关。

砂轮的硬度对磨削生产率和磨削表面质量有很大影响，选用砂轮时，应注意硬度选得适当。若砂轮选得太硬，则会使磨钝了的磨粒不能及时脱落，因而造成大量磨削热，造成工作烧伤；若选得太软，会使磨粒脱落得太快而不能充分发挥其切削作用。砂轮的硬度选择适当，能使磨粒磨损后从砂轮上自行脱落，露出新的锋利的磨粒继续进行磨削，这就是砂轮的自锐性。砂轮的硬度分级与代号见表 8-3。

表 8-3　砂轮的硬度分级与代号

等级	大　级	超软	软			中　软		中		中　硬			硬		超硬
	小级	超软	软1	软2	软3	中软1	中软2	中1	中2	中硬1	中硬2	中硬3	硬1	硬2	超硬
代号	GB/T 2484—2006	D	E	F	G	H	J	K	L	M	N	P	Q	R	S

五、组织

砂轮的组织是指磨粒在砂轮中占有的体积分数（即磨粒率）。反映了磨粒、结合剂、气孔三者之间的比例关系。磨粒在砂轮总体积中所占的比例大，气孔小，即组织号小，则砂轮的组织紧密；反之，磨粒的比例小，气孔大，即组织号大，则组织疏松。砂轮组织越松，越不易被切屑堵塞，切削液和空气也易进入磨削区，使磨削区域的温度降低，工件因发热而引起的变形和烧伤减小。但组织号大的砂轮易失去正确的廓形，降低成形面的磨削精度，增大表面粗糙度。砂轮上未标出组织号时，即为中等组织。砂轮的组织号及选用见表 8-4。

表 8-4　砂轮的组织号及选用

级　别	紧　密				中　等				疏　松					
组织号	0	1	2	3	4	5	6	7	8	9	10	11	12	13	14
磨粒占砂轮体积分数（%）	62	60	58	56	54	52	50	48	46	44	42	40	38	36	34
适用范围	重负荷精密成形磨削、断续磨削或自由磨削				一般磨削，刀具刃磨，内、外圆磨削等				接触面积大的平面磨削及磨削薄壁零件等				热敏材料及韧性大的金属	

六、砂轮的形状、代号和标志

砂轮的形状、代号和尺寸均已标准化，选用时可查有关资料。常用形状有平形、碗形、碟形等。砂轮的端面上一般都印有标志，砂轮参数的表示顺序是形状、尺寸、磨料、粒度号、硬度、组织号、结合剂、线速度。例如：

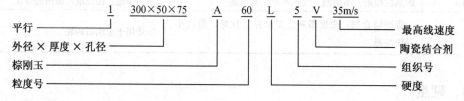

该产品标记表示一个外径为 300mm、厚度为 50mm、孔径为 75mm、棕刚玉、粒度为 60、硬度代号为 L、5 号组织、陶瓷结合剂、最高工作速度为 35m/s 的平形砂轮。

第二节　磨削过程与磨削运动

一、磨削过程

1. 磨粒形状

磨削时砂轮表面上有许多磨粒参与磨削工作，每个磨粒都可以看作一把微小的刀具，磨粒的形状很不规则，其尖点的顶锥角 β 大多为 $90° \sim 120°$。如图 8-1 所示，砂轮上的磨粒是个形状很不规则的多面体，不同粒度号磨粒的顶尖角高低、间距方面，在砂轮的轴向与径向都是随机分布的。

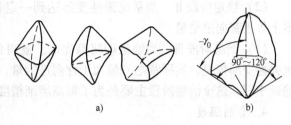

图 8-1 磨粒的形状
a) 外形 b) 典型磨料断面

在磨削过程中，一部分突出和较锋利的磨粒切削工件形成切屑；另一部分比较钝的、突出高度较小的磨粒仅在工件表面刻划出痕迹；还有一部分更钝的、隐藏在其他磨粒下面的磨粒既不切削也不刻划工件，而只是与工件表面产生滑擦，起抛光作用。因为磨削速度很高，这种滑擦会产生很高的温度，会引起被磨表面烧伤、裂纹等缺陷。由此可知：磨粒磨削过程可分为滑擦、刻划和切削三个阶段，如图 8-2 所示。

磨削能达到很高的精度、很小的表面粗糙度，是因为经过精细修整的砂轮，磨削具有微刃等高性，磨削厚度很小，除了切削作用外，还有挤压、抛光作用。

2. 磨削力

磨削力可分解为互相垂直的三个分力：进给力 F_f、背向力 F_p 和切削力 F_c，如图 8-3 所示。其中，$F_f = (0.1 \sim 0.2) F_c$、$F_p = (1.6 \sim 3.2) F_c$。与切削力相比，磨削力的特征是：单位磨削力 K_c 值大，三个分力中 F_p 特别大。这是因为磨粒以负前角切削，刃口圆角半径与切削层公称厚度之比相对很大，而且磨削时砂轮与工件接触宽度较大。

3. 磨削阶段

磨削过程分为三个阶段，如图 8-4 所示。

(1) 初磨阶段 I 当砂轮开始接触工件时，由于工艺系统弹性变形，实际背吃刀量小于

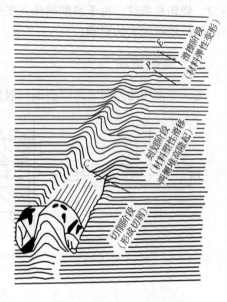

图 8-2 磨粒的磨削过程

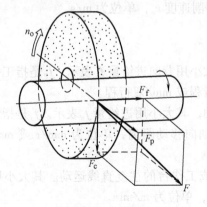

图 8-3 磨削力

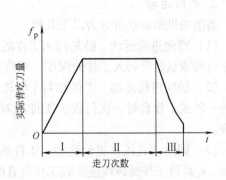

图 8-4 磨削阶段

磨床刻度盘所显示的背向进给量。工艺系统刚性越差,此阶段越长。

（2）稳定阶段Ⅱ 当系统弹性变形达到一定程度后,继续进给时,其实际背吃刀量基本上等于背向进给量。

（3）清磨阶段Ⅲ 当磨量即将磨完时,就可停止背向进给量进行光磨,这时,由于系统弹性变形恢复,实际背吃刀量大于背向进给量,随着光磨时间的延长,实际背吃刀量逐渐趋近于零。这个清磨阶段主要是为了提高磨削精度和表面质量。

4. 磨削温度

磨削由于切削速度高,切削层公称尺寸小,切削刃钝,使磨削区形成高温。

磨削时磨粒切削刃与工件、磨屑接触点的温度称为磨削点温度,可高达 1000~1400℃。它影响磨粒磨损、磨屑与磨粒的粘附等。砂轮与工件接触面上的平均温度称为磨削区温度。通常所说的磨削温度即是指此温度,约为 400~1000℃,它造成工件表面的加工硬化、残余应力、烧伤和裂纹。由于磨削热传入工件而引起温度上升,使工件产生热膨胀或扭曲变形,对磨削精度有较大的影响。

二、磨削运动

生产中常用的外圆、内圆磨削一般具有四个运动,如图8-5所示。

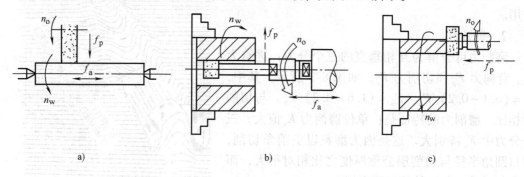

图 8-5 磨削运动
a）外圆磨削 b）内圆磨削 c）端面磨削

1. 主运动

砂轮旋转运动是主运动。砂轮旋转的线速度为磨削速度 v_c,单位为 m/s。

2. 进给运动

磨削的进给运动可分为以下几种:

（1）背向进给运动 砂轮切入工件的运动,其大小用背向进给量 f_P 表示。f_P 是指工作台每单行程或双行程切入工件的深度,单位为 mm/单行程或 mm/双行程。

（2）轴向进给运动 工件相对于砂轮的轴向运动,其大小用进给量 f_a 表示。f_a 是指工件每转一转或工作台每一次行程,工件相对于砂轮的轴向移动距离,单位为 mm/r 或 mm/单行程。

（3）圆周（直线）进给运动 工件的旋转运动或工作台的往复直线运动。其大小用 v_w 表示,v_w 是指工件旋转线速度或工作台直线移动速度,单位为 m/min。

外圆磨削 $$v_w = \pi d_w n_w / 1000 \tag{8-1}$$

平面磨削
$$v_w = 2Ln_r/1000 \qquad (8\text{-}2)$$

式中 d_w——工作直径（mm）；

n_w——工作转速（r/min）；

L——工作台行程长度（mm）；

n_r——工作台每分钟的往复次数（双行程/min）。

三、磨削表面质量

磨削表面质量包括磨削的表面粗糙度、表面烧伤和表面残余应力三个方面，下面分别加以分析。

1. 表面粗糙度

磨削的表面粗糙度是由砂轮上的磨粒在工件表面上形成的残留面积和工艺系统振动所引起的振纹组成的。

磨削时的残留面积决定于砂轮的粒度、硬度、修整情况和磨削用量的选择。

磨削时的振动对表面粗糙度的影响比残留面积大得多，减小振动的措施有：严格控制磨床主轴的径向圆跳动，砂轮及其他高速旋转部件经过仔细的动平衡，避免工作台进给时的爬行，提高磨床动刚度，合理选择砂轮与磨削用量等。

2. 表面烧伤

磨削时，磨削热的产生使工件表面层金属发生相变，其硬度与塑性发生变化。这种表面变质的现象称为表面烧伤。表面烧伤损坏了零件的表层组织，影响零件的使用寿命。生产中，合理选用砂轮及磨削用量、采用良好的冷却措施及改进磨床结构等可降低磨削温度，从而避免表面烧伤现象的产生。

3. 表面残余应力

残余应力是指零件在去除外力和热源作用后，存在于零件内部的保持零件内部各部分平衡的应力。残余应力的产生有下列三个因素：相变引起金相结构的体积变化而产生的相变应力、温度引起的热胀冷缩不均而产生的热应力及塑性变形不均产生的塑变应力。

磨削后工件表层的残余应力是由相变应力、热应力和塑变应力合成的。残余压应力可提高零件疲劳强度和使用寿命。而残余拉应力将使零件表面翘曲、强度下降，形成疲劳破坏。所以磨削时应尽量避免形成残余拉应力。

磨削时采用切削液及减少背吃刀量可以使表面残余拉应力显著降低。此外，由于磨削的残余应力与清磨次数有关，增加清磨次数可显著降低残余应力。

第三节 磨削加工机床

磨床用于磨削各种表面，如内外圆柱面和圆锥面、平面、螺旋面、齿轮的轮齿表面以及各种成形面等，还可以刃磨刀具，应用范围非常广泛。

由于磨削加工容易得到高的加工精度和好的表面质量，所以磨床主要应用于零件的精加工，尤其是淬硬钢件和高硬度特殊材料的精加工。近年来由于科学技术的发展，对现代机械零件的精度和表面粗糙度要求越来越高，各种高硬度材料应用日益增多。同时，由于精密铸造和精密锻造工艺的发展，有可能将毛坯直接磨成成品，因此磨床在金属切削机床中所占的比重不断上升。目前在工业发达的国家中，磨床在机床总数中的比例已达 30%~40%。

磨床的种类很多，其主要类型有：外圆磨床、内圆磨床、平面磨床、工具磨床和各种专门化磨床（如曲轴磨床、凸轮轴磨床、花键轴磨床、齿轮磨床、螺纹磨床等）。

一、万能外圆磨床

万能外圆磨床是应用最为普遍的一种外圆磨床，其工艺范围较宽，除了能磨削外圆柱面和圆锥面外，还可磨削内孔和台阶面等。

（一）机床的布局和用途

图 8-6 所示为 M1432A 型万能外圆磨床的外形图，它由下列主要部件组成：

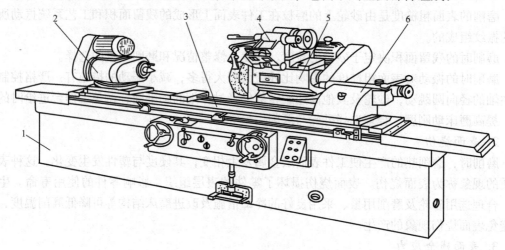

图 8-6　M1432A 型万能外圆磨床外形图

1—床身　2—头架　3—工作台　4—内圆磨具　5—砂轮架　6—尾座

（1）床身 1　它是磨床的基础支承件，在它的上面装有砂轮架、工作台、头架、尾座及横向滑鞍等部件，使它们在工作时保持准确的相对位置，床身内部用作液压油的油池。

（2）头架 2　它用于安装及夹持工件，并带动工件旋转。在水平面内可逆时针方向转 90°。

（3）工作台 3　它由上、下两层组成。上工作台可绕下工作台在水平面内回转一个角度（±10°），用以磨削锥度不大的长圆锥面。上工作台的上面装有头架和尾座，它们随着工作台一起，沿床身导轨作纵向往复运动。

（4）内圆磨具 4　它用于支承磨内孔的砂轮主轴。内圆磨具主轴由单独的电动机驱动。

（5）砂轮架 5　它用于支承并传动高速旋转的砂轮主轴。砂轮架装在滑鞍上，当需磨削短圆锥面时，砂轮架可以在水平面内调整至一定角度位置（±30°）。

（6）尾座 6　它和头架的前顶尖一起支承工件。

M1432A 型万能外圆磨床属于普通精度级万能外圆磨床。它主要用于磨削公差等级为 IT6~IT7 的圆柱形或圆锥形的外圆和内孔，可达到的表面粗糙度 Ra 值在 0.08~1.25μm 之间。这种机床的通用性较好，但生产率较低，适用于单件小批量生产车间、工具车间和机修车间。

（二）磨床的运动

1. 表面成形运动

万能外圆磨床主要用来磨削内外圆柱面、圆锥面，图8-7所示为M1432A型万能外圆磨床的几种加工方法。其基本磨削方法有两种：纵向磨削法和切入磨削法。

（1）纵向磨削法（图8-7a、b、d）　纵向磨削法是使工作台作纵向往复运动进行磨削的方法，用这种方法加工时，共需要三个表面成形运动。

1）砂轮的旋转运动。当磨削外圆表面时，磨外圆砂轮作旋转运动 n_o，按"切削原理"的定义，这是主运动；当磨削内圆表面时，磨内孔砂轮作旋转运动 n_o，它也是主运动。

2）工件的纵向进给运动。这是砂轮与工件之间的相对纵向直线运动。实际上这一运动由工作台纵向往复运动来实现，称为纵向进给运动 f_a。通常采用液压传动，以保证运动的平稳性。

3）工件的旋转运动。这是用轨迹法磨削工件的母线——圆。工件的旋转运动称为圆周进给运动 n_w。

（2）横向磨削法（图8-7c）　这是用宽砂轮进行横向切入磨削的方法。表面成形运动只需要两个：砂轮的旋转运动 n_o 和工件的旋转运动 n_w。

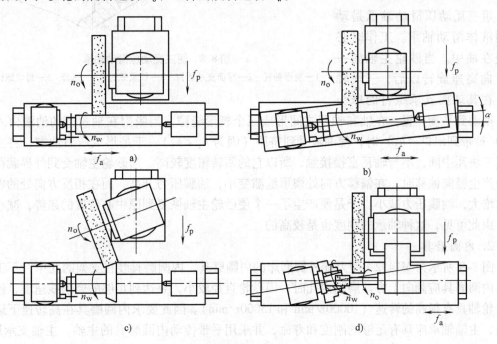

图8-7　M1432A型万能外圆磨床的几种加工方法
a）、b）、d）纵向磨削　c）横向磨削

2. 砂轮横向进给运动

用纵向磨削法加工时，工件每一纵向行程或往复行程（纵向进给 f_a）终了时，砂轮作一次横向进给运动 f_p，这是周期的间歇运动。全部磨削余量在多次往复行程中逐步磨去。

用切入磨削法加工时，工件只作圆周进给运动 n_w 而无纵向进给运动 f_a，砂轮则连续地作横向进给运动 f_p，直到磨去全部磨削余量为止。

3. 辅助运动

为了使装卸和测量工件方便并节省辅助时间，砂轮架还可作横向快进和快退运动，尾座套筒能作伸缩移动，这两个运动通常都采用液压传动。

（三）磨床的主要结构

1. 砂轮架

砂轮架中的砂轮及其支承部分结构直接影响工件的加工质量，应具有较高的回转精度和刚度以及较好的抗振性和耐磨性，它是砂轮架部件中的关键结构。

砂轮主轴的前、后径向支承都为"短三瓦动压滑动轴承"（图8-8），每一个滑动轴承由三块扇形轴瓦组成，每块轴瓦都支承在球面支承螺钉的球头上。调节球面支承螺钉的位置，即可调整轴承的间隙（通常间隙为 $0.015 \sim 0.025$mm）。

短三瓦动压滑动轴承是动压型液体滑动轴承。工作时必须浸在油中。当砂轮主轴向一个方向高速旋转以后，三块轴瓦各在其球面支承螺钉的球头

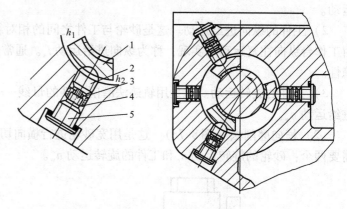

图 8-8   短三瓦动压滑动轴承
1—扇形轴瓦   2—球面支承螺钉   3—锁紧螺钉   4—螺套   5—封口螺钉

上，摆动到平衡位置，在轴和轴瓦之间形成三个楔形缝隙。当吸附在轴颈上的油液由入口（h_1）被带到出口（h_2）时，使油液受到挤压（因为 $h_2 < h_1$），于是形成压力油楔，将主轴浮在三块瓦中间，不与轴瓦直接接触，所以它的回转精度较高。当砂轮主轴受到外界载荷作用而产生径向偏移时，在偏移方向处楔形缝隙变小，油膜压力升高，而在相反方向处的楔形缝隙增大，油膜压力减小。于是便产生了一个使砂轮主轴恢复到原中心位置的趋势，减小偏移。由此可见，这种轴承的刚度也是较高的。

2. 内圆磨具

图8-9所示为 M1432A 型万能外圆磨床的内圆磨具。内圆磨具装在支架的孔中，不工作时，内圆磨具应翻向上方。磨削内孔时，因砂轮直径较小，要达到足够的磨削线速度，就要求砂轮轴具有很高的转速（10000r/min 和 15000r/min）。因此要求内圆磨具在高转速下运转平稳，主轴轴承应具有足够的刚度和寿命，并采用平带传动内圆磨具的主轴。主轴支承用4个 D 级精度的角接触球轴承，前后各两个。它们用弹簧3预紧，预紧力的大小可用主轴后端的螺母来调节。弹簧3共有8根，均匀分布在套筒2内，套筒2用销子固定在壳体上，所以弹簧力通过套筒4将后轴承的外圈向右推紧，又通过滚子、内圈、主轴后螺母及主轴传到前端的轴肩，使前轴承内圈也向右拉紧。于是前后两对轴承都得到预紧。当主轴热膨胀伸长或者轴承磨损时，弹簧能自动补偿，并保持较稳定的预紧力，使主轴轴承的刚度和寿命得以保证。轴承用锂基润滑脂润滑。

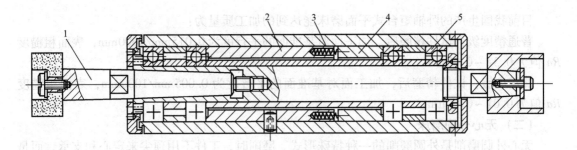

图 8-9 M1432A 型万能外圆磨床的内圆磨具

1—砂轮轴 2、4—套筒 3—弹簧 5—轴承

二、其他类型磨床

(一) 平面磨床

平面磨床主要用于磨削各种平面，其磨削方法如图 8-10 所示。

根据砂轮的工作面不同，平面磨床可以分为用砂轮周边（即圆周）进行磨削和用砂轮端面进行磨削两类。用砂轮周边磨削的平面磨床，砂轮主轴为水平布置（卧式）；而用砂轮端面磨削的平面磨床，砂轮主轴为竖直布置。根据工作台的形状不同，平面磨床又分为矩形工作台和圆形工作台两类。

按上述方法分类，常把普通平面磨床分为四类：①卧轴矩台式平面磨床（图8-10a）；②卧轴圆台式平面磨床（图8-10b）；③立轴矩台式平面磨床（图8-10c）；④立轴圆台式平面磨床（图8-10d）。

图中，n_t 为砂轮的旋转主运动；f_1 为工作台旋转、直线进给运动；f_2 为轴向进给运动；f_3 为砂轮垂直周期切入进给运动。

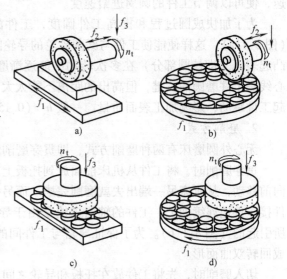

图 8-10 平面磨床磨削方法

a) 卧轴矩台式平面磨床 b) 卧轴圆台式平面磨床
c) 立轴矩台式平面磨床 d) 立轴圆台式平面磨床

平面磨床的特点比较如下：

（1）砂轮端面磨削和周边磨削 端面磨削的砂轮一般比较大，能同时磨出工作的全宽，磨削面积较大，所以，生产率较高。但是，端面磨削时，由于砂轮和工件表面的接触面积大，发热量大，冷却和排屑条件差，所以，加工精度和表面粗糙度较差。

（2）矩台式平面磨床与圆台式平面磨床 圆台式平面磨床由于采用端面磨削，且为连续磨削，没有工作台的换向时间损失，故生产率较高。但是，圆台式只适于磨削小零件和大直径的环形零件端面，不能磨削长零件。而矩台式平面磨床可方便地磨削各种零件，工艺范围较宽。卧轴矩台式平面磨床除了用砂轮的周边磨削水平面外，还可用砂轮端面磨削沟槽、台阶等侧平面。

目前我国生产的卧轴矩台式平面磨床能达到的加工质量为：

普通精度级：试件精磨后，加工面对基准面的平行度为 0.015mm/1000mm，表面粗糙度 Ra 值为 0.32 ~ 0.63μm。

高精度级：试件精磨后，加工面对基准面的平行度为 0.005mm/1000mm，表面粗糙度 Ra 值为 0.01 ~ 0.04μm。

（二）无心外圆磨床

无心外圆磨削是外圆磨削的一种特殊形式。磨削时，工件不用顶尖来定心和支承，而是直接将工件放在砂轮、导轮之间，用托板支承着，工件被磨削的外圆面作定位面，如图 8-11a 所示。

1. 工作原理

从图 8-11a 可以看出，砂轮和导轮的旋转方向相同。磨削砂轮的圆周速度很大（约为导轮的 70 ~ 80 倍），通过切向磨削力带动工件旋转，但导轮是用摩擦因数较大的树脂或橡胶作为粘结剂制成的刚玉砂轮，它依靠摩擦力限制工件旋转，使工件的圆周线速度基本上等于导轮的线速度，从而在磨削轮和工件间形成很大的速度差，从而产生磨削作用。改变导轮的转速，便可以调节工件的圆周进给速度。

为了加快成圆过程和提高工件圆度，工件的中心必须高于磨削轮和导轮的中心连线（图 8-11a），这样便能使工件与磨削砂轮的导轮间的接触点不可能对称，于是工件上的某些凸起表面（即棱圆部分）在多次转动中能逐渐磨圆。所以，工件中心高于砂轮和导轮的连心线是工件磨圆的关键，但高出的距离不能太大，否则导轮对工件的向上垂直分力有可能引起工件跳动，影响加工表面质量。一般 $h = (0.15 ~ 0.25) d$，d 为工件直径。

2. 磨削方式

无心外圆磨床有两种磨削方式，即贯穿磨削法（纵磨法）和切入磨削法（横磨法）。

贯穿磨削时，将工件从机床前面放到托板上，推入磨削区域后，工件旋转，同时又轴向向前移动，从机床另一端出去就磨削完毕。而另一个工件可相继进入磨削区，这样就可以一件接一件地连续加工。工件的轴向进给是由于导轮的中心线在竖直平面内向前倾斜了 α 角所引起的（图 8-11b）。为了保证导轮与工件间的接触线呈直线形状，需将导轮的形状修正成回转双曲面形。

切入磨削时，先将工件放在托板和导轮之间，然后使磨削砂轮横向切入进给，来磨削工件表面。这时导轮的轴心线仅倾斜很小的角度（约 30′），对工件有微小的轴向推力，使它靠住挡板（图 8-11c），得到可靠的轴向定位。

3. 特点与应用

在无心磨床上加工工件时，工件不需钻中心孔，且装夹工件省时省力，可连续磨削，所以生产率较高。

由于工件定位基准是被磨削的外圆表面，而不是中心孔，所以就消除了工件中心孔的误差、外圆磨床工作台运动方向与前后顶尖连线的不平行以及顶尖的径向圆跳动等误差的影响。所以磨削出来的工件尺寸精度和几何精度比较高，表面质量较好。如果配备适当的自动装卸料机构，易于实现全自动。

无心磨床在成批、大量生产中应用较普遍。并且随着无心磨床结构的进一步改进，加工精度和自动化程度的逐步提高，其应用范围有日益扩大的趋势。

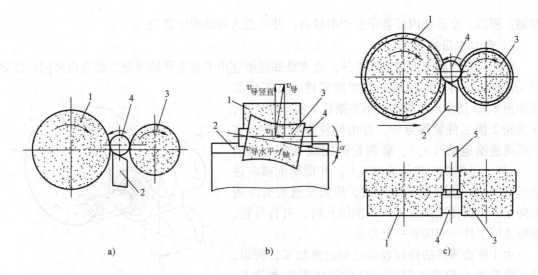

图 8-11 无心外圆磨削的加工示意图
1—磨削砂轮 2—托板 3—导轮 4—工件 5—挡板

但是，由于无心磨床调整费时，所以，批量较小时不宜采用。当工件表面周向不连续（例如有长键槽）或与其他表面的同轴度要求较高时，不宜采用无心磨床加工。

（三）内圆磨床

内圆磨床主要用于磨削各种内孔（包括圆柱形通孔、不通孔、阶梯孔以及圆锥孔等）。某些内圆磨床还附有磨削端面的磨头。

内圆磨床的主要类型有普通内圆磨床、无心内圆磨床和行星式内圆磨床。

1．普通内圆磨床

这是生产中应用最广的一种内圆磨床。图 8-12 所示为普通内圆磨床的磨削方法。图 8-12a、b 所示为采用纵磨法或切入磨削法磨削内孔。图 8-12c 所示为采用专门的端磨装置，可在工件一次装夹中磨削内孔和端面，这样不仅易于保证孔和端面的垂直度，而且生产率较高。

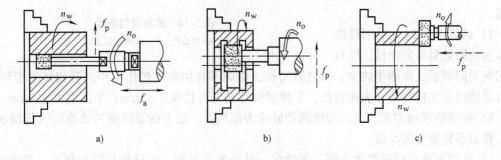

图 8-12 普通内圆磨床的磨削方法

普通精度内圆磨床的加工精度为：对于最大磨削孔径为 $50 \sim 200mm$ 的机床，如试件的孔径为机床最大磨削孔径的一半，磨削孔深为机床最大磨削深度的一半时，精磨后能达到圆度小于或等于 $0.006mm$、圆柱度小于或等于 $0.005mm$ 及表面粗糙度 Ra 值为 $0.32 \sim 0.63\mu m$。

为了满足成批和大量生产的需要，还有自动化程度较高的半自动和全自动内圆磨床。这种机床从装上工件到加工完毕，整个磨削过程为全自动循环，工件尺寸采用自动测量仪自动控制。所以，全自动内圆磨床生产率较高，并可投入自动线中使用。

2．无心内圆磨床

在无心内圆磨床上加工的工件，通常是那些不宜用卡盘夹紧的薄壁，而其内外同心度要求又较高的工件，如轴承环类型的零件。其工作原理如图8-13所示。工件3支承在滚轮1和导轮4上，压紧轮2使工件紧靠导轮，并由导轮带动旋转，实现圆周进给运动（n_w）。磨削轮除完成旋转主运动（n_o）外，还作纵向进给运动（f_a）和周期的横向进给运动（f_p）。加工循环结束时，压紧轮沿箭头A的方向摆开，以便装卸工件。磨削锥孔时，可将导轮、滚轮连同工件一起偏转一定角度。

由于所磨零件的外圆表面已经过精加工，所以，这种磨床具有较高的精度，且自动化程度也较高。它适用于大批量生产。

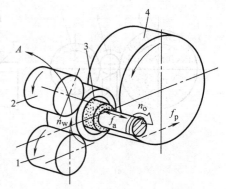

图 8-13　无心内圆磨床工作原理
1—滚轮　2—压紧轮　3—工件　4—导轮

（四）砂带磨床

砂带磨削是用高速运动的砂带作为磨削工具磨削各种表面的加工方法，它是近年来发展极为迅速的一种新型高效磨削方法，能得到高的加工精度和表面质量，具有广泛的应用前景和应用范围。砂带磨削原理如图8-14所示，砂带磨削的特点是：

1）砂带磨削时，砂带本身有弹性，接触轮外缘表面有橡胶层或软塑料层，砂带与工件是柔性接触，磨粒载荷小而均匀，具有较好的磨合和抛光作用，并且还能减振，因此工件的表面质量较高。

2）砂带制作时，采用静电植砂法使磨粒具有方向性，磨粒

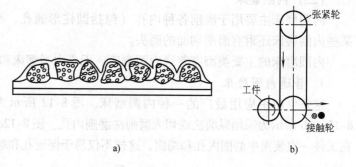

图 8-14　砂带磨削原理
a）砂带结构　b）砂带磨削方式

的切削刃间隔长，摩擦生热少，散热时间长，切屑不易堵塞，热作用小，有较好的切削性，可有效地减轻工件变形和表面烧伤。工件的尺寸精度可达 $0.5 \sim 5\mu m$，平面度可达 $1\mu m$。

3）砂带磨削效率高，可以与铣削和砂轮磨削媲美，强力砂带磨削的效率可为铣削的10倍、普通砂轮磨削的5倍。

4）砂带制作比砂轮简单方便，无烧结、动平衡等问题，价格也比砂轮便宜。砂带磨削设备结构简单，可制作砂带磨床或砂带磨削头架，后者可安装在各种普通机床上进行砂带磨削工作，使用方便，制造成本低廉。

5）砂带磨削有广阔的工艺性和应用范围，可加工外圆、内圆、平面和成形表面。砂带磨床不仅可加工各种金属材料，而且可加工木材、塑料、石材、水泥制品、橡胶等非金属材料，此外，还能加工硬脆材料，如单晶硅、陶瓷和宝石等。在国内被公认为替代砂轮机的理想产品，适用于各类零件表面光整，也是光饰机（研磨机）前道工序理想的加工设备。

第四节 光整加工与超精加工

对于某些要求高的表面，在精加工（精车、精镗、磨削、拉削等）之后，如果需要进一步提高精度和降低表面粗糙度，可采用珩磨或研磨进行光整加工；如果只需进一步降低表面粗糙度，则可采用超精加工或抛光。

一、珩磨

1. 珩磨加工原理

珩磨是利用带有磨条（油石）的珩磨头对孔进行光整加工的方法。图8-15a所示为珩磨加工示意图，珩磨时工件固定不动，由机床主轴带动珩磨头旋转并沿轴向作往复运动。在相对运动的过程中，由于珩磨头上的磨条以一定压力压在被加工表面上，磨条从工件表面切除一层极薄的金属，加之磨条在工件表面上的切削轨迹是交叉而不重复的网纹（图8-15b），故而可获得很高的精度和很小的表面粗糙度。

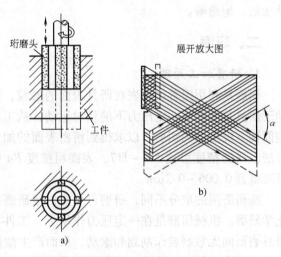

图8-16所示珩磨头的结构比较简单，磨条用粘结剂与磨条座固结在一起，并装在本体的槽中，磨条两端用弹簧圈箍住。向下转动螺母，通过调整锥和顶销，可使磨条胀开，以便调整珩磨头的工作尺寸及磨条对孔壁的工作压力。为了减小加工误差，本体通过浮动联轴器（图中未画出）与机床主轴连接。

图8-15 珩磨加工示意图

为了及时地排出切屑和切削热，降低切削温度和表面粗糙度，珩磨时要浇注充分的切削液。珩磨铸铁和钢件时，通常用煤油加少量全损耗系统用油作切削液；珩磨青铜时，可以用水作为切削液或不加切削液（即干珩）。在大批量生产中，珩磨在专门的珩磨机上进行。机床的工作循环是半自动化的，主轴旋转是机械传动，而其轴向往复运动是液压传动；珩磨头磨条与孔壁之间的工作压力由机床液压装置调节。在单件小批生产中，常将立式钻床或卧式车床进行适当改装，来完成珩磨加工。

2. 珩磨特点和应用

与其他光整加工方法相比较，珩磨具有如下特点：

（1）生产率较高 珩磨时有多个磨条同时工作，并且经常连续变化切削方向，能较长时间保持磨粒锋利，所以珩磨的效率较高。因此，珩磨余量也比研磨稍大，一般珩磨铸铁时为0.02~0.15mm，珩磨钢件时为0.005~0.08mm。

（2）孔的质量较好 珩磨可提高孔的表面质量、尺寸和形状精度，但不能提高孔的位置精度，这是由于珩磨头与机床主轴是浮动连接所致。因此，在珩磨前的孔精加工中，必须保证其位置精度。

（3）珩磨表面耐磨损 由于已加工表面有交叉网纹，利于油膜形成，故润滑性能好，磨损慢。

（4）不宜加工非铁金属 珩磨实际上是一种磨削，为避免磨条堵塞，不宜加工塑性较大的非铁金属零件。

珩磨主要用于孔的光整加工，加工范围很广，能加工直径为 5~500mm 或更大的孔，并且能加工深孔。珩磨不仅在大批量生产中应用极为普遍，而且在单件小批生产中应用也较广泛。对于某些零件的孔，珩磨已成为典型的光整加工方法，例如飞机、汽车、拖拉机发动机的气缸、缸套、连杆以及液压缸、炮筒等。

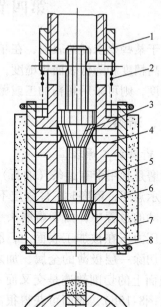

二、研磨

1. 研磨加工原理

研磨是利用附着或压嵌在研具表面的磨粒，借助于研具与工件在一定压力下的相对运动，从工件表面切下极细微的切屑，以求得到精密表面的加工方法。研磨精度可达 IT6~IT7，表面粗糙度 Ra 值可降低到 0.006~0.2μm。

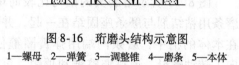

图 8-16 珩磨头结构示意图
1—螺母 2—弹簧 3—调整锥 4—磨条 5—本体
6—磨条座 7—顶销 8—弹簧圈

按研磨剂的成分不同，研磨可分为机械研磨和化学研磨。机械研磨是在一定压力作用下，工件与研具表面间无数磨粒作划和滚动，从而产生微量切削作用，并且每一个磨粒都不会在工件表面重复自己的运动轨迹。化学研磨是在研磨剂中加入氧化铬、硬脂酸或其他化学研磨剂，使工件表面形成一层极薄的氧化膜，它很容易被研磨掉，在研磨过程中，氧化膜迅速形成，又不断地被研磨掉，从而加快了研磨过程。

按使用的研具不同，还可分为单件研磨和偶件研磨。单件研磨的研具比工件材料软，如研淬硬钢和硬质合金常用铸铁制作研具，这一方面是为了使磨粒能压嵌在研具表面上，从而更有效地对工件表面进行擦磨；另一方面也是为了尽量避免磨粒压嵌在工件表面上而影响加工质量。偶件研磨（配研）是在两个工件相配表面之间加入研磨剂，在相对运动的带动下，游离磨粒在其中滚动或滑动，从而消除了阻碍精密配合的微观峰部，使配合表面达到吻合一致，例如管道阀门的阀芯和阀体的配研就是这样的。

按使用研磨剂的状态不同，再可分为湿研和干研。湿研是用浆状磨剂连续加注或涂敷于研具表面，游离的磨粒在研具与工件表面间滑动或滚动而形成对工件的切削，常用于粗研。干研是将粉状磨料均匀地压嵌在研具表面，研磨时只需在研具表面涂以少量的润滑剂，由于没有大量的游离磨粒滑动、滚动和破碎，加工质量好，常用于精研。

2. 研磨精度和研磨运动

（1）研磨精度的形成 一般机械加工的精度在很大程度上取决于机床、刀具、夹具的精度，而研磨则是让研具与工件表面的各处都受到具有很大或然性的接触，从而创造机会突出它们之间的高点，进行互相修整，使误差在加工过程中尽可能地得到消除，研具与工作精度同时得到提高，从而使加工精度高于研具的原始精度。

（2）研具与工件的相对运动 研具与工件各处或然性的接触条件是靠它们之间的相对运动来实现的，研磨运动既可以手动，也可以机动。

3. 研磨加工的特点

1）与珩磨相比研磨后的表面不但表面粗糙度更低（表面粗糙度 Ra 值在 $0.025\mu m$ 左右），而且可以获得全面的高精度（尺寸、形状和部分位置精度）。

2）由于在低速、低压下进行，切削热量小，表面质量更佳。

3）研磨不苛求设备的精度条件，在一定程度上能以粗干精，既适用于单件手工生产，也适用于成批机械化生产。

4）工件被研表面上易残留有磨粒，影响工件的使用寿命和光学特征，飞散的磨粒和研磨液将加速机床运动构件的磨损，生产率比珩磨低。

三、超精加工

1. 超精加工原理

超精加工是在良好的润滑冷却条件下，采用细颗粒的磨条，施以较低的压力，作快而短促的往复振动，对低速旋转的工件表面进行光整加工的方法，如图 8-17 所示。超精加工时工件作低速旋转，磨条以恒定压力（$0.1 \sim 0.4MPa$）压向工件表面，在磨头沿工件轴向进给的同时，磨头还作低频振动（振动频率为 $8 \sim 30Hz$，振幅为 $1 \sim 4mm$）。

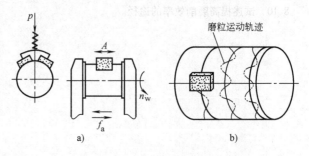

图 8-17 圆柱面的超精加工

超精加工是在加注大量切削液条件下进行的，切削液对超精加工质量也有较大影响，不仅应有良好的润滑性能，而且应有很高的纯度，同时油性稳定，无分解、无腐蚀。常用煤油 80%（质量分数）、全损耗系统用油 20% 的混合液。此外，余量还影响超精加工的效率和质量，若前工序后表面粗糙度 Ra 值为 $0.8\mu m$，则直径上的加工余量取 $0.01 \sim 0.02mm$；若前工序后表面粗糙度 Ra 值为 $0.2 \sim 0.4\mu m$，则余量取 $0.003 \sim 0.1mm$。

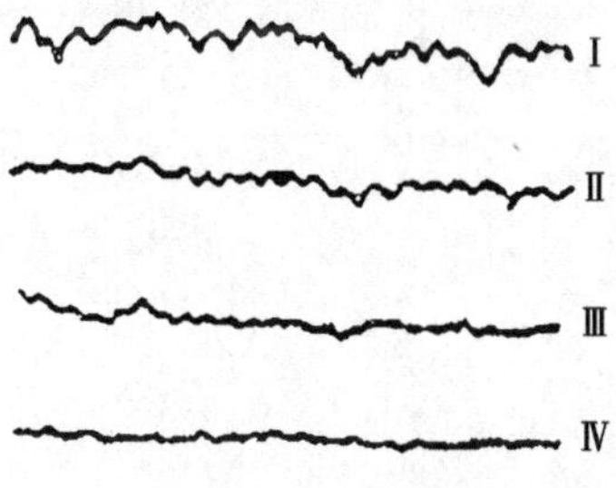

2. 超精加工过程

超精加工过程可分为以下几个阶段：

（1）强烈切削阶段 加工一开始，由于工件表面粗糙（图 8-18 中表面 Ⅰ），磨条单位面积压力大，切削作用强烈，使尖锋很快被磨去（图 8-18 中表面 Ⅱ），润滑冷却液中带有黑色的切屑粉末。

图 8-18 超精加工各种阶段的表面

（2）正常切削阶段 由于尖锋被磨去，磨条单位面积压力减小，切削均匀运行，表面变得平滑（图 8-18 中表面 Ⅲ）。

（3）微弱切削阶段 磨条单位面积压力继续降低，磨粒已经变钝，微细的切削逐渐镶嵌在油石的气孔中间，产生堵塞现象，磨条对工件从微弱切削过渡到只起挤压抛光作用，使工作表面呈现光泽（图 8-18 中表面Ⅳ）。

超精加工的特点是设备简单、自动化程度高、操作简便、生产率高。超精加工后，磨痕呈交叉纹路状，有利于油膜的形成而使零件表面工作时有较好的润滑，故超精加工后的表面，其耐磨性比珩磨的更高一些。

思考与练习题

8-1 什么是砂轮的硬度？应如何选择？

8-2 磨削与其他切削加工相比有什么特点？为什么磨削能获得高的尺寸精度和较小的表面粗糙度？

8-3 何谓磨削的表面烧伤？如何避免表面烧伤现象的产生？

8-4 试述 M1432A 型万能外圆磨床砂轮主轴轴承的工作原理。

8-5 在 M14312 型万能外圆磨床上，用顶尖支承工件磨外圆和用卡盘夹持工件磨外圆，哪一种加工的定位精度高？为什么？

8-6 万能外圆磨床上磨削圆锥面有哪几种方法？各适用于何种情况？机床应如何调整？

8-7 无心磨削有何特点？无心磨削时应如何提高工件的圆度？

8-8 试述砂带磨削的特点。

8-9 珩磨加工为什么可以获得较高的精度和较小的表面粗糙度？

8-10 试述提高磨削效率的途径。

第九章 齿轮齿形加工

齿轮是机械传动中的一种重要零件，应用极为广泛，因此出现了不同尺寸、不同齿形的齿轮以适应各种应用的需要。齿轮的齿形有渐开线齿形、摆线齿形和钟表齿形等，其中以渐开线齿形应用最多。随着科学技术的发展，对齿轮的传动精度和圆周速度等方面的要求越来越高，因此齿轮加工在机械制造业中占有重要地位。本章主要讨论齿轮的加工原理、加工方法和齿轮加工机床及齿轮加工刀具等。齿轮加工包括齿坯加工和齿形加工两大部分，齿坯加工相当于一般盘类、轴类和套筒类零件的加工，而齿形加工是齿轮加工的关键，所以本章只讨论渐开线齿轮齿形的加工。

第一节 齿形加工概述

一、齿轮齿形加工方法

在现代机器制造业中制造齿轮的方法有无屑加工（压力加工）和切削加工两大类。无屑加工包括热轧、冷轧、压铸、粉末冶金等方法。无屑加工具有生产率高、材料消耗小和成本低等优点，但加工精度还不够高。随着冷挤压技术及其装备的不断发展，也可获得相当高的齿形制造精度，因而目前其应用也日渐增多。但用切削方法来制造齿轮更为普遍，加工精度较高的齿轮主要通过切削和磨削加工获得。常用的齿形加工方法见表9-1。

表9-1 常用的齿形加工方法

齿形加工方法			刀具	机床	精度等级	表面粗糙度 Ra 值/μm	应 用 范 围
成形法	一般加工	成形法铣齿	指形铣刀	铣床	8	3.2	用于大模数齿轮（$m>20$）及各种齿数的人字齿轮
			盘形铣刀	铣床	10	3.2	用于单件生产中，加工直齿及斜齿外齿轮
		拉齿	齿轮拉刀	拉床	8	0.8	用于大量生产中，加工直齿内齿轮
	精加工	成形法磨齿	成形砂轮	磨齿机	5～6	0.4～0.2	用于成批生产，精加工淬火后的齿轮
展成法	一般加工	滚齿	滚刀	滚齿机	7～8	3.2～0.8	用于成批生产中的直齿及斜齿外齿轮
		插齿	插齿刀	插齿机	7～8	1.6～0.8	用于成批生产中的各种齿轮，适于加工内齿、多联齿轮、扇形齿轮等
	精加工	剃齿	剃齿刀	剃齿机	6	0.8～0.2	主要用于滚插预加工后，淬火前的精加工
		珩齿	珩磨轮	珩齿机	6～7	0.8～0.4	用于加工剃齿和高频淬火后的齿形
		磨齿	盘形砂轮	磨齿机	3～6	0.8～0.4	用于加工精加工淬火后的齿形，生产率高
			蜗杆砂轮	磨齿机	3～6	0.8～0.1	用于精加工淬火后的齿形，生产率高
无屑加工		冷挤齿轮	挤轮	挤齿机	6～7	0.4～0.1	生产率比剃齿高，成本低，用于淬硬前的精加工

二、齿轮齿形加工原理

加工齿轮时，齿形形成原理有两种，一种是成形法，另一种是展成法。

（一）成形法

成形法（或称仿形法）加工齿轮是使用切削刃形状与被切齿轮的齿槽法向截面形状完全相符的成形刀具切出齿形的方法。即由刀具的切削刃形成渐开线母线，再加上一个沿齿坯齿向的运动形成所加工齿面。成形法加工齿轮时，加工完一个齿槽，工件分度（转过一个齿），再加工下一个齿槽，直至全部加工完毕。

用成形法原理加工齿形的方法有用盘状或指形铣刀铣齿、成形砂轮磨齿、拉刀拉齿等，如图9-1所示。

成形法切削齿轮的刀具有盘状模数铣刀和指形模数铣刀两种，其中盘状模数铣刀适用于加工模数小于8的齿轮，指形模数铣刀适用于加工模数较大的齿轮。对于同一模数的齿轮，只要齿数不同，齿廓形状就不同，需采用不同的成形刀具。在实际生产中为了减少刀具的数

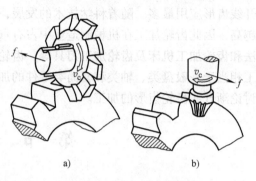

图9-1 成形法加工齿轮
a）盘状模数铣刀 b）指形模数铣刀

量，通常对每一种模数制造一组铣刀（如8把、15把及26把），各自适应一定的齿数范围。表9-2所列为8把一套的盘状模数铣刀刀号及加工齿数范围。铣刀的齿形曲线是按照所加工齿数范围中最小齿数设计的，显然加工该范围内其他齿数的齿轮时齿形是有误差的，并且误差随着模数增大而增大，所以大模数的齿轮、精度要求更高的齿轮用每套为15把或26把的铣刀铣制。

例如，被加工齿轮模数是3，齿数是28，则应选用 $m=3$ 系列中的5号铣刀。

加工斜齿轮时应按其法向截面内的当量齿数 z_d 选取

$$z_d = \frac{z}{\cos^3\beta} \tag{9-1}$$

式中 β——斜齿圆柱齿轮的螺旋角。

表9-2 盘状模数铣刀刀号及加工齿数范围

铣刀号数	1	2	3	4	5	6	7	8
所切齿轮齿数	12~13	14~16	17~20	21~25	26~34	35~54	55~135	135以上

用成形法切削齿轮，加工精度较低，生产率不高。但是这种方法不需要专用机床，设备费用低，且不会出现根切现象，适用于单件小批生产加工精度为9~12级，表面粗糙度 Ra 值为3.2~6.3μm的齿轮齿形的加工。

（二）展成法

展成法（又称范成法、包络法）加工齿轮是利用齿轮啮合的原理进行的，即把齿轮啮合副（齿条-齿轮、齿轮-齿轮）中的一个转化为刀具，另一个转化为工件，并强制刀具和工件作严格的啮合运动，刀具齿形的运动轨迹逐步包络出工件的齿形（图9-2a、b）。滚齿、插齿、剃齿、磨齿、珩齿等都属于展成法切齿。

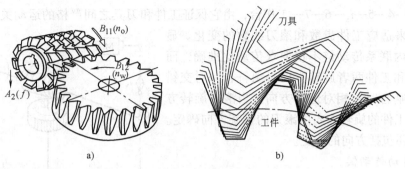

图9-2　滚齿运动

a）滚齿运动　b）齿廓展成过程

展成法切齿所用刀具切削刃的形状相当于齿条或齿轮的齿廓，它与被切齿轮的齿数无关，可以用一把刀具切出同一模数而齿数不同的齿轮；而且加工时能连续分度，具有较高的生产率，在齿轮加工中应用最为广泛。但是展成法需在专门的齿轮机床上加工，而且机床的调整、刀具的制造和刃磨比较复杂，一般用于成批大量生产。

第二节　滚齿加工

一、滚齿加工传动原理

滚齿加工

滚齿加工属于展成法，其原理相当于一对交错轴螺旋齿轮的啮合传动。滚齿过程中，滚刀与齿坯作强迫啮合运动时，即切去齿坯上的多余材料，在齿坯表面加工出共轭的齿面，若滚刀再沿齿轮轴向进给，就可加工出全齿长，形成一个新的齿轮。

滚齿过程参见图9-2。从机床运动的角度出发，工件渐开线齿面系由一个复合成形运动即展成运动（由两个单元运动 B_{11} 和 B_{12} 所组成）和一个简单成形运动 A_2 的组合所形成。B_{11} 和 B_{12} 之间应有严格的速比关系，即当滚刀转过一转时，工件相应地转 K/z 转（K 为滚刀的线数，z 为工件齿数）。从切削加工的角度考虑，滚刀的回转（B_{11}）为主运动，用 n_0 表示；工件的回转（B_{12}）为圆周进给运动，用 n_w 表示；滚刀的直线移动（A_2）是为了沿齿宽方向切出完整的齿槽，称为垂直进给运动，用进给量 f 表示。当滚刀与工件按图9-2所示完成所规定的连续的相对运动，即可依次切出齿坯上全部齿槽。滚齿加工的适应性好、生产率高，因此应用广泛，但滚齿加工出来的齿廓表面粗糙度值较大。滚齿加工主要用于加工直齿齿轮、斜齿圆柱齿轮和蜗轮，而不能加工内齿轮和多联齿轮。

（一）加工直齿圆柱齿轮的传动原理

用滚刀加工直齿圆柱齿轮必须具备以下两个运动：形成渐开线齿廓的展成运动和形成齿面的直线导线的运动。滚切直齿圆柱齿轮的传动原理如图9-3所示。图中包括三条传动链：展成运动传动链、主运动传动链和垂直进给运动传动链。

1. 展成运动传动链

展成运动是由滚刀的旋转运动 B_{11} 和工件的旋转运动 B_{12} 组成的复合运动，其作用是形成直齿圆柱齿轮齿形的母线——渐开线。因此，联系滚刀主轴和工作台的传动链为展成运动传动链：滚刀—4—5—i_x—6—7—工作台，由它保证工件和刀具之间严格的运动关系。其中换置机构 i_x 用来适应工件齿数和滚刀线数的变化。显然这是一条内联系传动链不仅要求传动比准确，而且要求滚刀和工件两者旋转方向必须符合一对交错轴螺旋齿轮啮合时的相对运动方向。当滚刀旋转方向一定时，工件的旋转方向由滚刀的螺旋方向确定。故 i_x 的调整还包括方向的变更。

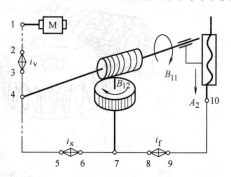

图 9-3　滚切直齿圆柱齿轮的传动原理图

2. 主运动传动链

每一个表面的成形运动都必须有一个外联系传动链与动力源相联系，在图 9-3 中，展成运动的外联系传动链为：电动机—1—2—i_v—3—4—滚刀。这条传动链产生切削运动。其传动链中的换置机构 i_v 用于调整渐开线齿廓的成形速度，即调整滚刀与工件的旋转速度，应当根据工艺条件确定的滚刀转速来调整其传动比。

3. 垂直进给运动传动链

滚刀的垂直进给运动是由滚刀刀架沿立柱导轨移动实现的，通常以工作台（工件）每转 1 转刀架的位移量来表示垂直进给量的大小。由于刀架的垂直进给运动是简单运动，所以，垂直进给传动链，即"工作台—7—8—i_f—9—10—刀架"是外联系传动链，以工作台为间接运动源。传动链中的换置机构 i_f 用于调整垂直进给量的大小和进给方向，以适应不同加工表面粗糙度的要求。

（二）加工斜齿圆柱齿轮的传动原理

与滚切直齿圆柱齿轮一样，滚切斜齿圆柱齿轮同样需要两个成形运动，即形成渐开线齿廓（母线）的展成运动和形成齿向线（导线）的运动。前者与滚切直齿圆柱齿轮所需运动一样，但斜齿圆柱齿轮的齿向线是一螺旋线，它需要一个复合运动实现。因此，当滚刀在沿工件轴线移动（垂直进给）时，要求工件随着滚刀的运动 B_{11} 作展成运动 B_{12} 的同时再产生一个附加运动 B_{22}，即要多转或少转一点以形成螺旋齿向线。如图 9-4a 所示，设工件的螺旋线为右旋，当滚刀沿工件轴向进给 f，滚刀由 a 点到 b 点，这时工件除了作展成运动 B_{12} 以外，还要再附加转动 $b'b$，才能形成螺旋齿线。同理，当滚刀移动至 c 点时，工件应附加转动 $c'c$。依此类推，当滚刀移动至 p 点（经过了一个工件螺旋线导程 S），工件附加转动为 $p'p$，正好转 1 转。当滚刀与被切齿轮的螺旋方向相同时，B_{12} 与 B_{22} 同向，工件应多转 1 转，计算时附加运动取 +1 转，反之，则 B_{12} 与 B_{22} 反向，工件应少转 1 转，计算时取 -1 转，即"同旋向多转，异旋向少转"。附加运动 B_{22} 的旋转方向与工件展成运动 B_{12} 旋转方向是否相同，取决于工件的螺旋方向及滚刀的进给方向。由于工件的旋转运动 B_{12} 与工件附加旋转运动 B_{22} 是两条传动链中的两个不同运动，不能互相代替，但工件最终的运动只能是一个旋转运动（$B_{12} + B_{22}$），为使这两个运动同时传给工件又不发生干涉，需要在传动系统中配置运动合成机构，将这两个运动合成之后，再传给工件。所以，工件最终的旋转运动是由齿廓展成运动 B_{12} 和螺旋齿线的附加运动 B_{22} 合成的。

图 9-4b 所示为滚切斜齿圆柱齿轮的传动原理图，其中展成运动传动链、垂直进给运动传动链、主运动传动链与滚切直齿圆柱齿轮的传动原理相同，只是在刀架与工件之间增加了一条附加运动传动链：刀架—12—13—i_y—14—15—合成机构—6—7—i_x—8—9—工作台

（工件），以保证形成螺旋齿向线。这条传动链习惯上称为差动传动链，其中换置机构 i_y 用于适应工件螺旋线导程 S 和螺旋方向的变化。

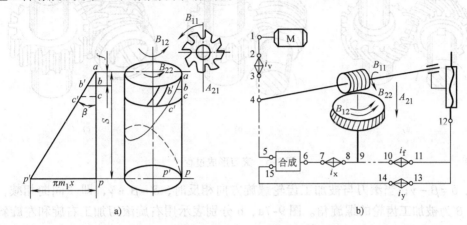

图 9-4　滚切斜齿圆柱齿轮的传动原理图

二、滚齿加工刀具

1. 滚刀的形成

滚齿加工所用刀具称为滚刀。滚刀是根据一对相啮合的、轴线交叉的螺旋齿轮啮合过程（图 9-5a）而工作的一种刀具。它由相啮合齿轮副中的一个斜齿轮演变而来。当这个斜齿轮的齿数减少到几个或一个时，螺旋角增大到很大（接近 90°），它就成了蜗杆（图 9-5b）。实际上，滚刀是在所谓渐开线蜗杆基础上制成的。但渐开线蜗杆制造困难，常采用制造比较容易的阿基米德蜗杆来代替，这样做成的滚刀就有一定的齿形误差，但误差极小，能够应用。为了使阿基米德蜗杆成为能切削的刀具，就在基本蜗杆上开出直线形或螺旋形的容屑槽以形成前面和前角，每个刀齿经铲背加工形成后角，成为齿轮滚刀（图 9-5c）。因此，滚刀实质就是一个单齿（或双齿）大螺旋角齿轮，只是齿轮齿面上有容屑槽和切削刃，它与被切齿轮的齿数无关，因此可以用一把刀具加工出同一模数和齿形角、任意齿数的齿轮。齿轮滚刀的应用范围很广，可以用来加工外啮合的直齿轮、斜齿轮、标准及变位齿轮。模数为 0.1 ~ 40mm 的齿轮，均可用齿轮滚刀加工。

2. 滚刀的结构

滚刀结构分为整体式、镶片式和可转位式等类型。目前，中小模数（$m = 1 ~ 10mm$）齿轮滚刀往往做成整体式，一般由高速钢材料制成。模数较大的滚刀为节省材料和便于热处理一般做成镶片式和可转位式。滚刀按精密程度分为 AAA、AA、A、B、C 级。

3. 滚刀的安装

滚齿时，滚刀轴线与工件轴线之间的相对位置必须符合一对螺旋齿轮啮合时轴线的相对位置，即应当使滚刀的螺旋方向与被切齿轮的齿形线方向一致。为此，需将滚刀轴线与被切齿轮端面安装成一定的角度，称为滚刀的安装角 δ。加工直齿圆柱齿轮时，滚刀的安装角等于滚刀的螺旋升角 γ，即 $\delta = \gamma$。图 9-6a、b 分别表示用右旋和左旋滚刀加工直齿圆柱齿轮时滚刀的安装角及滚刀刀架的翻转方向。加工斜齿圆柱齿轮时，当滚刀与被加工齿轮螺旋方向

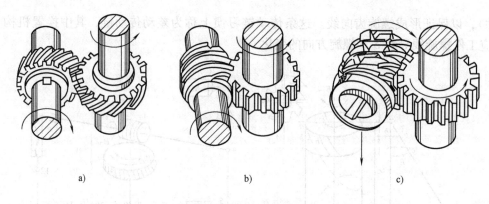

图 9-5 滚刀形成过程

相同时，$\delta = \beta - \gamma$；当滚刀与被加工齿轮螺旋方向相反时，$\delta = \beta + \gamma$，即"同向相减，异向相加"，β 为被加工齿轮的螺旋角。图 9-7a、b 分别表示用右旋滚刀加工右旋和左旋斜齿轮时滚刀的安装角及滚刀刀架的翻转方向。

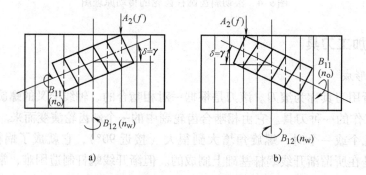

图 9-6 滚切直齿圆柱齿轮时滚刀的安装角

a) 右旋滚刀加工直齿轮 b) 左旋滚刀加工直齿轮

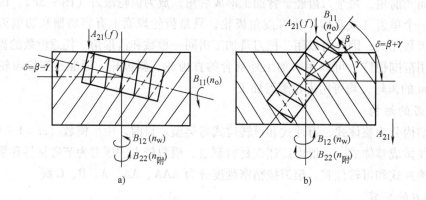

图 9-7 滚切斜齿圆柱齿轮时滚刀的安装角

a) 右旋滚刀加工右旋斜齿轮 b) 右旋滚刀加工左旋斜齿轮

三、Y3150E 型滚齿机

齿轮加工机床的种类繁多，按所能加工齿轮的类型通常分为圆柱齿轮加工机床和圆锥齿轮加工机床。圆柱齿轮加工机床主要有滚齿机、插齿机等；锥齿轮加工机床有加工直齿锥齿轮的刨齿机、铣齿机、拉齿机和加工弧齿锥齿轮的铣齿机等；用于精加工齿轮齿面的机床有研齿机、剃齿机、珩齿机、磨齿机等。

由于滚齿机的应用较为广泛，既可用来加工直齿，又可用来加工斜齿圆柱齿轮，因此滚齿机是根据滚切斜齿圆柱齿轮的传动原理图设计的（图9-4）。当滚切直齿圆柱齿轮时，就将差动链断开，并把合成机构通过结构固定成为一个如同联轴器的整体。

Y3150E型滚齿机是一种应用广泛的中型通用滚齿机，主要用于加工直齿和斜齿圆柱齿轮，可以径向切入法加工蜗轮，配备切向进给刀架后也可用切入法加工蜗轮。可加工工件最大直径为500mm，最大模数为8mm。这里以Y3150E型滚齿机为例分析滚齿机的传动系统及调整计算。

图9-8所示为Y3150E型滚齿机外形图。立柱2固定在床身1上，刀架溜板3可沿立柱导轨上下移动作轴向进给。安装滚刀的刀杆4固定在刀架体5中的刀具主轴上，刀架体能绕自身轴线倾斜一个角度（滚刀安装角）。工件安装在工作台9的心轴7上，随工作台一起转动。后立柱8和工作台一起装在床鞍10上，可沿床身1的导轨水平移动，用于调整工件的径向位置或作径向进给运动。

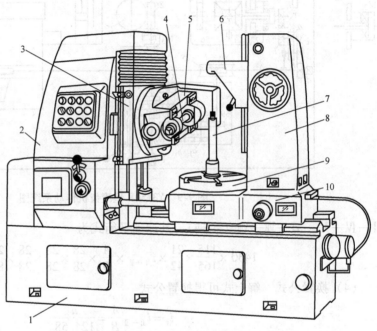

图9-8　Y3150E型滚齿机外形
1—床身　2—立柱　3—刀架溜板　4—刀杆　5—刀架体　6—支架
7—心轴　8—后立柱　9—工作台　10—床鞍

滚齿机的传动系统比较复杂，应结合传动原理图进行分析。分析加工时需要几个运动，哪些是简单运动，哪些是复合运动，需要几条传动链。每一条传动链应按下列次序分析：①确定末端件，即这条传动链的两端是什么机件；②列出位移计算式，即列出两末端件的运动关系；③对照传动路线图，列出运动平衡式；④计算换置公式。Y3150E型滚齿机的传动原理图如图9-4所示，传动系统图如图9-9所示。下面具体分析Y3150E型滚齿机的各传动链的调整计算。

（一）主运动传动链（以下简称主运动链）

（1）两末端件　主运动链是外传动链，它的两末端件是电动机和主轴Ⅷ。

（2）计算式　电动机转速$n_电$（r/min）－主轴转速为n（r/min）。

（3）运动平衡式　对照传动系统图，可找出主运动传动路线为：电动机—Ⅰ—Ⅱ—

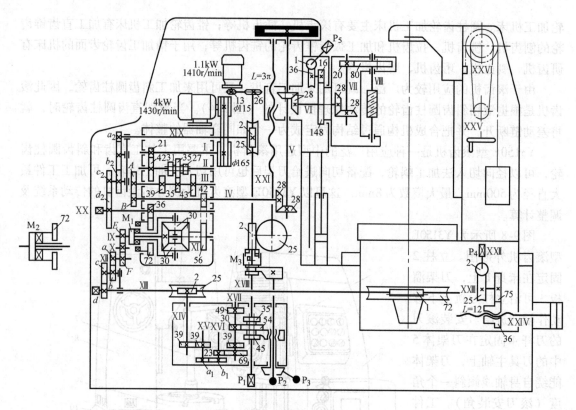

图 9-9　Y3150E 型滚齿机传动系统图

Ⅲ—Ⅳ—Ⅴ—Ⅵ—Ⅶ—Ⅷ（主轴），其运动平衡式为

$$1430 \times \frac{115}{165} \times \frac{21}{42} \times i_{\text{Ⅱ}-\text{Ⅲ}} \times \frac{A}{B} \times \frac{28}{28} \times \frac{28}{28} \times \frac{28}{28} \times \frac{20}{80} = n \tag{9-2}$$

（4）换置公式　解上式可得换置公式

$$i_{\text{v}} = i_{\text{Ⅱ}-\text{Ⅲ}} \frac{A}{B} = \frac{n}{124.58} \tag{9-3}$$

式中　$i_{\text{Ⅱ}-\text{Ⅲ}}$——轴Ⅱ—Ⅲ之间的可变传动比，共三种：$i_{\text{Ⅱ}-\text{Ⅲ}} = 27/43$，31/39，35/35；

　　　A/B——主运动变速交换齿轮齿数比，共三种：$A/B = 22/44$，33/33，44/22。

i_{v} 可实现 9 级变速（40~250r/min）。滚刀转速 n 确定后，就可算出 i_{v} 的数值，并由此确定 $i_{\text{Ⅱ}-\text{Ⅲ}}$ 的值和交换齿轮齿数 A、B。

（二）展成运动传动链（以下简称展成链）

（1）两末端件　展成运动传动链联系滚刀旋转和工件旋转，故两末端件是滚刀和工件。

（2）计算位移　展成链应保证两端件的传动比相当于一对交错轴齿轮副的啮合传动。故计算位移：滚刀转 1 转—工件转 K/z 转。其中 K 为滚刀齿数。

（3）运动平衡式　展成运动传动路线为：滚刀主轴Ⅷ—Ⅶ—Ⅵ—Ⅴ—Ⅳ—Ⅸ—合成机构—$\frac{E}{F} \times \frac{a}{b} \times \frac{c}{d}$—ⅩⅢ；其运动平衡式为

$$1 \text{ 转}_{(\text{滚刀})} \times \frac{80}{20} \times \frac{28}{28} \times \frac{28}{28} \times \frac{28}{28} \times \frac{42}{56} \times i_{\text{合成}} \times \frac{E}{F} \times \frac{a}{b} \times \frac{c}{d} \times \frac{1}{72} = \frac{K}{z} \text{ 转}_{(\text{工件})} \tag{9-4}$$

式中 $i_{合成}$——合成机构的传动比。加工直齿圆柱齿轮时，合成机构被锁住，传动比 $i_{合成}=1$；加工斜齿圆柱齿轮时，$i_{合成}=-1$。

（4）换置公式 由上式可得

$$i_x = \frac{a}{b} \times \frac{c}{d} = 24 \times \frac{F}{E} \times \frac{K}{z} \tag{9-5}$$

在式中，交换齿轮 E、F 用于在工件齿数变化范围很大时调整 i_x 的数值，使交换齿轮齿数 a、b、c、d 不致相差太大，使其结构紧凑，并便于选取交换齿轮。E、F 有三种选择：当 $5 \leqslant z/K \leqslant 20$ 时，取 $E=48$，$F=24$；当 $21 \leqslant z/K \leqslant 142$ 时，取 $E=36$，$F=36$；当 $z/K \geqslant 143$ 时，取 $E=24$，$F=48$。滚切斜齿圆柱齿轮时，安装分齿交换齿轮 a、b、c、d 时应按照机床说明书的要求使用惰轮，以使展成运动方向正确。

（三）垂直进给运动传动链（以下简称进给链）

（1）两末端件 轴向进给以工作台为间接动力源，故两末端是工作台和刀架。

（2）计算位移 工作台转 1 转—刀架移动 f（mm）距离。

（3）运动平衡式 轴向进给运动传动路线为：工作台—XIII—XIV—XV—XVI—XVII—XVIII—XXI—刀架，运动平衡式为

$$1 \ 转_{(工件)} \times \frac{72}{1} \times \frac{2}{25} \times \frac{39}{39} \times \frac{a_1}{b_1} \times \frac{23}{69} \times i_{XVII-XVIII} \times \frac{2}{25} \times 3\pi = f \tag{9-6}$$

（4）换置公式。由上式可得

$$i_f = \frac{a_1}{b_1} \times i_{XVII-XVIII} = \frac{f}{0.4608\pi} \tag{9-7}$$

式中 $i_{XVII-XVIII}$——轴 XVII—XVIII 之间的可变传动比，共 3 种：$i_{XVII-XVIII} = 49/35$、$30/54$、$39/45$。

选择合适的交换齿轮 a_1、b_1 与三种传动比相组合，可得到工件每转时刀架的不同轴向进给量。

（四）滚切斜齿轮时的差动运动传动链

（1）两末端件 滚刀架和工作台。

（2）计算位移 滚刀架轴向移动工件螺旋线导程 P_h（mm）——工件转 ±1 转。

（3）运动平衡式 差动运动传动路线为

丝杠 XXI—XVIII—XIX—$\dfrac{a_2}{b_2} \times \dfrac{c_2}{d_2}$—XX—合成机构—IX—$\dfrac{E}{F} \times \dfrac{a}{b} \times \dfrac{c}{d}$—XIII—工作台

运动平衡式为

$$S_{(刀架)} \times \frac{1}{3\pi} \times \frac{25}{2} \times \frac{2}{25} \times \frac{a_2}{b_2} \times \frac{c_2}{d_2} \times \frac{36}{72} \times i_{合成} \times \frac{E}{F} \times \frac{a}{b} \times \frac{c}{d} \times \frac{1}{72} = 1 \ 转_{(工件)} \tag{9-8}$$

（4）换置公式 滚切斜齿轮时，$i_{合成}=2$；工件螺旋线导程 $P_h = \dfrac{\pi m_n z}{\sin\beta}$；在展成运动传动链中已求得 $i_x = \dfrac{a}{b} \times \dfrac{c}{d} = 24 \times \dfrac{F}{E} \times \dfrac{K}{z}$；代入运动平衡式即可求得换置公式

$$i_y = \frac{a_2}{b_2} \times \frac{c_2}{d_2} = \frac{9\sin\beta}{m_n K} \tag{9-9}$$

换置公式中不含工件齿数 z，因此差动挂轮 a_2、b_2、c_2、d_2 的选择与工件齿数无关，在加工一对斜齿轮时，尽管其齿数不同，但它们的螺旋角大小可加工得完全相等而与调整计算

i_y 时的误差无关，这样能使一对斜齿轮在全齿长上啮合良好。在装配差动交换齿轮时也应根据工件齿的旋向，参照机床说明书的要求使用惰轮，以使附加转动方向正确无误。

此外，该机床还设有空行程传动链，其传动路线为：快速电动机（1410r/min，1.1kW）—13/26—2/25—ⅩⅪ—刀架，快速移动的方向由电动机旋转方向来改变。工作台及工件在加工前后，也可以快速趋近或离开刀架，这个运动由床身右端的液压缸来实现。若用手柄经蜗杆副及齿轮 2/25×75/36 传动与活塞杆相连的丝杠上的螺母，则可实现工作台及工件的径向切入运动。

第三节　插 齿 加 工

插齿主要用于加工内外啮合的圆柱齿轮、扇形齿轮、人字齿轮及齿条等，尤其适于加工内齿轮和多联齿轮，这是其他方法无法加工的。插齿可一次完成齿槽的粗加工和半精加工，其加工精度一般为 7~8 级，表面粗糙度 Ra 值为 1.6μm。但插齿加工生产率低，而且不能加工蜗轮。

插齿加工

一、插齿原理

插齿也是按展成原理加工齿轮的一种方法。插齿过程，相当于一对轴线平行的圆柱齿轮的啮合过程。其中的一个齿轮转化为插齿刀，另一个则为没有齿的待加工工件（齿轮毛坯），如图 9-10 所示。插齿时，插齿刀作上下往复的切削主运动，同时还与齿轮坯作无间隙的啮合运动（展成运动 n_o+n_w），插齿刀在每一往复行程中切去一定的金属，从而包络出工件渐开线齿廓。当需要插制斜齿轮时，插齿刀主轴将在一个专用螺旋导轨上运动，这样，在上下往复运动时，由于导轨的作用，插齿刀便能产生一个附加转动。

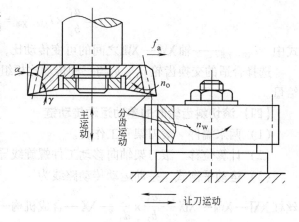

图 9-10　插齿原理

二、插齿运动

插齿加工在插齿机上进行。图 9-11 所示为插齿机传动原理图，图中"电动机 M—1—2—i_v—3—4—5—曲柄偏心盘 A"为主运动传动链，由它确定插齿刀往复运动的速度，以插齿刀单位时间内往复次数表示（str/min 或 str/s）；"曲柄偏心盘 A—5—4—6—i_f—7—8—9—蜗杆—蜗轮 B—插齿刀主轴"为圆周进给传动链，它决定插齿刀和齿坯的啮合速度，由于插齿刀上下往复一次时，插齿刀的旋转量决定了圆周进给的多少，对生成渐开线的精度有影响，因此，圆周进给速度以插齿刀上下往复一次，自身在节圆上所转过的弧长来表示（mm/str）。以上两条传动链属于外联系传动链。"插齿刀主轴—蜗轮 B—蜗杆—9—10—i_x—11—12—蜗杆 C—蜗轮—工作台"为展成运动传动链，属内联系传动链，应保证刀具转过一个齿工件也转过一个齿，即 $n_w/n_o=z_o/z_w$（n_w、n_o 分别为刀具和工件的转速；z_0、z_w 分别为刀具和工件的齿数）。此外，插齿机还有插齿刀的径向进给运动（逐渐切至工件的全齿深）和刀具回程时使刀具与工件分离的工作台的让刀运动（避免回程时擦伤齿面，磨损刀具），因为径向进给运动和让刀运动并不影响齿轮表面的形成，所以在传动原理图中未表示出来。

三、插齿加工刀具

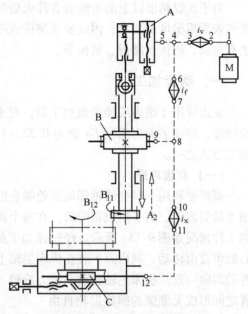

插齿加工刀具简称插齿刀。插齿加工是按展成原理进行的，插齿刀与被切齿轮的关系相当于一对相互啮合的圆柱齿轮的关系。插齿刀由齿轮转化而成，具有切削刃和前角、后角，因此，它的模数、压力角应与被切齿轮相同，用一把插齿刀可加工出模数和齿形角相同而齿数不同的齿轮。

插齿刀通常制成 AA、A、B 三种精度等级，在正常工艺条件下，分别用于加工 6、7、8 级精度的齿轮。标准直齿插齿刀有以下三种类型（图 9-12）：

1. 盘形插齿刀（图 9-12a）

盘形插齿刀用内孔及内孔支承端面定位，通过螺母紧固在插齿机主轴上，这种形式的插齿刀

图 9-11　插齿机传动原理图

主要用于加工外直齿轮及大直径内齿轮。它有四种公称分度圆直径：75mm、100mm、160mm 和 200mm，用于加工模数为 1～12mm 的齿轮。

2. 碗形直齿插齿刀（图 9-12b）

碗形直齿插齿刀主要用于加工多联齿轮和带有凸肩的齿轮。它以内孔定位，夹紧螺母可位于刀体内。它也有四种公称分度圆直径：50mm、75mm、100mm 和 125mm，用于加工模数为 1～8mm 的齿轮。

3. 锥柄插齿刀（图 9-12c）

锥柄插齿刀主要用于加工内齿轮，这种插齿刀为带锥柄（莫氏短圆锥柄）的整体结构，通过带有内锥孔的专用接头与插齿机主轴连接。其公称分度圆直径有两种：25mm 和 38mm，用于加工模数为 1～3.75mm 的齿轮。

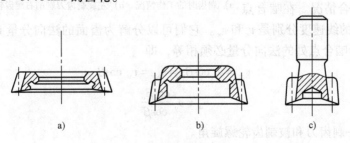

a)　　　　　　b)　　　　　　c)

图 9-12　插齿刀的类型

a）盘形插齿刀　b）碗形直齿插齿刀　c）锥柄插齿刀

第四节 齿面精加工

对于6级精度以上的齿轮或者淬火后的硬齿面的加工，插齿和滚齿有时已不能满足其精度和表面粗糙度的要求，因此要在滚齿或插齿后再进行齿面的精加工。常用的齿面精加工方法有剃齿、珩齿、磨齿、研齿等。

一、剃齿加工

剃齿常用于滚齿或插齿预加工后，对未淬火圆柱齿轮的精加工。剃齿一般可达到6~7级精度，齿面表面粗糙度 Ra 值为 $0.32~1.25\mu m$；生产率很高，是软齿面精加工最常见的加工方法之一。

（一）剃齿原理

剃齿是利用一对交错轴螺旋齿轮啮合的原理在剃齿机上进行的。剃齿刀实质上是一个高精度的斜齿轮，为了形成切削刃，在每个齿的齿侧沿渐开线方向开了许多小容屑槽。剃齿时的工作情况如图9-13a所示。经过预加工的工件（齿轮）2（称为剃前齿轮）装在心轴上，心轴可自由转动。剃齿刀1装在机床主轴上，与工件轴线相交，轴交角为Σ，使剃齿刀与工件的齿向一致。机床主轴驱动剃齿刀旋转（转速n_o），剃齿刀带动工件旋转（转速n_w），两

者之间形成无侧隙的螺旋齿轮自由啮合运动，所以，剃齿加工属于自由啮合的展成加工，其啮合运动与滚齿和插齿性质有所不同（滚齿和插齿的刀具与工件均由机床驱动，属于强制啮合式展成加工）。因而剃齿加工法又称对滚法。剃齿刀的齿面在工件齿面上进行挤压和滑移，刀齿上的切削刃从工件齿面上切下细丝状的切屑，加上相应的进给运动，便可把工件整个齿面上很薄的余量切除。

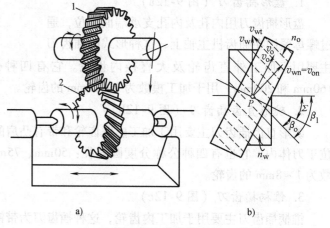

图9-13 剃齿加工
1—剃齿刀 2—工件（齿轮）
a）剃齿时的工作情况 b）左旋剃齿刀剃削右旋齿轮的啮合情况

图9-13b所示为左旋剃齿刀剃削右旋齿轮的啮合情况。在啮合点 P 处刀具和工件的线速度分别是v_o和v_w。它们可以分解为齿面的法向分量v_{on}、v_{wn}及切向分量v_{ot}、v_{wt}。由于啮合点处的法向分量必须相等，即

$$v_{on} = v_o \cos\beta_o = v_{wn} = v_w \cos\beta \tag{9-10}$$

所以

$$v_w = v_o \frac{\cos\beta_o}{\cos\beta} \tag{9-11}$$

式中 β_o，β——剃齿刀和被剃齿轮螺旋角。

由于v_o和v_w之间有一夹角，故两者的切向分速度不相等，因而在齿面间产生相对滑移速度v_p，v_p即为切削速度，等于二者切向速度之差

$$v_p = v_{wt} - v_{ot} = v_w \sin\beta - v_o \sin\beta_o = v_o \frac{\sin\sum}{\cos\beta} \tag{9-12}$$

式中　$\sum = \beta \pm \beta_o$，当两者螺旋同向时取"+"，异向时取"−"。

剃齿时常取 $v_o = 130 \sim 145 \text{m/min}$，此时 v_p 为 $35 \sim 45 \text{m/min}$。

（二）剃齿运动

从剃齿原理分析可知，两齿面是点接触，为了剃出整个齿侧面，工作台必须带着工件作往复直线运动，工作台每次行程后，剃齿刀带动工件反转，以剃出另一齿面。工作台每次双行程后还应作径向进给运动，以保证剃齿刀与工件之间的无隙啮合并逐步剃去所留余量，得到所需齿厚。因此，剃齿时应具备以下运动：

1）剃齿刀的正反旋转运动（工件由剃齿刀带动旋转）以产生切削运动。

2）工件沿轴向的往复运动（纵向进给运动）。

3）工件每往复运动一次后的径向进给运动。

（三）剃齿加工的工艺特点

1）剃齿加工效率高，一般只要几分钟（$2 \sim 4\text{min}$）便可完成一个齿轮的加工。剃齿机结构简单，调整方便。

2）剃齿加工对齿轮的齿形误差和基节误差有较强的修正能力，因而有利于提高齿轮的齿形精度。剃齿后齿轮的平稳性精度、接触精度都能提高。此外，齿轮表面粗糙度值也能减小。剃齿加工精度主要取决于剃齿刀的精度。

3）剃齿时由于刀具与工件之间没有强制性运动关系，不能保证分齿均匀，故剃齿加工对齿轮的切向误差的修正能力差。因此，对前道工序的精度要求较高。

20世纪80年代中期发展了硬齿面剃齿技术，采用 CBN 镀层剃齿刀，可加工硬度在60HRC 以上的渗碳淬硬齿轮，刀具转速可达 $3000 \sim 4000\text{r/min}$，机床采用 CNC，与普通剃齿比较，加工时间缩短20%，调整时间节省90%。

二、珩齿加工

珩齿是对淬硬齿轮进行精加工的方法之一。其原理和运动与剃齿相同（图9-14a），主要区别就是所用刀具不同以及珩磨轮的转速比剃齿刀的高。珩磨轮是珩齿的刀具，它是由金刚砂磨料加环氧树脂等材料浇铸或热压而成的塑料齿轮，与剃齿刀相比，珩轮的齿形简单，容易获得高的齿形精度。珩齿时，在珩磨轮与工件"自由啮合"的过程中，借齿间的一定压力和相对滑动，由磨粒来进行切削。由于珩轮的磨削速度较低，加之磨料粒度较细，结合剂弹性较大，因此珩磨实际上是一种低速磨削、研磨和抛光的综合过程。珩齿时齿面间除了沿齿向产生滑动进行切削外，沿渐开线方向的滑动也使磨粒能够切削，齿面的刀痕纹路比较细密而使表面粗糙度值显著变小。加上珩齿的切削速度低，齿面不会产生烧伤和裂纹，故齿面质量较好。但珩齿修正误差的能力不强。

珩齿余量一般不超过 0.025mm，切削速度为 1.5m/s 左右，工件的纵向进给量为0.3mm/r 左右。径向进给量控制在 $3 \sim 5$ 次纵向行程内切去齿面的全部余量。

珩齿目前主要用来减小齿轮热处理后的表面粗糙度值，提高齿轮工作平稳性，但对进一步提高齿轮运动精度不明显。其加工精度很大程度上取决于前工序的加工精度和热处理的变形量。一般能加工6~7级精度齿轮，轮齿表面粗糙度 Ra 值为 $0.4 \sim 0.8\mu\text{m}$。珩齿的生产率高，在成批、大量生产中得到广泛的应用。7 级精度的淬火齿轮，常采取"滚齿—剃齿—齿部淬火—修正基准—珩齿"的齿廓加工路线。

日本于 20 世纪 70 年代初开发出了新型的蜗杆状珩轮（图 9-14b）以及与之配套的珩齿机和珩齿技术。这种珩齿方法切削速度高、生产率高、修正误差能力强、珩轮使用寿命长。其缺点为加工台肩齿轮受到限制，修磨珩轮需要专业设备，比较麻烦。近年来，蜗杆状珩轮珩齿技术又有了新的发展：

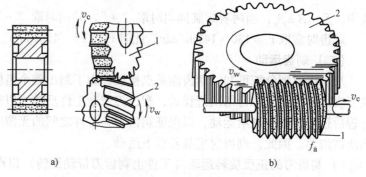

图 9-14 珩齿加工
a) 珩齿运动 b) 蜗杆状珩轮珩齿
1—珩轮 2—工件

1）机床采用多轴联动 CNC 控制。如日本的 KF400CNC 珩齿机，主轴转速提高至 4500r/min；德国的 LCS152CNC 珩齿机主轴转速为 1000～10000r/min。

2）蜗杆状珩轮采用 CBN 涂层。珩轮分为两部分，右部为 CBN 蜗杆磨轮，对工件进行磨削，取得磨削精度；左部为弹性蜗杆珩轮，其基体用钢制造和修磨，然后涂以碳化硅或刚玉的涂层，对工件齿面主要起抛光作用，使用寿命长，无需经常修磨，从而取得高的珩齿效率。

三、磨齿加工

磨齿是目前齿形精加工中加工精度最高的方法，一般条件下加工精度可达 4～6 级，轮齿表面粗糙度 Ra 值为 0.2～0.8μm。由于采取强制啮合方式，不仅对磨齿前的加工误差及热处理变形有较强的修正能力，而且可以加工表面硬度很高的齿轮。但是一般磨齿（除蜗杆砂轮磨齿外）加工效率较低、机床结构复杂、调整困难、加工成本高，因此磨齿多用于加工精度要求很高、齿部淬硬后的齿形精加工。有的磨齿机也可直接用来在齿坯上磨制小模数齿轮。

磨齿加工有两大类：成形法磨齿和展成法磨齿。成形法磨齿应用较少，多数为展成法磨齿。展成法磨齿又有连续磨齿和分度磨齿两大类。

（一）连续磨齿

展成法连续磨齿即蜗杆砂轮磨齿，其工作原理与滚齿相似。砂轮为蜗杆形，相当于滚刀，但直径比滚刀大得多，它与工件作展成运动，磨出渐开线。加上进给运动就可磨出整个齿面，轴向进给速度一般由工件完成，如图 9-15 所示。磨齿精度一般为 4～5 级，由于连续分度和很高的砂轮转速（2000r/min），生产率高；但砂轮高速转动时，机械式内联系传动链的零件转速很高，噪声大而且容易磨损，同时蜗杆砂轮的制造和修整较为困难。蜗杆砂轮磨齿主要用于成批大量生产中磨削中、小模

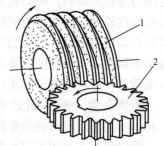

图 9-15 蜗杆砂轮磨齿
1—蜗杆砂轮 2—工件

数的齿轮。

（二）分度磨齿

根据砂轮形状的不同，分度磨齿又可分为碟形砂轮型、大平面砂轮型以及锥形砂轮型三种。其工作原理基本相同，都是利用了齿条和齿轮的啮合原理，用砂轮代替齿条与被加工齿轮啮合，从而磨出轮齿面。齿条的齿廓是直线，形状简单，易于修整砂轮廓形。加工时，被磨齿轮在假想齿条上滚动，每往复滚动一次，可完成一个或两个齿的磨削。因此需多次分度，才能磨完全部齿面。

图 9-16 所示为双碟形砂轮磨齿的工作原理。两片碟形砂轮倾斜安装，砂轮的工作棱边构成假想齿条的两个齿侧面。在磨削过程中，砂轮高速旋转形成磨削加工的主运动；被磨齿轮则严格按齿轮与齿条的啮合原理作展成运动（一边转动，一边移动），使工件被砂轮磨出渐

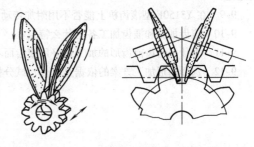

图 9-16　双碟形砂轮磨齿的工作原理

开线齿形，同时沿齿轮轴向作低速进给运动，在磨完工件的两个齿侧表面后，工件快速退离砂轮，再进行分度，继续磨削下两个齿面。由于双碟形砂轮磨齿时与工件接触面积小，磨削力小且发热少，所以加工精度很高，可达 4～5 级；但碟形砂轮刚性差，背吃刀量小，故生产率极低。

大平面砂轮磨齿用砂轮的端面代替齿条的一个侧面，如图 9-17 所示。其工作原理与双碟形砂轮磨齿相似，但这种方法磨齿精度高，加工效率低。图 9-17 所示为锥形砂轮磨齿的工作原理。砂轮的两个侧面修整成锥面，其截面形状与齿条相同，即构成假想齿条的一个齿廓，但比齿条的一个齿略窄。磨削时，砂轮一边作高速旋转的主运动，一边沿工件齿长方向作快速往复的进给运动；工件同时既转动又移动形成齿轮、齿条的啮合运动（展成运动）。工件往一个方向滚动时磨削一个齿面，在工件的一次左右往复运动过程中，先后磨出齿槽的两个侧面，然后砂轮快速离开工件，工件自动进行分度，再磨削下一个齿槽。这种方法加工精度较低（可达 5～6 级），但生产率比碟形砂轮磨齿高。

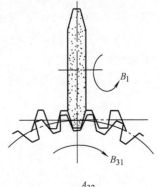

图 9-17　锥形砂轮磨齿
的工作原理

思考与练习题

9-1　加工模数 $m = 3mm$ 的直齿圆柱齿轮，齿数 $z_1 = 26$、$z_2 = 34$，试选择盘形齿轮铣刀的刀号。在相同的切削条件下，哪个齿轮的加工精度高？为什么？

9-2　加工一个模数 $m = 5mm$、齿数 $z = 40$、螺旋角 $\beta = 15°$ 的斜齿圆柱齿轮，应选何种刀号的盘形齿轮铣刀？

9-3　何谓齿轮滚刀的基本蜗杆？齿轮滚刀与基本蜗杆有何相同与不同之处？

9-4　齿轮滚刀安装时，其对工件的相对位置取决于哪些因素？

9-5　齿轮滚刀的前角和后角是怎样形成的？

9-6 滚齿机工作台的分度蜗轮若有制造误差和安装误差，对被加工齿轮的精度有什么影响？上述误差与齿坯或夹具误差造成的齿轮加工误差有何异同？

9-7 在 Y3150E 型滚齿机上加工斜齿圆柱齿轮，若垂直进给量在加工过程中改变了，差动交换齿轮是否要重新调整？

9-8 在 Y3150E 型滚齿机上加工直齿圆柱齿轮和斜齿圆柱齿轮时，机床的传动链调整有哪些相同和不同之处？

9-9 在 Y3150E 型滚齿机上能否不用附加传动链加工斜齿圆柱齿轮？

9-10 滚齿加工和插齿加工各有什么特点？

9-11 为什么珩齿前齿形的加工最好用滚齿而不用插齿？

9-12 选择齿形加工方案的依据是什么？试分析单件小批生产类型常选用磨齿方案的理由。

第三篇　机械零件精度设计

机械零件精度通常包括尺寸精度、几何精度和表面粗糙度等方面要求。本篇介绍与机械零件精度设计相关的主要国家标准，包括极限与配合、几何公差、表面结构、滚动轴承、普通螺纹、圆柱齿轮等；阐述标准的主要内容和应用及零件精度设计方法。

第十章　尺寸精度设计

为了满足使用要求，保证零件尺寸的互换性，我国发布了一系列相关标准，主要包括：GB/T 1800. 1—2009《产品几何技术规范（GPS）极限与配合　第1部分：公差、偏差和配合的基础》，GB/T 1800. 2—2009《产品几何技术规范（GPS）极限与配合　第2部分：标准公差等级和孔、轴极限偏差表》，GB/T 1801—2009《产品几何技术规范（GPS）极限与配合公差带和配合的选择》，GB/T 1804—2000《一般公差　未注公差的线性和角度尺寸的公差》。这些标准也是重要的基础标准。本章主要介绍极限与配合系列国家标准的组成规律、特点、基本内容及公差与配合的选用。

第一节　极限与配合的基本术语

一、互换性与标准化概念

1. 互换性的基本概念

机器或仪器都是由许多零部件组装成的，而零件的几何形体可通过不同的加工方法获得，并可用几何参数（包括尺寸、形状及位置参数等）来表示。由于加工时所用的加工设备和工具、加工方法、环境条件以及检测手段等都不可能完全理想，所以，形成零件形体的各项实际几何参数（实际值）与理想参数（理想值）之间总是存在着某种差别，此两者之差即为加工误差。

各项几何误差的存在，将影响零件的使用性能，误差越大，影响越严重。另一方面，越是要求零件的加工误差小，则加工过程越是复杂，加工成本也越高。因此，设计者的任务之一就是要对零件的各项几何误差规定出既能满足使用要求又能兼顾加工经济性的允许范围，这个允许范围就是公差。所以公差就是允许实际参数值的最大变动量。

在机械和仪器制造中，按规定公差分别制造的零部件，不需作任何选择、调整或辅助加工，即可顺利方便地进行装配与更换，并且能满足使用性能的要求，这样的零部件就具有互换性。

机器制造中零部件的互换性是指同一规格的一批零件（或部件），在装配前，不需选择；在装配时，不需修配和调整；在装配后，能满足使用性能要求。

例如，规格相同的任何一个灯泡和任何一个灯头，不管它们分别由哪一个工厂制成，都可装在一起，自行车、手表和缝纫机等的零件坏了，也可以迅速换上一个新的，并且在装配或更换后，能很好地满足使用要求。之所以能这样方便，就是因为灯泡、灯头以及自行车、手表和缝纫机等的零件都具有互换性。

互换性按决定参数或使用要求分为几何参数的互换性和力学性能的互换性。这里只讨论几何参数的互换性。几何参数的互换性一般包括尺寸大小、几何形状（宏观、微观）以及相互的位置关系等。

互换性按互换的程度可分为完全互换性（绝对互换）与不完全互换性（有限互换）。

若零件在装配或更换时，不需选择、不需辅助加工与修配，则其互换性为完全互换性。当装配精度要求较高时，采用完全互换将使零件制造公差很小，加工困难，成本很高，甚至无法加工。这时，可将零件的制造公差适当地放大，使之便于加工，而在零件完工后，再用测量器具将零件按实际尺寸的大小分为若干组，使每组零件间实际尺寸的差别减小，装配时按相应组进行（例如，大孔与大轴相配，小孔与小轴相配）。这样，既可保证装配精度和使用要求，又能解决加工困难，降低成本。此时，仅组内零件可以互换，组与组之间不可互换，故称为不完全互换性。

互换性在机械制造中具有非常重要的意义。从使用上看，如果零件具有互换性，当零件磨损或损坏后，可立即用一个新的备件代替，显著地减少机器的维修时间和费用，保证机器工作的连续性和持久性，从而提高了机器的使用价值。从制造上看，只有零件具有互换性，才有可能把一台机器的成千上万个零部件分散到不同车间、工厂进行高效率专业化生产，甚至采用计算机辅助制造（CAM），提高产品的产量和质量，降低生产成本。另一方面，由于零件具有互换性，装配时不需辅助加工或修配，使装配工人的劳动强度大大减轻，生产周期缩短，易于实现装配自动化。从设计上看，按互换性要求进行产品设计，最有利于采用标准件、通用件，因而大大地简化设计、计算、绘图等工作，可缩短设计周期，且便于用计算机辅助设计（CAD）。

所以，互换性的作用是非常大的，互换性原则是生产中不可缺少的重要生产原则和有效的技术措施。

2. 标准化概念

标准化是组织现代化生产的重要手段之一，是实现专业化协作生产的必要前提，是科学管理的重要组成部分，它在人类活动的很多方面都起着很重要的作用。标准化可以简化多余的产品品种，促进科学技术转化为生产力，确保互换性，确保安全和健康，保护消费者的利益，消除贸易壁垒。此外，标准化可以在节约原材料、减少浪费、信息交流、提高产品质量等方面发挥作用。

标准化是社会生产的产物，反过来它又能推动社会生产的发展。标准是指对重复性事物和概念所作的统一规定。标准化包含了制定标准、贯彻和修改标准的全部过程。

在机械制造中，标准化是实现互换性的必要前提。

技术标准（简称标准），即技术法规，是从事生产、建设工作以及商品流通等的一种共同技术依据，它以生产实践、科学试验及可靠经验为基础，由有关方面协调制定。经一定程序批准的标准，在一定范围内具有约束力，不得擅自修改或拒不执行。

标准可以按不同级别颁布。我国技术标准分为国家标准、行业标准（专业标准）、地方标准和企业标准四级。此外，从世界范围看，还有国际标准与区域性标准。

二、孔和轴的定义

1. 孔

孔通常是指工件的圆柱形内表面，也包括非圆柱形内表面（由两平行平面或切面形成的包容面），如图 10-1a 所示。

2. 轴

轴通常是指工件的圆柱形外表面，也包括非圆柱形外表面（由两平行平面或切面形成的被包容面），如图 10-1b 所示。

有时由单一尺寸确定的既不是孔，又不是轴的那部分，称为长度，如图 10-1c 所示。

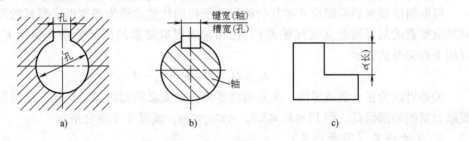

图 10-1 孔、轴和长度示意图

三、尺寸的术语和定义

1. 尺寸

尺寸是指以特定单位表示线性尺寸的数值。一般情况下，尺寸只表示长度量，如直径、长度、宽度、高度、中心距等，工程上规定图样上的尺寸数值的特定单位为 mm。

2. 公称尺寸

公称尺寸是由图样规范确定的理想形状要素的尺寸。它是由设计人员根据使用要求，通过强度、刚度计算及结构等方面的考虑，并按标准直径或标准长度圆整后所给定的尺寸。

3. 极限尺寸

极限尺寸是指一个孔或轴允许尺寸的两个极端界限尺寸。孔或轴允许的最大尺寸为上极限尺寸，孔或轴允许的最小尺寸为下极限尺寸。孔、轴极限尺寸分别用符号 D_{max} 与 D_{min} 和 d_{max} 与 d_{min} 表示。

4. 提取组成要素的局部尺寸

提取组成要素的局部尺寸是指一切提取组成要素上两对应点之间距离的统称，简称提取要素的局部尺寸。它是通过测量得到的。由于零件存在着形状误差，所以不同部位测量的尺寸不尽相同，故称为局部尺寸。由于测量误差的存在，局部尺寸不可能等于真实尺寸，它只是接近真实尺寸的一个随机尺寸。用符号 D_a、d_a 分别表示孔和轴的提取要素的局部尺寸。

提取要素的局部尺寸（即实际尺寸）是由加工所决定的，而公称尺寸和极限尺寸是设计时给定的尺寸，不随加工而变化。孔和轴提取要素的局部尺寸的合格条件分别为

$$D_{min} \leqslant D_a \leqslant D_{max} , \ d_{min} \leqslant d_a \leqslant d_{max}$$

四、偏差与公差的术语和定义

1. 偏差

偏差是指某一尺寸减其公称尺寸所得的代数差。它包括极限偏差和实际偏差。

上极限尺寸减其公称尺寸所得的代数差称为上极限偏差，孔和轴的上极限偏差分别用 ES 和 es 表示；下极限尺寸减其公称尺寸所得的代数差称为下极限偏差，孔和轴的下极限偏差分别用 EI 和 ei 表示。上极限偏差和下极限偏差统称为极限偏差。各种极限偏差可用下列关系式表示

$$ES = D_{max} - D, \quad EI = D_{min} - D$$
$$es = d_{max} - d, \quad ei = d_{min} - d$$

提取组成要素的局部尺寸减其公称尺寸所得的代数差称为提取组成要素的局部偏差，简称提取要素的局部偏差（实际偏差）。孔和轴的提取要素的局部偏差分别用 E_a 和 e_a 表示，可用下列关系式表示

$$E_a = D_a - D, \quad e_a = d_a - d$$

偏差可以为正、负或零值。偏差值除零外，前面必须冠以正、负号。极限偏差用于控制提取要素的局部偏差，即 $EI \leqslant E_a \leqslant ES$，$ei \leqslant e_a \leqslant es$，该尺寸才算合格。

2. 尺寸公差（简称公差）

尺寸公差是指允许尺寸的变动量，它等于上极限尺寸减下极限尺寸之差，也等于上极限偏差减下极限偏差的代数差的绝对值。孔和轴的公差分别用 T_h 和 T_s 表示。公差与极限尺寸和极限偏差的关系如下

$$T_h = D_{max} - D_{min} = ES - EI \tag{10-1}$$
$$T_s = d_{max} - d_{min} = es - ei \tag{10-2}$$

值得注意的是，公差值永远大于零。即公差只能为正值，不能为零或负值。

3. 零线与公差带

图 10-2 所示为极限与配合示意图，它表明了两个相互接合的孔和轴的公称尺寸、极限尺寸、极限偏差与公差的相互关系。在实际应用中，为简单起见，一般以公差带图（图 10-3）来表示。

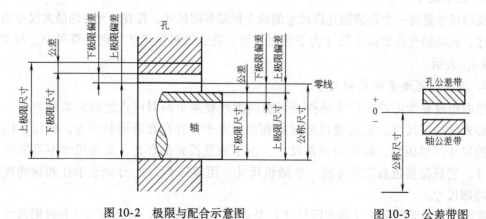

图 10-2　极限与配合示意图　　　　　图 10-3　公差带图

零线是公差带图中表示公称尺寸的一条直线，以其为基准确定偏差和公差（图 10-2）。通常，零线沿水平方向绘制，正偏差位于零线的上方，负偏差位于零线的下方。

公差带是公差带图中由代表上极限偏差和下极限偏差或上极限尺寸和下极限尺寸的两条直线所限定的一个区域。它由公差大小和其相对零线的位置，如基本偏差来确定。

公差带的大小，即公差值的大小，它是指沿垂直于零线方向计量的公差带宽度。沿平行于零线方向的宽度，画图时任意确定，不具有特定的含义。

在画公差带图时，公称尺寸以毫米（mm）为单位标出，公差带的上、下极限偏差用微米（μm）为单位标出，也可用毫米（mm）标出。上、下极限偏差的数值前冠以"＋"或"－"号，零线以上为正，零线以下为负。与零线重合的偏差，其数值为零，不必标出。

五、配合的术语及定义

1. 配合

配合是指公称尺寸相同的、相互结合的孔和轴公差带之间的关系。配合指的是一批孔、轴的装配关系，而不是指单个孔与单个轴相结合的关系。配合的性质（松紧程度）取决于孔与轴公差带之间的相对位置。

2. 间隙或过盈

间隙或过盈是指孔的尺寸减去相配合的轴的尺寸所得的代数差。此差值为正时称为间隙，用 X 表示；差值为负时称为过盈，用 Y 表示。

3. 配合的种类

（1）间隙配合 它是指具有间隙（包括最小间隙等于零）的配合。此时，孔的公差带在轴的公差带之上（图10-4a），其极限值为最大间隙（X_{max}）和最小间隙（X_{min}）。它们的平均值称为平均间隙（X_{av}），即有

$$X_{max} = D_{max} - d_{min} = ES - ei \tag{10-3}$$
$$X_{min} = D_{min} - d_{max} = EI - es \tag{10-4}$$
$$X_{av} = (X_{max} + X_{min})/2 \tag{10-5}$$

（2）过渡配合 它是指可能具有间隙也可能具有过盈的配合。此时，孔的公差带与轴的公差带相互交叠（图10-4c），其极限值为最大间隙（X_{max}）和最大过盈（Y_{max}）。它们的平均值是间隙还是过盈，取决于平均值的符号。符号为"＋"时是间隙，符号为"－"时是过盈。即有

$$X_{max} = D_{max} - d_{min} = ES - ei \tag{10-6}$$
$$Y_{max} = D_{min} - d_{max} = EI - es \tag{10-7}$$
$$X_{av}（或 Y_{av}） = (X_{max} + Y_{max})/2 \tag{10-8}$$

（3）过盈配合 它是指具有过盈（包括最小过盈等于零）的配合。此时，孔的公差带在轴的公差带之下（见图10-4b），其极限值为最大过盈（Y_{max}）和最小过盈（Y_{min}）。它们的平均值称为平均过盈（Y_{av}），即有

$$Y_{min} = D_{max} - d_{min} = ES - ei \tag{10-9}$$
$$Y_{max} = D_{min} - d_{max} = EI - es \tag{10-10}$$
$$Y_{av} = (Y_{max} + Y_{min})/2 \tag{10-11}$$

4. 配合公差

配合公差是允许间隙或过盈的变动量，用代号 T_f 表示。

间隙配合　　$T_f = |X_{max} - X_{min}| = T_h + T_s$ $\tag{10-12}$

过盈配合　　$T_f = |Y_{max} - Y_{min}| = T_h + T_s$ $\tag{10-13}$

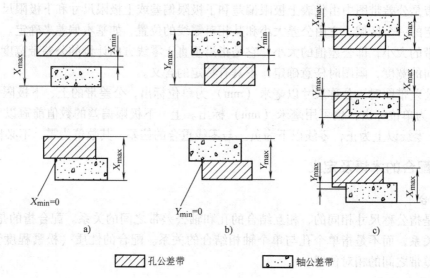

图 10-4 配合类型

过渡配合 $T_f = | X_{max} - Y_{max} | = T_h + T_s$ (10-14)

当公称尺寸一定时，配合公差 T_f 表示一批孔、轴中，各对孔、轴结合后松紧不一致的程度，即配合精度。它是使用要求，也是设计要求。而孔公差 T_h 与轴公差 T_s 分别表示孔、轴加工的精确程度，是制造要求。通过关系式 $T_f = T_h + T_s$ ，将这两个方面的要求联系在一起，若使用要求或设计要求提高，即 T_f 减小，则 $(T_h + T_s)$ 也要减小，即制造要求提高，加工将更加困难，成本也将提高。所以，合理地解决这个等式，也就是合理地解决设计与制造的矛盾。

例 10-1 已知 $D = d = 50mm$ ，$D_{max} = 50.025mm$ ，$D_{min} = 50mm$ ，$d_{max} = 50.018mm$ ，$d_{min} = 50.002mm$ 。

求 X_{max} 、Y_{max} 和 T_f 。

解： $X_{max} = D_{max} - d_{min} = (50.025 - 50.002) \, mm = +0.023mm$

$Y_{max} = D_{min} - d_{max} = (50 - 50.018) \, mm = -0.018mm$

$T_f = | X_{max} - Y_{max} |$

$\qquad = | 0.023 - (-0.018) | mm$

$\qquad = 0.041mm$

上述例题的公差与配合图解如图 10-5 所示。

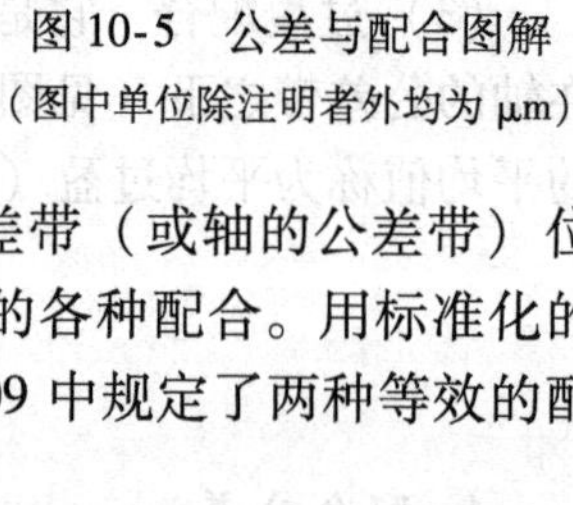

图 10-5 公差与配合图解
（图中单位除注明者外均为 μm）

5. 配合制

在工程实际中，为了设计和制造上的方便，常把其中孔的公差带（或轴的公差带）位置固定，用改变轴的公差带（或孔的公差带）位置来形成所需要的各种配合。用标准化的孔、轴公差带组成各种配合的制度称为配合制。GB/T 1800.1—2009 中规定了两种等效的配合制，即：基孔制配合和基轴制配合。

（1）基孔制 基本偏差为一定的孔的公差带，与不同基本偏差的轴的公差带形成各种配合的一种制度，如图 10-6a 所示。基孔制的孔为基准孔。标准规定基准孔的下极限偏差为零，基准孔的代号为 "H"。

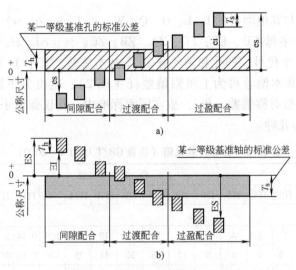

图 10-6 基孔制配合与基轴制配合

（2）基轴制　基本偏差为一定的轴的公差带，与不同基本偏差的孔的公差带形成各种配合的一种制度，如图 10-6b 所示。基轴制的轴为基准轴。标准规定基准轴的上极限偏差为零，基准轴的代号为"h"。

第二节　极限与配合的国家标准

一、标准公差系列与基本偏差系列

根据前述，孔和轴的公差带是由它们的大小和位置决定的。标准公差是指大小已经标准化的公差值，它决定公差带的宽度；基本偏差决定公差带的位置。为了使极限与配合实现标准化，GB/T 1800.1—2009 标准中规定了两个基本系列，即标准公差系列和基本偏差系列。

1. 标准公差系列

国家标准将公称尺寸小于或等于 500mm 尺寸段（常用尺寸段）的零件标准公差分为 20 个标准公差等级，即 IT01、IT0、IT1、IT2、…、IT17、IT18。在公称尺寸 500～3150mm 内规定了 IT1～IT18 共 18 个标准公差等级。IT 表示标准公差，即国际公差（ISO Tolerance）的缩写代号，阿拉伯数字表示公差等级代号，如 IT7 表示标准公差 7 级或 7 级标准公差。从 IT01 到 IT18，等级依次降低，而相应的标准公差值依次增大，其中 IT01 为最高级，IT18 为最低级。标准公差的大小，即公差等级的高低，决定了孔、轴的尺寸精度和配合精度。在确定孔、轴公差时，应按标准公差等级取值，以满足标准化和互换性的要求。表 10-1 列出了标准公差数值。

2. 基本偏差系列

基本偏差是用来确定公差带相对于零线位置的上极限偏差或下极限偏差的，一般是指靠近零线的那个偏差。当公差带位于零线上方时，其基本偏差为下极限偏差；当公差带位于零线下方时，其基本偏差为上极限偏差。基本偏差是国标上公差带位置标准化的唯一指标。基本偏差系列如图 10-7 所示。基本偏差的代号用拉丁字母表示，大写代表孔，小写代表轴。在

26 个字母中，除去易与其他混淆的 I、L、O、Q、W（i、l、o、q、w）5 个字母外，采用了 21 个。再加上用两个字母 CD、EF、FG、ZA、ZB、ZC、Js（cd、ef、fg、za、zb、zc、js）表示的 7 个，共有 28 个代号，即孔和轴各有 28 个基本偏差。其中 JS 和 js 在各个公差等级中完全对称。因此，基本偏差可为上极限偏差（ + IT/2），也可为下极限偏差（ - IT/2）。JS 和 js 将逐渐取代近似对称偏差 J 和 j，故在国家标准中，孔仅保留了 J6、J7、J8，轴仅保留了 j5、j6、j7、j8 等几种。

表 10-1　标准公差数值（摘自 GB/T 1800.1—2009）

公称尺寸/mm	公　差　等　级																	
	IT1	IT2	IT3	IT4	IT5	IT6	IT7	IT8	IT9	IT10	IT11	IT12	IT13	IT14	IT15	IT16	IT17	IT18
	μm												mm					
≤3	0.8	1.2	2	3	4	6	10	14	25	40	60	100	0.14	0.25	0.40	0.60	1.0	1.4
>3 ~ 6	1	1.5	2.5	4	5	8	12	18	30	48	75	120	0.18	0.30	0.48	0.75	1.2	1.8
>6 ~ 10	1	1.5	2.5	4	6	9	15	22	36	58	90	150	0.22	0.36	0.58	0.90	1.5	2.2
>10 ~ 18	1.2	2	3	5	8	11	18	27	43	70	110	180	0.27	0.43	0.70	1.10	1.8	2.7
>18 ~ 30	1.5	2.5	4	6	9	13	21	33	52	84	130	210	0.33	0.52	0.84	1.3	2.1	3.3
>30 ~ 50	1.5	2.5	4	7	11	16	25	39	62	100	160	250	0.39	0.62	1.00	1.60	2.5	3.9
>50 ~ 80	2	3	5	8	13	19	30	46	74	120	190	300	0.46	0.74	1.20	1.90	3.0	4.6
>80 ~ 120	2.5	4	4	10	15	22	35	54	87	140	220	350	0.54	0.87	1.40	2.20	3.5	5.4
>120 ~ 180	3.5	5	8	12	18	25	40	63	100	160	250	400	0.63	1.00	1.60	2.50	4.0	6.3
>180 ~ 250	4.5	7	10	14	20	29	46	72	115	185	290	460	0.72	1.15	1.85	2.90	4.6	7.2
>250 ~ 315	6	8	12	16	23	32	52	81	130	210	320	520	0.81	1.30	2.10	3.20	5.2	8.1
>315 ~ 400	7	9	13	18	25	36	57	89	140	230	360	570	0.89	1.40	2.30	3.60	5.7	8.9
>400 ~ 500	8	10	15	20	27	40	63	97	155	250	400	630	0.97	1.55	2.50	4.00	6.3	9.7

对轴 a ~ h 的基本偏差为上极限偏差 es，其绝对值依次逐渐减小；对 j ~ zc 为下极限偏差 ei。H 和 h 的基本偏差为零，H 为基准孔，h 为基准轴。在基本偏差系列图中，仅绘出了公差带的一端，对公差带的另一端未绘出，因为它取决于公差等级和这个基本偏差的组合。表 10-2、表 10-3 分别列出直径为 10 ~ 400mm 的轴、孔的基本偏差数值。

例 10-2　查表确定 ϕ50F6 孔的公差和上、下极限偏差。

解：（1）查表确定孔的标准公差值　公称尺寸 50mm 处于 > 30 ~ 50mm 尺寸分段内，查表 10-1 得 IT6 = 16μm。

（2）查表确定孔的基本偏差值　公称尺寸 50mm 处于 > 40 ~ 50mm 尺寸分段内，基本偏差为下极限偏差，查表 10-3 得 F 的数值为 + 25μm，即

$$EI = + 25\mu m$$

（3）确定孔的上极限偏差 ES

$$T_h = ES - EI$$

$$ES = EI + T_h = 25\mu m + 16\mu m = + 41\mu m$$

例 10-3　查表确定 ϕ50N7 孔的公差和上、下极限偏差。

解：（1）查表确定孔的标准公差值　公称尺寸 50mm 处于 30 ~ 50mm 尺寸分段内，查表 10-1 得 IT7 = 25μm。

（2）查表确定孔的基本偏差值 公称尺寸 50mm 处于 40 ~ 50mm 尺寸分段内，基本偏差为上极限偏差，因孔的公差等级为 7，应属等级 ≤IT8，查表 10-3 得 N 对应的上极限偏差数值为 $-17\mu m + \Delta$。

Δ 值在表 10-3 最右端查出：$\Delta = 9\mu m$，则有

$$ES = -17\mu m + 9\mu m = -8\mu m$$

（3）确定孔的下极限偏差 EI

$$T_h = ES - EI$$

$$EI = ES - T_h = -8\mu m - 25\mu m = -33\mu m$$

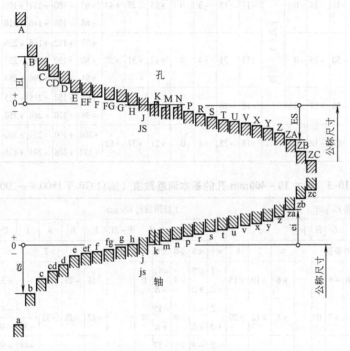

图 10-7 基本偏差系列

表 10-2 尺寸 10 ~ 400mm 轴的基本偏差数值（摘自 GB/T 1800.2—2009）

公称尺寸 /mm		上极限偏差 es/μm						下极限偏差 ei/μm														
		d	e	f	g	h	js	j		k		m	n	p	r	s	t	u	v	x	y	z
大于	至	所有公差等级						5 ~ 6	7	4 ~ 7	≤3 >7	所有公差等级										
10	14	-50	-32	-16	-6	0		-3	-6	+1	0	+7	+12	+18	+23	+28	-	+33	-	+40	-	+50
14	18																		+39	+45	-	+60
18	24	-65	-40	-20	-7	0	偏差 = ± IT/2	-4	-8	+2	0	+8	+15	+22	+28	+35	-	+41	+47	+54	+63	+73
24	30																+41	+48	+55	+64	+75	+88
30	40	-80	-50	-25	-9	0		-5	-10	+2	0	+9	+17	+26	+34	+43	+48	+60	+68	+80	+94	+112
40	50																+54	+70	+81	+97	+114	+136
50	65	-100	-60	-30	-10	0		-7	-12	+2	0	+11	+20	+32	+41	+53	+66	+87	+102	+122	+144	+172
65	80														+43	+59	+75	+102	+120	+146	+174	+210

（续）

公称尺寸/mm 大于	至	上极限偏差 es/μm d	e	f	g	h	js	下极限偏差 ei/μm j 5~6	j 7	k 4~7	k ≤3 >7	m	n	p	r	s	t	u	v	x	y	z
		所有公差等级										所有公差等级										
80	100	−120	−72	−36	−12	0	偏差=±IT/2	−9	−15	+3	0	+13	+23	+37	+51	+71	+91	+124	+146	+178	+214	+258
100	120	−120	−72	−36	−12	0		−9	−15	+3	0	+13	+23	+37	+54	+79	+104	+144	+172	+210	+254	+310
120	140	−145	−85	−43	−14	0		−11	−18	+3	0	+15	+27	+43	+63	+92	+122	+170	+202	+248	+300	+365
140	160	−145	−85	−43	−14	0		−11	−18	+3	0	+15	+27	+43	+65	+100	+134	+190	+228	+280	+340	+415
160	180	−145	−85	−43	−14	0		−11	−18	+3	0	+15	+27	+43	+68	+108	+146	+210	+252	+310	+380	+465
180	200	−170	−100	−50	−15	0		−13	−21	+4	0	+17	+31	+50	+77	+122	+166	+236	+384	+350	+425	+520
200	225	−170	−100	−50	−15	0		−13	−21	+4	0	+17	+31	+50	+80	+130	+180	+258	+310	+385	+470	+575
225	250	−170	−100	−50	−15	0		−13	−21	+4	0	+17	+31	+50	+84	+140	+196	+284	+340	+425	+520	+640
250	280	−190	−110	−56	−17	0		−16	−26	+4	0	+20	+34	+56	+94	+158	+218	+315	+385	+475	+580	+710
280	315	−190	−110	−56	−17	0		−16	−26	+4	0	+20	+34	+56	+98	+170	+240	+350	+425	+252	+650	+790
315	355	−210	−125	−62	−18	0		−18	−28	+4	0	+21	+37	+62	+108	+190	+268	+390	+475	+590	−730	+900
355	400	−210	−125	−62	−18	0		−18	−28	+4	0	+21	+37	+62	+114	+208	+294	+435	+530	+660	−820	+1000

表 10-3　尺寸 10~400mm 孔的基本偏差数值（摘自 GB/T 1800.4—2009）

公称尺寸/mm 大于	至	下极限偏差 EI/μm D	E	F	G	H	js	上极限偏差 ES/μm J 6	J 7	J 8	K ≤8	M ≤8	M >8	N ≤8	N >8	P~ZC ≤7	P >7	R >7	S >7	T >7	U >7	Δ/μm 3	4	5	6	7	8
		所有公差等级																									
10	14	+50	+32	+16	+6	0	偏差=±IT/2	+6	+10	+15	−1+Δ	−7+Δ	−7	−12+Δ	0	在大于7级的相应数值上增加Δ值	−18	−23	−28	−	−33	1	2	3	3	7	9
14	18	+50	+32	+16	+6	0		+6	+10	+15	−1+Δ	−7+Δ	−7	−12+Δ	0		−18	−23	−28	−	−33	1	2	3	3	7	9
18	24	+65	+40	+20	+7	0		+8	+12	+20	−2+Δ	−8+Δ	−8	−15+Δ	0		−22	−28	−35	−	−41	1.5	2	3	4	8	12
24	30	+65	+40	+20	+7	0		+8	+12	+20	−2+Δ	−8+Δ	−8	−15+Δ	0		−22	−28	−35	−41	−48	1.5	2	3	4	8	12
30	40	+80	+50	+25	+9	0		+10	+14	+24	−2+Δ	−9+Δ	−9	−17+Δ	0		−26	−34	−43	−48	−60	1.5	3	4	5	9	14
40	50	+80	+50	+25	+9	0		+10	+14	+24	−2+Δ	−9+Δ	−9	−17+Δ	0		−26	−34	−43	−54	−70	1.5	3	4	5	9	14
50	65	+100	+60	+30	+10	0		+13	+18	+28	−2+Δ	−11+Δ	−11	−20+Δ	0		−32	−41	−53	−66	−87	2	3	5	6	11	16
65	80	+100	+60	+30	+10	0		+13	+18	+28	−2+Δ	−11+Δ	−11	−20+Δ	0		−32	−43	−59	−75	−102	2	3	5	6	11	16
80	100	+120	+72	+36	+12	0		+16	+22	+34	−3+Δ	−13+Δ	−13	−23+Δ	0		−37	−51	−71	−91	−124	2	4	5	6	13	19
100	120	+120	+72	+36	+12	0		+16	+22	+34	−3+Δ	−13+Δ	−13	−23+Δ	0		−37	−54	−79	−104	−144	2	4	5	6	13	19
120	140	+145	+85	+43	+14	0		+18	+26	+41	−3+Δ	−15+Δ	−15	−27+Δ	0		−43	−63	−92	−122	−170	3	4	6	7	15	23
140	160	+145	+85	+43	+14	0		+18	+26	+41	−3+Δ	−15+Δ	−15	−27+Δ	0		−43	−65	−100	−134	−190	3	4	6	7	15	23
160	180	+145	+85	+43	+14	0		+18	+26	+41	−3+Δ	−15+Δ	−15	−27+Δ	0		−43	−68	−108	−146	−210	3	4	6	7	15	23
180	200	+170	+100	+50	+15	0		+22	+30	+47	−4+Δ	−17+Δ	−17	−31+Δ	0		−50	−77	−122	−166	−236	3	4	6	9	17	26
200	225	+170	+100	+50	+15	0		+22	+30	+47	−4+Δ	−17+Δ	−17	−31+Δ	0		−50	−80	−130	−180	−258	3	4	6	9	17	26
225	250	+170	+100	+50	+15	0		+22	+30	+47	−4+Δ	−17+Δ	−17	−31+Δ	0		−50	−84	−140	−196	−284	3	4	6	9	17	26
250	280	+190	+110	+56	+17	0		+25	+36	+55	−4+Δ	−20+Δ	−20	−34+Δ	0		−56	−94	−158	−218	−315	4	4	7	9	20	29
280	315	+190	+110	+56	+17	0		+25	+36	+55	−4+Δ	−20+Δ	−20	−34+Δ	0		−56	−98	−170	−240	−350	4	4	7	9	20	29
315	355	+210	+125	+62	+18	0		+29	+39	+60	−4+Δ	−21+Δ	−21	−37+Δ	0		−62	−108	−190	−268	−390	4	5	7	11	21	32
355	400	+210	+125	+62	+18	0		+29	+39	+60	−4+Δ	−21+Δ	−21	−37+Δ	0		−62	−114	−208	−294	−435	4	5	7	11	21	32

二、公差带与配合的标准

1. 公差带代号

孔、轴公差带代号由基本偏差代号与公差等级代号组成。

孔公差带代号如 H8、F8、K7 等，轴公差带代号如 h7、f7、k7 等。

2. 公差在零件图上的标注

尺寸公差应按下列三种形式之一标注。图 10-8 所示为公差代号标注，它适用于大批大量生产；图 10-9 所示为偏差标注，它适用于一般生产；图 10-10 所示为公差代号与偏差同时标注，它适用于小批生产，且图形简易的零件尺寸公差的标注。

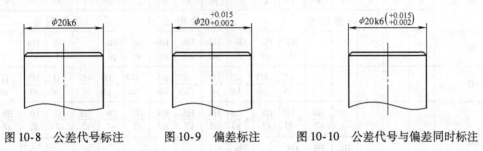

图 10-8　公差代号标注　　　图 10-9　偏差标注　　　图 10-10　公差代号与偏差同时标注

3. 配合代号

配合代号用孔和轴的公差带代号组合表示，写成分数形式，分子表示孔，分母表示轴。

例如：$\phi 50 \mathrm{H8/f7}$ 或 $\phi 50 \dfrac{\mathrm{H8}}{\mathrm{f7}}$；$\phi 40 \mathrm{N7/h6}$ 或 $\phi 40 \dfrac{\mathrm{N7}}{\mathrm{h6}}$。

4. 配合在装配图上的标注

在装配图中标注尺寸公差与配合代号时，可用分数形式注出，分子为孔的公差带代号，分母为轴的公差带代号，如图 10-11a 所示。必要时也允许按图 10-11b 或图 10-11c 的形式标注。

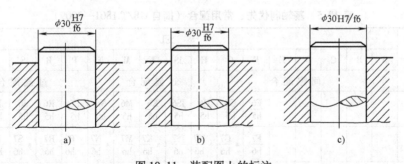

图 10-11　装配图上的标注

三、常用、优先公差带与配合

根据极限与配合的国家标准，孔、轴标准公差规定了 20 种公差等级、28 种基本偏差。这样，孔可组成 543 种公差带，轴可组成 544 种公差带，由这些公差带可组成近 30 万种配合。如果不加以限制，任意选用这些公差带和配合，将不利于生产。为了减少零件、定值刀具、量具和工艺装备的品种及规格，国家标准对所选用的公差带与配合作了必要的限制。

在常用尺寸段，根据我国工业生产的实际需要，并考虑今后的发展，标准规定了一般、常用和优先孔公差带 105 种，其中 44 种为常用公差带，再选 13 种为优先公差带；一般、常用和优先轴公差带 119 种，其中 59 种为常用公差带，再选 13 种为优先公差带。根据孔和轴的常用公差带，国家标准还规定了基孔制常用配合 59 种，其中优先配合（带 * 的配合）13 种，见表 10-4；基轴制常用配合 47 种，其中优先配合（带 * 的配合）13 种，见表 10-5。

表 10-4　基孔制优先、常用配合（摘自 GB/T 1801—2009）

基准孔	轴 a	b	c	d	e	f	g	h	js	k	m	n	p	r	s	t	u	v
	间隙配合								过渡配合				过盈配合					
H6						H6/f5	H6/g5	H6/h5	H6/js5	H6/k5	H6/m5	H6/n5	H6/p5		H6/s5	H6/t5		
H7						*H7/f6	*H7/g6	H7/h6	H7/js6	*H7/k6	H7/m6	*H7/n6	H7/p6	H7/r6	*H7/s6	H7/t6	*H7/u6	H7/v6
H8					H8/e7	*H8/f7	H8/g7	*H8/h7	H8/js7	H8/k7	H8/m7	H8/n7	H8/p7	H8/r7	H8/s7	H8/t7	H8/u7	H8/v7
				H8/d7	H8/e7	H8/f7		H8/h7										
H9			H9/c9	*H9/d9	H9/e9	H9/f9		*H9/h9										
H10			H10/c10	H10/d10				H10/h10										
H11	H11/a11	H11/b11	*H11/c11	H11/d11				*H11/h11										
H12		H12/b12						H12/h12										

表 10-5　基轴制优先、常用配合（摘自 GB/T 1801—2009）

基准轴	孔 A	B	C	D	E	F	G	H	JS	K	M	N	P	R	S	T	U	V
	间隙配合								过渡配合				过盈配合					
h5						F6/h5	G6/h5	H6/h5	JS6/h5	K6/h5	M6/h5	N6/h5	P6/h5	R6/h5	S6/h5	T6/h5		
h6						F7/h6	*G7/h6	*H7/h6	JS7/h6	K7/h6	M7/h6	N7/h6	*P7/h6	R7/h6	*S7/h6	T7/h6	*U7/h6	
h7					E8/h7	*F8/h7		H8/h7	JS8/h7	K8/h7	M8/h7	N8/h7						
h8				D8/h8	E8/h8	F8/h8		H8/h8										
h9				*D9/h9	E9/h9	F9/h9		*H9/h9										

（续）

基准轴	孔															
	A	B	C	D	E	F	G	H	JS	K	M	N	P	R	S	T	U	V
	间隙配合								过渡配合				过盈配合			
h10				$\frac{D10}{h10}$				$\frac{H10}{h10}$								
h11	$\frac{A11}{h11}$	$\frac{B11}{h11}$	$*\frac{C11}{h11}$	$\frac{D11}{h11}$				$*\frac{H11}{h11}$								
h12		$\frac{B12}{h12}$						$\frac{H12}{h12}$								

第三节 极限与配合的选用

合理地选用极限与配合，是机械制造工作中的一项重要工作，它对提高产品的性能、质量以及降低成本都有重要影响。极限与配合的选择包括基准制、公差等级和配合种类的选择。

一、基准制的选用

基准制有基孔制和基轴制两种。同名配合的基孔制和基轴制的配合性质通常是相同的，所以，基准制的选择与使用要求无关，主要以零件的结构、制造工艺和经济性为选择依据。

1. 在一般情况下应优先选用基孔制

从工艺和经济观点分析，基孔制的最大优点是加工方便，生产经济。

（1）加工方便 加工轴的传统工艺有车和磨。加工孔的传统工艺有钻、车、铰、镗、磨。通常情况下，制造指定精度的轴要比孔容易，改变轴的直径比改变孔的直径简单，所以常用基孔制。

（2）生产经济 加工高精度的孔比轴的成本高，对高精度的孔往往要用昂贵的专用刀具，如钻头、铰刀和拉刀等，且每一把定值刀具也只能用来加工一种尺寸的孔（不同尺寸的孔需要不同尺寸的定值刀具）。至于轴的加工则不然，虽然轴的尺寸大小不一，但只需一把车刀或一个砂轮就能解决问题。所以采用基孔制可减少刀具的数量，降低成本，达到经济生产的目的。这对整个机器制造业来说具有很大的经济意义。为此，在一般情况下，应尽可能选用基孔制。

2. 基轴制通常仅用于具有明显经济效益的情况

（1）冷拉光轴 在机械制造中选用冷拔圆型材，由于这种型材的尺寸精度较高，一般为IT7～IT9，所以外圆不用再加工，就可直接当轴使用。在这种场合宜采用基轴制，因为只要按配合要求选用和加工孔就可以了，这在技术上、经济上都是合理的。

（2）在同一公称尺寸的轴上需要装配几个具有不同配合性质的零件 由于机械结构的原因，宜采用基轴制。如在图10-12a所示，在柴油机的活塞连杆中，由于工作时要求活塞销和连杆相对摆动，所以活塞销与连杆小头衬套采用间隙配合。而活塞销和活塞销座孔的联接要求准确定位，故它们之间采用过渡配合。如采用基孔制，活塞销应设计成图10-12b所示的中间小、两头大的台阶轴，这不仅给加工造成困难，而且装配时台阶轴大头易刮伤连杆小头衬套内表面。若改用基轴制，活塞销就可设计成图 10-12c 所示的光轴，这样容易保证加工精度和装配质量。

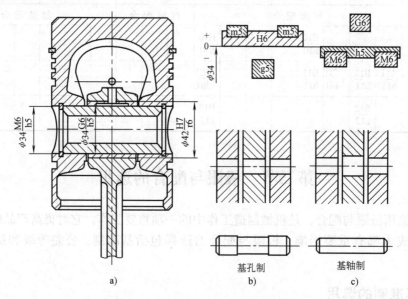

图 10-12　活塞销配合基准制的选用

3. 与标准件相配合的孔或轴应以标准件为基准件来确定基准制

例如，滚动轴承内圈与轴的配合应采用基孔制，而外圈与箱体孔的配合应采用基轴制。

4. 特殊需要时可以采用非基准制配合（即配合中既不包含基本偏差为 H 的孔公差带，又不包含基本偏差代号为 h 的轴公差带的配合）

例如，在图 10-13 中，由于轴颈 1 已根据与滚动轴承配合的要求选定为 $\phi40k5$，而隔套 3 的作用只是隔开两个滚动轴承，作轴向定位，为便于装拆，结合要松。显然，在这里基孔制和基轴制都不能采用。故轴颈 1 与隔套的配合选为 $\phi40D11/k5$。同理，端盖 4 与箱体 2 的孔之间的配合也选用非基准制配合 $\phi90J7/f9$。

二、公差等级的选用

1. 选择原则

合理地选择公差等级，对解决机器零件的使用要求与制造工艺及成本之间的矛盾起着决定性的作用。一般选择原则如下：

1）对于公称尺寸小于或等于 500mm 的较高等级的配合，由于孔比同级轴加工困难，当标准公差高于或等

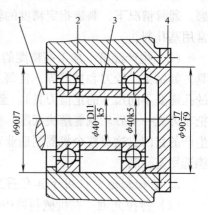

图 10-13　非基准制配合
1—轴颈　2—箱体　3—隔套
4—端盖

于 IT8 级时，国家标准推荐孔比轴低一级相配合，但对标准公差低于 IT8 级或公称尺寸大于 500mm 的配合，由于孔的测量精度比轴容易保证，故推荐采用同级的孔和轴配合。

2）选择公差等级，既要满足设计要求，又要考虑工艺的可能性和经济性。也就是说，在满足使用要求的情况下，尽量扩大公差值，亦即选用较低的公差等级。

国家标准推荐的各公差等级的应用范围如下：

IT01、IT0、IT1级一般用于高精度量块和其他精密尺寸标准块的公差。它们大致相当于量块的1、2、3级精度的公差。

IT2～IT4级用于特别精密零件的配合。

IT5～IT12级用于配合尺寸公差，其中IT5（孔到IT6）级用于高精度和重要的配合处。例如，车床尾座孔和顶尖套筒的配合、内燃机中活塞销与活塞销孔的配合等。

IT6（孔到IT7）级用于要求精密配合的情况。例如，机床中一般传动轴和轴承的配合，齿轮、带轮和轴的配合，内燃机曲轴与轴套的配合。这个公差等级在机械制造中应用较广，国家标准推荐的常用公差带也较多。

IT7～IT8级用于一般精度要求的配合。例如一般机械中速度不高的轴与轴承的配合，在重型机械中用于精度要求稍高的配合，在农业机械中则用于较重要的配合。

IT9～IT10级常用于一般要求的地方，或精度要求较高的槽宽的配合。

IT11～IT12级用于不重要的配合。

IT12～IT18级用于未注尺寸公差的尺寸精度，包括冲压件、铸锻件的公差等。

2. 选择方法

（1）计算法　计算公式为

$$T_f = T_h + T_s$$

例10-4 某一公称尺寸为 $\phi100$mm 的滑动轴承机构，根据使用要求，其允许的最大间隙为 $[X_{max}] = +55\mu m$，最小间隙为 $[X_{min}] = +10\mu m$，试确定该轴承机构的轴颈和轴瓦所构成的孔、轴公差等级。

解： 1）计算允许的配合公差 $[T_f]$。由配合公差计算公式得

$$[T_f] = |[X_{max}] - [X_{min}]| = |55 - 10| \mu m = 45\mu m$$

2）计算查表确定孔、轴的公差等级。按要求应满足

$$[T_f] \geqslant [T_h] + [T_s]$$

式中　$[T_h]$、$[T_s]$——配合的孔、轴的允许公差。

由表10-1得：IT5 = 15μm，IT6 = 22μm，IT7 = 35μm。

如果孔、轴公差等级都选6级，则配合公差 $T_f = 2IT6 = 44\mu m < 45\mu m$，虽然未超过其要求的允许值，但不符合6、7、8级的孔与5、6、7级的轴相配合的规定。

若孔选IT7、轴选IT6，其配合公差为 $T_f = IT7 + IT6 = (35 + 22)\mu m = 57\mu m > 45\mu m$，已超过配合公差的允许值，故不符合配合要求。

因此，最好还是轴选IT5，孔选IT6。其配合公差 $T_f = IT5 + IT6 = (15 + 22)\mu m = 37\mu m < 45\mu m$，虽然与要求的允许值减小较多（8μm），给加工带来一定的困难，但配合精度有一定的储备，而且选用了标准规定的公差等级。选用标准的原材料、刀具和量具，对降低加工成本有利。

（2）类比法　通过参照实践证明是合理的同类产品的同类参数，选择相应的孔、轴公差等级。

三、配合的选用

1. 选择原则

在设计中，根据使用要求，应尽可能地选用优先配合和常用配合。如果优先配合与常用配合不能满足要求时，可选标准推荐的一般用途的孔、轴公差带，按使用要求组成需要的配合；若仍不能满足使用要求，还可从国家标准所提供的 544 种轴公差带和 543 种孔公差带中选取合适的公差带，组成所需要的配合。

确定了基准制以后，选择配合是根据使用要求——配合公差（间隙或过盈）的大小，确定与基准件相配的孔、轴的基本偏差代号，同时确定基准件及配合件的公差等级。

对间隙配合，由于基本偏差的绝对值等于最小间隙，故可按最小间隙确定基本偏差代号；对过盈配合，在确定基准件的公差等级后，即可按最小过盈选定配合件的基本偏差代号，并根据配合公差的要求确定孔、轴公差等级。

2. 选择方法

机器的质量在很大程度上取决于对其零部件所规定的配合及其技术条件是否合理，许多零件的尺寸公差，都是由配合的要求决定的。一般选用配合的方法有下列三种：

（1）计算法　计算法就是根据一定的理论和公式，计算出所需的间隙或过盈。对间隙配合中的滑动轴承，可用流体润滑理论来计算保证滑动轴承处于液体摩擦状态所需的间隙，根据计算结果，选用合适的配合；对过盈配合，可按弹塑性变形理论，计算出必需的最小过盈，选用合适的过盈配合，并按此验算在最大过盈时是否会使工件材料损坏。由于影响配合间隙量和过盈量的因素很多，理论计算也是近似的，所以，在实际应用时还需经过试验来确定。

例 10-5　设有一滑动轴承机构，公称尺寸为 $\phi40\text{mm}$ 的配合，经计算确定极限间隙为 $+20 \sim +90\mu\text{m}$，若已决定采用基孔制，试确定此配合的孔、轴公差带和配合代号，画出其尺寸公差带和配合公差带图，并指出是否属于优先或常用的公差带与配合。

解：　1）确定孔、轴公差等级。按例 10-4 的方法可确定孔的公差等级为 IT8 级，轴为 IT7 级，即 $T_h = \text{IT8} = 39\mu\text{m}$，$T_s = \text{IT7} = 25\mu\text{m}$。

2）确定孔、轴公差带。因为采用基孔制，所以孔为基准孔，其公差带代号为 $\phi40\text{H8}$，$\text{EI} = 0$，$\text{ES} = +39\mu\text{m}$。

因采用基孔制间隙配合，所以轴的基本偏差应从 a ~ h 中选取，其基本偏差为上极限偏差。

选出轴的基本偏差应满足下述三个条件

$$X_{\min} = \text{EI} - \text{es} \geq [X_{\min}] \tag{10-15}$$

$$X_{\max} = \text{ES} - \text{ei} \leq [X_{\max}] \tag{10-16}$$

$$\text{es} - \text{ei} = T_s = \text{IT7} \tag{10-17}$$

其中，$[X_{\min}]$ 为允许的最小间隙；$[X_{\max}]$ 为允许的最大间隙

解上面的三个式子，可得出 es 的要求为

$$\text{es} \leq \text{EI} - [X_{\min}] \tag{10-18}$$

$$\text{es} \geq \text{ES} + \text{IT7} - [X_{\max}] \tag{10-19}$$

将已知的 EI、ES、IT7、$[X_{\max}]$、$[X_{\min}]$ 的数值分别代入式（10-18）、式（10-19），得

$$\text{es} \leq (0 - 20)\ \mu\text{m} = -20\mu\text{m}$$

$$\text{es} \geqslant (39 + 25 - 90)\ \mu m = -26 \mu m$$

即

$$-26 \mu m \leqslant \text{es} \leqslant -20 \mu m$$

按公称尺寸 $\phi40mm$ 和 $-26 \mu m \leqslant \text{es} \leqslant -20 \mu m$ 的要求查表 10-2，得轴的基本偏差代号为 f，故公差带代号为 $\phi40f7$，其 $\text{es} = -25 \mu m$，$\text{ei} = \text{es} - T_s = -50 \mu m$。

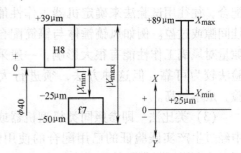

图 10-14 $\phi40H8/f7$ 公差带

3）确定配合代号为 $\phi40H8/f7$。

4）$\phi40H8/f7$ 的孔、轴尺寸公差带和配合公差带图如图 10-14 所示。

5）由表 10-4 可见，$\phi40H8/f7$ 的配合为优先配合。

例 10-6 设有一公称尺寸为 $\phi60mm$ 的配合，经计算，为保证连接可靠，其最小过盈的绝对值不得小于 $20 \mu m$。为保证装配后孔不发生塑性变形，其最大过盈的绝对值不得大于 $55 \mu m$。若已决定采用基轴制，试确定此配合的孔、轴的公差带和配合代号，画出其尺寸公差带图和配合公差带图，并指出是否属于优先的或常用的公差带与配合。

解： 1）确定孔、轴公差等级。由题意可知，此孔、轴的结合为过盈配合，其允许的配合公差为

$$[T_f] = |[Y_{min}] - [Y_{max}]| = |-20 - (-55)| \mu m = 35 \mu m$$

其中，$[Y_{min}]$ 为允许的最小过盈，$[Y_{max}]$ 为允许的最大过盈。

按例 10-4 的方法确定孔的公差等级为 6 级，轴的公差等级为 5 级，即

$$T_h = \text{IT6} = 19 \mu m,\quad T_s = \text{IT5} = 13 \mu m$$

2）确定孔、轴公差带。因采用基轴制，轴为基准轴，则其公差带代号为 $\phi60h5$，$\text{es} = 0$，$\text{ei} = -13 \mu m$。

因选用基轴制过盈配合，所以孔的基本偏差代号可从 P～ZC 中选取，其基本偏差上极限偏差为 ES，若选出的孔的上极限偏差 ES 能满足配合要求，则应符合下列三个条件，即

$$Y_{min} = \text{ES} - \text{ei} \leqslant [Y_{min}] \tag{10-20}$$

$$Y_{max} = \text{EI} - \text{es} \geqslant [Y_{max}] \tag{10-21}$$

$$\text{ES} - \text{EI} = \text{IT6} \tag{10-22}$$

解上面的三个式子，得出 ES 的要求为

$$\text{ES} \leqslant [Y_{min}] + \text{ei} \tag{10-23}$$

$$\text{ES} \geqslant \text{es} + \text{IT6} + [Y_{max}] \tag{10-24}$$

将已知的 es、ei、IT6、$[Y_{max}]$ 和 $[Y_{min}]$ 数值代入式（10-23）、式（10-24）得

$$\text{ES} \leqslant -20 \mu m + (-13)\ \mu m = -33 \mu m$$

$$\text{ES} \geqslant 0 + 19 \mu m + (-55)\ \mu m = -36 \mu m$$

$$-36 \mu m \leqslant \text{ES} \leqslant -33 \mu m$$

按公称尺寸 $\phi60mm$ 和 $-36 \mu m \leqslant \text{ES} \leqslant -33 \mu m$ 的要求查表 10-3，得孔的基本偏差代号为 R，公差带代号为 $\phi60R6$，其 $\text{ES} = -35 \mu m$，$\text{EI} = \text{ES} - T_h = -54 \mu m$。

3）确定配合代号为 $\phi60R6/h5$。

4）$\phi60R6/h5$ 的孔、轴尺寸公差带和配合公差带图如图 10-15 所示。

5）由表 10-5 可知，$\phi60R6/h5$ 配合为常用配合。

（2）试验法　对产品性能影响很大的一些配合，往往用试验法来确定机器工作性能的最佳间隙或过盈。例如风镐锤体与镐筒配合的间隙量对风镐工作性能有很大影响，一般采用试验法较为可靠，但这种方法，须进行大量试验，成本较高。

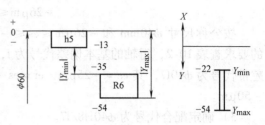

图 10-15　$\phi60R6/h5$ 公差带

（3）类比法　即参照同类机型机器或机构中经过生产实践验证的已用配合的使用情况，再考虑所设计机器的使用要求，合理确定所需配合。

1）分析零件的工作条件及使用要求。为了充分掌握零件的具体工作条件和使用要求，必须考虑下列问题：工作时结合件的相对位置状态（如运动速度、运动方向、停歇时间、运动精度等）、承受负荷情况、润滑条件、温度变化、配合的重要性、装卸条件以及材料的物理力学性能等。根据具体条件不同，结合件配合的间隙量或过盈量必须相应地改变。

2）了解各类配合的特性和应用。

① 间隙配合主要用于结合件有相对运动的配合（包括旋转运动和轴向滑动），也可用于一般的定位配合。

② 过盈配合主要用于结合件没有相对运动的结合。过盈不大时，用键联接传递转矩，过盈大时，靠孔轴结合力传递转矩。前者可以拆卸，后者是不可拆卸的。

③ 过渡配合可能具有间隙，也可能具有过盈，但所得到的间隙和过盈量一般是比较小的。它主要用于定位精确并要求拆卸的相对静止的连接。

下面是轴常用基本偏差的选用说明。

间隙配合：

c：可得到很大的间隙，一般适用于缓慢、松弛的间隙配合。在工作条件较差（如农业机械），受力变形较大，或为了便于装配而必须保证有较大的间隙时，推荐配合为 H11/c11。其较高等级的 H8/c7 配合，适用于轴在高温工作时的紧密间隙配合，例如内燃机的排气阀和导管。

d：一般用于 IT7 ~ IT11 级，适用于松的间隙配合，如密封盖、滑轮、空转带轮等与轴的配合，也适用于大直径滑动轴承配合，如涡轮机、球磨机、轧滚成形和重型弯曲机，以及其他重型机械中的一些滑动轴承。

e：多用于 IT7、IT8、IT9 级，通常用于要求有明显间隙，易于转动的轴承配合，如大跨距轴承、多支点轴承等配合。

f：多用于 IT6、IT7、IT8 级的一般转动配合，当温度影响不大时，广泛用于普通润滑油（或润滑脂）润滑的支承，如齿轮箱、小电动机、泵等的转轴与滑动轴承的配合。

g：配合间隙很小，制造成本高，除很轻负荷的精密装置外，不推荐用于转动配合。多用于 IT5、IT6、IT7 级，适合不回转的精密滑动配合；也用于插销等定位配合，如活塞及滑阀、连杆销等。

h：多用于 IT4 ~ IT11 级。广泛用于无相对转动的零件，作为一般的定位配合。若没有温度、变形影响，也用于精密滑动配合。

过渡配合：

js：偏差完全对称（±IT/2），平均间隙较小的配合，多用于 IT4 ~ IT7 级，要求间隙比 h 轴小，并允许略有过盈的定位配合。如联轴器、齿圈与钢制轮毂，可用木锤装配。

k：平均间隙接近于零的配合，适用于 IT4 ~ IT7 级，推荐用于稍有过盈的定位配合。例如为了消除振动用的定位配合，一般用木锤装配。

m：平均过盈较小的配合，适用于 IT4 ~ IT7 级，一般用木锤装配，当为最大过盈时，要求有相当大的压入力。

n：平均过盈比 m 轴稍大，很少得到间隙，适用于 IT4 ~ IT7 级，用锤或压入机装配，通常推荐用于紧密的组件配合，H6/n5 配合时为过盈配合。

过盈配合：

p：与 H6 或 H7 的孔配合时是过盈配合，与 H8 的孔配合时则为过渡配合。对非铁类零件，为较轻的压入配合；当需要时易于拆卸，对钢、铸铁或铜、钢组件装配是标准压入配合。

r：对铁类零件为中等打入配合；对非铁类零件，为轻打入配合，当需要时可以拆卸，与 H8 孔配合；直径在 100mm 以上时为过盈配合，直径小时为过渡配合。

s：用于钢和铁制零件的永久性和半永久性装配，可产生相当大的结合力。当用弹性材料，如轻合金时，配合性质与铁类零件的 p 轴相当。例如套环压装在轴上、阀座等的配合。尺寸较大时，为了避免损害配合表面，需用热胀或冷缩法装配。

t：过盈较大的配合。对钢和铸铁零件适于作永久性结合，不用键可传递力矩，需用热胀或冷缩法装配。例如联轴器与轴的配合。

u：这种配合过盈大，一般应验算在最大过盈时，工件材料是否损坏，要用热胀或冷缩法装配。例如火车轮毂和轴的配合。

下面是优先配合选用说明：

H11/c11、C11/h11：间隙非常大，用于很松的、转动很慢的动配合；要求大公差与大间隙的外露组件；要求装配方便的、很松的配合。

H9/d9、D9/h9：间隙很大的自由转动配合，用于精度非主要要求时，或有大的温度变化、高转速或大的轴颈压力时的配合。

H8/f7、F8/h7：间隙不大的转动配合，用于中等转速与中等轴颈压力的精确转动，也用于装配较易的中等定位配合。

H7/g6、G7/h6：间隙很小的滑动配合，用于不希望自由转动，但可自由移动和滑动并精密定位的配合，也可用于要求明确的定位配合。

H7/h6、H8/h7、H9/h9、H11/h11：均为间隙定位配合，零件可自由装拆，而工作时一般相对静止不动。在最大实体条件下的间隙为零，在最小实体条件下的间隙由公差等级决定。

H7/k6、K7/h6：过渡配合，用于精密定位的配合。

H7/n6、N7/h6：过渡配合，允许有较大过盈的、更精密定位的配合。

H7/p6、P7/h6：过盈定位配合，即小过盈配合，用于定位精度特别重要时，能以最好的定位精度达到部件的刚性及对中性要求，而对内孔承受压力无特殊要求，不依靠配合的紧固性传递摩擦负荷的配合。

H7/s6、S7/h6：中等压入配合，适用于一般钢件，或用于薄壁件的冷缩配合，用于铸铁件可得到最紧的配合。

H7/u6、U7/h6：压入配合，适用于可以承受高压入力的零件，或不宜有压入力的冷缩配合。

3）掌握一些经实践验证的典型应用实例。

① 间隙配合。图 10-16 所示为起重机吊钩铰链的配合。由于其工作条件差，受力变形大，工作时移动缓慢，故采用 H12/b12。

图 10-17 所示为精密车床尾座体孔与顶尖套筒的配合，要求精密滑动，并能较精确地定位，故采用 H6/h5。

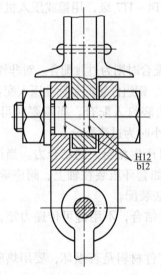
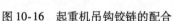

图 10-16　起重机吊钩铰链的配合

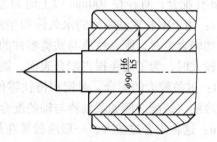

图 10-17　精密车床尾座体孔与顶尖套筒的配合

② 过渡配合。js、k、m 这几种基本偏差主要用于要求定心而又定期拆卸的定位配合。例如，机床中交换齿轮与轴的配合，精密滚动轴承内圈与轴的配合，常采用 js；齿轮与轴的配合常采用 k；凸轮与分配轴的配合，要求精密定位，则采用 m。

图 10-18 所示为涡轮青铜轮缘与轮辐的配合。因定位要求高，且不常拆卸，故选用 H7/n6，也可选用 H7/m6。图 10-19 所示为冲床齿轮与轴的配合。

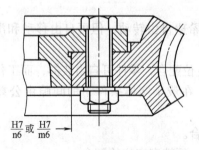

图 10-18　涡轮青铜轮缘与轮辐的配合

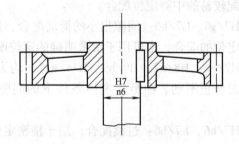

图 10-19　冲床齿轮与轴的配合

③ 过盈配合。图 10-20 所示为涡轮与轴的配合，因定位要求较高，故采用 H7/r6。

例 10-7　锥齿轮减速器如图 10-21 所示，工作条件为中等负荷和中等转速，稍有冲击，在中小型工厂小批量生产，试选择其各配合处的公差与配合。

解：根据减速器的工作条件、生产批量选择各配合处的公差与配合如下：

（1）联轴器与输入端轴颈 无特殊情况应优先采用基孔制；影响性能的重要配合，应选用较高公差等级，一般孔取 IT7、轴取 IT6。由于同轴度要求高，且能拆装（不常拆装），应选过渡配合。因无附加的轴向定位，故选较紧的过渡配合 φ40H7/m6。

（2）滚动轴承 7310 外圈与套杯孔 轴承是标准件，必然选择基轴制。因轴承公差带自成体系，标注时不标出基准件代号，为了发挥轴承固有精度的作用，非标准件应选用较高的公差等级，一般应选 IT7 以上；考虑到滚动轴承是薄壁零件，易变形，故配合的松紧应适中，以免打滑或"卡死"。根据受力情况，此处外圈固定，承受定向载荷，为避免滚道局部磨损严重而降低使用寿命，以及有些"爬行"（蠕动），故套杯孔选用 φ110J7。

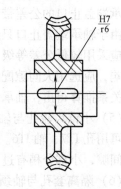

图 10-20 涡轮与轴的配合

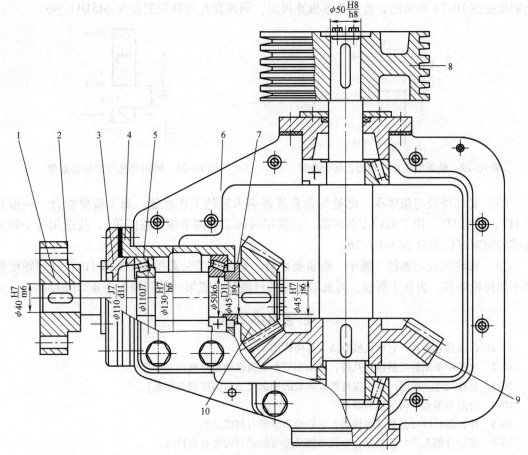

图 10-21 锥齿轮减速器

1—联轴器 2—输入端轴颈 3—轴承盖 4—套环 5—轴承 6—箱体 7—隔套 8—带轮 9、10—锥齿轮

（3）滚动轴承 7310 内圈与轴颈 采用 G 级轴承，轴承内圈与轴一同旋转，为防止打滑，应选用较紧配合，一般 G 级轴承相配件选用 k6。故轴颈选用 φ50k6。

（4）轴承端盖止口与套孔杯 此处配合要求比套杯孔与轴承外圈配合要松，后者已选用 $\phi110J7$，故此处不能采用基孔制，否则会出现阶梯孔，工艺性差。所以孔应按光孔加工，使轴承端盖止口的公差带下移，形成两非基准件组成的混合配合。

由于轴承端盖止口只起轴向定位作用，径向尺寸公差大些也不影响机器性能，为降低成本，应采用较低公差等级。为便于拆装及补偿由于形位误差引起止口（轴）作用尺寸增大的影响，应选用大间隙配合。此处可取 $X_{min} = +0.1mm$，配合类别则应按图 10-22 所示的公差带关系推算得出，轴承端盖止口与套孔杯配合为 $\phi110J7/d11$。

（5）小锥齿轮孔与轴颈 无特殊情况应优先采用基孔制，对于影响性能的重要配合，一般可用孔 IT7、轴 IT6。此处为中速中载、小批生产，可选用 $\phi45H7/js6$。该过渡配合大部分有间隙，小部分稍有过盈，是一种常用的精密定位配合。

（6）隔离套孔与轴颈 此处配合是两非基准件组成的混合配合。隔离套只起轴向定位作用，径向尺寸大些不影响工作性能。为降低成本，选用低的公差等级 IT11，为便于拆装和避免装配时隔离套划伤轴颈，应采用大间隙配合，此处可取 $X_{min} = +0.1mm$ 左右，而配合类别应按图 10-23 所示的公差带关系推算得出，隔离套孔与轴颈配合为 $\phi45D11/js6$。

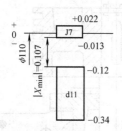

图 10-22 轴承端盖止口与套孔杯公差带

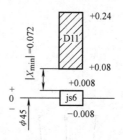

图 10-23 隔离套孔与轴颈公差带

（7）套杯外径与箱体孔 此处配合直接影响齿轮的工作性能，属于重要配合，一般孔用 IT7、轴用 IT6，由于同轴度要求高，且能相对运动（调节锥齿轮间隙），故选用最小间隙为零的间隙定位配合 $\phi130H7/h6$。

（8）带轮内孔与轴径 属于一般重要配合，可选中等公差等级 IT8 或 IT9，且同轴度要求不如齿轮处高，为便于拆装，可选取较松的过渡配合或第一种间隙配合 $\phi50H8/h8$。

思考与练习题

10-1 什么是互换性？它在机械制造中有何作用？

10-2 生产中常用的互换性有几种？采用不完全互换性的条件和意义是什么？

10-3 公称尺寸、极限尺寸和提取组成要素的局部尺寸有何区别与联系？

10-4 公差与偏差有何区别和联系？

10-5 什么是标准公差和基本偏差？它们与公差带有何联系？

10-6 配合分哪几类？各类配合中孔和轴公差带的相对位置有何特点？

10-7 什么是基准制？为什么要规定基准制？为什么优先采用基孔制？在什么情况下采用基轴制？

10-8 基准制、公差等级和配合种类选择的依据分别是什么？

10-9 按表 10-6 给出的数据，计算表中空格处的数值，并将计算结果填入相应的空格内（单位：mm）。

表 10-6 轴、孔的尺寸数值表

公称尺寸	上极限尺寸	下极限尺寸	上极限偏差	下极限偏差	公 差	尺寸标注
孔 $\phi 30$	30.033	30				
孔 $\phi 80$						$\phi 80^{+0.060}_{+0.030}$
孔 $\phi 130$			+0.014		0.035	
轴 $\phi 20$			−0.018	−0.025		
轴 $\phi 50$	50				0.025	
轴 $\phi 100$		100.045			0.036	

10-10 已知下列三对孔、轴相配合。要求：

(1) 分别计算三对配合的极限间隙或极限过盈、配合公差。

(2) 分别绘出公差带图，并说明它们的配合类型。

1）孔：$\phi 25^{+0.033}_{0}$ 轴：$\phi 25^{-0.065}_{-0.098}$

2）孔：$\phi 40^{+0.006}_{-0.018}$ 轴：$\phi 40^{0}_{-0.016}$

3）孔：$\phi 60^{+0.046}_{0}$ 轴：$\phi 60^{+0.083}_{+0.053}$

10-11 查表确定以下各配合的极限偏差，计算极限间隙或极限过盈、配合公差，并判断基准制及配合种类。

(1) $\phi 40H8/f7$ (2) $\phi 100G10/h10$ (3) $\phi 50K7/h6$

(4) $\phi 120H8/r8$ (5) $\phi 150H7/u6$ (6) $\phi 30M6/h5$

10-12 已知下列三对孔、轴配合的配合要求，试分别确定孔、轴公差等级及配合代号。

(1) 公称尺寸 $\phi 30mm$，$X_{max}=0.090mm$，$X_{min}=0.018mm$。

(2) 公称尺寸 $\phi 40mm$，$Y_{max}=-0.080mm$，$Y_{min}=-0.033mm$。

(3) 公称尺寸 $\phi 60mm$，$Y_{max}=-0.052mm$，$X_{max}=0.032mm$。

10-13 试确定图 10-24 所示车床尾座中下列部位的公差带和配合性质，并画出公差与配合图解。

(1) 手轮和螺杆轴 3（$\phi 12mm$）。

(2) 后盖 6 和螺杆轴 3（$\phi 15mm$）。

(3) 螺母 4 与移动套筒 2（$\phi 30mm$）。

(4) 移动套筒 2 与尾座 1（$\phi 45mm$）。

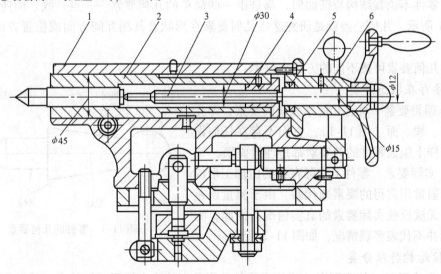

图 10-24 习题 10-13 图

1—尾座 2—移动套筒 3—螺杆轴 4—螺母 5—卡簧 6—后盖

第十一章 几何公差

在零件的加工过程中，由于工件、刀具、机床的变形，相对运动关系的不准确，振动以及定位不准确等原因，都会使零件各几何要素的形状、方向和相互位置产生误差。

零件几何要素的形状、方向和位置误差会对产品的使用性能产生不利的影响。例如：轴颈和轴承的圆度误差会降低轴的旋转精度，导轨的直线度误差会影响运动精度，轴线的平行度误差会使齿轮啮合不均匀，摩擦片的平面度误差会降低其工作的可靠性等。

虽然零件在生产过程中存在各种误差，但是零件在使用中并不需要绝对消除这些误差。只须根据零件的使用性能，将误差控制在一定的范围内即满足要求，也就是说使零件几何参数在允许的范围内变动便可实现互换性的生产。

因此，在机械产品的设计过程中，必须考虑几何公差的设计以保证产品质量。我国为了适应经济的快速发展和国家间的技术交流，国家质量监督检验检疫总局和国家标准化管理委员会在2008年2月发布了GB/T 1182—2008《产品几何技术规范（GPS）几何公差 形状、方向、位置和跳动公差标注》，并要求从2008年8月1日开始实施。本章重点介绍该标准的主要内容。

第一节 几何公差的种类与标注

一、几何公差的研究对象

各种零件不论其结构特征如何，都是由一些简单的几何要素——点、线、面所组成的，如图11-1所示。几何公差就是研究这些几何要素在形状及其相互间方向或位置方面的精度要求。

零件几何要素可按不同的方式来分类：

1. **按存在状态分类**

（1）理想要素　具有几何学意义的要素，即几何上的点、线、面（图11-1），它们不存在任何误差。在图样上组成零件的各要素都是理想要素。

（2）实际要素　零件上实际存在的由加工形成的要素，通常用测得的要素来代替。由于测量误差的存在，无法反映实际要素的真实情况。因此，测得的要素并不代表客观情况，如图11-2所示。

2. **按结构特征分类**

（1）组成要素（轮廓要素）　构成零件外形并直接为人们所感知的点、线、面各要素。如图11-1中的球面、圆锥面、平面和圆柱面

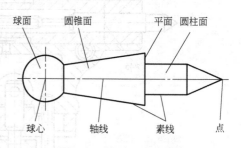

图 11-1　零件的几何要素

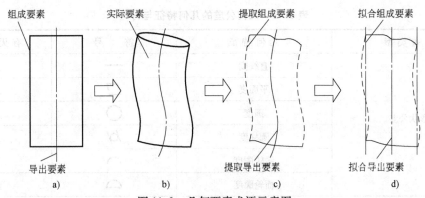

图 11-2　几何要素术语示意图

a) 零件图样　b) 加工工件　c) 提取要素　d) 拟合要素

1) 提取组成要素：根据特殊规定，对实际（组成）要素测量有限个点得到的实际（组成）要素的近似替代要素。

2) 拟合组成要素：按照规定方法由提取组成要素形成的并具有理想形状的组成要素。

（2）导出要素（中心要素）　组成要素对称中心所表示的点、线、面各要素。如图 11-1 中零件的轴线、球心等。导出要素虽然不能为人们直接感觉到，但它是随着相应组成要素的存在而客观地存在着。

1) 提取导出要素：由一个或多个提取组成要素导出的中心点、中心线或中心平面。

2) 拟合导出要素：由一个或多个拟合组成要素导出的中心点、中心线或中心平面。

图 11-2 以圆柱为例描述了各几何要素定义之间的关系。

3. 按所处地位分类

（1）被测要素　图样中给出几何公差要求的要素，是检测的对象。

（2）基准要素　用来确定被测要素方向或（和）位置的要素。作为基准要素的理想要素，简称基准。

4. 按功能关系分类

（1）单一要素　仅对其本身给出形状公差要求的要素。如直线度、平面度、圆度、圆柱度等。

（2）关联要素　对其他要素具有功能关系的要素。所谓功能要求，是指要素间具有确定的方向和位置关系。如平行度、垂直度、同轴度、对称度等。

二、几何公差的特征及符号

国家标准将几何公差分为 19 个项目，其中形状公差 6 项、方向公差 5 项、位置公差 6 项、跳动公差 2 项，见表 11-1。

三、几何公差的标注

1. 几何公差代号

GB/T 1182—2008 规定，在技术图样中，几何公差采用代号标注。其代号包括：几何特征项目符号、公差框格和指引线、公差值和其他有关代号、基准代号。当实在无法采用代号标注时，允许在技术要求中用文字说明。

表 11-1 几何公差的几何特征与符号

公差类型	几何特征	符 号	有无基准
形状公差	直线度	—	无
	平面度	▱	无
	圆度	○	无
	圆柱度	⌀/	无
	线轮廓度	⌒	无
	面轮廓度	⌓	无
方向公差	平行度	∥	有
	垂直度	⊥	有
	倾斜度	∠	有
	线轮廓度	⌒	有
	面轮廓度	⌓	有
位置公差	位置度	⊕	有
	同心度	◎	有
	同轴度	◎	有
	对称度	≡	有
	线轮廓度	⌒	有
	面轮廓度	⌓	有
跳动	圆跳动	↗	有
	全跳动	↗↗	有

（1）公差框格及填写 如图 11-3 所示，几何公差框格可分为两格或多格（格数多少由填写内容决定）。公差框格应水平或垂直地绘制，其线型为细实线。水平绘制的框格从左到右填写有关内容，垂直绘制的框格从下到上填写有关内容。

第一格——几何公差特征项目符号。

第二格——公差值，以线性尺寸单位表示的量值。如果公差带为圆形或圆柱形，公差值前应加注符号"ϕ"；如果公差带为圆球形，则公差值前应加注符号"$S\phi$"。

第三格和以后各格——基准，用一个字母表示单个基准或用几个字母表示基准体系或公共基准。

公差框格中的数字和字母，其高度应与图样中尺寸数字的高度相同，框格的高度为二倍的字体高度。

当某项公差应用于几个相同要素时，应在公差框格上方注明要素个数的数字及符号"×"，若被测要素为尺寸要素，则还需在符号"×"后加注被测要素的尺寸，如图 11-4a、b 所示。

如果需要限制被测要素在公差带内的形状，则应在公差框格的下方注明有关符号，如图

11-4c 所示。"NC"的含义为不凸起。

如果需要对某个要素给出几种几何特征的公差，则可将一个公差框格放在另一个的下面，如图 11-4d 所示。

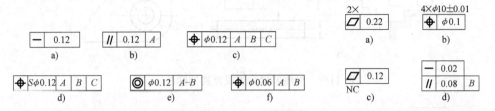

图 11-3 公差框格填写　　　图 11-4 相同要素及特殊要求标注

（2）指引线 如图 11-5 所示，指引线连接被测要素和公差框格。指引线由细实线和箭头构成，它从公差框格的任意一端引出，并保持与公差框格端线垂直，指向被测要素时允许弯折，但不得多于两次。指引线的箭头应指向公差带的宽度方向或直径。

（3）基准符号与基准代号

1）基准符号：它为一涂黑或空白的三角形。

2）基准代号：由基准符号、方框、连线和字母组成。无论基准符号的方向如何，字母都应水平书写，如图 11-6 所示。

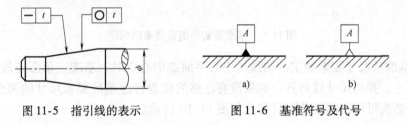

图 11-5 指引线的表示　　　图 11-6 基准符号及代号

基准在图样上的表达是在基准部位标注基准符号，在公差框格中填写基准的大写字母。以单一要素作基准时，用一个大写字母表示，如图 11-6 所示。以两个要素建立公共基准时，用中间加一横线的两个大写字母表示。以两个或三个要素建立基准体系时，表示基准的大写字母按基准的优先顺序自左至右填写在各框格内。基准的多少，取决于对被测要素的功能要求。

2. 被测要素的标注

标注被测要素时，要特别注意公差框格的指引线所指的位置和方向，箭头的位置和方向不同将有不同的公差要求解释。

1）当被测要素为组合要素（轮廓线或轮廓面）时，指引线的箭头应指在该要素的轮廓线或其延长线上，并与尺寸线明显地错开，如图 11-7a 所示。若受视图方向的限制，箭头也可指向带黑点的引出线的水平线，该点指在被测面上，如图 11-7b 所示。

2）当被测要素为导出要素中心线、中心面或中心点时，指引线的箭头应位于相应尺寸线的延长线上，并与尺寸线对齐，如图 11-8 所示。

3. 基准要素的标注

1）当基准要素是组成要素（轮廓线或轮廓面）时，基准三角形放置在该要素的轮廓线或其延长线上，并与尺寸线明显地错开，如图 11-9a 所示。若受视图方向的限制，基准三角形也可放置在带黑点的引出线的水平线上，该点指在该轮廓面上，如图 11-9b 所示。

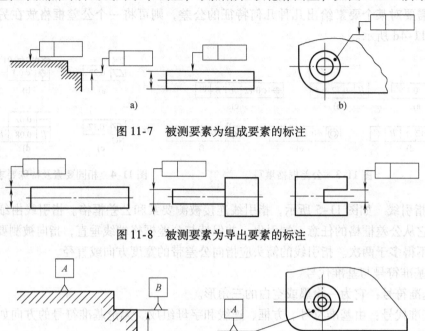

图 11-7　被测要素为组成要素的标注

图 11-8　被测要素为导出要素的标注

图 11-9　基准要素为组成要素的标注

2）当基准是尺寸要素确定的轴线、中心平面或中心点时，基准三角形应放置在该尺寸线的延长线上，并与尺寸线对齐。如果没有足够的位置标注基准要素尺寸的两个尺寸箭头，则其中一个箭头可用基准三角形代替，如图 11-10 所示。

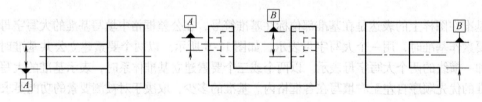

图 11-10　基准要素为导出要素的标注

4. 特殊规定的标注

（1）部分长度上的公差值标注　由于功能要求，有时不仅需要限制被测要素在整个范围内的几何公差，还需要限制特定长度或特定面积上的几何公差，为此需在公差后面加注限定范围的线性尺寸值，并在两者间用斜线隔开，如果被测要素标注的是两项或两项以上相同几何特征的公差，则可直接在整个要素公差框格的下方放置另一个公差框格，如图 11-11 所示。

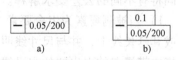

图 11-11　部分长度上的公差值标注
a）局部限制　b）进一步限制

（2）公共公差带标注　当两个或两个以上的被测要素具有相同的几何特征时，可用一个公差框格表示，如图 11-12a 所示。但如果这些被测要素共面或共线，则需在框格内公差数值的后面加注公共公差带的符号"CZ",如图 11-12b 所示。

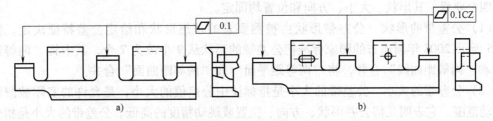

图 11-12 公共公差带的标注

（3）全周符号的标注 如果轮廓度特征适用于横截面的整周轮廓或由该轮廓所示的整周表面时,应采用"全周"符号表示,即在公差框格指引线的弯折处用一个细实线的小圆圈表示,如图 11-13 所示。"全周"并不包括整个工件的所有表面,而只包括由轮廓和公差标注所表示的各个表面。

（4）理论正确尺寸的标注 当给出一个或一组要素的位置、方向或轮廓度公差时,分别用来确定其理论正确位置、方向、轮廓的尺寸称为理论正确尺寸（TED）。理论正确尺寸也用于确定基准体系中各基准之间的方向、位置关系。它没有公差,并标注在一个方框中,如图 11-14 所示。

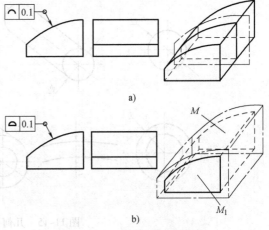

图 11-13 全周公差带的标注

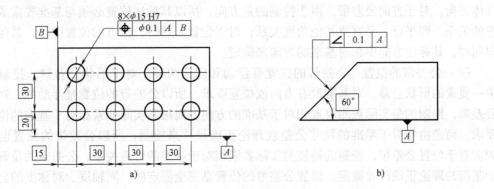

图 11-14 理论正确尺寸的标注

第二节 几何公差带

几何公差带是用来限制被测实际要素变动的区域,只要被测要素完全落在规定的公差带内,就表示被测要素的形状、方向或位置符合设计要求。

几何公差带具有形状、大小、方向和位置四个要素。形状公差带具有大小和形状两个要素，方向和位置浮动；方向公差带具有大小、形状和位置三个要素，位置浮动；位置公差带具有四个要素，其形状、大小、方向和位置均固定。

（1）公差带的形状 公差带形状由被测要素的理想形状和给定公差特征决定。如图11-15所示，2008年新颁布的国家标准把公差带的形状从9个改为7个，其中将"两等距直线"和"两等距曲线"合并，将"两等距平面"和"两等距曲面"合并。

（2）公差带的大小 公差带的大小是指标注中公差值的大小，是允许的实际被测要素的变动范围。它表明几何公差形状、方向、位置或跳动精度的高低。公差带的大小是指公差带的宽度或直径。

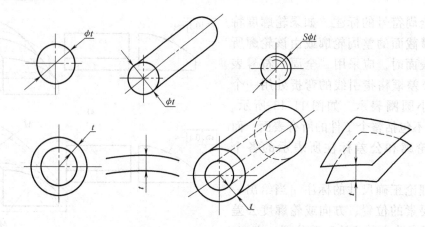

图11-15 几何公差带的形状

（3）公差带的方向 公差带的方向是指与公差带延伸方向相垂直的方向，通常为指引线箭头所指的方向。对于形状公差带，其标注方向符合最小条件原则，但不控制实际要素的具体方向；对于方向公差带，由于控制的是方向，所以其标注位置必须与基准要素成绝对理想的关系，即平行、垂直或其他角度关系；对于位置公差带，除点的位置度外，其他都有方向问题，其标注方向由相对基准的方向来确定。

（4）公差带的位置 公差带的位置有浮动和固定两种。对于形状公差带，控制的只是单一要素的形状公差，对基准没有方向或位置要求，所以公差带的位置是浮动的；对于方向公差带，控制的是实际被测要素相对于基准的方向，而被测实际要素相对于基准的位置没有要求，而是由相对于基准的尺寸公差或理论正确尺寸来控制，所以公差带的位置也是浮动的。对于位置公差带，控制的是被测实际要素相对于基准的位置关系，公差带的位置由相对于基准的理论正确尺寸确定，位置公差带的位置是完全固定的。同轴度、对称度的公差带位置与基准重合，理论正确尺寸为零。

一、形状公差带

形状公差是单一被测实际要素的形状对其理想要素所允许的变动全量。形状公差用以限制形状误差，用形状公差带表示，它是限制单一被测要素形状误差变动的区域，零件实际要素在该区域内为合格。形状公差的大小用公差带的宽度或直径来表示，由形状公差值决定。

形状公差特征项目有直线度、平面度、圆度、圆柱度、线轮廓度和面轮廓度。其中线轮廓度和面轮廓度是无基准的。公差带形状只由理论正确尺寸决定。形状公差带不涉及基准，只包括形状和大小两个要素，没有方向和位置的约束，可随被测实际要素不同的状态而浮动。形状公差带的定义、标注和解释见表 11-2。

表 11-2 形状公差带的定义、标注和解释（摘自 GB/T 1182—2008）

（单位：mm）

项目特征及符号	公差带定义	标注和解释
直线度 ⎯	公差带为在给定平面内和给定方向上，间距等于公差值 t 的两平行直线所限定的区域 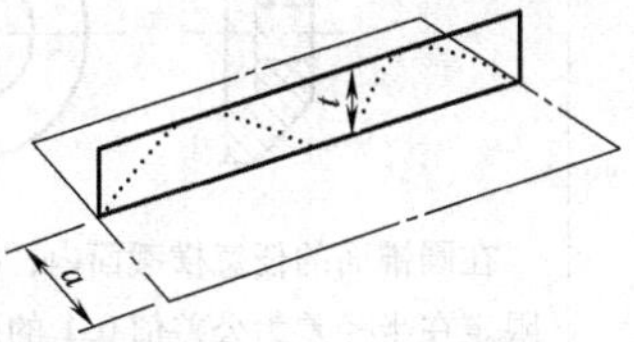 a—任意距离	在任一平行于图示投影的平面内，上平面的提取（实际）线应限定在间距等于 0.1 的平行直线之间 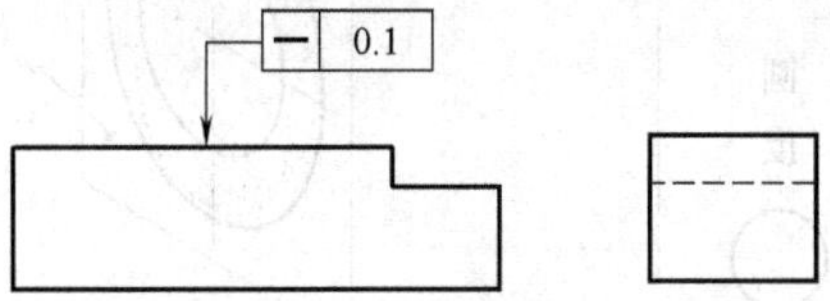
	公差带为间距等于公差值 t 的两平行平面之间所限定的区域 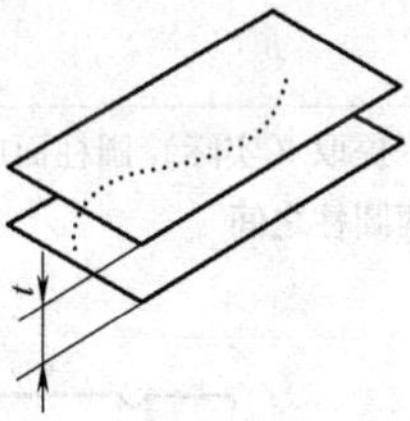 	提取（实际）的棱边应限定在间距等于 0.1 的两平行平面之间 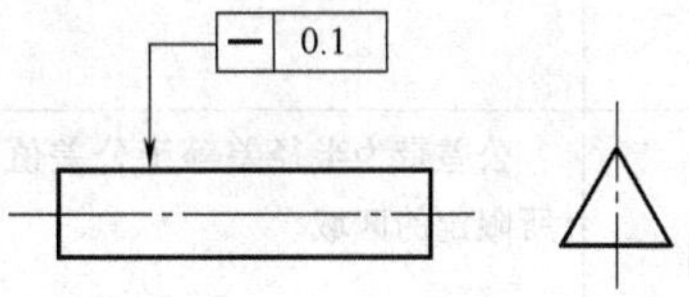
	由于公差值前加注了符号 ϕ，公差带为直径等于公差值 ϕt 的圆柱面所限定的区域 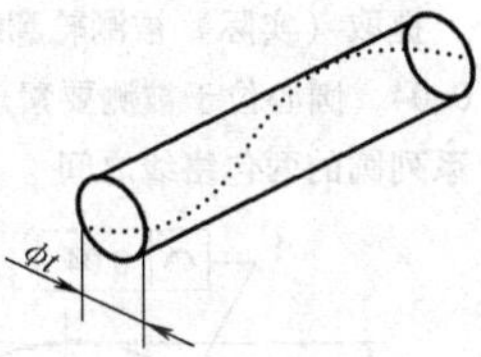 	外圆柱面的提取（实际）中心线应限定在直径等于 $\phi0.08$ 的圆柱面内 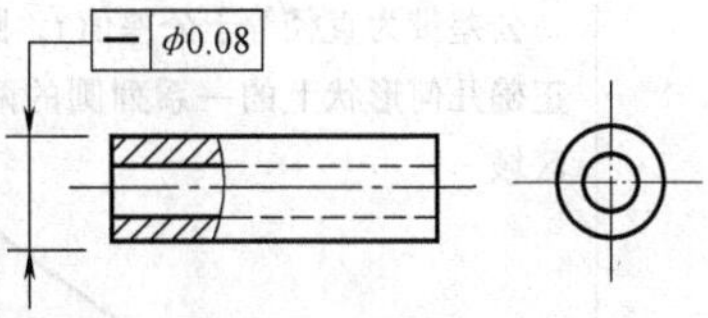
平面度 ▱	公差带为间距等于公差值 t 的两平行平面所限定的区域 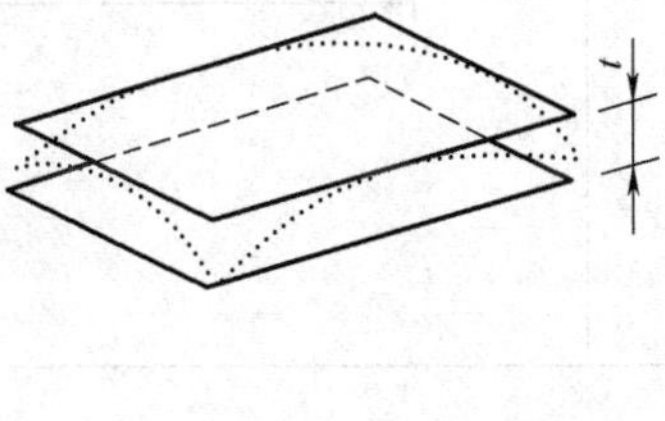 	提取（实际）表面应限定在间距等于 0.08 的两平行平面之间 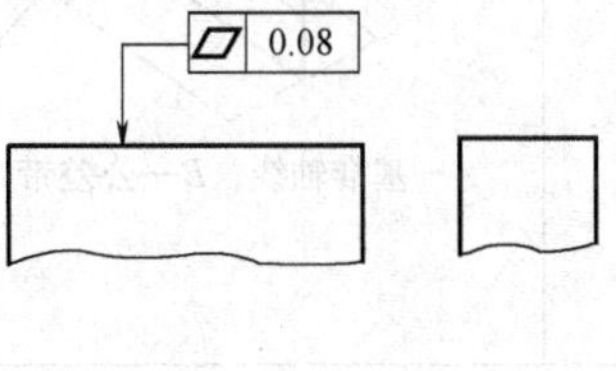

（续）

项目特征及符号	公差带定义	标注和解释
圆度 ○	公差带是在给定横截面内，半径差等于公差值 t 的两同心圆所限定的区域 A—任一横截面	在圆柱面和圆锥面的任意横截面内，提取（实际）圆周应限定在间距等于 0.03 的两共面同心圆之间 在圆锥面的任意横截面内，提取（实际）圆周应限定在半径差为公差值 0.1 的两同心圆之间
圆柱度 ⌀	公差带为半径差等于公差值 t 的两同轴圆柱面所限定的区域 	提取（实际）圆柱面应限定在半径差等于 0.1 的两圆柱之间
线轮廓度 ⌒	公差带为直径等于公差值 t，圆心位于具有理论正确几何形状上的一系列圆的两包络线所限定的区域 A—基准轴线，B—公差带	提取（实际）被测轮廓线应限定在直径为公差值 0.04，圆心位于被测要素理论正确几何形状上的一系列圆的两包络线之间

（续）

项目特征及符号	公差带定义	标注和解释
面轮廓度 ⌒	公差带为直径等于公差值 t，球心位于被测要素理论正确形状上的一系列圆球的两包络面所限定的区域 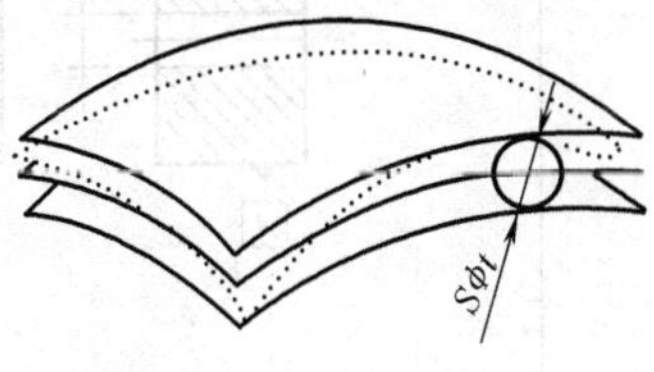	提取（实际）轮廓面应限定在直径等于0.02，球心位于被测要素理论正确几何形状上的一系列圆球的两等距包络面之间 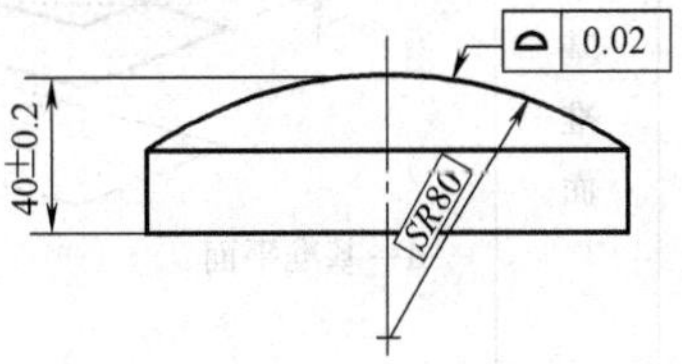

二、方向公差带

方向公差是指关联被测实际要素的方向对其基准在规定方向上所允许的变动全量。方向公差用以限制方向误差，用方向公差带表示，它是限制关联实际要素方向误差的变动区域。关联实际要素位于该区域内为合格，否则为不合格，区域的大小由公差值确定。

方向公差特征项目有平行度、垂直度、倾斜度和线轮廓度、面轮廓度。方向公差带的大小和形状是固定的，同时相对于基准有确定的方向，而其位置是可浮动的。部分方向公差带的定义、标注和解释见表11-3（线轮廓度、面轮廓度省略）。

表 11-3 部分方向公差带的定义、标注和解释（摘自 GB/T 1182—2008）

（单位：mm）

项目特征及符号		公差带定义	标注和解释
平行度 //	线对基准体系	公差带为间距等于公差值 t，平行于基准轴线 A 且垂直于基准平面 B 的两平行平面所限定的区域 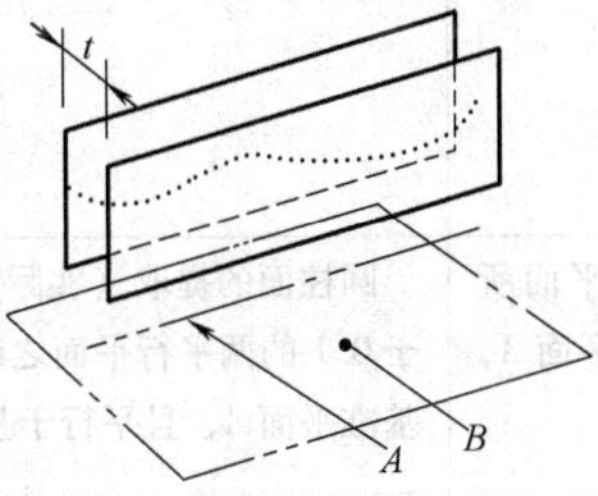 A—基准轴线，B—基准平面	提取（实际）中心线应限定在间距等于0.1的两平行平面之间。该两平行平面平行于基准轴线 A 且垂直于基准平面 B 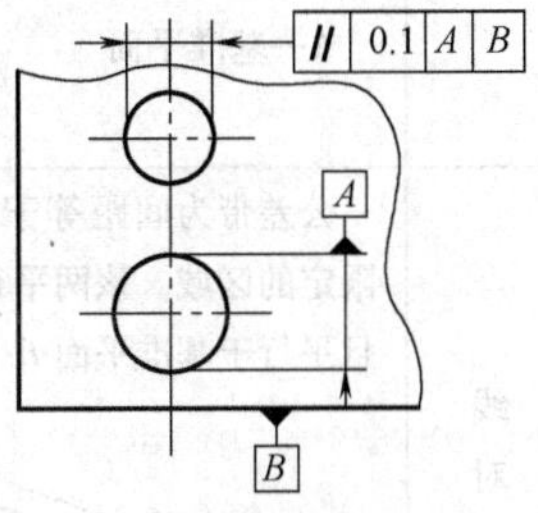
	线对基准线	若公差值前加注了符号 ϕ，公差带为平行于基准轴线，直径等于公差值 ϕt 的圆柱面所限定的区域 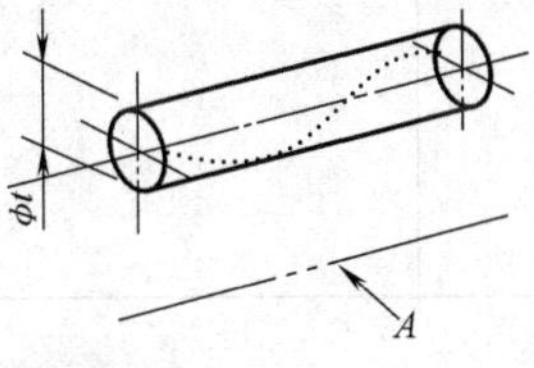 A—基准轴线	提取（实际）中心线应限定在平行于基准轴线 A、直径等于 $\phi0.03$ 的圆柱面内 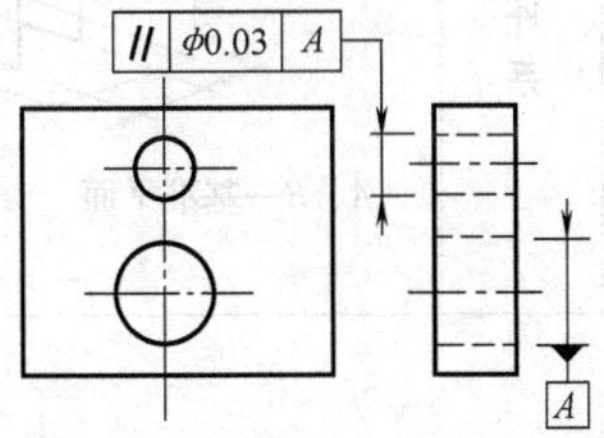

项目特征及符号	公差带定义	标注和解释
平行度 ∥ 线对基准面	公差带为平行于基准平面，间距等于公差值 t 的两平行平面所限定的区域 A—基准平面	提取（实际）中心线应限定在平行于基准平面 A、间距等于 0.01 的两平行平面之间 ∥ | 0.01 | A
面对基准线	公差带为间距等于公差值 t，平行于基准轴线的两平行平面所限定的区域 A—基准轴线	提取（实际）表面应限定在间距等于 0.1，平行于基准轴线 A 的两平行平面之间 ∥ | 0.1 | A
面对基准面	公差带为间距等于公差值 t，平行于基准平面的两平行平面所限定的区域 A—基准平面	提取（实际）表面应限定在间距等于 0.01，平行于基准平面 A 的两平行平面之间 ∥ | 0.01 | A
垂直度 ⊥ 线对基准体系	公差带为间距等于公差值 t 的两平行平面所限定的区域。该两平行平面垂直于基准平面 A，且平行于基准平面 B A、B—基准平面	圆柱面的提取（实际）中心线应限定在间距等于 0.1 的两平行平面之间。该两平行平面垂直于基准平面 A，且平行于基准平面 B ⊥ | 0.1 | A | B

（续）

项目特征及符号		公差带定义	标注和解释
垂直度 ⊥	线对基准线	公差带为间距等于公差值 t，垂直于基准线的两平行平面所限定的区域 A—基准线	提取（实际）中心线应限定在间距等于0.06，垂直于基准线 A 的两平行平面之间
	线对基准面	若公差值前加注符号 ϕ，公差带为直径等于公差值 ϕt，轴线垂直于基准平面的圆柱面所限定的区域 A—基准平面	圆柱面的提取（实际）中心线应限定在直径等于 $\phi0.01$，垂直于基准平面 A 的圆柱面内
	面对基准线	公差带为间距等于公差值 t 且垂直于基准轴线的两平行平面所限定的区域 A—基准轴线	提取（实际）表面应限定在间距等于0.08的两平行平面之间，该两平行平面垂直于基准轴线 A
	面对基准平面	公差带为距离等于公差值 t，垂直于基准平面的两平行平面所限定的区域 A—基准平面	提取（实际）表面应限定在间距等于0.08，垂直于基准平面 A 的两平行平面之间

（续）

项目特征及符号		公差带定义	标注和解释
倾斜度 ∠	线对基准面	公差值前加注符号 ϕ，公差带为直径等于公差值 ϕt 的圆柱面所限定的区域，该圆柱面公差带的轴线按给定角度倾斜于基准平面 A，且平行于基准平面 B 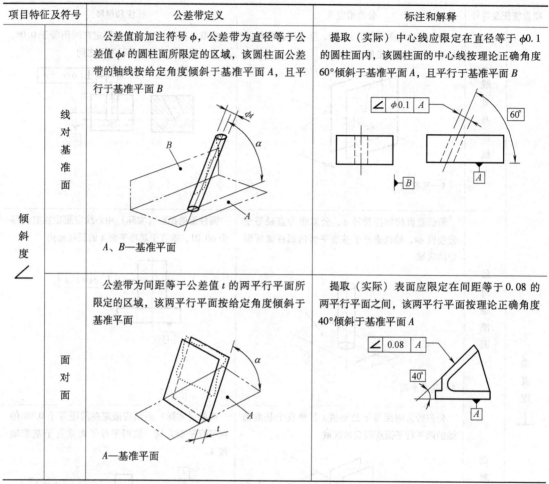 A、B—基准平面	提取（实际）中心线应限定在直径等于 $\phi 0.1$ 的圆柱面内，该圆柱面的中心线按理论正确角度 $60°$ 倾斜于基准平面 A，且平行于基准平面 B
	面对面	公差带为间距等于公差值 t 的两平行平面所限定的区域，该两平行平面按给定角度倾斜于基准平面 A—基准平面	提取（实际）表面应限定在间距等于 0.08 的两平行平面之间，该两平行平面按理论正确角度 $40°$ 倾斜于基准平面 A

由方向公差带的特点可以看出，方向公差带可同时限制被测要素的形状和方向。因此，通常对同一被测要素给出方向公差后，对该要素不再给出形状公差。如果需要对它的形状精度提出进一步要求，可以在给出方向公差的同时再给出形状公差，但形状公差的公差值必须小于方向公差的公差值。如图 11-16 所示的零件，根据功能要求，对 ϕd 轴线已给出 $\phi 0.05$mm 的垂直度要求，但对该轴的直线度有进一步要求，故又给出了 $\phi 0.02$mm 的直线度要求。

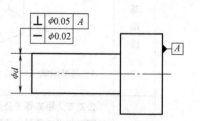

图 11-16 方向和形状公差同时标注

三、位置公差带

位置公差是指关联被测要素的位置对其基准在规定位置上所允许的变动全量。位置公差用以限制位置误差，用位置公差带表示，它是限制关联实际要素位置误差的变动区域。关联实际要素的位置位于该区域内为合格，否则为不合格，区域的大小由公差值确定。

位置公差特征项目有位置度、同轴度、同心度、对称度和有基准的线轮廓度、有基准的面轮廓度六个项目，位置公差带的形状、大小、方向和位置四个要素均固定。部分位置公差带的定义、标注和解释见表11-4。

表11-4 部分位置公差带的定义、标注和解释（摘自 GB/T 1182—2008）

（单位：mm）

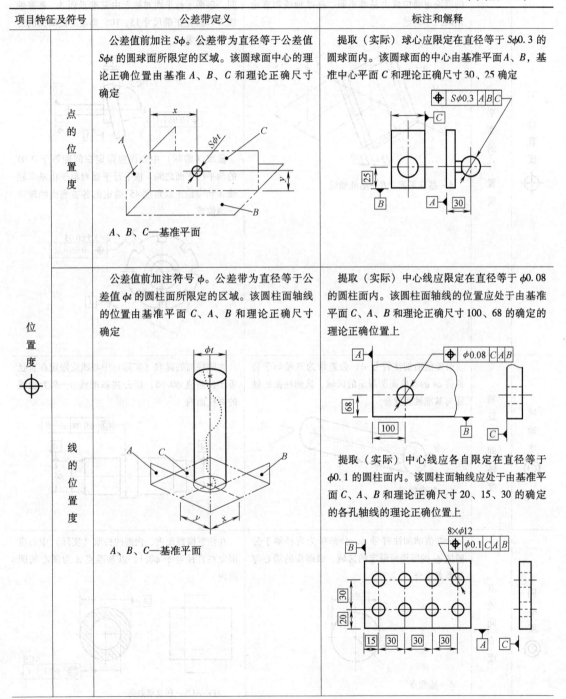

项目特征及符号		公差带定义	标注和解释
位 置 度 $\bigoplus$	点 的 位 置 度	公差值前加注 $S\phi$。公差带为直径等于公差值 $S\phi t$ 的圆球面所限定的区域。该圆球面中心的理论正确位置由基准 A、B、C 和理论正确尺寸确定 A、B、C—基准平面	提取（实际）球心应限定在直径等于 $S\phi 0.3$ 的圆球面内。该圆球面的中心由基准平面 A、B，基准中心平面 C 和理论正确尺寸 30、25 确定
	线 的 位 置 度	公差值前加注符号 ϕ。公差带为直径等于公差值 ϕt 的圆柱面所限定的区域。该圆柱面轴线的位置由基准平面 C、A、B 和理论正确尺寸确定 A、B、C—基准平面	提取（实际）中心线应限定在直径等于 $\phi 0.08$ 的圆柱面内。该圆柱面轴线的位置应处于由基准平面 C、A、B 和理论正确尺寸 100、68 的确定的理论正确位置上 提取（实际）中心线应各自限定在直径等于 $\phi 0.1$ 的圆柱面内。该圆柱面轴线应处于由基准平面 C、A、B 和理论正确尺寸 20、15、30 的确定的各孔轴线的理论正确位置上

（续）

项目特征及符号		公差带定义	标注和解释
位置度 ⊕	平面的位置度	公差带为间距等于公差值 t，且对称于被测面理论正确位置的两平行平面所限定的区域。面的理论正确位置由基准平面、基准轴线和理论正确尺寸确定 A—基准平面，B—基准轴线	提取（实际）表面应限定在间距等于0.05、且对称于被测面的理论正确位置的两平行平面之间。该两平行平面对称于由基准平面 A、基准轴线 B 和理论正确尺寸 15、105° 确定的被测面的理论正确位置 提取（实际）中心面应限定在间距等于0.05的两平行平面之间。该平行平面对称于由基准轴线 A 和理论正确角度 45° 确定的各被测面的理论正确位置
同轴度 ◎	轴线的同轴度	公差值前加注符号 ϕ，公差带为直径等于公差值 ϕt 的圆柱面所限定的区域。该圆柱面的轴线与基准轴线重合 A—基准轴线	大圆柱面的提取（实际）中心线应限定在直径等于公差值 $\phi 0.08$，以公共基准线 A—B 为轴线的圆柱面内
同心度 ◎	点的同心度	公差值前加注符号 ϕ。公差带为直径等于公差值 ϕt 的圆周所限定的区域。该圆周的圆心与基准点重合 A—基准点	在任意横截面内，内圆的提取（实际）中心应限定在直径等于 $\phi 0.1$，以基准点 A 为圆心的圆周内 注：ACS—任意横截面

（续）

项目特征及符号		公差带定义	标注和解释
对称度 ≡	中心平面的对称度	公差带是间距等于公差值 t，对称于基准中心平面的两平行平面所限定的区域 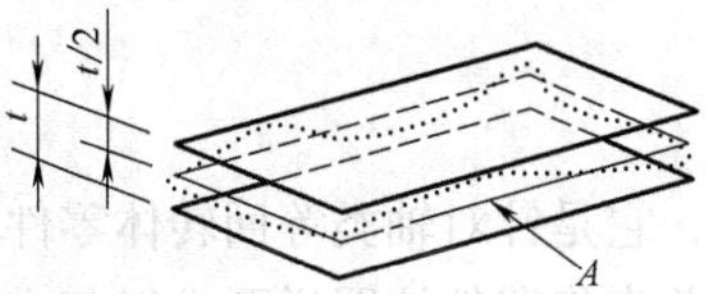 A—基准中心平面	提取（实际）中心面应限定在间距等于0.08，对称于基准中心平面 A 的两平行平面之间 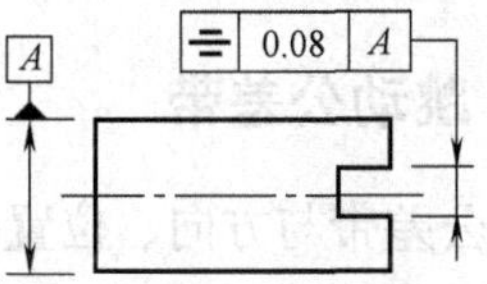 提取（实际）中心面应限定在间距等于0.08，对称于公共基准中心平面 A—B 的两平行平面之间 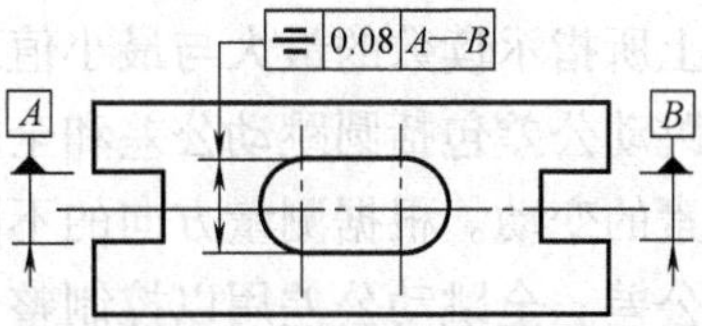
线轮廓度 ⌒	相对于基准体系	公差带为直径等于公差值 t，圆心位于由基准平面 A 和基准平面 B 确定的被测要素理论正确几何形状上的一系列圆的两包络线所限定的区域 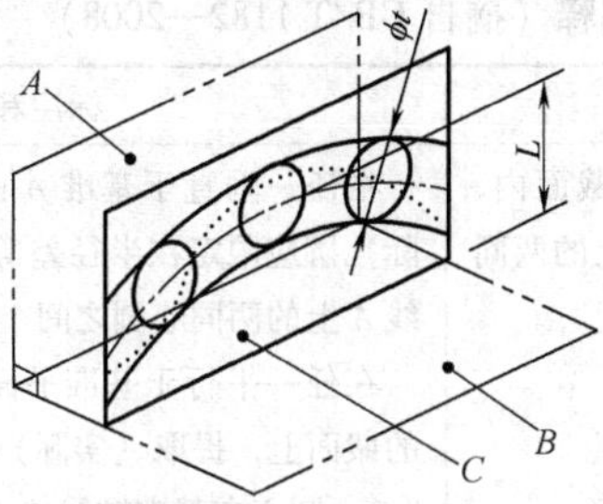 A、B—基准平面，C—平行于基准 A 的平面	在任一平行于图示投影平面的截面内，提取（实际）轮廓线应限定在直径等于0.04，圆心位于由基准平面 A 和基准平面 B 确定的被测要素理论正确几何形状上的一系列圆的两等距包络线之间 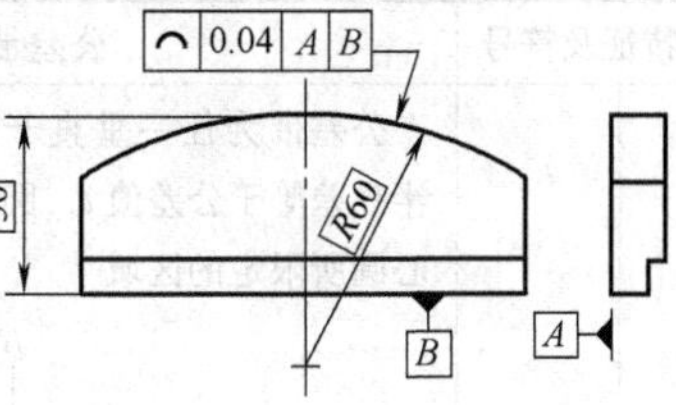
面轮廓度 ⌒	相对于基准	公差带为直径等于公差值 t，球心位于由基准平面 A 确定的被测要素理论正确几何形状上的一系列圆球的两包络面所限定的区域 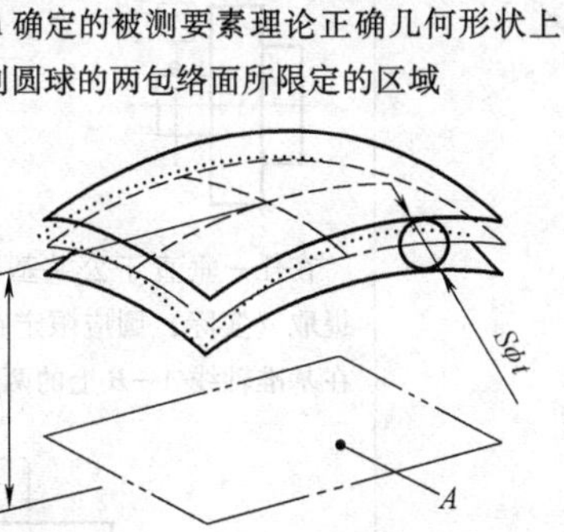 A—基准平面	提取（实际）轮廓面应限定在直径等于0.1，球心位于由基准平面 A 确定的被测要素理论正确几何形状上的一系列圆球的两等距包络面之间 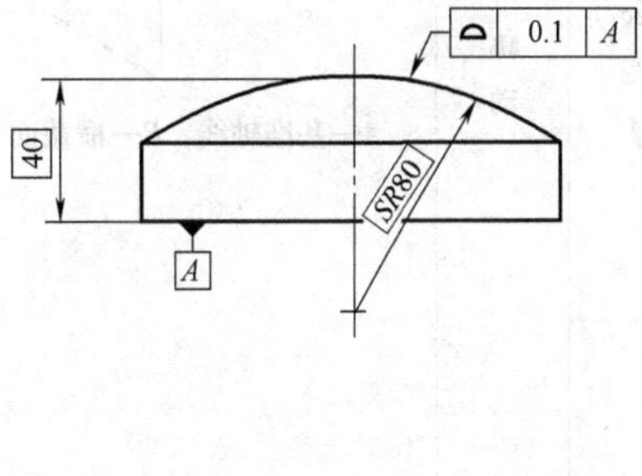

　　由位置公差带的特点可以看出，位置公差带可同时限制被测要素的形状、方向和位置。因此，通常对同一被测要素给出位置公差后，就不再对该要素给出方向和形状公差，如果根据功能要求需要对它的形状或（和）方向提出进一步要求，可以在给出位置公差的同时，再给出形状公差或（和）方向公差，使形状公差＜方向公差＜位置公差。

四、跳动公差带

　　跳动公差带与方向、位置公差项目不同，它是针对轴类等回转体零件的工作状态，按特定的检测方式而定义的公差项目。测量时，首先将零件按图样要求以基准轴线定位并将指示器测头置于某个测量位置，然后旋转零件观察指示器的示值变化。所以跳动公差是指关联被测实际要素绕其基准轴线旋转一周或连续回转时所允许的最大跳动量，也就是指示器在给定方向上所指示读数的最大与最小值之差的允许值。

　　跳动公差包括圆跳动公差和全跳动公差。圆跳动公差用以控制被测范围内每一截面上被测要素的变动。根据测量方向的不同，它又分为径向圆跳动公差、轴向圆跳动公差和斜向圆跳动公差。全跳动公差用以控制整个被测要素在连续测量时相对于基准轴线的跳动量。按其测量方向不同，又可分为径向全跳动公差和端面全跳动公差。

　　跳动公差是用来限制跳动误差即跳动量的，它用跳动公差带表示，它是限制关联被测实际要素跳动量的变动区域。关联被测实际要素的跳动量位于该区域内为合格，否则为不合格，区域的大小由公差值确定。跳动公差带的定义、标注和解释见表 11-5。

表 11-5　跳动公差带的定义、标注和解释（摘自 GB/T 1182—2008）　　　（单位：mm）

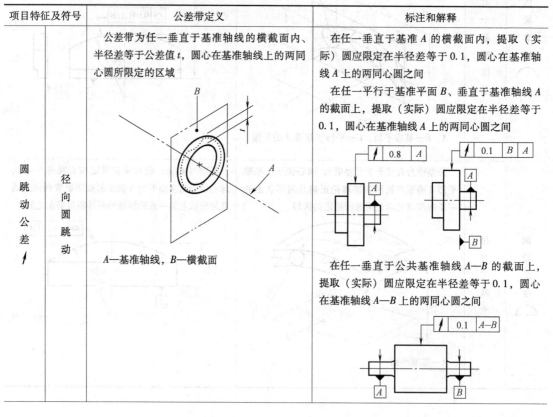

（续）

项目特征及符号		公差带定义	标注和解释
圆跳动公差 ↗	轴向圆跳动	公差带为与基准轴线同轴的任一半径圆柱截面上，间距等于公差值 t 的两圆所限定的圆柱面区域 A—基准轴线，B—公差带，c—任意直径	在与基准轴线 A 同轴的任一圆柱形截面上，提取（实际）圆应限定在轴向距离等于 0.1 的两个等圆之间
	斜向圆跳动	公差带为与基准轴线同轴的某一圆锥截面上，间距等于公差值 t 的两圆所限定的圆锥面的区域 　除非另有规定，其测量方向应沿被测表面的法向 A—基准轴线，B—公差带	在与基准轴线 A 同轴的任一圆锥截面上，提取（实际）线应限定在素线方向上间距等于 0.1 的两不等圆之间 　当标注公差的素线不是直线时，圆锥截面的锥角要随所测圆的实际位置而改变
全跳动公差 ↗↗	径向全跳动	公差带是半径差为公差值 t，与基准轴线同轴的两圆柱所限定的区域 A—基准轴线	提取（实际）表面应限定在半径差等于 0.1，与公共基准轴线 A—B 同轴的两圆柱面之间
	轴向全跳动	公差带为间距等于公差值 t，垂直于基准轴线的两平行平面所限定的区域 A—基准轴线，B—提取表面	提取（实际）表面应限定在间距等于 0.1，垂直于基准轴线 A 的两平行平面之间

由表 11-5 中公差带的含义可知，跳动公差带具有固定和浮动的双重特点，一方面它是同心圆环的圆心或圆柱面的轴线，或圆锥面的轴线始终与基准轴线同轴，另一方面公差带的半径又随实际要素的变动而变动。因此，由跳动公差带的特点可以看出，它具有综合控制被测要素的位置、方向和形状的作用。跳动公差带的位置、大小和形状是固定的。一经确定，被测要素的位置、方向和形状均会同时受到约束。例如，径向圆跳动公差带在限定径向圆跳动误差的同时，也限定了该横截面内实际圆轮廓中心相对于基准轴线的同心度误差和圆度误差；径向全跳动公差带在限定径向全跳动误差的同时，也限定了该被测要素对基准轴线的同轴度误差和圆柱度误差；轴向圆跳动公差带在限定轴向圆跳动误差的同时，也限定了测量圆周上轮廓对基准轴线的垂直度误差和形状误差；轴向全跳动公差带在限定轴向全跳动误差的同时，也限定了被测端面对基准轴线的垂直度误差和平面度误差。因此，在保证回转体零件功能要求的前提下，对其给出跳动公差后，通常对该要素不再给出位置、方向和形状公差。如果功能需要对位置、方向和形状精度有进一步要求时，可另行给出，但其公差值应小于跳动公差值。

第三节 几何公差的选用

一、几何公差项目的选择

在零件的几何精度设计中，几何公差项目选择的恰当与否，将直接影响到零件的使用性能，影响到零件加工测量的效率和制造成本。选择几何公差项目的基本原则是：在保证零件使用性能的前提下，尽量减少所选几何公差项目的数量，并尽量使控制几何误差的方法简化。

例如回转类（轴类、套类）零件中的阶梯轴，它的轮廓要素是圆柱面、端面，中心要素是轴线。选择圆柱度为圆柱面形状公差的最理想的项目，因为它能综合控制径向的圆度误差、轴线的直线度误差和素线的平行度误差。考虑到检测的方便性，也可选圆度和素线的平行度。但应注意，当选定为圆柱度时，若对圆度无进一步要求，就不必再选圆度，以避免重复。

要素之间的位置关系，如阶梯轴的轴线有位置要求，可选用同轴度或跳动项目。具体选择哪一项目，应根据项目的特征、零件的使用要求、检测等因素确定。然而，同轴度主要用于轴线，作用是限制轴线的偏离。跳动能综合限制要素的形状和位置误差，且检测方便，但它不能反映单项误差。从零件的使用要求出发，对于阶梯轴两端支承当明确要求限制轴线间的偏差时，应采用同轴度。当阶梯轴对几何精度有要求，但无需区分轴线的位置误差与圆柱面的形状误差时，则可选择跳动项目。

二、几何公差值的确定

在几何公差的国家标准中，将几何公差值分为注出公差和未注公差两类。对于未注公差值可按 GB/T 1184—1996《形状和位置公差未注公差值》的规定选取。对于注出公差值，应根据零件的功能要求，并考虑零件的结构、刚性和经济性等情况，按表 11-6～表 11-9 确定几何公差要素的公差值。

表 11-6 直线度、平面度公差值（摘自 GB/T 1184—1996）

主参数 L/mm	公差 等 级									主参数说明
	4	5	6	7	8	9	10	11	12	
	公差值/μm									
≤10	1.2	2	3	5	8	12	20	30	60	主参数 L 为轴、直线、平面的长度
>10~16	1.5	2.5	4	6	10	15	25	40	80	
>16~25	2	3	5	8	12	20	30	50	100	
>25~40	2.5	4	6	10	15	25	40	60	120	
>40~63	3	5	8	12	20	30	50	80	150	
>63~100	4	6	10	15	25	40	60	100	200	
>100~160	5	8	12	20	30	50	80	120	250	
>160~250	6	10	15	25	40	60	100	150	300	
>250~400	8	12	20	30	50	80	120	200	400	
>400~630	10	15	25	40	60	100	150	250	500	

表 11-7 圆度、圆柱度公差值（摘自 GB/T 1184—1996）

主参数 d(D)/mm	公差 等 级									主参数说明
	4	5	6	7	8	9	10	11	12	
	公差值/μm									
>6~10	1	1.5	2.5	4	6	9	15	22	36	主参数为轴或孔的直径 d(D)
>10~18	1.2	2	3	5	8	11	18	27	43	
>18~30	1.5	2.5	4	6	9	13	21	33	52	
>30~50	1.5	2.5	4	7	11	16	25	39	62	
>50~80	2	3	5	8	13	19	30	46	74	
>80~120	2.5	4	6	10	15	22	35	54	87	
>120~180	3.5	5	8	12	18	25	40	63	100	
>180~250	4.5	7	10	14	20	29	46	72	115	
>250~315	6	8	12	16	23	32	52	81	130	
>315~400	7	9	13	18	25	36	57	89	155	

表 11-8 平行度、垂直度、倾斜度公差值（摘自 GB/T 1184—1996）

主参数 L、d(D)/mm	公差 等 级									主参数说明
	4	5	6	7	8	9	10	11	12	
	公差值/μm									
≤10	3	5	8	12	20	30	50	80	120	①主参数 L 为给定平行度时轴线、平面的长度，或者给定面对线的垂直度、倾斜度时被测要素的长度
>10~16	4	6	10	15	25	40	60	100	150	
>16~25	5	8	12	20	30	50	80	120	200	
>25~40	6	10	15	25	40	60	100	150	250	
>40~63	8	12	20	30	50	80	120	200	300	
>63~100	10	15	25	40	60	100	150	250	400	

（续）

主参数 L、d(D)/mm	公差等级									主参数说明
	4	5	6	7	8	9	10	11	12	
	公差值/μm									
>100~160	12	20	30	50	80	120	200	300	500	②主参数 d
>160~250	15	25	40	60	100	150	250	400	600	(D) 为给定面对
>250~400	20	30	50	80	120	200	300	500	800	线的垂直度时，
>400~630	25	40	60	100	150	250	400	600	1000	被测要素的轴 （孔）直径

表 11-9　同轴度、对称度、圆跳动和全跳动公差值（摘自 GB/T 1184—1996）

主参数 $d(D)$、B、L/mm	公差等级							主参数说明
	4	5	6	7	8	9	10	
	公差值/μm							
>10~18	3	5	8	12	20	40	80	①主参数 $d(D)$
>18~30	4	6	10	15	25	50	100	为给定同轴度时轴
>30~50	5	8	12	20	30	60	120	的直径，或者给定
>50~120	6	10	15	25	40	80	150	圆跳动和全跳动时
>120~250	8	12	20	30	50	100	200	轴（孔）直径
>250~500	10	15	25	40	60	120	250	②主参数 L 为给
>500~800	12	20	30	50	80	150	300	定两孔对称度时孔 心距
>800~1250	15	25	40	60	100	200	400	③主参数 B 为给
>1250~2000	20	30	50	80	120	250	500	定对称度时槽的 宽度

　　选择公差值的方法，通常有计算法和类比法两种。计算法是运用极限边界的概念，根据零件的功能和结构特点，通过计算确定公差值的方法，但计算过程复杂。类比法是较多采用的方法，它是根据长期积累的实践经验及有关资料，并参考同类产品、类似零件的技术要求选择几何公差值的一种方法。

　　采用类比法确定几何公差值时，应考虑下列情况：

　　（1）零件的结构特点　对于刚性较差的零件（如细长轴）、具有某些结构特点的要素（如跨距较大的轴或孔）及宽度较大的零件表面，由于其加工的工艺性差，加工时容易产生较大的几何误差，因此根据具体情况取较大的几何公差值。

　　（2）几何公差值与尺寸公差值之间的关系　在同一要素上给出的形状公差值应小于位置公差值。例如要求平行的两个表面，其平面度公差值应小于平行度公差值。

　　圆柱形零件的形状（除轴线的直线度外）一般情况下应小于其尺寸公差值。

　　平行度公差值应小于其相应的距离尺寸的尺寸公差值。所以，几何公差值与相应要素的尺寸公差值的一般关系是

$$t_{形状} < t_{方向} < t_{位置} < T_{尺寸}$$

　　（3）形状公差与表面粗糙度的关系　形状误差与表面粗糙度在一定加工条件下有如下

比例关系：

一般精度时，表面粗糙度参数值 Ra 占形状公差（平面度、直线度）$1/5 \sim 1/4$。高精度时，表面粗糙度参数值 Ra 占形状公差的 $1/2$（对于圆柱面），或 $1:1$（对于平面）。

现通过例题来说明形状公差与表面粗糙度的关系，以及如何确定单一平面的形状公差值。

例 11-1 内转子按使用要求，已给定尺寸公差、表面粗糙度参数值及几何项目。如图 11-17 所示，图上各几何公差项目的主参数均为 41.5mm。试确定各项几何公差的公差值。

解：（1）确定形状公差 平面的形状公差只与表面粗糙度有关，按 $Ra = (1/5 \sim 1/4) t_{形状}$ 的关系，若取系数 1/5 即 0.2，则平面度公差值 $t = Ra/0.2 = 1.6\mu m/0.2 = 8\mu m = 0.008mm$。

查表 11-6，由主参数、公差值查得平面度公差等级为 6 级。

（2）确定位置公差 按同一被测表面，位置公差值应大于形状公差值。因此，位置公差的公差等级一般应低于或等于形状公差的公差等级。那么，位置度公差等级也为 6 级，因为该表面对轴线的垂直度公差等级不能高于 6 级。查表 11-8 得知 6 级的垂直度公差值 $t = 0.020mm$。

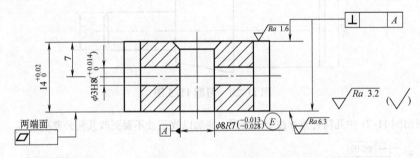

图 11-17 内转子零件

注意：采取类比法确定几何公差值时，可以根据现有的经验和资料，参照经过生产验证的同类零件的几何公差要求，或使用的机床、采用的工艺方法所能达到的几何精度的经验数据来确定几何公差值。这是生产实际中确定几何公差值的常用方法。

思考与练习题

11-1 几何公差有哪些项目？各采用什么符号表示？

11-2 下列几何公差项目的公差带有何相同点和不同点？

（1）圆度和径向圆跳动公差带。

（2）端面对轴线的垂直度和轴向圆跳动公差带。

（3）圆柱度和径向全跳动公差带。

11-3 将下列要求用几何公差代号标注在图 11-18 中。

（1）$\phi 32_{-0.03}^{\ 0}$ 圆柱面对两 $\phi 20_{-0.021}^{\ 0}$ 公共轴线的圆跳动公差为 0.018mm。

（2）两 $\phi 20_{-0.021}^{\ 0}$ 轴颈的圆度公差为 0.01mm。

（3）$\phi 32_{-0.03}^{\ 0}$ 左右两端面对两 $\phi 20_{-0.021}^{\ 0}$ 公共轴线的轴向圆跳动公差为 0.02mm。

（4）键槽 $10_{-0.036}^{\ 0}$ 中心平面对 $\phi 32_{-0.030}^{\ 0}$ 轴线的对称度公差为 0.015mm。

11-4 将下列技术要求标注在图 11-19 上。

（1）底面的平面度公差为 0.012mm。

（2）$\phi 20^{+0.021}_{0}$ mm 两孔的轴线分别对它们的公共轴线的同轴度公差为 0.015mm。

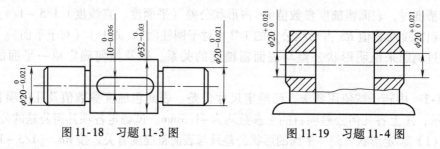

图 11-18　习题 11-3 图　　　　　图 11-19　习题 11-4 图

11-5　将下列技术要求标注在图 11-20 上。

（1）圆锥面的圆度公差为 0.01mm，圆锥素线直线度公差为 0.02mm。

（2）圆锥轴线对 ϕd_1 和 ϕd_2 两圆柱面公共轴线的同轴度公差为 0.05mm。

（3）端面 I 对 ϕd_1 和 ϕd_2 两圆柱面公共轴线的轴向圆跳动公差为 0.03mm。

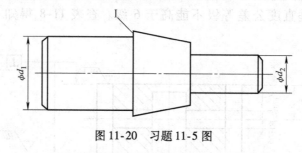

图 11-20　习题 11-5 图

11-6　指出图 11-21 中几何公差标注上的错误，并加以改正（不要更改几何公差项目）。

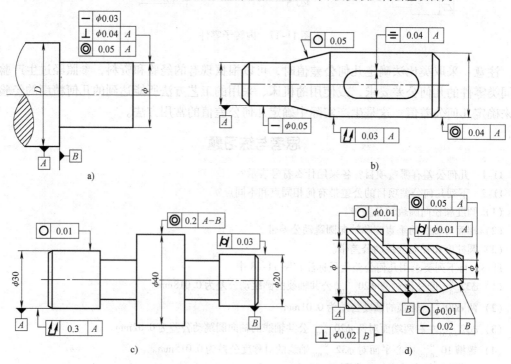

图 11-21　习题 11-6 图

11-7 图 11-22 所示销轴的三种几何公差标注含义有何不同?

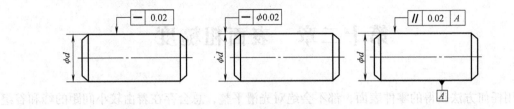

图 11-22 习题 11-7 图

11-8 在图 11-23 所示的零件中,标注位置公差不同,它们所要控制的位置误差有何区别?

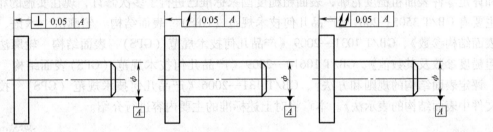

图 11-23 习题 11-8 图

第十二章 表面粗糙度

用任何方法获得的零件表面，都不会绝对光滑平整，总会存在着由较小间距的峰和谷组成的微观高低不平的表面轮廓。加工表面上具有的微观几何形状误差称为表面粗糙度。表面粗糙度对零件的功能要求、使用寿命、可靠性及美观程度均有直接的影响。为了准确地测量和评定零件表面粗糙度轮廓，表面粗糙度国家标准已进行了多次修订，现在实施的相关标准主要有 GB/T 3505—2009《产品几何技术规范（GPS） 表面结构 轮廓法 术语、定义及表面结构参数》、GB/T 1031—2009《产品几何技术规范（GPS） 表面结构 轮廓法 表面粗糙度参数及其数值》、GB/T 10610—2009《产品几何技术规范（GPS）表面结构 轮廓法 评定表面结构的规则和方法》、GB/T 131—2006《产品几何技术规范（GPS） 技术产品文件中表面结构的表示法》。本章将对上述标准的主要内容进行介绍。

第一节 表面粗糙度轮廓的评定

粗糙度轮廓仪

一、表面粗糙度轮廓的界定

物体与周围介质分离的表面称为实际表面。为了研究零件的表面结构，通常用垂直于零件实际表面的平面与该零件实际表面相交所得的轮廓作为评估对象。该轮廓称为表面轮廓，它是一条轮廓曲线，如图 12-1 所示。

加工以后形成的零件的实际表面一般处于非理想状态，其截面轮廓形状是复杂的，同时存在着各种几何形状误差。一般来说加工后零件的实际轮廓总是包含着表面粗糙度轮廓、波纹度轮廓和宏观形状轮廓等构成的几何误差，它们叠加在同一表面上，如图 12-2 所示。

表面形状误差、表面粗糙度、表面波纹度之间的界定，通常按表面轮廓上相邻两波峰或波谷之间的距离，即按波距的大小来划分，或按波距与峰谷高度的比值来划分。一般来说，波距小于 1mm，大体呈周期性变化的属于表面粗糙度范围；波距在 1～10mm 之间呈周期性变化的属于表面波纹度范围；波距大于 10mm 的属于表面宏观形状误差范围。

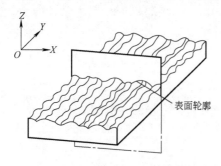

图 12-1 零件的实际表面与表面轮廓

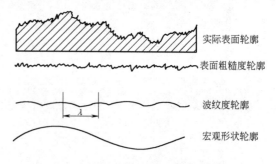

图 12-2 零件表面轮廓的组成（λ—波长）

二、评定表面粗糙度轮廓的基本术语

1. 轮廓滤波器

滤波器是除去某些波长成分而保留所需表面成分的处理方法。轮廓滤波器是把轮廓分成长波成分和短波成分的滤波器，共有 λs、λc 和 λf 三种滤波器。λs 滤波器是确定存在于表面上的粗糙度与比它更短的波的成分之间相交界限的滤波器，λc 滤波器是确定表面粗糙度与波纹度成分之间相交界限的滤波器，λf 滤波器是确定存在于表面上的波纹度与比它更长的波的成分之间相交界限的滤波器。它们所能抑制的波长称为截止波长。从短波截止波长至长波截止波长这两个极限值之间的波长范围称为传输带。三种滤波器的传输特性相同，截止波长不同。

为了评价实际表面轮廓上各种几何误差中的某一几何误差，可以通过轮廓滤波器来呈现这一几何误差，过滤掉其他的几何误差。

对表面轮廓采用轮廓滤波器 λs 抑制短波后得到的总轮廓，称为原始轮廓。对原始轮廓采用 λc 滤波器抑制长波成分以后形成的轮廓，称为表面粗糙度轮廓。对原始轮廓连续采用 λf 和 λc 两个滤波器分别抑制长波成分和短波成分以后形成的轮廓，称为波纹度轮廓。表面粗糙度轮廓和波纹度轮廓均是经过人为修正的轮廓，表面粗糙度轮廓是评定表面粗糙度轮廓参数（R 参数）的基础，波纹度轮廓是评定波纹度轮廓参数（W 参数）的基础。本章只讨论表面粗糙度轮廓参数。

2. 取样长度 lr

鉴于实际表面轮廓包含粗糙度、波纹度和宏观形状误差等三种几何误差，测量表面粗糙度轮廓时，应把测量限制在一段足够短的长度上，以抑制或减弱表面波纹度、排除宏观形状误差对表面粗糙度轮廓测量结果的影响。这段长度称为取样长度，用于判别被评定轮廓不规则特征的长度，用符号 lr 表示，如图 12-3 所示。表面越粗糙，取样长度 lr 就应越大。评定表面粗糙度轮廓的取样长度 lr 在数值上与轮廓滤波器 λc 的截止波长相等。

3. 评定长度 ln

由于零件表面的微小峰、谷的不均匀性，在表面轮廓不同位置的取样长度上的表面粗糙度轮廓测量值不完全相同。因此，为了更合理地反映整个表面粗糙度轮廓的特性，应测量连续的几个取样长度上的表面粗糙度轮廓。这些连续的几个取样长度称为评定长度，用符号 ln 表示，如图 12-3 所示。评定长度可以只包含一个取样长度或包含连续的几个取样长度。一般情况下，推荐选取标准值（即 ln = 5lr）。对均匀性好的表面，可选 ln < 5lr；对均匀性较差的表面，可选 ln > 5lr。取样长度和评定长度的标准值见表 12-1。

表 12-1　取样长度和评定长度的标准值（摘自 GB/T 1031—2009、GB/T 10610—2009）

$Ra/\mu m$	$Rz/\mu m$	$RSm/\mu m$	标准取样长度 lr/mm	标准评定长度 ln/mm
≥0.006 ~ 0.02	≥0.025 ~ 0.1	≥0.013 ~ 0.04	0.08	0.4
>0.02 ~ 0.1	>0.1 ~ 0.5	>0.04 ~ 0.13	0.25	1.25
>0.1 ~ 2	>0.5 ~ 10	>0.13 ~ 0.4	0.8	4
>2 ~ 10	>10 ~ 50	>0.4 ~ 1.3	2.5	12.5
>10 ~ 80	>50 ~ 200	>1.3 ~ 4	8	40

4. 中线 m

中线是具有几何轮廓形状并划分轮廓的基准线。表面粗糙度轮廓中线是用以评定被测表面粗糙度参数值的基准。中线包括轮廓最小二乘中线和算术平均中线。最小二乘中线是指在一个取样长度内使轮廓上各点到该中线距离的平方和为最小。但确定最小二乘中线的位置比较困难，故通常采用轮廓算术平均中线。轮廓算术平均中线是指在取样长度内，与轮廓走向一致，将轮廓划分为上、下两部分，且使上、下两部分面积相等的线，如图 12-4 所示。

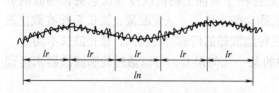

图 12-3 取样长度和评定长度

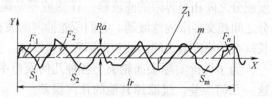

图 12-4 轮廓算术平均中线

三、表面粗糙度轮廓的评定参数

国标规定采用中线制来评定表面粗糙度，为了定量地评定表面粗糙度轮廓，必须用参数及其数值来表示表面粗糙度轮廓的特征。由于表面轮廓上的微小峰、谷的幅度，间距和形状是构成表面粗糙度轮廓的基本特征，因此在评定表面粗糙度轮廓时，可采用以下参数。

1. 幅度参数 Ra、Rz

（1）轮廓的算术平均偏差 Ra 轮廓算术平均偏差 Ra 是指在一个取样长度内，表面粗糙度轮廓上各点纵坐标值 $Z(x)$ 绝对值的算术平均值（图 12-4）。即

$$Ra = \frac{1}{lr}\int_0^{lr}|Z(x)|\,dx \tag{12-1}$$

或近似为

$$Ra = \frac{1}{n}\sum_{i=1}^{n}|Z(x_i)| \tag{12-2}$$

（2）轮廓的最大高度 Rz 轮廓最大高度 Rz 是指在一个取样长度内，被评定轮廓的最大轮廓峰高 Rp 与最大轮廓谷深 Rv 之和，如图 12-5 所示。即

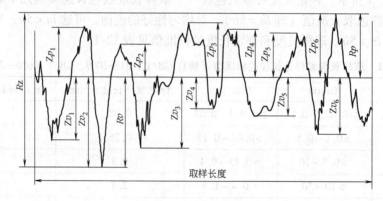

图 12-5 轮廓最大高度

$$Rz = Rp + Rv \qquad (12\text{-}3)$$

显然，评定表面粗糙度轮廓的幅度参数 Ra、Rz 的数值越大，则零件表面越粗糙。Ra 参数能客观地反映表面微观几何误差，是常采用的评定参数。

需要注意的是，在 GB/T 1031—2009 中，符号 Rz 曾用于表示"轮廓不平度的十点高度"。而现在使用中的一些表面粗糙度测量仪器大多测量的是本标准旧版本规定的 Rz 参数。因此当使用现行的技术文件和图样时必须注意这一点。

2. 间距参数 Rsm

轮廓单元的平均宽度 Rsm 是指在一个取样长度内轮廓单元宽度的平均值，如图 12-6 所示。Rsm 的值可以反映被测表面加工痕迹的细密程度。即

$$Rsm = \frac{1}{m} \sum_{i=1}^{m} Xs_i \qquad (12\text{-}4)$$

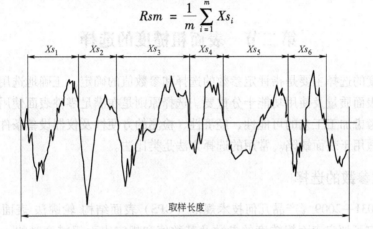

图 12-6 轮廓单元的宽度

3. 混合参数 Rmr(c)

轮廓的支承长度率 $Rmr(c)$ 是指在评定长度范围内在给定水平截面高度 c 上轮廓的实体材料长度 $Ml(c)$ 与评定长度的比值，即

$$Rmr(c) = \frac{Ml(c)}{ln} \qquad (12\text{-}5)$$

表示轮廓支承长度率随水平截面高度 c 变化关系的曲线称为轮廓支承长度率曲线，如图 12-7 所示，显然不同的 c 位置有不同的轮廓支承长度率。

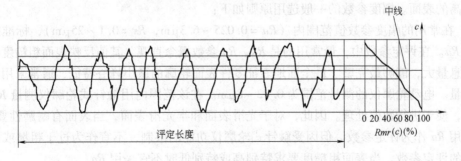

图 12-7 轮廓支承长度率曲线

轮廓支承长度率与零件的实际轮廓形状有关。对于不同的实际轮廓形状，在相同的评定长度内对于相同的水平截距，轮廓支承长度率越大，则表示零件表面凸起的实体部分就越大，承载面积就越大，因而接触刚度就越大，耐磨性能就越好。如图 12-8 所示。

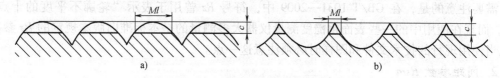

图 12-8　不同轮廓形状的实体材料长度

a）耐磨性较好的轮廓形状　b）耐磨性较差的轮廓形状

第二节　表面粗糙度的选择

表面粗糙度的选择主要是指评定参数的选择和参数值的确定。正确地选用表面粗糙度参数对保证零件表面质量及使用功能十分重要。选择原则是在满足零件表面使用功能要求的前提下，尽可能考虑加工工艺的可能性、经济性、检测的方便性及仪器设备条件等因素。表面粗糙度要求不适用于表面缺陷。常用的选择方法是类比法。

一、评定参数的选择

在 GB/T 1031—2009《产品几何技术规范（GPS）表面结构 轮廓法 表面粗糙度参数及其数值》中规定了评定表面粗糙度的参数及其数值和规定表面粗糙度时的一般规定。在表面粗糙度的评定参数中，Ra、Rz 两个幅度特征参数为基本参数，Rsm、Rmr（c）为附加参数。这些参数分别从不同角度反映了零件的表面形貌特征，但都存在着不同程度的不完整性。因此，在具体选用时要根据零件的功能要求、材料性能、结构特点以及测量条件等情况，适当选用一个或几个作为评定参数。

幅度参数是标准规定的基本参数，可以独立选用，如零件无特殊要求，一般仅选用幅度参数。只有对于少数零件的重要表面有特殊使用要求时才选用附加参数（间距参数和混合参数）。轮廓单元的平均宽度 Rsm 是反映间距特性的参数，主要用于密封性、外观质量要求较高的表面；轮廓支承长度率 $Rmr(c)$ 是反映形状特性的参数，主要用于接触刚度或耐磨性要求较高的表面。幅度参数的一般选用原则如下：

1）在常用的幅度参数值范围内（$Ra = 0.025 \sim 6.3\mu m$，$Rz = 0.1 \sim 25\mu m$），标准推荐优先选用 Ra。在评定参数中，最常用的是 Ra。Ra 参数概念直观，其值反映表面粗糙度轮廓特性的信息量大，能够最完整、最全面地表征零件表面轮廓的微小峰谷特征，通常采用电动轮廓仪测量。电动轮廓仪的测量范围为 $0.02 \sim 8\mu m$。在该范围内用触针式轮廓仪测量 Ra 值比较容易，便于进行数值处理。因此，对于光滑表面和半光滑表面，当表面有耐磨性要求时，普遍采用 Ra 作为评定参数。但因受触针式轮廓仪功能的限制，不宜作为过于粗糙或过于光滑表面的评定参数。当表面粗糙度要求特别高或特别低时不宜采用 Ra。

2）对于 $Ra > 6.3\mu m$ 和 $Ra < 0.025\mu m$ 范围内的零件表面，多采用 Rz。在此参数范围内，零件表面过于粗糙或过于光滑，不便采用触针式轮廓仪测量 Ra，此时宜选用 Rz，便于

用测量 Rz 的仪器进行测量。通常用光学仪器测量 Rz，测量范围为 $0.1 \sim 60\mu m$，但由于测量点有限，反映出的表面轮廓信息不如 Ra 全面，因而有一定的局限性。

3）当零件表面不允许有较深的加工痕迹，为防止应力集中，要求保证零件的疲劳强度和密封性时，需选 Rz 或同时选用 Ra 和 Rz。

4）当被测表面面积太小，难以取得一个规定的取样长度，不适宜采用 Ra 评定时，也常选用 Rz 作为评定参数。

5）零件材料较软时，不能选用 Ra，因为 Ra 值常采用针描法进行测量。针描法用于测量软材料，可能会划伤被测表面，而且也会影响测量结果的准确性。

二、表面粗糙度参数值的选择

1. 表面粗糙度参数值

表面粗糙度参数允许值应按 GB/T 1031—2009《产品几何技术规范（GPS）表面结构 轮廓法 表面粗糙度参数及其数值》规定的参数值系列选取。表面粗糙度轮廓评定参数允许值基本系列的数值见表 12-2。

表 12-2　表面粗糙度轮廓评定参数允许值基本系列的数值（摘自 GB/T 1031—2009）

$Ra/\mu m$			$Rz/\mu m$			Rsm/mm		$Rmr(c)(\%)$	
0.012	0.8	50	0.025	1.6	100	0.006	0.4	10	50
0.025	1.6	100	0.05	3.2	200	0.0125	0.8	15	60
0.05	3.2		0.1	6.3	400	0.025	1.6	20	70
0.1	6.3		0.2	12.5	800	0.05	3.2	25	80
0.2	12.5		0.4	25	1600	0.1	6.3	30	90
0.4	25		0.8	50		0.2	12.5	40	

当选用基本系列值不能满足要求时，可选取补充系列值，见 GB/T 1031—2009 附录 A。

2. 表面粗糙度参数值的选择

对于表面粗糙度轮廓的技术要求，通常只给出幅度参数（Ra 或 Rz）及允许值，附加参数 Rsm、$Rmr(c)$ 仅用于少数零件的重要表面，而其他要求常采用默认的标准值，所以这里只讨论表面粗糙度轮廓幅度参数 Ra、Rz 值的选用原则。选择时在满足零件功能要求的前提下，尽量选用较大的参数允许值，以降低加工成本。一般可考虑以下原则：

1）同一零件上，工作表面的粗糙度参数值小于非工作表面的粗糙度参数值。尺寸精度高的部位，其表面粗糙度参数值应比尺寸精度低的部位小。

2）摩擦表面的粗糙度参数值比非摩擦表面小，滚动摩擦表面比滑动摩擦表面的粗糙度参数值要小。其相对速度越高，单位面积压力越大，表面粗糙度参数值应越小。

3）受循环载荷作用的重要零件的表面及易引起应力集中的部分（如圆角、沟槽、台肩等），其表面粗糙度参数值应较小。

4）要求配合性质稳定可靠时，其配合表面的粗糙度参数值应较小。特别是小间隙的间隙配合和承受重载荷、要求连接强度高的过盈配合，其配合表面的粗糙度参数值应小一些。一般情况下，间隙配合比过盈配合的表面粗糙度参数值要小。配合性质相同，零件尺寸越小，表面粗糙度参数值应越小。

5）同一精度等级，其他条件相同时，小尺寸表面比大尺寸表面的粗糙度参数值要小，轴表面比孔表面的粗糙度参数值要小。

6）要求防腐蚀、密封性能好或外表美观的表面，其表面粗糙度参数值应较小。

7）凡有标准对零件的表面粗糙度参数值作出具体规定的，应按标准规定确定表面粗糙度参数值，如与滚动轴承配合的轴颈和外壳孔的表面粗糙度。

8）表面粗糙度参数值应与尺寸公差及几何公差相协调。通常情况下，尺寸公差和几何公差值越小，表面粗糙度的 Ra 或 Rz 值应越小。一般应符合：尺寸公差 > 几何公差 > 表面粗糙度。在正常工艺条件下，表面粗糙度 Ra、Rz 值与尺寸公差值 T 和形状公差值 t 的对应关系参见表 12-3。

表 12-3　表面粗糙度 Ra、Rz 值与尺寸公差值 T 和形状公差值 t 的一般关系

t 与 T 的关系	$t \approx 0.6T$	$t \approx 0.4T$	$t \approx 0.25T$	$t < 0.25T$
Ra 与 T 的关系	$Ra \leqslant 0.05T$	$Ra \leqslant 0.025T$	$Ra \leqslant 0.012T$	$Ra \leqslant 0.15T$
Rz 与 T 的关系	$Rz \leqslant 0.2T$	$Rz \leqslant 0.1T$	$Rz \leqslant 0.05T$	$Rz \leqslant 0.6T$

要注意的是，尺寸公差、形状公差、表面粗糙度值之间并不存在确定的函数关系。有些零件的尺寸精度和几何精度要求不高，但表面粗糙度参数值却要求很小，如机械设备上的操作手柄的表面等。

表 12-4 列出了表面粗糙度的表面形状特征、经济加工方法及应用举例，供用类比法选择时参考。

表 12-4　表面粗糙度的表面形状特征、经济加工方法及应用举例

$Ra/\mu m$	$Rz/\mu m$	表面形状特征		加工方法	应用举例
>20 ~ 40	>80 ~ 160	粗糙	可见刀痕	粗车、粗刨、粗铣、钻、毛锉、锯断	粗加工表面，非配合的加工表面，如轴端面、倒角、钻孔、齿轮和带轮侧面、键槽底面、垫圈接触面等
>10 ~ 20	>40 ~ 80		微见刀痕		
>5 ~ 10	>20 ~ 40	半光	可见加工痕迹	车、刨、铣、钻、镗、粗铰	轴上不安装轴承、齿轮处的非配合表面，紧固件的自由装配表面，轴和孔的退刀槽等
>2.5 ~ 5	>10 ~ 20		微见加工痕迹	车、刨、铣、镗、磨、拉、粗刮、滚压	半精加工面，支架，箱体，盖面、套筒等和其他零件连接而无配合要求的表面，需要发蓝的表面等
>1.25 ~ 2.5	>6.3 ~ 10		看不清加工痕迹	车、刨、铣、镗、磨、拉、刮、铣齿	接近于精加工表面，箱体上安装轴承的镗孔表面、齿轮齿工作面等
>0.63 ~ 1.25	>3.2 ~ 6.3	光	可辨加工痕迹的方向	车、镗、磨、拉、刮、精铰、磨齿、滚压	圆柱销，圆锥销，与滚动轴承配合的表面，普通车床导轨表面，内、外花键定心表面，齿轮齿面等
>0.32 ~ 0.63	>1.6 ~ 3.2		微辨加工痕迹的方向	精镗、磨、刮、精铰、滚压	要求配合性质稳定的配合表面，工作时承受交变应力的重要表面，较高精度车床导轨表面，高精度齿轮齿面等
>0.16 ~ 0.32	>0.8 ~ 1.6		不可辨加工痕迹的方向	精磨、珩磨、研磨、超精加工	精密机床主轴圆锥孔、顶尖圆锥面，发动机曲轴轴颈和凸轮轴的凸轮工作表面，高精度齿轮齿面等

（续）

$Ra/\mu m$	$Rz/\mu m$	表面形状特征		加工方法	应用举例
>0.08 ~0.16	>0.4 ~0.8		暗光泽面	精磨、研磨、普通抛光	精密机床主轴轴颈表面，一般量规工作表面，气缸套内表面，活塞销表面等
>0.04 ~0.08	>0.2 ~0.4	极光	亮光泽面	超精磨、精抛光、镜面磨削	精密机床主轴轴颈表面，滚动轴承滚珠表面，高压液压泵中柱塞和柱塞孔的配合表面等
>0.01 ~0.04	>0.05 ~0.2		镜状光泽面		特别精密的滚动轴承套圈滚道、钢球及滚子表面，高压泵中柱塞和柱塞套的配合表面，保证高度气密的结合表面等
≤0.01	≤0.05		镜面	镜面磨削、超精研	高精度量仪、量块的测量面，光学仪器中的金属镜面等

第三节　表面粗糙度的标注

GB/T 131—2006《产品几何技术规范（GPS）技术产品文件中表面结构的表示法》规定了技术产品文件（图样、说明书、合同、报告等）中表面结构的表示法。确定零件表面粗糙度轮廓评定参数及允许值和其他技术要求后，应按照 GB/T 131—2006 的规定，把表面粗糙度轮廓技术要求正确地标注在零件图上。

一、表面粗糙度轮廓的图形符号

为了标注表面粗糙度轮廓各种不同的技术要求，GB/T 131—2006 规定了一个基本图形符号、两个扩展图形符号和三个完整图形符号。基本图形符号由两条不等长的与标注表面成60°夹角的直线构成，如图 12-9a 所示。基本图形符号仅用于简化标注，没有补充说明时不能单独使用。扩展图形符号是对表面结构有指定要求的图形符号，它是在基本图形符号上加一短横或加一个圆圈，如图 12-9b、c 所示。完整图形符号是对基本图形符号或扩展图形符号扩充后的图形符号，是在基本图形符号和扩展图形符号的长边加一横线构成，如图 12-10 所示。在报告和合同文本中用 APA、MRR、NMR 分别表示图 12-10a、b、c 所示的三种不同工艺要求的完整图形符号。

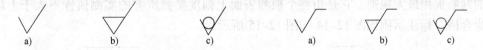

图 12-9　基本图形符号和扩展图形符号　　　　　图 12-10　完整图形符号
a）基本符号　b）去除材料的拓展图形符号　　　　a）任何工艺　b）去除材料　c）不去除材料
c）不去除材料的扩展图形符号

二、表面粗糙度轮廓技术要求在完整图形符号上的注写

在完整图形符号中，对表面粗糙度评定参数的符号及极限值和其他技术要求应标注在图 12-11 所示的指定位置。

1. 表面粗糙度轮廓幅度参数的标注

在完整图形符号上，幅度参数符号及极限值（μm）和有关技术要求应一起标注在图12-11中位置a。按顺序依次注写（采用默认值的参数省略标注）：

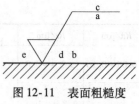

图12-11   表面粗糙度
要求的标注位置

上、下限值符号传输带数值/幅度参数符号评定长度值极限值判断规则（空格）幅度参数极限值。

在完整图形符号上标注极限值，其给定数值分为下列两种情况：

（1）标注极限值中的一个数值且默认为上限值   当只单向标注一个数值时，则默认它是幅度参数的上限值。标注示例如图12-12所示。

（2）同时标注上、下限值   需要在完整图形符号上同时标注幅度参数上、下限值时，应分成两行标注幅度参数符号和上、下限值。上限值标注在上方，并在传输带的前面加注符号"U"。下限值标注在下方，并在传输带的前面加注符号"L"。标注示例如图12-13所示。

对某一表面标注幅度参数上、下限值时，在不引起歧义的情况下，可以不加写"U"和"L"。

2. 极限值判断规则的标注

根据表面粗糙度轮廓参数代号上给定的极限值，对实际表面进行检测后判断其合格性时，按GB/T 10610—2009的规定，可以采用下列两种判断规则。

（1）16%规则   16%规则是指在同一评定长度范围内幅度参数所有的实测值中，大于上限值的个数少于总数的16%，小于下限值的个数少于总数的16%，则认为合格。16%规则是表面粗糙度轮廓技术要求标注中的默认规则，如图12-12和图12-13所示。

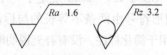

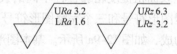

图12-12   幅度参数值默认为
上限值的标注

图12-13   同时标注幅度参数上、
下限值

（2）最大规则   在幅度参数符号的后面增加标注一个"max"的标记，则表示检测时合格性的判断采用最大规则。它是指整个被测表面上幅度参数所有的实测值皆不大于上限值，才认为合格。标注示例如图12-14和图12-15所示。

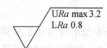

图12-14   应用最大规则且
默认为上限值的标注

图12-15   应用最大规则的上限值
和默认16%规则的下限值的标注

3. 传输带和取样长度、评定长度的标注

如果表面粗糙度轮廓完整图形符号上没有标注传输带（图12-12～图12-15），则表示采用默认传输带，即默认短波滤波器和长波滤波器的截止波长（λs和λc）皆为标准值。

需要指定传输带时，传输带标注在幅度参数符号的前面，并用斜线"/"隔开。传输带用短波和长波滤波器的截止波长（单位为 mm）进行标注，短波滤波器 λs 在前，长波滤波器 λc 在后，它们之间用连字号"–"隔开，标注示例如图 12-16a 所示。在某些情况下，对传输带只标注两个滤波器中的一个，另一个滤波器则采用默认的截止波长标准化值。如只标注一个滤波器，应保留连字号"–"来区分是短波滤波器还是长波滤波器，如图 12-16b、c 的标注。

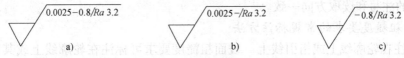

图 12-16　确认传输带的标注

a）同时标注短波和长波滤波器　b）只标注短波滤波器　c）只标注长波滤波器

若采用标准评定长度，即采用默认的取样长度个数 5，则可省略标注（图 12-16）。需要指定评定长度时，应在幅度参数符号的后面注写取样长度的个数，如图 12-17 所示。

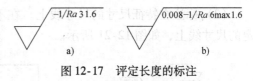

图 12-17　评定长度的标注

a）要求 $ln = 3lr$　b）要求 $ln = 6lr$

4. 表面纹理的标注

纹理方向是指表面纹理的主要方向，通常由加工工艺决定。典型的表面纹理及其方向用规定符号（见 GB/T 131—2006）标注在完整符号中（图 12-11 位置 d 处）。如果这些符号不能清楚地表示表面纹理要求，则可以在零件图上加注说明。

5. 附加评定参数、加工方法及加工余量的标注

加工工艺用文字在完整图形符号中（图 12-11 位置 c 处）注明，附加评定参数标注在图 12-11 位置 c 处（如 Rsm，单位为 μm），加工余量（单位为 mm）注写在图 12-11 位置 e 处。标注示例如图 12-18 所示。

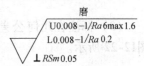

图 12-18　各项技术要求标注示例

6. 表面粗糙度轮廓代号及其含义

表面粗糙度轮廓代号是指在周围注写了技术要求的完整图形符号，其含义见表 12-5。

表 12-5　表面粗糙度轮廓代号的含义

表面粗糙度轮廓代号	含 义
$Rz\ 0.4$	表示不允许去除材料，单向上限值，默认传输带，粗糙度轮廓的最大高度 $0.4\mu m$，评定长度为 5 个取样长度（默认），"16% 规则"（默认）
$Rz\ max\ 0.2$	表示去除材料，单向上限值，默认传输带，粗糙度轮廓的最大高度 $0.2\mu m$，评定长度为 5 个取样长度（默认），"最大规则"
$0.008-0.8/Ra\ 3.2$	表示去除材料，单向上限值，传输带 $0.008\sim0.8$mm，轮廓算术平均偏差 $3.2\mu m$，评定长度为 5 个取样长度（默认），"16% 规则"（默认）
$-0.8/Ra3\ 3.2$	表示去除材料，单向上限值，传输带根据 GB/T6062，取样长度 $0.8\mu m$，算术平均偏差 $3.2\mu m$，评定长度包含 3 个取样长度，"16% 规则"（默认）
$U\ Ra\ max\ 3.2$ $L\ Ra\ 0.8$	表示去除材料，双向极限值，两极限值均使用默认传输带。上限值：算术平均偏差 $3.2\mu m$，评定长度为 5 个取样长度（默认），"最大规则"。下限值：算术平均偏差 $0.8\mu m$，评定长度为 5 个取样长度（默认），"16% 规则"（默认）

三、表面粗糙度轮廓代号在零件图上的标注

一般规定：表面粗糙度轮廓技术要求对每一表面一般只标注一次，并尽可能用表面粗糙度轮廓代号标注在相应的尺寸及其公差的同一视图上。在没有另外说明的情况下，所标注的表面粗糙度轮廓技术要求是对完工零件表面的要求。此外，各种符号和数字的注写和读取方向应与尺寸的注写和读取方向一致。

1. 表面粗糙度要求的常规标注方法

（1）标注在轮廓线上或指引线上 表面粗糙度要求可标注在轮廓线上或其延长线、尺寸界线上，其符号应从材料外指向并接触表面。必要时，也可用带箭头或黑点的指引线引出标注，如图12-19和图12-20所示。

（2）标注在特征尺寸的尺寸线上 在不致引起误解时，表面粗糙度要求可以标注在给定的尺寸线上，如图12-21所示。

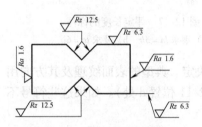
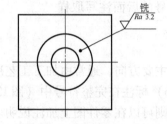
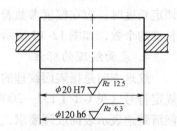

图 12-19 在轮廓线上的标注   图 12-20 带黑点的指引线   图 12-21 标注在尺寸线上

（3）标注在几何公差框格上 表面粗糙度要求可标注在几何公差框格的上方，如图12-22所示。

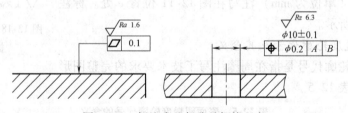

图 12-22 标注在几何公差框格上方

（4）标注在圆柱和棱柱表面上 圆柱和棱柱表面的表面粗糙度要求只标注一次（图12-23）。如果每个棱柱表面有不同的表面粗糙度要求，则应分别单独标注。

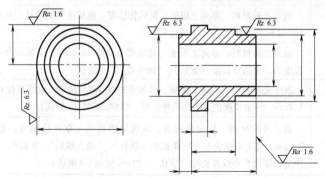

图 12-23 表面结构要求标注在圆柱特征的延长线上

2. 表面粗糙度要求的简化标注方法

（1）有相同表面粗糙度要求的简化标注法 如果工件的多数（包括全部）表面有相同的表面粗糙度轮廓技术要求，则该要求可统一标注在标题栏附近，从而省略 3 对这些表面进行分别标注。此时（全部表面有相同要求的情况除外），除了需要标注相关表面统一技术要求的表面粗糙度符号以外，还需要在其右侧画一个圆括号，在括号内给出一个无任何其他标注的基本图形符号。如图 12-24 所示，右下角的标注表示除了两个已标注粗糙度代号的表面以外的其余表面的粗糙度要求。

（2）多个表面有共同要求或图样空间有限的注法 此时可以用基本图形符号、扩展图形符号或带一个字母的完整图形符号标注在零件这些表面上，而在图形或标题栏附近，以等式的形式标注相应的表面粗糙度符号，如图 12-25 所示。

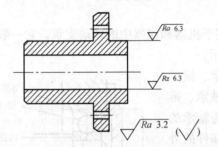
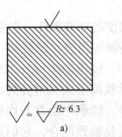
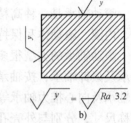

图 12-24 多数表面有相同要求的简化标注法

图 12-25 用等式形式简化标注的示例
a）用基本图形符号标注 b）用完整图形符号标注

（3）视图上构成封闭轮廓的各个表面具有相同要求时的标注 当视图上构成封闭轮廓的各个表面具有相同的粗糙度轮廓技术要求时，可以采用表面粗糙度轮廓特殊符号（即在完整图形符号的长边与横线的拐角处加画一个小圆）进行标注。图 12-26 表示对视图上封闭轮廓周边的上、下、左、右 4 个表面的共同要求，但不包括前后表面。

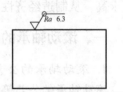

图 12-26 封闭轮廓有相同要求时的简化标注法

思考与练习题

12-1 表面结构中的粗糙度轮廓的含义是什么？

12-2 为什么要规定取样长度和评定长度？两者有什么关系？

12-3 选择表面粗糙度参数值时，应考虑哪些因素？

12-4 在一般情况下，$\phi 40H7$ 与 $\phi 6H7$ 相比，$\phi 40H6/f5$ 与 $\phi 40H6/s6$ 相比，$\phi 65H7/d6$ 与 $\phi 65H7/h6$ 相比，哪种配合应选用较小的表面粗糙度参数值？为什么？

12-5 试将下列表面粗糙度要求标注在图 12-27 所示的锥齿轮坯上（其余技术要求均采用默认值）。

（1）圆锥面 a 的表面粗糙度参数 Ra 的上限值为 $3.2\mu m$。

（2）端面 c 和端面 b 的表面粗糙度参数 Ra 的最大值为 $3.2\mu m$。

（3）$\phi 30$ 孔采用拉削加工，内表面粗糙度参数 Ra 的最大值为 $1.6\mu m$。

（4）8 ± 0.018 键槽两侧面的表面粗糙度参数 Ra 的上限值为 $3.2\mu m$。

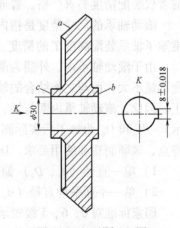

图 12-27 习题 6-5 图

第十三章 典型零件的公差与配合

滚动轴承、螺纹及齿轮是机械工业中应用最广泛的标准件和典型零件。本章将介绍有关的国家标准及其应用。本章主要内容为：滚动轴承的公差与配合、普通螺纹的公差与配合、圆柱齿轮的公差与配合。

第一节 滚动轴承的公差与配合

滚动轴承是一种高精度的标准部件，它主要用于机器和仪器中的转动支承。它一般由外圈、内圈、滚动体和保持架等组成，如图13-1所示。

滚动轴承的类型很多，按滚动体可分为球轴承、滚子轴承及滚针轴承；按轴承载荷形式又可分为深沟轴承、推力轴承及向心推力轴承等。轴承外径 D 与内径 d 为轴承的公称尺寸，分别与外壳孔及轴颈配合，它们属于部件的外互换，其配合尺寸应是完全互换；滚动体和两套圈（内、外圈的总称）之间的配合属于部件的内互换，由于其精度要求高，从制造经济性出发，常为不完全互换。

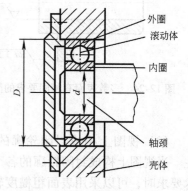

图 13-1 深沟球轴承的结构

一、滚动轴承的公差等级及其选用

1. 滚动轴承的公差等级

滚动轴承的公差等级是根据其尺寸公差和旋转精度确定的。GB/T 307.3—2005规定向心轴承分为0、6、5、4、2 五级；圆锥滚子轴承分为0、6x、5、4 四级；推力轴承分为0、6、5、4 四级。公差等级依次由低到高，与原国家标准GB 307.3—1984 中规定的 G、E（Ex）、D、C、B 五个公差等级相对应。6x 级与 6 级比较，前者仅装配精度要求严格。普通级0级轴承，一般在轴承型号上不标公差等级代号。

滚动轴承的尺寸精度是指内圈的内径 d、外圈的外径 D 和轴承宽度 B 的尺寸精度以及圆锥滚子轴承装配高度 T 的精度。

由于滚动轴承内、外圈为薄壁结构，制造和存放过程中极易变形（常呈椭圆形），但若变形量不大，而与之相结合的轴颈、外壳孔的形状精度较高，则装配后这种变形容易得到矫正。因此，滚动轴承内圈与轴、外圈与壳体孔起配合作用的是其平均直径（用 d_{mp} 和 D_{mp} 表示）。d_{mp} 和 D_{mp} 为加工后实际测量到的最大、最小单一内、外径的平均值。根据滚动轴承的特点，兼顾制造和使用要求，国家标准对轴承内径 d 和外径 D 规定了两种公差带：

1）单一直径（d_s、D_s）偏差 Δd_s、ΔD_s，控制制造时的尺寸误差（变形量）。

2）单一平面平均直径（d_{mp}、D_{mp}）偏差 Δd_{mp}、ΔD_{mp}，控制装配后的配合尺寸误差。

国家标准对0、6、5 级轴承仅规定了 Δd_{mp}、ΔD_{mp}。

滚动轴承的旋转精度是指成套轴承内外圈的径向圆跳动、成套轴承内外圈端面对滚道的跳动和端面对内孔的跳动等。各级精度对应的公差数值见 GB/T 307.1—2005。

2. 滚动轴承公差等级的选择

选择滚动轴承的公差等级，主要考虑以下两方面的要求：

（1）旋转精度要求　根据机器功能对轴承部件旋转精度的要求（如径向圆跳动和轴向圆跳动值）选择轴承公差等级。旋转精度要求高，选公差等级较高的轴承，反之选公差等级较低的轴承。例如当机床主轴的径向圆跳动要求为 0.01mm 时，多选用 5 级轴承；若径向圆跳动要求为 0.001～0.005mm 时，多选用 4 级轴承。

（2）转速高低　转速高时，由于与轴承配合的旋转轴（或壳休孔）可能随轴承的跳动而跳动，势必造成旋转不平稳，产生振动和噪声，因此转速越高，选用的轴承公差等级越高。

滚动轴承各级公差等级的应用情况如下：

0 级轴承（普通级）：用在旋转精度要求不高、中等负荷、中等转速的一般轴承系中，在各种机器中应用最广泛。如普通机床的变速、进给机构，汽车、拖拉机的变速机构，普通电动机、水泵及农业机械等一般通用机械的旋转机构中使用的轴承。

6 级轴承（中等级）：应用于转速较高和旋转精度也要求较高的机构中，应用很广泛。如普通机床主轴的后轴承，高精度磨床和车床、精密螺纹车床和磨齿机等精密机床传动轴使用的轴承。

5、4 级轴承（精密级）：应用于高转速和高旋转精度的机构中，如普通机床主轴的前轴承、精密机床的主轴轴承、精密机械和精密仪器中使用的轴承。

2 级轴承（超精级）：用于转速和旋转精度要求都很高的机构中，如精密坐标镗床、高精度齿轮磨床和数控机床的主轴轴承等。

二、滚动轴承内、外径公差带的特点

1. 基准制

滚动轴承为标准部件。根据标准件的特点，滚动轴承内圈与轴的配合采用基孔制，外圈与外壳孔的配合采用基轴制。

2. 内、外径的公差带位置

轴承内圈通常与轴一起旋转，为防止内圈和轴颈的配合面相对滑动而产生磨损，影响轴承的工作性能，因此要求配合面间具有一定的过盈，但过盈量不能太大，否则不便装配并会使内圈材料产生过大的应力。如果轴承内圈内径公差带仍采用基本偏差 H 的公差带布置（下极限偏差为零），轴颈公差带从 GB/T 1800.1—2009 中选取，形成的配合要么偏松，要么偏紧，不能满足轴承工作要求。若轴颈采用非标准的公差带，则违反了标准化与互换性的原则。为此，国家标准规定：轴承内径为基准孔公差带，应位于以公称内径 d 为零线的下方（图 13-2）。

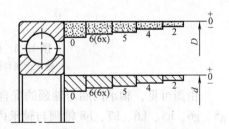

图 13-2　轴承内、外径公差带图

轴承外圈安装在外壳孔中，通常不旋转。考虑到工作时温度升高会使轴热胀而产生轴向移动，因此一端轴承应是游动支承，可把外圈与外壳孔配合得稍为松一点，使之能补偿轴的热胀伸长量，否则轴会弯曲，轴承内部就有可能卡死。为此，国家标准规定：轴承外径公差带应位于以公称外径 D 为零线的下方（图13-2），它与具有基本偏差 h 的公差带相类似，但公差值是特殊规定的。

可见轴承内、外径的公差带单向布置在零线之下，即上极限偏差为零，下极限偏差为负。由于轴承内、外径上极限偏差均为零，与一般圆柱面配合相比，在配合种类相同情况下，内圈与轴颈的配合较紧，外圈与外壳孔的配合较松。

三、滚动轴承与轴和外壳的配合及其选用

滚动轴承是标准件，使用时与相配件的配合性质取决于相配件的公差带。轴承配合的选择（即轴承与孔、轴结合的精度设计），就是确定与轴承内圈配合的轴颈的公差带和与轴承外圈配合的外壳孔的公差带。选择时应根据轴承的工作条件、结构类型和公差等级等确定轴颈和外壳孔的尺寸公差带、几何公差和表面粗糙度参数值。

（一）轴颈和外壳孔公差等级的选择

与滚动轴承相配零件的加工精度一般应与轴承精度相对应，其公差等级随轴承公差等级的提高而相应提高。考虑到轴与外壳孔对轴承精度的不同影响，以及加工的难易程度，一般轴的加工精度取轴承同级或高一级精度；而外壳孔则取低一级或同级精度。通常与6、0级轴承配合的轴，其公差等级多为 IT5～IT7，壳体孔多为 IT6～IT8；与4、5级轴承相配合的轴，其公差等级多为 IT4～IT5，壳体孔多为 IT5～IT6。

（二）轴颈和外壳孔的公差带

GB/T 275—1993《滚动轴承与轴和外壳的配合》对与公差等级为0和6（6x）级、游隙为0组的轴承配合的钢制实体轴、厚壁空心轴的轴颈规定了17种常用公差带；对钢制、铸铁制的外壳孔规定了16种常用公差带，其公差带如图13-3所示。

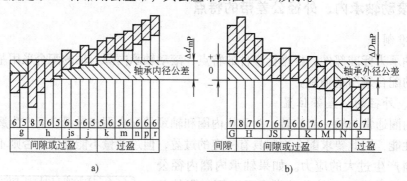

图 13-3　轴承与孔轴配合的公差带图
a）轴承内圈与轴配合　b）轴承外圈与外壳孔配合

由图可见，轴承内圈与轴颈的配合比 GB/T 1800.1—2009 中基孔制同名配合偏紧一些，g5、g6、h5、h6、h7、h8 轴颈与轴承内圈的配合已由间隙配合变成过渡配合，而 k5、k6、m5、m6、n6 轴颈配合已由过渡配合变成小过盈的过盈配合，其余的也都有所变紧。

（三）配合的选择

选择配合就是确定与轴承相配的孔、轴的公差带（基本偏差），即确定配合的松紧程度。正确合理地选择滚动轴承与轴颈和外壳孔的配合，对保证机器的正常运转、提高轴承的

使用寿命、充分发挥其承载能力有很大关系，配合选择不正确，将使轴承及其部件工作时摩擦增大、运转平稳性降低，从而导致轴承过早报废。

选择轴承配合的依据是：轴承内外圈所受的载荷类型、轴承所受的载荷大小、轴承的类型和尺寸、轴承的工作条件、与轴承相配合的孔和轴的材料及装卸要求等。

1. 载荷类型

作用在轴承套圈上的径向载荷一般由定向负荷（如传动带的拉力）和旋转载荷（如机件的惯性离心力）合成的。根据轴承所受合成径向载荷对套圈的相对运动情况，套圈可能承受以下三种载荷类型：

（1）定向载荷　轴承套圈与载荷方向相对固定，即径向载荷始终不变地作用在套圈的局部滚道上。这种负荷称为定向载荷，如图13-4a、b所示。当套圈受定向载荷时，其配合应选择得松些，可以选用过渡配合或小间隙的间隙配合，以便在滚动体摩擦力的带动下使套圈有可能产生少许转动，从而改变受力点，使滚道磨损均匀，延长轴承使用寿命。

（2）旋转载荷　轴承套圈与载荷方向相对旋转，即径向载荷顺次地作用在套圈的整个圆周滚道上。这种负荷称为旋转载荷，如图13-4所示。当套圈受旋转载荷时，为了防止套圈在轴颈或壳体孔的配合表面上打滑引起发热、磨损等现象，配合应选择得紧些。一般选用小过盈配合或易产生过盈的过渡配合。

（3）摆动载荷　轴承套圈与载荷方向相对摆动，即该负荷连续摆动地作用在套圈的局部滚道上。这种负荷称为摆动载荷，如图13-4c、d所示。受摆动载荷的套圈与轴颈或壳体孔配合的松紧程度，一般与受旋转载荷的情况相同或稍松些。

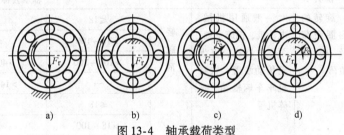

图13-4　轴承载荷类型

a) 内圈：旋转载荷，外圈：定向载荷　b) 内圈：定向载荷，外圈：旋转载荷
c) 内圈：旋转载荷，外圈：摆动载荷　d) 内圈：摆动载荷，外圈：旋转载荷

2. 载荷大小

轴承在载荷作用下，套圈发生变形，使实际过盈量减小和轴承内部游隙增大，从而配合面受力不均匀，引起松动。因此，当轴承承受重载荷时，配合应紧些；载荷较轻时，则可松些。载荷越大，过盈量应选得越大；承受变化的载荷应比承受平稳的载荷选用较紧的配合。向心轴承载荷大小根据径向当量动载荷 P_r 与轴承额定动载荷 C_r（可从有关手册中查得）的比值区分。当 $P_r \leqslant 0.07C_r$ 时为轻负荷；$0.07C_r < P_r \leqslant 0.15C_r$ 时为正常负荷；当 $P_r > 0.15C_r$ 时为重载荷。

3. 轴承的工作条件

（1）工作温度的影响　轴承运转时，由于摩擦发热和其他热源影响，使轴承套圈经常在较高的温度下工作。轴承内圈因热膨胀而与轴的配合可能松动，外圈因热膨胀与壳体孔的配合可能变紧。所以在选择配合时，必须考虑温度的影响，一般当工作温度高于100℃时应加以修正。

（2）旋转精度和旋转速度的影响　对于承受载荷较大且要求较高旋转精度的轴承，为了消除弹性变形和振动的影响，应该避免采用间隙配合。不仅受旋转载荷的套圈与互配件的配合应选得紧些，就是受局部载荷的套圈也应紧些。而对一些精密机床的轻载荷轴承，为了避免孔和轴的形状误差对轴承精度的影响，常采用有间隙的配合。轴承的旋转速度越高，配合应该越紧。

4. 其他因素

除上述条件外，选择配合时还应考虑其他因素的影响。例如，剖分式外壳孔比整体式外壳所采用的配合要松些，以免过盈将外圈夹扁（产生椭圆变形），甚至将轴卡住；当轴承安装在薄壁外壳、轻合金外壳或薄的空心轴上时，为了保证轴承工作有足够的支承刚度和强度，所采用的配合应比装在厚壁外壳、铸铁外壳或实心轴上紧些；要求轴承安装与拆卸方便时，宜采用较松的配合；当要求轴承的内圈或外圈能沿轴向移动时，应选较松的配合；随着轴承尺寸的增大，选择的过盈配合其过盈越大，间隙配合其间隙越大。

滚动轴承与轴、外壳孔配合的选用方法有类比法和计算法，通常用类比法。表 13-1、表 13-2 摘录了 GB/T 275—1993 规定的向心轴承与轴和外壳配合的轴、孔公差带，供选用时参考。

表 13-1　向心轴承和轴的配合及轴公差带代号 （摘自 GB/T 275—1993）

圆柱孔轴承					
运 转 状 态		载荷状态	深沟球轴承、调心球轴承和角接触球轴承	圆柱滚子轴承和圆锥滚子轴承	调心滚子轴承	公差带
说明	举例		轴承公称内径/mm			
旋转的内圈负荷及摆动负荷	一般通用机械、电动机、机床主轴、泵、内燃机、直齿轮传动装置、铁路机车车辆轴箱、破碎机等	轻载荷	≤18	—	—	h5
			>18 ~ 100	≤40	≤40	j6[①]
			>100 ~ 200	>40 ~ 140	>40 ~ 100	k6[①]
			—	>140 ~ 200	>100 ~ 200	m6[①]
		正常载荷	≤18	—	—	j5, js5
			>18 ~ 100	≤40	≤40	k5[②]
			>100 ~ 140	>40 ~ 100	>40 ~ 65	m5[②]
			>140 ~ 200	>100 ~ 140	>65 ~ 100	m6
			>200 ~ 280	>140 ~ 200	>100 ~ 140	n6
			—	>200 ~ 400	>140 ~ 280	p6
			—	—	>280 ~ 500	r6
		重载荷	—	>50 ~ 140	>50 ~ 100	n6[③]
			—	>140 ~ 200	>100 ~ 140	p6
			—	>200	>140 ~ 200	r6
			—	—	>200	r7
固定的内圈负荷	静止轴上的各种轮子、张紧轮绳轮、振动筛、惯性振动器	所有载荷	所有尺寸			f6[①]
						g6
						h6
						j6
仅有轴向载荷			所有尺寸			j6, js6

① 凡对精度有较高要求的场合，应用 j5、k5 等代替 j6、k6 等。

② 圆锥滚子轴承、角接触球轴承配合对游隙影响不大，可用 k6、m6 代表 k5、m5。

③ 重载荷下轴承游隙应选大于 0 组。

表 13-2 向心轴承和外壳的配合及孔公差带代号（摘自 GB/T 275—1993）

运 转 状 况		载荷状态	其他状况	公 差 带①	
说　明	举　例			球 轴 承	滚子轴承
固定的外圈载荷	一般机械、铁路机车车辆轴箱、电动机、泵、曲轴主轴承	轻、正常、重	轴向易移动，可采用剖分式外壳	H7，G7②	
摆动载荷		冲击	轴向能移动，可采用整体外壳或剖分式外壳	J7，JS7	
		轻、正常			
		正常、重	轴向不移动，采用整体式外壳	K7	
		冲击		M7	
旋转的外圈载荷	张紧滑轮、轮毂轴承	轻		J7	K7
		正常		K7，M7	M7，N7
		重		—	N7，P7

① 并列公差带随尺寸的增大从左至右选择，对旋转精度有较高要求时，可相应提高一个公差等级。

② 不适用于剖分式外壳。

（四）配合表面的其他技术要求

为了保证轴承正常运转，除了正确地选择轴承与轴颈和外壳孔的配合以外，还应对轴颈及外壳孔的配合表面及端面的几何误差及表面粗糙度提出要求。

（1）形状公差　为保证轴承安装正确、转动平稳，对轴颈和外壳孔表面提出圆柱度要求。

（2）位置公差　为了保证轴承工作时有较高的旋转精度，应限制与套圈端面接触的轴肩及外壳孔肩的倾斜，从而避免轴承装配后滚道位置不正，旋转不平稳，因此，标准规定了轴肩和外壳肩的端面圆跳动公差。

轴和外壳的几何公差值见表 13-3。

表 13-3 轴和外壳的几何公差（摘自 GB/T 275—1993）

基本尺寸/mm		圆柱度公差 t				端面圆跳动公差 t_1			
		轴　颈		外 壳 孔		轴　肩		外 壳 孔 肩	
		轴承精度等级							
		0	6 (6x)	0	6 (6x)	0	6 (6x)	0	6 (6x)
超过	到	公差值/μm							
18	30	4.0	2.5	6	4.0	10	6	15	10
30	50	4.0	2.5	7	4.0	12	8	20	12
50	80	5.0	3.0	8	5.0	15	10	25	15
80	120	6.0	4.0	10	6.0	15	10	25	15
120	180	8.0	5.0	12	8.0	20	12	30	20
180	250	10.0	7.0	14	10.0	20	12	30	20

（3）表面粗糙度　轴和外壳孔表面粗糙，会使有效过盈量减小，影响配合性质，使接触刚度下降而导致支承不良。尤其是对高速、高温、高压下工作的轴承部件，影响更大。因此，GB/T 275—1993 规定了轴和外壳配合表面的表面粗糙度值，见表 13-4。

表 13-4 轴和外壳配合面的表面粗糙度值（摘自 GB/T 275—1993）

轴或轴承座孔直径/mm		轴或外壳配合表面直径公差等级								
		IT7			IT6			IT5		
		表面粗糙度值/μm								
超过	到	Rz	Ra		Rz	Ra		Rz	Ra	
			磨	车		磨	车		磨	车
	80	10	1.6	3.2	6.3	0.8	1.6	4	0.4	0.8
80	500	16	1.6	3.2	10	1.6	3.2	6.3	0.8	1.6
端面		25	3.2	6.3	25	3.2	6.3	10	1.6	3.2

（五）滚动轴承配合选择举例

已知某圆柱齿轮减速器的小齿轮轴（输入轴）有较高的旋转精度要求，由两个深沟球轴承支承，轴承外形尺寸为 $d \times D \times B = 40\text{mm} \times 90\text{mm} \times 23\text{mm}$，额定动载荷 $C_r = 32000\text{N}$，轴承所受径向当量动载荷 $P_r = 3800\text{N}$。试确定轴颈和外壳孔的公差带代号、几何公差值和表面粗糙度参数值，并在图样上标出。

1. 确定轴承公差等级

减速器小齿轮轴速度较高，有较高的旋转精度要求，故选 6 级轴承。

2. 确定轴颈和壳体孔的公差带

齿轮传动时该轴承承受定向载荷（通过齿轮传递的径向力），轴承内圈与轴一起旋转，外圈安装在减速器剖分式壳体中，不旋转。因此内圈相对于载荷方向旋转，承受旋转载荷，应选较紧配合；外圈相对于载荷方向静止，承受定向载荷，它与外壳孔的配合应较松。已知该轴承额定动载荷 $C_r = 32000\text{N}$，所受径向动当量载荷 $P_r = 3800\text{N}$，则 $P_r/C_r = 3800/32000 = 0.12$，属于正常载荷。

根据上述分析，参照表 13-1，选轴颈公差带为 k5；由表 13-2，选取外壳孔公差带为 H7，但由于小齿轮轴的旋转精度要求较高，故以 H6 代替 H7。

从极限与配合国家标准中查出 k5 和 H6 的极限偏差为：$\phi 40\text{k}5$（$^{+0.013}_{+0.002}$）、$\phi 90\text{H}6$（$^{+0.022}_{0}$）。

3. 确定配合面的形位公差值

查表 13-3，轴颈的圆柱度公差为 0.0025mm，轴肩端面圆跳动公差为 0.008mm，外壳孔圆柱度公差为 0.006mm 及其孔肩端面圆跳动公差为 0.015mm。

4. 确定配合面的表面粗糙度值

查表 13-4，轴颈表面的表面粗糙度值 $Ra \leqslant 0.4\mu\text{m}$，轴肩端面的表面粗糙度值 $Ra \leqslant 1.6\mu\text{m}$，外壳孔的表面粗糙度值 $Ra \leqslant 1.6\mu\text{m}$，外壳孔肩端面的表面粗糙度值 $Ra \leqslant 3.2$。

最后，将确定的孔与轴公差带代号、形位公差值及表面粗糙度值分别标注在装配图及零件图上，如图 13-5 所示。

需要注意的是，由于滚动轴承是标准件，所以装配图上在滚动轴承的配合部位，不标注其内、外径的代号，而只标注与之相配的轴颈和外壳孔的尺寸及公差带代号。

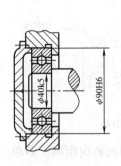 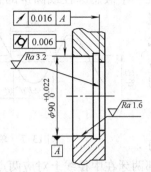 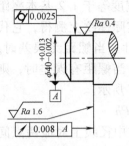

图 13-5　图样标注示例　　　　　　　　　　　　　陶瓷球轴承

第二节　普通螺纹的公差与配合

螺纹广泛应用于各种机械和仪表中。螺纹的种类很多，按用途可分为联接螺纹（紧固螺纹）、传动螺纹和紧密螺纹三类。最常用的联接螺纹是公制普通螺纹，它要求可旋合性和联接的可靠性；传动螺纹（如机床传动丝杠和螺母），它要求传递动力可靠，传动比恒定，传递位移准确；紧密螺纹（如管螺纹）则要求良好的密封性。合理选择螺纹的公差与配合，有利于保证螺纹的使用性能。本节介绍普通螺纹的公差与配合。

一、普通螺纹的基本几何参数

国家标准 GB/T 14791—1993 规定，普通螺纹的基本牙型是在高为 H 的正三角形（即原始三角形）上截去顶部和底部而形成的内、外螺纹共有的理论牙型（图 13-6）。该牙型是确定螺纹设计牙型的基础，图中小写字母表示外螺纹的参数，大写字母表示内螺纹的参数。螺纹的主要几何参数有：

1. 大径、小径与公称直径

（1）大径（D、d）　即与外螺纹牙顶或内螺纹牙底相切的假想圆柱或圆锥的直径。对外螺纹而言，大径为顶径；对内螺纹而言，大径为底径。标准规定，普通螺纹大径为螺纹的公称直径。相互配合的内外螺纹，公称直径相等（$D = d$）。普通螺纹公称直径大径应按国家标准的规定选取。

（2）小径（D_1、d_1）　即与外螺纹牙底或内螺纹牙顶相切的假想圆柱或圆锥的直径。对外螺纹而言，小径为底径；对内螺纹而言，小径为顶径。

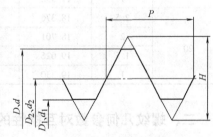

图 13-6　公制普通螺纹基本牙型

2. 中径与单一中径

（1）中径（D_2、d_2）　中径是一个假想圆柱或圆锥的直径，该圆柱或圆锥的母线通过牙型上沟槽和凸起宽度相等的地方，该假想圆柱或圆锥称为中径圆柱或中径圆锥。中径在螺纹公差与配合中是一个重要的参数。

（2）单一中径（D_{2a}、d_{2a}）　单一中径是一个假想圆柱或圆锥的直径,该圆柱或圆锥的母线通过牙型上沟槽宽度等于 1/2 基本螺距的地方。单一中径在实际螺纹上测得,它代表螺纹中径的实际尺寸。当螺距无误差时,单一中径与中径相等,当螺距有误差时,则两者不相等,如图 13-7 所示。

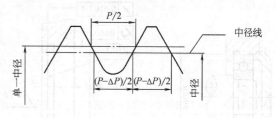

图 13-7　单一中径

3. 螺距 P 与导程 Ph

螺距是相邻两牙在中径线上对应两点间的轴向距离。导程是指同一条螺旋线上的相邻两牙在中径线上对应两点间的轴向距离。对单线螺纹,导程等于螺距;对多线螺纹,导程 = 螺纹线数 × 螺距。螺距的大小决定了螺纹牙侧的轴向位置,螺距误差直接影响螺纹的旋合性和传动精度。

4. 牙型角 α、牙型半角 $\alpha/2$ 与牙侧角

牙型角是在螺纹牙型上,两相邻牙侧间的夹角。普通螺纹的理论牙型角为 60°。牙型角的一半即为牙型半角,普通螺纹的牙型半角为 30°。牙侧角是指螺纹牙型上牙侧与螺纹轴线的垂线间的夹角。

5. 旋合长度

螺纹旋合长度是指两个相互配合的螺纹沿螺纹轴线方向相互旋合部分的长度。

国家标准给出了螺纹三个直径的基本尺寸。表 13-5 所列为普通螺纹基本尺寸。

表 13-5　普通螺纹基本尺寸（摘自 GB/T 196—2003）

（单位：mm）

公称直径 D、d	螺距 P	中径 D_2 或 d_2	小径 D_1 或 d_1	公称直径 D、d	螺距 P	中径 D_2 或 d_2	小径 D_1 或 d_1
18	2.5	16.376	15.294	24	3	22.051	20.752
	2	16.701	15.835		2	22.701	21.835
	1.5	17.026	16.376		1.5	23.026	22.376
	1	17.350	16.917		1	23.350	22.917
20	2.5	18.376	17.294	36	4	33.402	31.670
	2	18.701	17.835		3	34.051	32.752
	1.5	19.026	18.376		2	34.701	33.835
	1	19.350	18.917		1.5	35.026	34.376

二、螺纹几何参数对互换性的影响

对普通螺纹互换性的主要要求是可旋合性和联接可靠性（有足够的接触面积,从而保证一定的联接强度）。而内外螺纹联接就是依靠它们旋合以后牙侧接触的均匀性来实现的。因此,影响螺纹互换性的主要参数是大径、小径、中径、螺距和牙侧角。

1. 螺纹大径、小径偏差对互换性的影响

实际制造的内螺纹大径和外螺纹小径的牙底形状呈圆弧形。为了避免旋合时产生障碍,理应使内螺纹大、小径的实际尺寸略大于外螺纹大、小径的实际尺寸。如果内螺纹小径过大、外螺纹大径过小,虽不影响螺纹的可旋合性,但会减小螺纹的接触面积,因而影响联接

的可靠性，所以要规定其公差。

2. 螺纹中径偏差对互换性的影响

中径偏差是指中径实际尺寸与中径基本尺寸的代数差。内、外螺纹的相互作用集中在牙型侧面，内、外螺纹中径偏差直接影响着牙型侧面的接触状态，假设其他参数处于理想状态，若外螺纹的中径小于内螺纹的中径，就能保证内、外螺纹的旋合性；反之，就会产生干涉而无法旋合。但是，如果外螺纹的中径过小，内螺纹的中径过大，则会削弱其联接强度。可见中径偏差直接影响着螺纹的互换性，因此国家标准对中径规定了公差。

3. 螺距偏差对互换性的影响

螺距的大小决定了螺纹牙侧的轴向位置，其误差直接影响螺纹的可旋合性、传动精度和承载能力。螺距偏差指螺距的实际值与其基本值之差，N 牙螺距的实际值与其基本值之差称为 N 个螺距偏差。在规定的螺纹长度（如旋合长度）内，任意两同名牙侧与中径线交点间的实际轴向距离和其基本值之差的最大绝对值称为螺距累积误差。螺距累积误差与旋合长度有关，对互换性的影响较单个螺距误差更为明显，必须对螺距偏差加以控制。螺距偏差对旋合性的影响如图 13-8 所示。

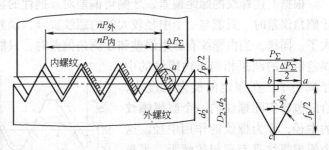

图 13-8　螺距偏差对旋合性的影响

图 13-8 中，假定内螺纹具有基本牙型，内、外螺纹的中径及牙型半角都相同，但外螺纹螺距有偏差，结果，内外螺纹的牙侧产生干涉（图中阴影重叠部分），外螺纹将不能自由旋入内螺纹。为了使螺距有偏差的外螺纹仍可自由旋入标准内螺纹，在制造中可将外螺纹实际中径减小一个数值 f_p，便可以消除干涉。可见 f_p 就是补偿螺距偏差的影响而折算到中径上的数值，称为螺距偏差的中径当量。同理，当内螺纹螺距有误差，也可将内螺纹的中径加大一个数值 f_p。

从图 13-8 中的几何关系可得

$$f_p = |\Delta P_\Sigma| \cot \frac{\alpha}{2} \tag{13-1}$$

对普通螺纹 $\alpha/2 = 30°$，则

$$f_p = |\Delta P_\Sigma| \cot \frac{\alpha}{2} = 1.732 |\Delta P_\Sigma| \tag{13-2}$$

式中的 ΔP_Σ 之所以取绝对值，是由于 ΔP_Σ 不论是正值或负值，对旋合性的影响不变，只是改变牙侧干涉的位置。

对普通螺纹，国家标准没有单独规定螺距公差，而是通过中径公差间接控制螺距误差。

4. 牙侧角偏差对互换性的影响

牙侧角偏差是指牙侧角的实际值与其基本值之差。它是螺纹牙侧相对于螺纹轴线的位置误差。它对螺纹的旋合性和联接强度均有影响。如果牙侧角有偏差，内、外螺纹将无法正常旋入，为了保证其旋入性，可将有牙侧角误差的外螺纹中径减小或内螺纹中径增大一个数值 $f_{\alpha/2}$，这个值称为牙侧角误差的中径当量（牙侧角误差折算到中径上的数值）。

$f_{\alpha/2}$ 可按下式计算

$$f_{\alpha/2} = 0.073P \left(K_1 \Delta \frac{\alpha_1}{2} + K_2 \Delta \frac{\alpha_2}{2} \right) \mu m \tag{13-3}$$

式中　$\Delta \dfrac{\alpha_1}{2}$、$\Delta \dfrac{\alpha_2}{2}$ ——左、右牙侧角偏差（′）；

K_1、K_2 ——左、右牙侧角偏差系数，对外螺纹，牙侧角偏差为正值时，K_1、K_2 取2；当牙侧角偏差为负值时，K_1、K_2 取3。对内螺纹，K_1、K_2 取值与外螺纹相反。

三、螺纹中径合格性判断原则

1. 作用中径的概念

根据上述螺纹的螺距偏差、牙侧角偏差对互换性的影响的分析，当外螺纹有螺距误差和牙侧角误差时，只能与一个中径较大的内螺纹旋合，误差带来的结果相当于外螺纹的中径增大了。同样，当内螺纹有螺距误差和牙侧角偏差时，只能与一个中径较小的外螺纹旋合，即误差带来的结果相当于内螺纹的中径减小了。在规定的旋合长度内，恰好包容实际螺纹的一个假想螺纹的中径，称为螺纹的作用中径。这个假想螺纹具有理想的螺距、半角以及牙型高度，并在牙顶和牙底处留有间隙，以保证不与实际螺纹的大、小径发生干涉。外螺纹的作用中径与单一中径如图13-9所示。

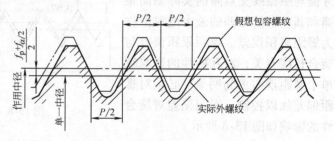

图13-9　外螺纹作用中径与单一中径

显然，外螺纹作用中径 d_{2m} 等于实际中径 d_{2a} 与螺距误差及牙侧角误差的中径当量值之和。内螺纹的作用中径 D_{2m} 等于实际中径 D_{2a} 与螺距误差及牙侧角误差的中径当量值之差。

即

$$d_{2m} = d_{2a} + (f_p + f_{\alpha/2}) \tag{13-4}$$

$$D_{2m} = D_{2a} - (f_p + f_{\alpha/2}) \tag{13-5}$$

当实际内外螺纹各部位的单一中径不同时，d_{2a} 应取其中最大值，D_{2a} 应取其中最小值。

2. 螺纹中径合格性判断原则（泰勒原则）

如果外螺纹的作用中径过大，内螺纹的作用中径过小，将使螺纹难以旋合；若外螺纹的单一中径过小，内螺纹的单一中径过大，将会影响螺纹的联接强度。所以为了保证螺纹旋合性和联接强度，国家标准规定：实际螺纹的作用中径不允许超越其最大实体牙型的中径；任意部位的单一中径不允许超越其最小实体牙型的中径——泰勒原则。

最大、最小实体牙型是指螺纹处于最大实体状态（允许材料量为最多时的状态）、最小实体状态（允许材料量为最少时的状态）时的牙型。

对外螺纹　　　　$d_{2m} \leqslant d_{2max}$，$d_{2a} \geqslant d_{2min}$ 　　　　　　　　(13-6)

对内螺纹　　　　$D_{2m} \geqslant D_{2min}$，$D_{2a} \leqslant D_{2max}$ 　　　　　　　　(13-7)

四、普通螺纹精度设计

GB/T 197—2003规定了普通螺纹的公差和标记。标准只对中径和顶径规定了公差，而对底径

（即内螺纹的大径和外螺纹的小径）没有规定公差值，只规定内、外螺纹牙底实际轮廓上任何点不应超越按基本牙型和公差带位置所确定的最大实体牙型，即应保证旋合时不发生干涉。由于螺纹加工时，外螺纹中径和小径、内螺纹中径和大径是同时由刀具切出的，其尺寸及牙底轮廓的圆滑曲线由成形刀具保证，故在正常情况下，外螺纹小径不会过小，内螺纹大径不会过大。内外螺纹大径之间和小径之间不会产生干涉，能满足旋合性的要求。该标准规定了普通螺纹配合的最小间隙为零，以及具有保证间隙的螺纹公差带、旋合长度和精度等级。

（一）普通螺纹的公差带

1. 公差等级

GB/T 197—2003 对内、外螺纹规定了中径和顶径的公差等级，见表 13-6。各公差等级中，3 级最高、9 级最低、6 级为基本级。各级公差值见表 13-7 与表 13-8。

表 13-6　螺纹公差等级（摘自 GB/T 197—2003）

螺纹直径	内　螺　纹		外　螺　纹	
	中径 D_2	小径（顶径）D_1	中径 d_2	大径（顶径）d
公差等级	4，5，6，7，8	4，5，6，7，8	3，4，5，6，7，8，9	4，6，8

表 13-7　普通螺纹基本偏差和顶径公差（摘自 GB/T 197—2003）

（单位：μm）

螺距 P/mm	内螺纹基本偏差 EI		外螺纹基本偏差 es				内螺纹小径公差 T_{D_1} 公差 等级					外螺纹大径公差 T_d 公差 等级		
	G	H	e	f	g	h	4	5	6	7	8	4	6	8
1	+26		−60	−40	−26		150	190	236	300	375	112	180	280
1.5	+32		−67	−45	−32		190	236	300	375	475	150	236	375
2	+38	0	−71	−52	−38	0	236	300	375	475	600	180	280	450
2.5	+42		−80	−58	−42		280	355	450	560	710	212	335	530
3	+48		−85	−63	−48		315	400	500	630	800	236	375	600
4	+60		−95	−75	−60		375	475	600	750	950	300	475	750

表 13-8　普通螺纹中径公差及旋合长度（摘自 GB/T 197—2003）

（单位：μm）

公称直径 D、d >	≤	螺距 P/mm	内螺纹中径公差 T_{D_2} 公差 等级					外螺纹中径公差 T_{d_2} 公差 等级					旋合长度/mm			
			4	5	6	7	8	5	6	7	8	S ≤	N >		L >
														≤	
11.2	22.4	1	100	125	160	200	250	75	95	118	150	190	3.8	3.8	11	11
		1.5	118	150	190	236	300	90	112	140	180	224	5.6	5.6	16	16
		2	132	170	212	265	335	100	125	160	200	250	6		24	24
		2.5	140	180	224	280	355	106	132	170	212	265	10	10	30	30
22.4	45	2	140	180	224	280	355	106	132	170	212	265	8.5	8.5	25	25
		3	170	212	265	335	425	125	160	200	250	315	12	12	36	36
		4	190	236	300	375	475	140	180	224	280	355	18	18	53	53

2. 基本偏差

基本偏差为公差带两极限偏差中靠近零线的那个偏差，它确定公差带相对于基本牙型的位置。内螺纹基本偏差是下偏差，外螺纹基本偏差是上偏差。标准对内螺纹规定了两种基本偏差，代号为 G 和 H；外螺纹规定了四种基本偏差，代号为 e、f、g、h，如图 13-10 所示。基本偏差值见表 13-7。

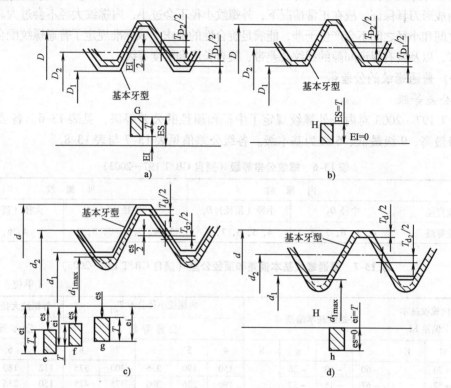

图 13-10　内外螺纹基本偏差

T_{D_1}—内螺纹小径公差　T_{D_2}—内螺纹中径公差　T_d—外螺纹大径公差　T_{d_2}—外螺纹中径公差

3. 旋合长度与精度等级

为了满足不同使用要求，国家标准规定旋合长度分为三组，分别为短旋合长度组（S）、中等旋合长度组（N）和长旋合长度组（L）。各组的长度范围见表 13-8。

螺纹的精度不仅取决于螺纹的公差等级，而且与旋合长度有关。当公差等级一定时，旋合长度越长，加工时螺距累积偏差和牙型半角偏差就可能越大，加工就越困难。因此，公差等级相同而旋合长度不同的螺纹的精度等级就不相同。为此按螺纹公差等级和旋合长度分为三种螺纹精度等级，分别为精密级、中等级和粗糙级。螺纹精度等级的高低，代表螺纹加工的难易程度。同一精度等级，随旋合长度的增加公差等级相应降低，见表 13-9 与表 13-10。

表 13-9　内螺纹推荐公差带

公差精度	公差带位置 G			公差带位置 H		
	S	N	L	S	N	L
精密	—	—	—	4H	5H	6H
中等	(5G)	*6G	(7G)	*5H	*6H	*7H
粗糙	—	(7G)	(8G)	—	7H	8H

表 13-10　外螺纹推荐公差带

公差精度	公差带位置 e				公差带位置 f				公差带位置 g				公差带位置 h			
	S	N	L		S	N	L		S	N	L		S	N	L	
精密	—	—	—		—	—	—		—	(4g)	(5g4g)		(3h4h)	*4h	(5h4h)	
中等	—	*6e	(7e6e)		—	*6f	—		(5g6g)	*6g	(7g6g)		(5h6h)	6h	(7h6h)	
粗糙	—	(8e)	(9e8e)		—	—	—		—	8g	(9g8g)		—	—	—	

（二）普通螺纹公差与配合的选用

1. 精度与旋合长度的选用

（1）精密级　用于精密联接螺纹，以及要求配合性质稳定、配合间隙变动较小、需保证一定的定心精度的联接螺纹。

（2）中等级　用于一般用途螺纹。

（3）粗糙级　用于不重要的的螺纹联接，以及制造螺纹有困难的场合，如在热轧棒料上和深不通孔内加工螺纹。

实际选用时，还必须考虑螺纹的工作条件、尺寸的大小、加工的难易程度、工艺结构等情况。例如，当螺纹的承载较大，且为交变载荷或有较大的振动时，则应选用精密级；对于小直径的螺纹，为了保证联接强度，也必须提高其联接精度。

选择旋合长度时，应尽可能缩短旋合长度，一般多用中等旋合长度。仅当结构和强度上有特殊要求时，方可采用短旋合长度或长旋合长度。不要错误地认为螺纹旋合长度越长，其密封性、可靠性就越好。因为旋合长度越长，加工越困难，螺距累积误差、牙型半角误差可能越大，反而降低了联接强度和密封性。

2. 推荐公差带及其选用

螺纹公差等级和基本偏差组合，可以组成各种不同的公差带。螺纹公差带代号中，公差等级数值写在前，而基本偏差字母写在后。为了减少螺纹刀具和螺纹量规的规格和数量，国家标准规定了内、外螺纹的推荐公差带，见表 13-9、表 13-10。

公差带优先选用的顺序为：带*的公差带应优先选用，其次是不带*的公差带，带（）号的公差带尽可能不用，带方框的公差带用于大量生产的紧固件螺纹。

3. 配合的选择

理论上讲，内螺纹公差带和外螺纹公差带可以形成任意组合。但是，为保证接触精度，内、外螺纹间必须保证足够的接触高度，因此，螺纹零件宜优先组成 H/g、H/h 或 G/h 的配合。一般情况采用最小间隙为零的 H/h 配合；对用于经常拆卸、工作温度高、需涂镀或用于改善螺纹的疲劳强度的螺纹，通常采用 H/g 与 G/h 可以保证间隙的配合；推荐公差带适用于涂镀前螺纹，涂镀后，螺纹实际轮廓上的任何点不应超越按公差位置 H 或 h 所确定的最大实体牙型。

4. 普通螺纹标记

完整的螺纹标记由螺纹代号、螺纹公差带代号和旋合长度代号组成，各代号间用 "-" 分开。

螺纹代号——包括螺纹特征代号、螺纹尺寸代号及旋向。即：字母 M、公称直径 × 螺距 - 螺纹旋向。粗牙螺纹，不注出螺距；右旋螺纹，不注出旋向，而左旋螺纹应在旋合长度代号之后标注"LH"代号。

多线螺纹的尺寸代号为"公称直径 Ph 导程 P 螺距"，如要进一步表明螺纹线数，可在后面加括号用英语说明，例如双线为 two starts，三线为 three starts。

螺纹公差带代号——包括中径公差带代号与顶径公差带代号。当两者代号相同时，只需标注一个代号。当两者代号不同时，中径公差带标注在前，顶径公差带标注在后。内外螺纹装配在一起，其公差带代号用斜线分开，左边为内螺纹公差带代号，右边为外螺纹公差带代号。公差带代号为 5H、6h，公称直径小于或等于 1.4mm；公差带代号为 6H、6g，公称直径大于或等于 1.6mm 的中等公差精度等级螺纹不标注其公差带代号。

螺纹旋合长度代号——中等旋合长度代号"N"不注出；短或长旋合长度，应分别注出"S"或"L"代号。

螺纹标记举例：

M10-5g6g-S：公称直径为 10mm 的粗牙普通右旋外螺纹，中径公差带代号为 5g，顶径公差带代号为 6g，短旋合长度。

M20-6H-L：公称直径为 20mm 的粗牙普通右旋内螺纹，其中径公差带和顶径公差带均为 6H，长旋合长度。

M20 × 2-6g-LH：公称直径为 20mm，螺距为 2mm 的细牙普通左旋外螺纹，其中径公差带和顶径公差带均为 6g，中等旋合长度。

M20 × 2-6H/5g6g：公称直径为 20mm，螺距为 2mm 的细牙普通右旋螺纹的配合，其内螺纹的中径公差带和顶径公差带均为 6H，外螺纹的中径公差带为 5g，顶径公差带为 6g，中等旋合长度。

M10：中径和顶径公差带为 6g（或 6H）、中等公差精度的粗牙外螺纹（或内螺纹），右旋、中等旋合长度；或公差带为 6H 的内螺纹与公差带为 6g 的外螺纹组成的配合（中等公差精度），粗牙、右旋、中等旋合长度。

（三）螺纹合格性判断举例

已知有一螺纹 M24 × 2-6g，加工后：实际大径 $d_a = 23.850$mm，实际中径 $d_{2a} = 22.521$mm，螺距累积偏差 $\Delta P_\Sigma = 0.05$mm，牙侧角偏差分别为 $\Delta \frac{\alpha_1}{2} = 20'$，$\Delta \frac{\alpha_2}{2} = -25'$，试判断该螺纹顶径和中径的合格性，并查出其旋合长度的范围。

1. 确定有关尺寸、公差及基本偏差值

已知该螺纹为公称直径为 24mm、螺距为 2mm 的细牙普通右旋外螺纹，其中径公差带和顶径公差带均为 6g，中等旋合长度。即 $d = 24$mm，$P = 2$mm。

由表 13-5 查得：中径 $d_2 = 22.701$mm

由表 13-7、表 13-8 查得：中径上偏差 es = -0.038mm，中径公差 $T_{d_2} = 0.17$mm

大径上偏差 es = -0.038mm，大径公差 $T_d = 0.28$mm

2. 判断大径合格性

计算大径极限尺寸 $d_{max} = d + es = (24 - 0.038)$mm = 23.962mm

$d_{min} = d_{max} - T_d = (23.962 - 0.28)$mm = 23.682mm

因 $d_{max} > d_a = 23.850 > d_{min}$，故大径合格。

3. 判断中径合格性

计算中径极限尺寸（实体尺寸）和作用尺寸：

$$d_{2max} = d_2 + es = (22.701 - 0.038)\,mm = 22.663\,mm$$
$$d_{2min} = d_{2max} - T_{d_2} = (22.663 - 0.17)\,mm = 22.493\,mm$$
$$d_{2m} = d_{2a} + (f_p + f_{p/2})$$

式中 $f_p = |\Delta P_\Sigma|\,ctg\dfrac{\alpha}{2} = 1.732\,|\Delta P_\Sigma| = 1.732 \times 0.05\,mm = 0.087\,mm$

$$f_{\alpha/2} = 0.073P\left(K_1\Delta\frac{\alpha_1}{2} + K_2\Delta\frac{\alpha_2}{2}\right) = 0.073 \times 2 \times (2 \times 20 + 3 \times 25)\,\mu m = 16.8\,\mu m \approx 0.017\,mm$$

则 $d_{2m} = 22.521\,mm + (0.087 + 0.017)\,mm = 22.625\,mm$

中径合格性应按泰勒原则判断：对外螺纹应满足式（13-6），$d_{2m} \le d_{2max}$，$d_{2a} \ge d_{2min}$

$$d_{2m} = 22.625\,mm < 22.663\,mm$$
$$d_{2a} = 22.521\,mm > 22.493\,mm$$

故中径也合格。

4. 查出旋合长度

根据该螺纹尺寸 $d = 24\,mm$、螺距 $P = 2\,mm$，查表 13-8 得：采用中等旋合长度 $8.5 \sim 25\,mm$。

第三节 圆柱齿轮的公差与配合

齿轮是各种机电产品中使用最多的传动元件，尤其是渐开线圆柱齿轮，其应用最为广泛。本节主要介绍渐开线圆柱齿轮国家标准及精度设计方法。

一、齿轮传动的使用要求

齿轮传动可以传递运动、动力、位移。其工作性能、承载能力和使用寿命与齿轮本身的制造精度及相结合的零部件的精度有密切的关系。对齿轮传动的使用要求可归纳为以下几个方面：

1. 传递运动的准确性

要求齿轮在 1 转范围内，平均传动比的变化不大，以保证从动轮与主动轮运动协调一致。可用齿轮在 1 转过程中产生的最大转角误差来表示。

2. 传动的平稳性

要求齿轮在 1 个齿距范围内，其瞬时传动比变化不大。因为瞬时传动比的变化会引起振动、冲击和噪声。可用齿轮转 1 齿过程中产生的最大转角误差来表示。

3. 载荷分布的均匀性

要求齿轮啮合时，齿面接触良好，即工作齿面要保证一定的接触面积，以避免应力集中，减少齿面磨损，提高齿面强度和寿命。

4. 传动侧隙的合理性

为储存润滑油和补偿由于温度、弹性变形、制造误差及安装误差所引起的尺寸变动，防止轮齿卡住，要求齿轮啮合时在非工作齿面间应有一定的间隙，即侧隙。

以上四项要求中，前三项为对齿轮本身的精度要求，第四项是对齿轮副的要求。对不同用途的齿轮，对其要求的侧重点也不同。如对分度或读数齿轮，传动比应准确，侧重准确性要求；对高速动力齿轮，应减小冲击、振动和噪声，侧重工作平稳性要求；对低速动力齿轮，强度是主要的，侧重接触均匀性要求。为保证齿轮运动的灵活性，每种齿轮传动都必须有合理的侧隙。

二、齿轮加工误差的来源

齿轮是多参数的传动零件，各种加工、安装误差都会影响其正常工作。影响使用要求的误差主要来源于齿轮的制造和齿轮副的安装两方面。制造方面的误差主要有：齿坯误差、定位误差、机床误差、夹具误差等；安装方面的误差主要有箱体、轴、轴套等的制造和装配误差。齿轮为圆周分度零件，其误差具有周期性和方向性。以 1 转为周期的误差为长周期误差，它主要影响运动准确性，造成这类误差的主要原因是运动偏心和几何偏心；以 1 齿为周期的误差为短周期误差，主要影响传动平稳性，造成这类误差的主要原因是齿轮加工过程中的刀具误差、机床传动链误差等。按误差方向不同，加工误差可分为径向误差、切向误差和轴向误差三种。

加工齿轮的方法很多，在本书第 9 章中已作了详细介绍，这里以滚齿为例，分析引起齿轮加工误差的主要因素。在滚齿加工中，齿轮加工误差主要是由齿轮毛坯的误差（尺寸、形状和位置误差）以及齿坯在滚齿机床上的安装误差（包括夹具误差）、滚齿机床的分度机构及传动链误差、滚齿刀具等的制造及安装误差而引起的，如图 13-11 所示。

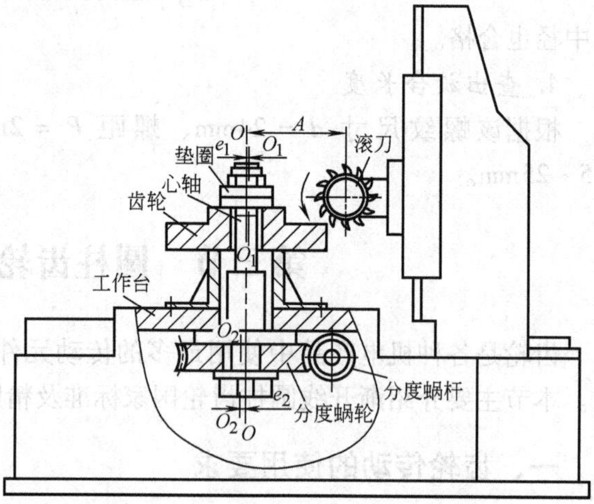

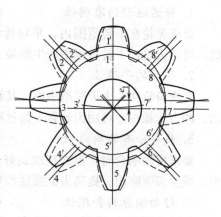

图 13-11 用滚齿机加工齿轮时的加工误差

1. 几何偏心 (e_1)

几何偏心是由于齿坯定位误差而引起的。如图 13-11 所示，齿坯在机床上安装时，齿坯基准轴线 O_1O_1 与工作台回转轴线 OO 不重合，产生几何偏心 e_1，加工时，滚刀轴线与工作台轴线 OO 的距离保持不变，但由于存在 e_1，使齿轮齿顶圆各处到心轴中心的距离不相等，即齿距在以 OO 为中心的圆周上分布均匀，而在以 O_1O_1 为中心的圆周上分布不均（由小到大再由大到小），从而造成加工后的齿轮一边齿高增大（轮齿变得瘦尖），另一边齿高减小（轮齿变得粗肥），如图 13-12 所示。加工以后齿轮的工作、测量却是以其本身中心为基准的，从而产生以 1 转为周期的转角偏差，

图 13-12 具有几何偏心误差的齿轮

使 1 转内传动比不断改变。

2. 运动偏心 (e_2)

运动偏心是由于机床分度蜗轮加工误差和安装偏心引起的。如图 13-11 所示，机床分度蜗轮的轴线 O_2O_2 与工作台回转轴线 OO 不重合形成运动偏心 e_2。此时，蜗杆与蜗轮啮合节点的线速度相同，由于蜗轮上啮合节点的半径不断改变，从而使蜗轮和齿坯产生不均匀回转（以 1 转为周期时快时慢地旋转），角速度在不断变化。齿坯的不均匀回转使齿廓沿切向产生位移（图 13-13 中虚线为理论齿廓，实线为实际齿廓），使齿距分布不均，齿距由最小逐渐变到最大，然后又逐渐变到最小，从而引起齿轮工作时传动比以 1 转为周期变化。

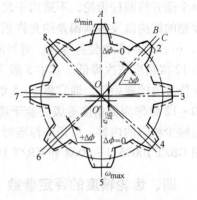

图 13-13　具有运动偏心误差的齿轮

需要说明的是，几何偏心影响齿廓位置沿径向方向变动，即径向误差；而运动偏心是使齿廓位置沿圆周切线方向变动，即切向误差。前者与被加工齿轮的直径无关，仅取决于安装误差的大小；后者在齿轮加工机床精度一定时，将随齿坯直径的增加而增大。一般几何偏心、运动偏心同时存在，可能抵消，也可能叠加。

3. 机床传动链的短周期误差

加工直齿轮时，主要受分度链各传动元件误差的影响，尤其是分度蜗杆的径向圆跳动和轴向窜动的影响；加工斜齿轮时，除分度链误差影响外，还受差动链误差的影响。

4. 滚刀的加工误差与安装误差

这主要是指滚刀的径向圆跳动、轴向窜动、齿形角误差和安装时刀具的偏心、刀具轴心线的安装倾斜误差等。

此外，齿坯轴线的歪斜、机床导轨的不精确会造成同侧齿面的轴向偏差。

上述四个方面产生的齿轮加工误差中，前两项引起的误差是长周期误差，以齿轮 1 转为周期。后两项引起的误差是短周期误差，以分度蜗杆 1 转或齿轮 1 齿为周期，而且频率较高，在齿轮 1 转中多次重复出现，所以也称高频误差。

三、渐开线圆柱齿轮精度标准

三坐标机上的齿轮精度检测

国家标准化管理委员会于 2008 年 3 月发布了两项新的齿轮精度国家标准和四项国家标准化指导性技术文件。它们是：

GB/T 10095.1—2008《渐开线圆柱齿轮 精度 第 1 部分：轮齿同侧齿面偏差的定义和允许值》

GB/T 10095.2—2008《渐开线圆柱齿轮 精度 第 2 部分：径向综合偏差与径向跳动的定义和允许值》

GB/Z 18620.1—2008《圆柱齿轮 检验实施规范 第 1 部分：轮齿同侧齿面的检验》

GB/Z 18620.2—2008《圆柱齿轮 检验实施规范 第 2 部分：径向综合偏差、径向跳动、齿厚和侧隙的检验》

GB/Z 18620.3—2008《圆柱齿轮 检验实施规范 第 3 部分：齿轮坯、轴中心距和轴线平行度的检验》

GB/Z 18620.4—2008《圆柱齿轮 检验实施规范 第4部分：表面结构和轮齿接触斑点的检验》

新标准是一个由标准和技术报告组成的成套体系，等同采用了ISO标准。新标准适用于单个渐开线圆柱齿轮，不适用于齿轮副。标准规定了单个齿轮各项精度术语的定义、齿轮精度制的结构以及各项偏差的允许值。标准对11项同侧齿面偏差、径向圆跳动规定了0、1、2、…、12共13个公差等级。对径向综合偏差规定了4、5、…、12共9个公差等级。从0级到12级精度依次降低。其中5级为基础级，是计算其他等级偏差允许值的基础。0~2级属有待发展的展望级，通常将3~5级称为高精度级，6~9级称为中等精度等级（用得最多），10~12级称为低精度等级。鉴于规定检验组和公差组的ISO/TR 10063正在制定中，新标准也缺少相应的内容，应用新标准时，对于标准中没有规定的检验项目的偏差值，推荐暂时采用GB/T 10095.1—2008和GB/T 10095.2—2008中的有关规定。

四、齿轮精度的评定参数

渐开线圆柱齿轮精度的评定参数分为同侧齿面偏差、径向偏差和径向圆跳动。

（一）渐开线圆柱齿轮轮齿同侧齿面偏差（GB/T 10095.1—2008）

标准对单个齿轮同齿面规定了11项偏差。包括齿距偏差（3项）、齿廓偏差（3项）、切向综合偏差（2项）和螺旋线偏差（3项）。

1. 单个齿距偏差（$\pm f_{pt}$）

单个齿距偏差是指在端平面上接近齿高中部的一个与齿轮轴线同心的圆上，实际齿距与理论齿距的代数差，如图13-14所示。理论齿距是指所有实际齿距的平均值。

单个齿距偏差是各种齿距偏差的基本单元，同时也是决定综合误差的主要因素，它直接影响齿轮一齿内的转角误差，影响运动平稳性精度，是评定齿轮几何精度的基本项目。

2. 齿距累积偏差（$\pm F_{pk}$）

齿距累积偏差是指在任意k个齿距的实际弧长与理论弧长的代数差，如图13-14所示。理论上它等于k个齿距的各单个齿距偏差的代数和。除另有规定，一般F_{pk}值被限定在不大于$D/8$圆周上评定。因此，F_{pk}的允许值适用于齿距数k为2到小于$z/8$的范围内。

此项偏差主要是为了限制齿距累积偏差集中在局部圆周上产生振动和噪声，影响平稳性精度。

3. 齿距累积总偏差（$\pm F_P$）

齿距累积总偏差是指齿轮同侧齿面任意弧段（$k=1 \sim z$）内的最大齿距累积偏差。它表示为齿距累积曲线的总幅值，如图13-15。齿距累积总偏差反映齿轮一转过程中传动比的变化，影响齿轮的运动精度。

4. 齿廓总偏差（F_α）

齿廓偏差是指实际齿廓偏离设计齿廓的量，它是评定齿轮几何精度的基本项目之一。齿廓总偏差是指在计值范围L_α内，包容实际齿廓迹线的两条设计齿廓迹线间的距离，如图13-16a所示。齿廓总偏差又可细化分成齿廓形状偏差和齿廓倾斜偏差，这两项偏差都不是必检项目。

5. 齿廓形状偏差（$f_{f\alpha}$）

齿廓形状偏差是指在计值范围L_α内，包容实际齿廓迹线的两条与平均齿廓迹线完全相同的曲线间的距离，且两条曲线与平均齿廓迹线的距离为常数，如图13-16b所示。平均齿廓迹线是在计值范围内按最小二乘法确定的。

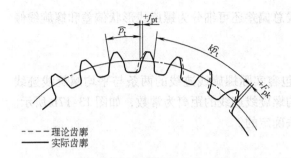

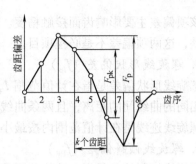

- - - - 理论齿廓
———— 实际齿廓

图 13-14 单个齿距偏差及齿距累积偏差　　　　　　　图 13-15 齿距偏差曲线

6. 齿廓倾斜偏差 ($f_{H\alpha}$)

齿廓倾斜偏差是指在计值范围内，两端与平均齿廓迹线相交的两条设计齿廓迹线间的距离，如图 13-16c 所示。齿廓倾斜偏差主要是由于压力角偏差造成的。

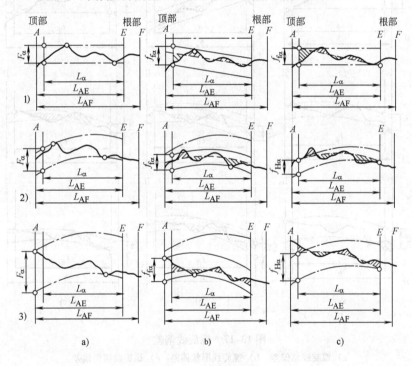

图 13-16 齿廓偏差

a）齿廓总偏差 b）齿廓形状偏差 c）齿廓倾斜偏差

说明：点画线—设计齿廓，粗实线—实际齿廓，虚线—平均齿廓。

1）设计齿廓：未修形的渐开线；实际齿廓：在减薄区内具有偏向体内的负偏差。

2）设计齿廓：修形的渐开线（举例）；实际齿廓：在减薄区内具有偏向体内的负偏差。

3）设计齿廓：修形的渐开线（举例）；实际齿廓：在减薄区内具有偏向体外的正偏差。

7. 螺旋线总偏差 F_β

螺旋线偏差是在端面基圆切线方向上测得的实际螺旋线偏离设计螺旋线的量，它是评定齿轮几何精度的基本项目之一。螺旋线总偏差是指在计值范围内，包容实际螺旋线迹线的两条设计螺旋线迹线间的距离，如图 13-17a 所示。

该项偏差主要影响齿面接触精度。螺旋线总偏差还可细分为螺旋线形状偏差和螺旋线倾斜偏差，这两项偏差不是必检项目。

8. 螺旋线形状偏差（$f_{f\beta}$）

螺旋线形状偏差是指在计值范围 L_β 内，包容实际螺旋线迹线的两条与平均螺旋线迹线完全相同的曲线间的距离，且两条曲线与平均螺旋线迹线的距离为常数，如图 13-17b 所示。平均螺旋线迹线是在计值范围内按最小二乘法确定的。

9. 螺旋线倾斜偏差（$f_{H\beta}$）

螺旋线倾斜偏差是指在计值范围的两端与平均螺旋线迹线相交的设计螺旋线迹线间的距离，如图 13-17c 所示。

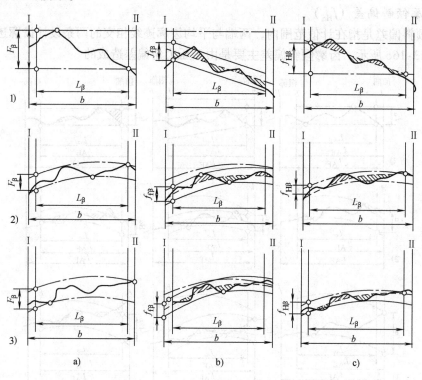

图 13-17　螺旋线偏差

a）螺旋线总偏差　b）螺旋线形状偏差　c）螺旋线倾斜偏差

说明：点画线—设计螺旋线，粗实线—实际螺旋线，虚线—平均螺旋线。

1）设计螺旋线：未修形的渐开线；实际螺旋线：在减薄区内具有偏向体内的负偏差。

2）设计螺旋线：修形的渐开线（举例）；实际螺旋线：在减薄区内具有偏向体内的负偏差。

3）设计螺旋线：修形的渐开线（举例）；实际螺旋线：在减薄区内具有偏向体外的正偏差。

10. 切向综合总偏差 F'_i

综合偏差能全面或比较全面地反映齿轮精度的偏差，或者说它能够综合两个或几个几何参数的单项偏差，如切向综合偏差或径向综合偏差。

切向综合总偏差是指被测齿轮与测量齿轮单面啮合检验时，在被测齿轮一转内，齿轮分度圆上实际圆周位移与理论圆周位移的最大差值，以分度圆弧长计，如图 13-18 所示。测量齿轮的精度应至少比被测齿轮高 4 个等级。切向综合总偏差是评定齿轮运动准确性的指标，它是几何偏心、运动偏心和加工误差的综合反映。

11. 一齿切向综合偏差 f'_i

一齿切向综合偏差是指在一个齿距内的切向综合偏差，以分度圆弧长计，取所有齿的最大值，如图 13-18 所示。f'_i 是检验平稳性的项目。

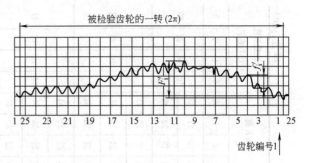

图 13-18　切向综合偏差

切向综合总偏差和一齿切向综合偏差是反映齿轮加工精度的较为理想的指标，通常被称为单啮误差。标准规定 F'_i 和 f'_i 是该标准的检验项目，但不是必检项目。

（二）渐开线圆柱齿轮径向综合偏差与径向圆跳动（GB/T 10095.2—2008）

1. 径向综合总偏差 F''_i

径向综合总偏差是在径向（双面）综合检验时，产品齿轮的左右齿面同时与测量齿轮接触，并转过一整圈时出现的中心距最大值和最小值之差，如图 13-19 所示。径向综合偏差主要反映由几何偏心引起的径向误差及一些短周期误差。它是检验运动精度的项目，但不是必检项目。由于测量方便、效率高，故在大批量生产中应用较普遍。

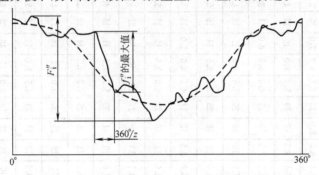

图 13-19　径向综合总偏差曲线

2. 一齿径向综合偏差 f''_i

一齿径向综合偏差是指在径向综合总偏差曲线中，对应一个齿距角的径向综合偏差值，如图 13-19 所示。被测齿轮所有轮齿的 f''_i 的最大值不应超过规定的允许值。f''_i 是反映工作平稳性的项目，但不是必检项目。

3. 径向圆跳动 F_r

径向圆跳动测头（球形、圆柱形、砧形）相继置于每个齿槽内时，测它到齿轮轴线的最大和最小径向距离之差，如图 13-20 所示。检查时，测头在近似齿高中部与左右齿面同时接触。F_r 是由几何偏心引起的，它是反映齿轮工作准确性的项目，但不是必检项目。

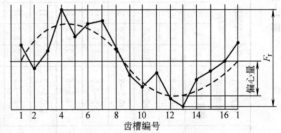

图 13-20　齿圈径向圆跳动

表 13-11 ~ 表 13-13 列出了标准规定的各种公差值和偏差允许值。

表13-11　±f_{pt}、F_p、F_α、$f_{f\alpha}$、F_r、f'_i、F'_i、F_w、±F_{pk} 的允许值（摘自 GB/T 10095.1～2—2008）

（单位：μm）

分度圆直径 d/mm	模数 m_n/mm	单个齿距偏差 ±f_{pt}				齿距累积总偏差 F_p				齿廓总偏差 F_α				齿廓形状偏差 $f_{f\alpha}$				齿廓倾斜偏差 ±$f_{H\alpha}$				径向圆跳动公差 F_r				f'_i/K值				公法线长度变动公差 F_w			
精度等级		5	6	7	8	5	6	7	8	5	6	7	8	5	6	7	8	5	6	7	8	5	6	7	8	5	6	7	8	5	6	7	8
≥5~20	≥0.5~2	4.7	6.5	9.5	13	11	16	23	32	4.6	6.5	9.0	13	3.5	5.0	7.0	10	2.9	4.2	6.0	8.5	9.0	13	18	25	14	19	27	38				
	>2~3.5	5.0	7.5	10	15	12	17	23	33	6.5	9.5	13	19	5.0	7.0	10	14	4.2	6.0	8.5	12	9.5	13	19	27	16	23	32	45	10	14	20	29
>20~50	≥0.5~2	5.0	7.0	10	14	14	20	29	41	5.0	7.5	10	15	4.0	5.5	8.0	11	3.3	4.6	6.5	9.5	11	16	23	32	14	20	29	41				
	>2~3.5	5.5	7.5	11	15	15	21	30	42	7.0	10	14	20	5.5	8.0	11	16	4.5	6.5	9.0	13	12	17	24	34	17	24	34	48	12	16	23	32
	>3.5~6	6.0	8.5	12	17	15	22	31	44	9.0	12	18	25	7.0	9.5	14	19	5.5	8.0	11	16	12	17	25	35	19	27	38	54				
>50~125	≥0.5~2	5.5	7.5	11	15	18	26	37	52	6.0	8.5	12	17	4.5	6.5	9.0	13	3.7	5.5	7.5	11	15	21	29	42	16	22	31	44				
	>2~3.5	6.0	8.5	12	17	19	27	38	53	8.0	11	16	22	6.0	8.5	12	17	5.0	7.0	10	14	15	21	30	43	18	25	36	51	14	19	24	37
	>3.5~6	6.5	9.0	13	18	19	28	39	55	9.5	13	19	27	7.5	10	15	21	6.0	8.5	12	17	16	22	31	44	20	29	40	57				
>125~280	≥0.5~2	6.0	9.0	12	17	24	35	49	69	7.0	10	14	20	5.5	7.5	11	15	4.4	6.0	9.0	12	20	28	39	55	17	24	34	49				
	>2~3.5	6.5	9.0	13	18	25	35	50	70	9.0	13	18	25	7.0	9.5	14	19	5.5	8.0	11	16	20	28	40	56	20	28	39	56	16	22	31	44
	>3.5~6	7.0	10	14	20	25	36	51	72	11	15	21	30	8.0	12	16	23	6.5	9.5	13	19	20	29	41	58	22	31	44	62				
>280~560	≥0.5~2	6.5	9.5	13	19	32	46	64	91	8.5	12	17	23	6.5	9.0	13	18	5.5	7.5	11	15	26	36	51	73	19	27	39	54				
	>2~3.5	7.0	10	14	20	33	46	65	92	10	15	21	29	8.0	11	16	23	7.0	9.0	13	18	26	37	52	74	22	31	44	62	19	26	37	53
	>3.5~6	8.0	11	16	22	33	47	66	94	12	17	24	34	9.0	13	18	26	7.5	11	15	21	27	38	53	75	24	34	48	68				

注：
1. ±F_{pk} = f_{pt} + 1.6(K-1)m_n（5级精度），通常取 K=z/8；按相邻两级的公比，可求得其他级±F_{pk}。
2. 本表中 F_w 是根据我国的生产实践提出的，供参考。
3. 将 f'_i/K 乘以 K 即得到 f'_i。当 ε_γ<4 时，K=0.2(ε_γ+4/ε_γ)；当 ε_γ≥4 时，K=0.4。
4. F'_i = F_p + f'_i。

表 13-12 F_β、$f_{f\beta}$、$f_{H\beta}$ 的允许值（摘自 GB/T 10095.1—2001）

（单位：μm）

分度圆直径 d/mm	齿宽 b/mm	螺旋线总偏差 F_β				螺旋线形状偏差 $f_{f\beta}$ 和螺旋线倾斜偏差 $\pm f_{H\beta}$			
		5	6	7	8	5	6	7	8
≥5~20	≥4~10	6.0	8.5	12	17	4.4	6.0	8.5	12
	<10~20	7.0	9.5	14	19	4.9	7.0	10	14
>20~50	≥4~10	6.5	9.0	13	18	4.5	6.5	9.0	13
	>10~20	7.0	10	14	20	5.0	7.0	10	14
	>20~40	8.0	11	16	23	6.0	8.0	12	16
>50~125	≥4~10	6.5	9.5	13	19	4.8	6.5	9.5	13
	>10~20	7.5	11	15	21	5.5	7.5	11	15
	>20~40	8.5	12	17	24	6.0	8.5	12	17
	>40~80	10	14	20	28	7.0	10	14	20
>125~280	≥4~10	7.0	10	14	20	5.0	7.0	10	14
	>10~20	8.0	11	16	22	5.5	8.0	11	16
	>20~40	9.0	13	18	25	6.5	9.0	13	18
	>40~80	10	15	21	29	7.5	10	15	21
	>80~160	12	17	25	35	8.5	12	17	25
>280~560	≥10~20	8.5	12	17	24	6.0	8.5	12	17
	>20~40	9.5	13	19	27	7.0	9.5	14	19
	>40~80	11	15	22	31	8.0	11	16	22
	>80~160	13	18	26	36	9.0	13	18	26
	>160~250	15	21	30	43	11	15	22	30

表 13-13 F''_i、f''_i 偏差值（摘自 GB/T 10095.2—2008）

（单位：μm）

分度圆直径 d/mm	模数 m_n/mm	径向综合总偏差 F''_i				一齿径向综合总偏差 f''_i			
		5	6	7	8	5	6	7	8
≥5~20	≥0.2~0.5	11	15	21	30	2.0	2.5	3.5	5.0
	>0.5~0.8	12	16	23	33	2.5	4.0	5.5	7.5
	>0.8~1.0	12	18	25	35	3.5	5.0	7.0	10
	>1.0~1.5	14	19	27	38	4.5	6.5	9.0	13
>20~50	≥0.2~0.5	13	19	26	37	2.0	2.5	3.5	5.0
	>0.5~0.8	14	20	28	40	2.5	4.0	5.5	7.5
	>0.8~1.0	15	21	30	42	3.5	5.0	7.0	10
	>1.0~1.5	16	23	32	45	4.5	6.5	9.0	13
	>1.5~2.5	18	26	37	52	6.5	9.5	13	19

（续）

分度圆直径 d/mm	模数 m_n/mm	径向综合总偏差 F''_i				一齿径向综合总偏差 f''_i			
		5	6	7	8	5	6	7	8
>50~125	≥1.0~1.5	19	27	39	55	4.5	6.5	9.0	13
	>1.5~2.5	22	31	43	61	6.5	9.5	13	19
	>2.5~4.0	25	36	51	72	10	14	20	29
	>4.0~6.0	31	44	62	88	15	22	31	44
	>6.0~10	40	57	80	114	24	34	48	67
>125~280	≥1.0~1.5	24	34	48	68	4.5	6.5	9.0	13
	>1.5~2.5	26	37	53	75	6.5	9.5	13	19
	>2.5~4.0	30	43	61	86	10	15	21	19
	>4.0~6.0	36	51	72	102	15	22	31	44
	>6.0~10	45	64	90	127	24	34	48	67
>280~560	≥1.0~1.5	30	43	61	86	4.5	6.5	9.0	13
	>1.5~2.5	33	46	65	92	6.5	9.5	13	19
	>2.5~4.0	37	52	73	104	10	15	21	29
	>4.0~6.0	42	60	84	119	15	22	31	44
	>6.0~10	51	73	103	145	24	34	48	68

五、齿侧间隙及其检验项目

如前所述，一对装配好的齿轮副，为了保证它们无障碍地运转，其非工作齿面必须留有侧隙。影响配合侧隙大小的齿轮副尺寸要素有：大、小齿轮的齿厚及箱体孔的中心距。此外，齿轮的配合也受到齿轮的形状和位置偏差以及轴线平行度的影响。同时，在齿轮传动中侧隙会随着速度、温度、负载等的变化而变化，因此，在静态可测量的条件下，必须有足够的侧隙以保证在最不利的工作条件下负载运行时仍有足够的侧隙。

（一）齿侧间隙的表示法（GB/Z 18620.2—2008）

（1）圆周侧隙 j_{wt} 它是指当固定两个相啮合齿轮中的一个时，另一个齿轮所能转过的节圆弧长的最大值。

（2）法向侧隙 j_{bn} 它是指当两个齿轮的工作齿面互相接触时，其非工作齿面间的最短距离。它与圆周侧隙存在如下关系

$$j_{bn} = j_{wt}(\cos\alpha_{wt})\cos\beta_b \tag{13-8}$$

式中 α_{wt}——端面工作压力角；

β_b——基圆螺旋角。

（3）径向侧隙 j_r 它是指将两个相配齿轮的中心距缩小，直到左侧和右侧齿面都接触时，这个缩小的量称为径向侧隙。它与圆周侧隙的关系如下

$$j_r = j_{wt}/2\tan\alpha_{wt} \tag{13-9}$$

（二）最小法向侧隙 j_{bnmin} 的确定

齿轮副的侧隙按齿轮的工作条件决定，与齿轮的公差等级无关。在传动工作中温度有较

大升高的齿轮，为保证正常润滑，避免发热卡死，要求有较大的侧隙。对于需正反转或读数机构中的齿轮，为避免空程影响，则要求较小的侧隙。设计选定的最小法向侧隙应足以补偿齿轮传动时温度升高而引起的变形，并保证正常的润滑。

1. 经验法

参考国内外同类产品中齿轮副的侧隙值确定最小法向侧隙。

2. 计算法

根据齿轮副的工作速度、温度、负载、润滑等工作条件计算最小法向侧隙。

1）为补偿温度变化引起齿轮和箱体热变形所需的最小侧隙 $j_{bnmin 1}$。

$j_{bnmin 1}$ 由下式计算

$$j_{bnmin 1} = 1000a(\alpha_1\Delta t_1 - \alpha_2\Delta t_2) \times 2\sin\alpha_n \tag{13-10}$$

式中　a——齿轮副中心距（mm）；

α_1、α_2——齿轮及箱体的线膨胀系数；

Δt_1、Δt_2——齿轮温度、箱体温度与标准温度（20℃）的温度差（℃）；

α_n——齿轮法向压力角。

2）为保证正常润滑所需的最小侧隙 $j_{bnmin 2}$。$j_{bnmin 2}$ 取决于润滑方式和齿轮的工作速度，其值见表13-14。由设计计算得到的最小侧隙为

$$j_{bnmin} = j_{bnmin 1} + j_{bnmin 2} \tag{13-11}$$

表13-14　最小侧隙 $j_{bnmin 2}$

润滑方式	齿轮圆周速度/（m/s）			
	≤10	>10~25	>25~60	>60
喷油润滑	$10m_n$	$20m_n$	$30m_n$	$(30~50)\ m_n$
油池润滑	$(5~10)\ m_n$			

注：表中 m_n 为法向模数。

3）查表法。对于齿轮和箱体用黑色金属制造，工作时节圆线速度小于15m/s，其箱体、轴和轴承都采用常用的商业制造公差的齿轮传动，GB/Z 18620.2—2008 在附录A中列出了中大模数齿轮最小侧隙的推荐值，表中数值可按下式计算

$$j_{bnmin} = \frac{2}{3}(0.06 + 0.0005\,|a_i| + 0.03m_n) \tag{13-12}$$

（三）齿侧间隙的获得和检验项目

相互啮合的两齿轮间的关系相当于孔、轴配合的关系，两齿轮中心距相当于孔，齿厚相当于轴。齿轮轮齿配合采用的是"基中心距制"，所以侧隙是通过减薄齿厚的方法获得的。为了获得最小侧隙 j_{bnmin}，齿厚应保证有最小减薄量，它是由分度圆齿厚上极限偏差 E_{sns} 形成的。齿厚偏差是指在分度圆圆柱面上，实际齿厚与法向齿厚之差。

1. 齿厚上极限偏差 E_{sns} 的确定

齿厚上极限偏差取决于最小侧隙、齿轮和齿轮副的加工及安装误差。其值可参考同类产品的设计经验选取，也可按下述方法计算选取

$$E_{sns1} + E_{sns2} = -2f_a\tan\alpha_n - \frac{j_{bnmin} + J_n}{\cos\alpha_n} \tag{13-13}$$

式中　E_{sns1}、E_{sns2}——小齿轮、大齿轮的齿厚上极限偏差；

　　　　f_a——中心距偏差；

　　　　J_n——齿轮和齿轮副的加工和安装误差对侧隙减小的补偿量。

J_n可按下式计算

$$J_n = \sqrt{f_{pb1}^2 + f_{pb2}^2 + 2(F_\beta\cos\alpha_n)^2 + (f_{\Sigma\delta}\sin\alpha_n)^2 + (f_{\Sigma\beta}\cos\alpha_n)^2} \tag{13-14}$$

式中　f_{pb1}、f_{pb2}——小齿轮、大齿轮的基节偏差（见表 13-15）；

　　　　F_β——小齿轮、大齿轮的螺旋线总公差；

　　　　$f_{\Sigma\delta}$、$f_{\Sigma\beta}$——齿轮副轴线平行度偏差，其计算式见式（13-20）。

求出两个齿轮的上极限偏差之和后，可按等值分配法和不等值分配法确定小齿轮的齿厚上极限偏差。

等值分配：令 $E_{sns1} = E_{sns2} = E_{sns}$，则

$$E_{sns} = \frac{E_{sns1} + E_{sns2}}{2} = -f_a\tan\alpha_n - (j_{bnmin} + J_n)/2\cos\alpha_n \tag{13-15}$$

不等值分配可随意分配或按一定规律分配。一般应使大齿轮齿厚的减薄量大一些，小齿轮齿厚的减薄量小一些，以使大小齿轮的强度匹配。

表 13-15　基节偏差（摘自 GB/T 10095.2—2008）

（单位：μm）

分度圆直径/mm		法向模数/mm	$\pm f_{pb}$			
大　于	到		6 级	7 级	8 级	9 级
—	125	≥1 ~ 3.5	9	13	18	25
		>3.5 ~ 6.3	11	16	22	32
		>6.3 ~ 10	13	18	25	36
125	400	≥1 ~ 3.5	10	14	20	30
		>3.5 ~ 6.3	13	18	25	36
		>6.3 ~ 10	14	20	30	40

2. 齿厚公差的确定

齿厚公差基本上与齿轮精度无关。齿厚公差应合理选择，公差太大会使侧隙加大，齿轮正反转时空行程过大；公差太小势必增加制造成本，除非十分必要，一般不采用很紧的齿厚公差。齿厚公差可按下式求得

$$T_{sn} = \sqrt{F_r^2 + b_r^2} \times 2\tan\alpha_n \tag{13-16}$$

式中　F_r——径向圆跳动公差；

　　　　b_r——切齿径向进刀公差，按表 13-16 选取，表中公差等级为反映运动准确性的项目的公差等级，查 IT 值的主参数为分度圆直径。

表 13-16　切齿径向进刀公差 b_r

齿轮公差等级	4	5	6	7	8	9
b_r	1.26IT7	IT8	1.26IT8	IT9	1.26IT9	IT10

3. 齿厚下极限偏差 E_{sni} 的确定

$$E_{sni} = E_{sns} - T_{sn} \tag{13-17}$$

4. 公法线长度极限偏差 E_{bns}、E_{bni} 的确定

公法线长度极限偏差是反映齿厚减薄量的另一种形式。测量公法线长度同样可以控制齿侧间隙。公法线平均长度的上、下极限偏差与齿厚极限偏差有如下关系

公法线长度的上极限偏差 $\qquad E_{bns} = E_{sns}\cos\alpha_n \tag{13-18}$

公法线长度的下极限偏差 $\qquad E_{bni} = E_{sni}\cos\alpha_n \tag{13-19}$

六、齿轮副和齿坯的精度

1. 齿轮副精度

（1）中心距偏差 $\pm f_a$　中心距尺寸偏差的大小会影响齿轮侧隙和齿轮的重合度，因此必须加以控制。GB/Z 18620.3—2008 中未提供中心距尺寸偏差值，可按经验选取，也可参照 GB/T 10095.2—2008 相关表格查取（表13-17），其中公差等级为反映平稳性精度的项目的公差等级。

表 13-17　中心距偏差（$\pm f_a$）（摘自 GB/T10095.2—1988）

第Ⅱ公差组精度等级	1~2	3~4	5~6	7~8	9~10	11~12
f_a	$\frac{1}{2}$IT4	$\frac{1}{2}$IT6	$\frac{1}{2}$IT7	$\frac{1}{2}$IT8	$\frac{1}{2}$IT9	$\frac{1}{2}$IT11

（2）轴线平行度偏差 $f_{\Sigma\delta}$、$f_{\Sigma\beta}$　轴线平行度偏差将影响齿轮的接触精度，其影响与向量的方向有关，GB/Z 18620.3—2008 对"轴线平面内的平行度偏差"和"垂直平面上的平行度偏差"的定义作出了规定，并给出了最大推荐值。轴线平面内的平行度偏差 $f_{\Sigma\delta}$ 是在两轴线的公共平面上测量的，垂直平面上的平行度偏差 $f_{\Sigma\beta}$ 是在与轴线公共平面相垂直的平面上测量的。最大推荐值为

$$f_{\Sigma\delta} = 0.5(L/b)F_\beta, \quad f_{\Sigma\beta} = 2f_{\Sigma\delta} \tag{13-20}$$

式中　L——轴承跨距；

b——齿宽。

2. 接触斑点

轮齿接触斑点是指装配好的齿轮副，在轻微制动下运转后齿面的接触痕迹。检测在箱体内安装好的产品齿轮副所产生的接触斑点，可用于评估装配后的齿面接触精度，产品齿轮与测量齿轮的接触斑点，可用于评估装配后的齿轮的螺旋线和齿廓精度。接触斑点可用沿齿高方向和沿齿长方向的百分数来表示。图 13-21 所示为接触斑点示意图。表 13-18 给出了装配后齿轮副接触斑点的最低要求。

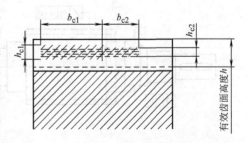

图 13-21　接触斑点示意图

表 13-18　装配后齿轮副接触斑点的最低要求（%）（摘 GB/Z 18620.4—2008）

精 度 等 级	$b_{c1}/b \times 100\%$		$h_{c1}/h \times 100\%$		$b_{c2}/b \times 100\%$		$h_{c2}/h \times 100\%$	
	直 齿 轮	斜 齿 轮	直 齿 轮	斜 齿 轮	直 齿 轮	斜 齿 轮	直 齿 轮	斜 齿 轮
4 级及更高	50	50	70	50	40	40	50	30
5 和 6	45	45	50	40	35	35	30	30
7 和 8	35	35	50	40	35	35	30	20
9 和 12	25	25	50	40	25	25	30	20

注：b_{c1} 为接触斑点的较大长度，b_{c2} 为接触斑点的较小长度，h_{c1} 为接触斑点的较大高度，h_{c2} 为接触斑点的较小高度。

3. 齿轮坯的精度

在齿坯上影响齿轮加工和传动质量的主要因素是齿坯上的基准轴线、基准面、安装面等的尺寸误差、形状误差和跳动。如带孔齿轮孔（或轴齿轮的轴颈）的直径偏差和形状误差；齿轮轴向基准面的端面圆跳动；径向基准面或齿顶圆柱面的直径偏差和径向圆跳动。齿轮的工作基准是其基准轴线，而基准轴线通常都是由某些基准面来确定的，有三种基本方法：

1）用一个"长的"圆柱或圆锥面来同时确定轴线的位置和方向，如图 13-22 所示。基准面（此图为内孔）圆柱度公差 t_1 取 0.04（L/b）F_β 或 0.1 F_P 两者中的较小值（L 为支承该齿轮的较大的轴承跨距）。

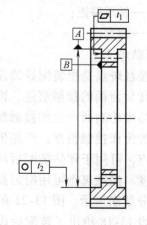

图 13-22　用一个"长的"基准面确定基准轴线

2）用两个"短的"圆柱或圆锥形基准面上设定的两个圆的圆心来确定轴线上的两点，如图 13-23 所示。左右两个短圆柱面是与轴承的配合面，即基准面，其圆度公差 t_1 取 0.04（L/b）F_β 或 0.1 F_P 两者中的较小值（L 为支承该齿轮的较大的轴承跨距）。

3）轴线的位置用一个"短的"圆柱形基准面上的一个圆的圆心来确定，其方向则用垂直于轴线的一个基准端面来确定，如图 13-24 所示。短圆柱面的圆度公差 t_2 取 $0.06F_P$，基准端面的平面度 t_1 取 0.06（D_d/b）F_β（D_d 为基准面直径，b 为齿宽）。

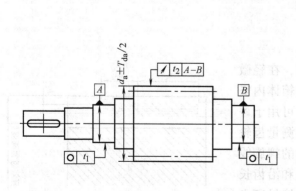

图 13-23　用两个"短的"基准面确定基准轴线　　图 13-24　用一个"短的"圆柱面和一个端面确定基准轴线

安装面的跳动公差可按表 13-19 选取。齿坯径向和端面圆跳动公差可参考表 13-20 选取。齿顶圆直径偏差对齿轮重合度及顶隙有影响，有时还作为测量、加工基准，因此应选择适当的公差，齿坯尺寸公差可参考表 13-21 选取。

表 13-19　安装面的跳动公差

确定轴线的基准面	跳动量（总的指示幅度）	
	径　向	轴　向
仅圆柱或圆锥形基准面	$0.15 (L/b) F_\beta$ 或 $0.3F_p$ 取两者中的大值	
一个圆柱基准面和一个端面基准面	$0.3F_p$	$0.2 (D_d/b) F_\beta$

表 13-20　齿坯径向和端面圆跳动公差

（单位：μm）

分度圆直径/mm	齿轮精度等级			
	3、4	5、6	7、8	9 ~ 12
到 125	7	11	18	28
>125 ~ 400	9	14	22	36
>400 ~ 800	12	20	32	50
>800 ~ 1600	18	28	45	71

表 13-21　齿坯尺寸公差

（单位：μm）

齿轮精度等级		5	6	7	8	9	10	11	12
孔	尺寸公差	IT5	IT6	IT7			IT8		IT9
轴	尺寸公差	IT5		IT6		IT7		IT9	
齿顶圆直径偏差					$\pm 0.05 m_n$				

齿面粗糙度影响齿轮的传动精度（噪声和振动）、表面承载能力（点蚀、胶合和磨损）和弯曲强度（齿根过渡曲面状况），GB/Z 18620.4—2008 推荐了表面粗糙度极限值，见表 13-22。轮齿各基准面的表面粗糙度 Ra 推荐值见表 13-23。

表 13-22　齿面表面粗糙度极限值（摘自 GB/Z 18620.4—2008）

（单位：μm）

齿轮精度等级	Ra		Rz	
	$m_n < 6$	$m_n \leq 25$	$m_n < 6$	$6 \leq m_n \leq 25$
3	—	0.16	—	1.0
4	—	0.32	—	2.0
5	0.5	0.63	3.2	4.0
6	0.8	1.00	5.0	6.3
7	1.25	1.60	8.0	10
8	2.0	2.5	12.5	16
9	3.2	4.0	20	25
10	5.0	6.3	32	40

表 13-23 齿轮各基准面的表面粗糙度 Ra 推荐值

(单位：μm)

齿轮精度等级	5	6	7		8	9	
齿面加工方法	磨齿	磨齿或珩齿	剃齿或珩齿	精插精铣	插齿或滚齿	滚齿	铣齿
齿轮基准孔	0.32 ~ 0.63	1.25	1.25 ~ 2.5			5	
齿轮轴基准轴颈	0.32	0.63	1.25			2.5	
齿轮基准端面	2.5 ~ 1.25	2.5 ~ 5				3.2 ~ 5	
齿顶圆	1.25 ~ 2.5	3.2 ~ 5					

七、圆柱齿轮精度设计

为了保证齿轮传动的使用要求，齿轮的精度设计主要包括四个方面的内容：确定精度等级、确定最小侧隙和齿厚极限偏差、选择检验项目、确定齿轮副和齿坯精度。下面结合实例说明圆柱齿轮精度设计过程。

例：某通用减速器中的一对直齿圆柱齿轮副，模数 $m = 2.75$，小齿轮齿数 $z_1 = 26$，齿宽 $b_1 = 28mm$，大齿轮齿数 $z_2 = 56$，齿宽 $b_2 = 24mm$，两轴承中间距离 $L = 90mm$，小齿轮转速 $n_1 = 1650r/min$，齿轮材料为 45 钢，箱体材料为 HT200，其线膨胀系数分别为 $\alpha_1 = 11.5 \times 10^{-6}K^{-1}$、$\alpha_2 = 10.5 \times 10^{-6}K^{-1}$，齿轮和箱体的工作温度分别为 $t_1 = 60℃$、$t_2 = 30℃$，采用喷油润滑，单件小批生产，试设计小齿轮的精度，并画出齿轮工作图。

解：1. 确定精度等级

齿轮精度等级的选用主要依据齿轮的用途、工作条件及使用要求，如圆周速度、传动功率、运动精度、振动和噪声、工作持续时间和使用寿命等，并应考虑工艺的可能性和经济性。确定齿轮精度等级的方法有计算法和类比法（经验法）。计算法主要是根据传动链末端传动精度要求，按传动链误差传递规律来分配各级齿轮副的传动精度，确定齿轮的精度等级。计算法主要用于精密传动链设计。目前生产中一般采用类比法（经验法），即参照经过实践验证的齿轮精度所适用的产品性能、工作条件等经验资料确定精度等级。表 13-24 所列为各种用途齿轮的大致精度等级，可供选用时参考。在机械传动中，大多数齿轮既传递运动又传递动力，其精度等级与圆周速度密切相关，因此可根据圆周速度，参考表 13-25 确定齿轮精度等级。GB/T 10095.1—2008 中规定：按照协议，可对工作齿面和非工作齿面规定不同的精度等级，也可以仅对工作齿面规定精度等级要求，对不同的偏差项目可规定不同的精度等级，即对齿距、齿廓和螺旋线规定不同的精度等级。

表 13-24 齿轮精度等级的应用（供参考）

产品或机构	精度等级	产品或机构	精度等级
精密仪器、测量齿轮	2 ~ 5	一般通用减速器	6 ~ 9
汽轮机、涡轮齿轮	3 ~ 6	拖拉机、载货汽车	
金属切削机床	3 ~ 8	轧钢机	6 ~ 10
航空发动机	4 ~ 8	起重机械	7 ~ 10
轻型汽车、汽车底盘、机车	5 ~ 8	矿用绞车	8 ~ 10
内燃机车	6 ~ 7	农业机械	8 ~ 11

表 13-25　齿轮精度等级的选用（供参考）

| 精度等级 | 工作条件及适用范围 | 圆周速度/(m/s) | | 效　率 | 切 齿 方 法 | 齿面的最后加工 |
		直齿	斜齿			
5级	用于精密分度机构齿轮或要求极平稳且无噪声的高速工作的齿轮传动中的齿轮；精密机构用齿轮；透平传动的齿轮；检测8、9级的测量齿轮	>20	>40	不低于 0.99（包括轴承不低于 0.985）	在周期误差小的精密机床上用展成法加工	精密磨齿，大多数用精密滚刀加工，进而研齿或剃齿
6级	用于要求最高效率且无噪声的高速齿轮传动或分度机构的齿轮传动中的齿轮；特别重要的航空、汽车用齿轮；读数装置中特别精密的齿轮	~15	~30	不低于 0.99（包括轴承不低于 0.985）	在精密机床上用展成法加工	精密磨齿，或剃齿
7级	在高速和适度功率或大功率的适度速度下工作的齿轮；金属切削机床中需要运动协调性的进给齿轮；高速减速器齿轮；航空、汽车以及读数装置用齿轮	~10	~15	不低于 0.98（包括轴承不低于 0.975）	在精密机床上用展成法加工	无需热处理的齿轮仅用精确刀具加工；对于淬硬齿轮必须精整加工（磨齿、研齿、珩齿）
8级	无需特别精密的一般机械制造用齿轮；不包括在分度链中的机床齿轮；飞机、汽车制造业中不重要的齿轮；起重机构用齿轮；农业机械中的重要齿轮；通用减速器齿轮	~6	~10	不低于 0.97（包括轴承不低于 0.965）	用展成法或分度法（根据齿轮实际齿数设计齿形的刀具）加工	齿不用磨；必要时剃齿或研齿
9级	用于一般性工作和噪声要求不高的齿轮；受载低于计算载荷的传动用齿轮	~2	~4	不低于 0.96（包括轴承不低于 0.95）	任何方法	无需特殊的精加工工序

该齿轮为一般减速器齿轮，根据表 13-24 可大致得出齿轮精度在 6 ~ 9 级之间，因为该齿轮既传递运动又传递动力，因此可根据圆周速度确定其精度等级。

分度圆直径　$d_1 = mz_1 = 2.75 \times 26$mm $= 71.5$mm，$d_2 = mz_2 = 2.75 \times 56$mm $= 154$mm

圆周速度　$v = \dfrac{\pi d_1 n_1}{1000 \times 60} = \dfrac{3.14 \times 71.5 \times 1650}{1000 \times 60}$m/s $= 6.2$m/s

参考表 13-25 可确定该齿轮为 7 级精度。

2. 确定最小侧隙和齿厚偏差

1）计算最小极限侧隙。

中心距　$a = \dfrac{m}{2}(z_1 + z_2) = \dfrac{2.75}{2}(26 + 56)$ mm $= 112.75$mm

最小极限侧隙可按计算法求出，也可按查表法得出。这里按式（13-12）计算得

$$j_{bnmin} = \frac{2}{3} \ (0.06 + 0.0005 \ |a_i| + 0.03m_n)$$

$$= \frac{2}{3} \ (0.06 + 0.0005 \times 112.75 + 0.03 \times 2.75) \ \text{mm} = 0.133\text{mm} = 133\mu\text{m}$$

2）计算齿厚上极限偏差 E_{sns}。

由表 13-15 查得 $f_{pb1} = 13\mu\text{m}$，$f_{pb2} = 14\mu\text{m}$

由表 13-17 查得 $f_a = \frac{1}{2}\text{IT7} = 27\mu\text{m}$

由表 13-12 查得 $F_\beta = 17\mu\text{m}$

由式（13-20）得 $f_{\Sigma\delta} = 0.5 \ (L/b) \ F_\beta = 0.5 \times \ (90/28) \ \times 17\mu\text{m} = 27\mu\text{m}$

由式（13-21）得 $f_{\Sigma\beta} = 2f_{\Sigma\delta} = 2 \times 27\mu\text{m} = 54\mu\text{m}$

由式（13-14）及式（13-15）得

$$J_n = \sqrt{f_{pb1}^2 + f_{pb2}^2 + 2 \ (F_\beta \cos\alpha_n)^2 + (f_{\Sigma\delta}\sin\alpha_n)^2 + (f_{\Sigma\beta}\cos\alpha_n)^2}$$

$$= \sqrt{13^2 + 14^2 + 2 \times (17 \times \cos20)^2 + (27 \times \sin20)^2 + (54 \times \cos20)^2}\ \mu\text{m} = 59.46\mu\text{m}$$

$$E_{sns} = \frac{E_{sns1} + E_{sns2}}{2} = -f_a\tan\alpha_n - (j_{bnmin} + J_n)/2\cos\alpha_n$$

$$= [\ -27\tan20 - (133 + 59.46)/2\cos20\ ]\ \mu\text{m} = -112.23\mu\text{m} = -0.112\text{mm}$$

3）计算齿厚下极限偏差 E_{sni}。

由表 13-11、表 13-16 查得 $F_r = 0.03\text{mm}$，$b_r = \text{IT9} = 0.074\text{mm}$

由式（13-16）得齿厚公差

$$T_{sn} = \sqrt{F_r^2 + b_r^2} \times 2\tan\alpha_n = \sqrt{0.03^2 + 0.074^2}\ \text{mm} \times 2\tan20° = 0.058\text{mm}$$

由式（13-17）得齿厚下偏差 $E_{sni} = E_{sns} - T_{sn} = -0.112\text{mm} - 0.058\text{mm} = -0.170\text{mm}$

对中小模数齿轮，通常以公法线长度偏差的检查代替齿厚偏差的检查，由式（13-18）、式（13-19）得

公法线长度的上极限偏差 $E_{bns} = E_{sns}\cos\alpha_n = -0.112\text{mm} \times \cos20° = -0.105\text{mm}$

公法线长度的下极限偏差 $E_{bni} = E_{sni}\cos\alpha_n = -0.170\text{mm} \times \cos20° = -0.160\text{mm}$

对标准直齿圆柱齿轮，公法线公称长度 $W_k = m\cos\alpha_n \ [\ (k-0.5)\ \pi + zinv\alpha_n\ ]$

其中跨齿数 $k = \frac{z}{9} + 0.5 = \frac{26}{9} + 0.5 = 3.4$，取 $k = 3$，则

$$W_k = 2.75\cos20° \ [\ (3-0.5)\ \pi + 26 \times 0.014\ ]\ \text{mm} = 21.236\text{mm}$$

3. 确定检验项目及其公差

标准中给出的评定齿轮精度的偏差项目很多，但检验时测量全部轮齿要素的偏差既不经济也没必要，因为其中有些要素对于特定齿轮的功能并没有明显的影响，而且有些测量项目可以代替别的项目，如切向综合偏差检验可代替齿距偏差检验，径向综合偏差检验可代替径向圆跳动检验。为评定单个齿轮的加工精度，检验项目主要应是单向指标，即齿距偏差、齿廓总偏差、螺旋线总偏差及齿厚偏差。标准中给出的其他参数，一般不是必检项目，而是根据供需双方协商确定。具体选择时主要考虑齿轮的精度等级和用途、切齿工艺、生产批量、尺寸大小和结构形式、检查目的及现有测试设备等因素。

根据我国多年的生产实践及目前齿轮生产技术及质量控制水平，建议依据齿轮的使用要

求、生产批量和检测手段，在以下推荐的检验组中选取一个检验组来评定齿轮质量。

1）F_p，F_α，F_β，F_r；　　　　　2）f_{pt}，F_p，F_α，F_β，F_r；

3）f_{pt}，F_{pk}，F_p，F_α，F_β，F_r；　　4）F_{pk}，F_p，F_α，F_β，F_r；

5）f_{pt}，F_p，F_α，F_β，F_r；　　　6）F''_i，f''_i；

7）f_{pt}，F_r（10 ~ 12 级）；　　　　8）F'_i，f'_i（协议有要求时）。

本例中的齿轮属小批生产，中等精度，没有对局部范围提出更严格的噪声、振动要求，因此可选用第 1 检验组，即检验 F_p、F_α、F_β、F_r。查表 13-11 ~ 表 13-13 得各项参数的公差值

$F_p = 0.038$mm，$F_\alpha = 0.016$mm，$F_\beta = 0.017$mm，$F_r = 0.030$mm。

4. 确定齿轮副精度

齿轮副精度指标主要包括中心距偏差和轴线平行度偏差，其值在前面已得到：

1）中心距偏差 $\pm f_a = \pm 0.027$mm，则中心距 $a =$（112.75 ± 0.027）mm。

2）轴线平行度偏差 $f_{\Sigma\delta} = 0.027$mm，$f_{\Sigma\beta} = 0.054$mm。

5. 确定齿坯精度

1）内孔尺寸偏差。

由表 13-22 得内孔尺寸公差为 IT7，即 $\phi 30$H7 $= \phi 30^{+0.021}_{0}$。

2）齿顶圆直径偏差。

由表 13-21 得齿顶圆直径偏差为 $\pm 0.05 m_n = \pm 0.05 \times 2.75$mm $= \pm 0.14$mm。

齿顶圆直径 $d_a = m_n$（$z + 2$）$= 2.75 \times$（$26 + 2$）mm $= 77$mm，即

$$d_a = （77 \pm 0.014）\text{mm}。$$

3）基准面几何公差。

内孔圆柱度公差 t_1：取 0.04（L/b）F_β 或 $0.1 F_P$ 两者中之较小值。

$$0.04（L/b）F_\beta = 0.04 \times（90/28）\times 0.017\text{mm} = 0.002\text{mm}$$

$$0.1 F_P = 0.1 \times 0.038\text{mm} = 0.004\text{mm}$$

故　　　　　　　　　　　　　$t_1 = 0.002$mm

由表 13-20 查得：　　端面圆跳动公差 $t_2 = 0.018$mm

齿顶圆径向圆跳动公差 $t_3 = 0.018$mm

4）齿坯表面粗糙度。

由表 13-22 及表 13-23 查得：轮齿表面粗糙度 Ra 值为 1.25μm，齿坯内孔表面粗糙度 Ra 值为 1.25μm，端面表面粗糙度 Ra 值为 2.5μm，顶圆表面粗糙度 Ra 值为 3.2μm，其余表面的表面粗糙度 Ra 值为 12.5μm。

6. 精度等级在图样上的标注

标注规定：在文件中需叙述齿轮精度要求时，应注明 GB/T 10095.1—2008 或 GB/T 10095.2—2008。齿轮精度等级的标注建议如下：

1）若齿轮检验项目同为某一精度等级时，可标注精度等级和标准号。如齿轮检验项目同为 7 级，则标注为

7 GB/T 10095.1—2008 或 7 GB/T 10095.2—2008

2）若齿轮检验项目的精度等级不同时，如齿廓总偏差 F_α 为 6 级，齿距累积总偏差 F_p 和螺旋线总偏差 F_β 均为 7 级时，则标注为

6 （F_a）、7 （F_p、$F_β$） GB/T 10095.1—2008

3）按照 GB/T 6443—1986《渐开线圆柱齿轮图样上应注明的尺寸数据》的规定，应将齿厚偏差或公法线长度极限数值注在图样右上角的参数表中。

最后，将选取的齿轮精度等级、齿厚偏差（公法线偏差）、检验项目及公差、偏差值和齿坯技术条件等标注在齿轮工作图上，如图 13-25 所示。

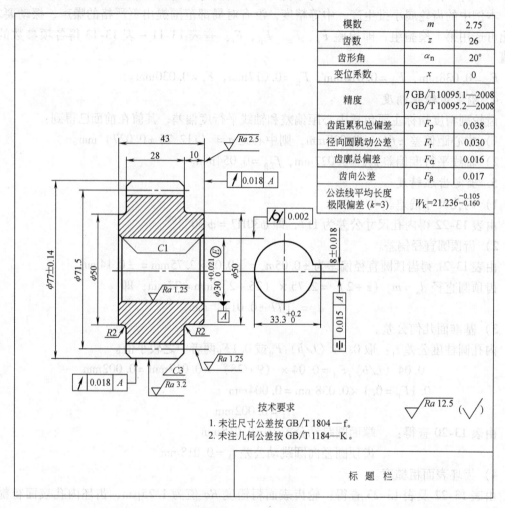

模数	m	2.75
齿数	z	26
齿形角	$α_n$	20°
变位系数	x	0
精度		7 GB/T 10095.1—2008 7 GB/T 10095.2—2008
齿距累积总偏差	F_p	0.038
径向圆跳动公差	F_r	0.030
齿廓总偏差	$F_α$	0.016
齿向公差	$F_β$	0.017
公法线平均长度 极限偏差 ($k=3$)	$W_k=21.236^{-0.105}_{-0.160}$	

技术要求
1. 未注尺寸公差按 GB/T 1804 — f。
2. 未注几何公差按 GB/T 1184—K。

标 题 栏

图 13-25 齿轮工作图

思考与练习题

13-1 滚动轴承的精度等级有几级？其代号是什么？用得最多的是哪些等级？

13-2 滚动轴承精度等级的高低是由哪些方面的因素决定的？

13-3 与滚动轴承配合的结合件，配合表面的其他技术要求是什么？

13-4 滚动轴承的内外径公差带有何特点？

13-5 滚动轴承与轴径和外壳孔的配合与圆柱体结合的同名配合有何不同？其标注有何特殊的规定？

13-6 选择滚动轴承与轴和外壳的配合时应考虑哪些因素？

13-7 滚动轴承承受的负荷类型与选择配合有何关系？

13-8　有一成批生产的开式直齿轮减速器，转轴上安装 6209/P0 深沟（向心）球轴承，承受的当量径向动载荷为 1500N，工作温度为 $t<60℃$，内圈与轴旋转。试选择与轴、外壳配合的公差带，几何公差及表面粗糙度，并标注在装配图和零件图上。

13-9　在图 13-26 所示的传动机构中，直齿圆柱齿轮空套在轴上用于传递动力。滚动轴承的精度等级为 0 级。试确定图中（1）～（5）配合处的配合代号。

13-10　影响螺纹互换性的主要因素有哪些？

13-11　以外螺纹为例，试说明螺纹中径、单一中径和作用中径的联系与区别，三者在什么情况下是相等的？

13-12　对普通螺纹为什么不单独规定螺距公差和牙型半角公差？

13-13　有了牙型半角误差，是否一定存在牙型角误差？为什么？

13-14　中径合格性的判断原则是什么？如实际中径在规定的范围内，能否说明该中径合格？

13-15　通过查表写出 M24×3-6H/5g6g 外螺纹中径、大径和内螺纹中径、小径的极限偏差，并绘出公差带图。

13-16　试选择螺纹联接 M20×2 的公差带与基本偏差。其工作条件要求旋合性好，有一定的联接强度，螺纹的生产条件是大批生产。

13-17　有一内螺纹尺寸和公差要求为 M24×3-6H，加工后测得：单一中径为 22.2mm，螺距偏差为 −25μm，左侧牙型半角偏差为 −60′，右侧牙型半角偏差为 +70′，问该内螺纹中径是否合格？

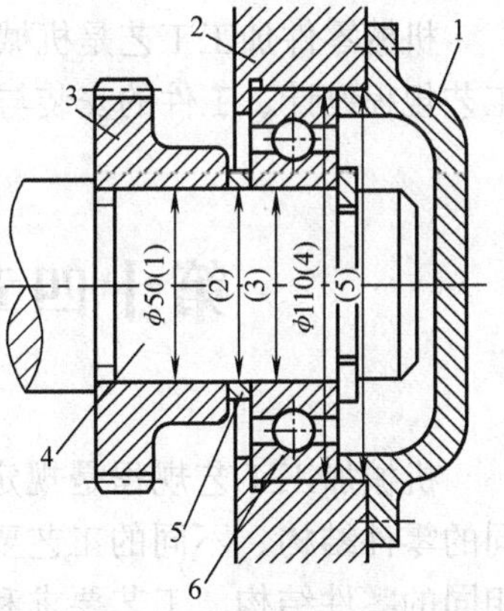

13-18　齿轮传动有哪些使用要求？

13-19　影响齿轮使用要求的误差有哪些？分别来自哪些方面？

13-20　某减速器中一对直齿圆柱齿轮，圆周速度为 $v=8$m/s，齿数分别为 $z_1=20$、$z_2=34$，模数 $m_n=2$mm，齿形角 $\alpha=20°$。齿轮材料为 45 钢，线膨胀系数 $\alpha_1=11.5×10^{-6}K^{-1}$；箱体材料为铸铁 $\alpha_2=10.5×10^{-6}K^{-1}$。齿轮工作温度为 $t_1=80℃$，箱体温度为 $t_2=60℃$。试确定小齿轮的精度等级和齿轮副的侧隙。

13-21　已知直齿圆柱齿轮副，模数 $m_n=5$mm，齿形角 $\alpha=20°$，齿数分别为 $z_1=20$、$z_2=100$，内孔 $d_1=25$mm，$d_2=80$mm，图样标注为 6 GB/T 10095.1—2008 和 6 GB/T 10095.2—2008。

1）计算两齿轮 f_{pt}、F_p、F_α、F_β、F''_i、f''_i 以及 F_r 的允许值。

2）确定大、小齿轮内孔和齿顶圆的尺寸公差、齿顶圆的径向圆跳动公差以及基准端面的端面圆跳动公差。

图 13-26　题 13-9 图

1—端盖　2—机座　3—齿轮

4—轴　5—挡环　6—滚动轴承

第四篇 机械零件加工工艺设计

机械零件加工工艺是机械零件制造方法和制造过程的总称。本篇主要介绍零件机械加工工艺规程设计、工件的安装与夹具及零件的结构工艺性等方面的知识。

第十四章 机械加工工艺规程设计

机械加工工艺规程是规定机械零件机械加工工艺过程和操作方法等的工艺文件。不同的零件结构、不同的工艺要求和不同的生产规模需要采用不同的工艺规程来体现，而相同的零件结构、工艺要求和生产规模，采用不同的工艺规程将导致不同的加工质量和加工成本。因此，机械加工工艺规程设计是一项非常重要的工作，它要求设计者必须具备广博的机械制造工艺基础理论知识和丰富的生产实践经验。本章主要阐述机械加工工艺规程的基本概念、定位基准及其选择、工艺路线的拟订、工序内容的确定、工艺尺寸链、工艺方案的技术经济分析。

第一节 基 本 概 念

一、生产过程与工艺规程

生产过程是指将原材料转变为成品的全过程。机械产品生产过程不仅包括毛坯的制造、机械加工、热处理、装配、检验、试车、涂装等主要生产活动，而且还包括包装、储存和运输等辅助生产活动。由于机械产品的复杂程度不同和企业生产条件不同，生产过程可以由一个车间或一个企业完成，也可以由多个企业联合完成。

机械加工工艺规程（以下简称工艺规程）是生产过程的一部分，是对机械零件采用各种切削、磨削、特种加工等工艺方法，直接改变毛坯的形状、尺寸、表面粗糙度以及物理力学性能，使之成为合格零件的那部分生产过程。

二、工艺规程的组成

零件机械加工工艺规程一般由若干道工序组成，每道工序又可依次细分为安装、工位、工步和走刀。

1. 工序

一个（或一组）工人在一个工作地点对同一个（或同时对几个）工件连续完成的那一部分工艺过程称为工序。根据这一定义，只要工人、工作地点、工作对象（工件）之一发生变化或不是连续地完成加工内容，则成为另一道工序。因此，相同的加工内容可以有不同的工序安排，例如图 14-1 所示的阶梯轴，其加工内容可以安排在两个工序中完成，见表 14-1；也可以安排在四个工序中完成，见表 14-2。确定工序数目和工序内容与零件的技术要求、生产规模和现有工艺条件等有关。工序是工艺规程的基本单元，也是执行生产计划和进行经济核算的基本单元。

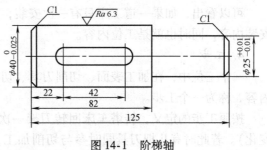

图 14-1　阶梯轴

表 14-1　小批生产阶梯轴的工序安排方案

工 序 号	工 序 内 容	设 备
1	车小端面，钻小端中心孔，粗车小端外圆并倒角；加工大端面，钻大端中心孔，粗车大端外圆并倒角；精车外圆	车床
2	铣键槽，手工去毛刺	铣床

表 14-2　大批生产阶梯轴的工序安排方案

工 序 号	工 序 内 容	设 备
1	车小端面，钻小端中心孔，粗车小端外圆并倒角	车床
2	车大端面，钻大端中心孔，粗车大端外圆并倒角	车床
3	精车外圆	车床
4	铣键槽，手工去毛刺	铣床

2. 安装

在同一道工序中，工件每安装一次后完成的那部分工艺规程称为一个安装。在一道工序中，工件可能只需要安装一次，也可能需要安装几次。例如表 14-1 中的工序 1，需有两次安装才能完成全部工序内容，因此该工序共有两次安装；工序 2 只需一次安装即可完成全部工序内容，故该工序只有一次安装，见表 14-3。由于多一次安装不仅增加了装卸工件的时间，而且多一部分安装误差，故应尽可能减少安装次数。

表 14-3　工序和安装

工 序 号	安 装 号	安 装 内 容	设 备
1	1	车小端面，钻小端中心孔；粗车小端外圆，倒角	车床
	2	车大端面，钻大端中心孔；粗车大端外圆，倒角	
	3	精车大端外圆	
	4	精车小端外圆	
2	1	铣键槽，手工去毛刺	铣床

3. 工位

在同一次安装中，通过分度（或移位）装置，使工件的相对工作位置发生变化以完成相应的加工内容。把工件在不同工作位置上完成的工艺过程称为工位。在一次安装中，可能只有一个工位，也可能有几个工位。

图 14-2 所示为通过立式机床回转工作台使工件工作位置发生变化的例子。在该例中，四个工位 1、2、3、4 依次为装卸工件、钻、扩、铰工位，即可在一次安装中完成钻孔、扩孔和铰孔。

可以看出，如果一道工序只有一次安装，并且该安装中只有一个工位，则工序内容就是安装内容，同时也就是工位内容。

4. 工步

一个工位中，在加工表面、切削刀具、切削速度和进给量都不变的情况下所完成的加工内容，称为一个工步。

按照工步的定义，转塔车床回转刀架一次转位所完成的加工内容属于一个工步（刀具变化）。若此时有几把刀具同时参与切削加工，则称为复合工步。图14-3所示为转塔车床上同时加工齿轮内孔及外圆的复合工步示例。

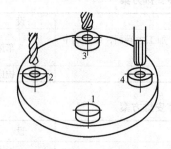

图 14-2　多工位安装

1—装卸工件　2—钻孔　3—扩孔　4—铰孔

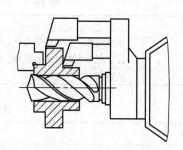

图 14-3　转塔车床上同时加工齿轮内孔及外圆的复合工步示例

5. 走刀

在一个工步中，切削刀具在加工表面上切削一次所完成的加工内容，称为一次走刀。若需要切去的金属层较厚，不能在一次走刀下完成，则需分几次走刀。

三、生产类型与机械加工工艺规程

用工艺文件规定的机械加工工艺过程，称为机械加工工艺规程。机械加工工艺规程的详细程度与生产类型有关，而生产类型通常根据产品类型及其生产纲领确定。

1. 生产纲领

通常，企业根据市场需求和自身的生产能力制订生产计划，计划在一年内生产的产品产量称为生产纲领。生产纲领不同，生产规模也不同，工艺过程的特点也不同。生产纲领是设计或修改工艺规程的重要依据，是车间（或工段）设计的基本文件。

零件的生产纲领按下式计算

$$N = Qn\ (1 + a\% + b\%) \tag{14-1}$$

式中　N——零件的生产纲领（件/年）；

　　　Q——产品的年产量（台/年）；

　　　n——每台产品中，该零件的数量（件/台）；

　　$a\%$——零件的备品率；

　　$b\%$——生产该零件允许的废品率。

2. 生产类型

一般将机械制造业的生产类型分为大量生产、成批生产和单件生产三类。其中，成批生产又可分为大批生产、中批生产和小批生产。产品的产量越大，组织生产的专业化程度也越高。

表 14-4 按重型机械、中型机械和轻型机械的年生产量列出了生产类型的分类,可供编制工艺规程时参考。从表中可以看出,生产类型的划分一方面要考虑生产纲领(即生产量);另一方面还必须考虑产品本身的大小和结构的复杂性。例如,一台重型龙门铣床比一台台钻要复杂得多,制造工作量也大得多。生产 20 台台钻只能是单件生产,而生产 20 台重型龙门铣床则属于小批生产。

表 14-4　机械零件的生产类型

生产类型		零件的年生产纲领/(件/年)		
		重型机械	中型机械	轻型机械
单件生产		≤5	≤20	≤100
成批生产	小批生产	5~100	20~200	100~500
	中批生产	100~300	200~500	500~5000
	大批生产	300~1000	500~5000	5000~50000
大量生产		>1000	>5000	>50000

从工艺特点上看,单件生产的产品数量少,每年产品的种类、规格较多,大多根据订单进行。多数产品只能单件小批生产,大多数加工对象是经常改变的,很少重复。成批生产的产品数量较多,每年产品的结构和规格可以预先确定,而且在某一段时间内相对固定,生产可以分批进行,大部分加工对象按周期轮换生产。大量生产的产品数量很大,产品的结构和规格固定,生产可连续进行,大部分加工对象是固定不变的。由表 14-5 可知,生产类型不同,工艺特征有很大差异。

表 14-5　各种生产类型的工艺特征

对象特点／生产类型	单件生产	成批生产	大量生产
加工对象	经常变换	周期性变换	固定不变
机床	通用机床	通用机床和专用机床	专用机床
机床布局	机群式布置	按零件分类的流水线布置	按流水线布置
夹具	通用夹具或组合夹具	广泛使用专用夹具	广泛使用高效率的专用夹具
刀具和量具	通用刀具和量具	通用刀具和专用刀具、量具	广泛使用高效率的专用刀具、量具
毛坯制造方法	木模造型或自由锻部分	金属模造型或模锻	金属模造型,压力铸造,特种铸造,模锻
安装方法	划线找正	划线找正和广泛使用夹具	不需划线,全部使用夹具
装配方法	零件不互换,用修配法	普遍采用互换或选配	完全互换或分组互换
生产周期	没有一定	周期重复	长时间连续生产
生产率	低	一般	高
生产工人等级	高	一般	操作工人等级低,调整工人等级高
工艺文件	简单的工艺过程卡片	比较详细的工艺过程卡片	编制详细的工序卡

3. 机械加工工艺规程的作用

1) 它是生产计划、作业调度、加工操作、质量检查等的重要依据,所有生产人员都不得随意违反机械加工工艺规程。

2) 它是生产准备工作和技术准备工作的重要依据。在产品投入生产以前,需要做大量的生产准备和技术准备工作。例如,刀、夹、量具的设计、制造或采购,原材料、毛坯件的制造或采购，设备改装或新设备的购置等。这些工作都必须根据机械加工工艺规程来展开，否则，生产将陷入盲目和混乱。

　　3）它是新建或扩建企业（车间、或工段）的重要依据。除单件小批生产以外，在中批或大批大量生产中要新建或扩建车间（或工段），其原始依据也是工艺规程。根据工艺规程确定机床的种类和数量，确定机床的布置和动力配置，确定生产面积和工人的数量等。

　　总之，工艺规程是机械厂或加工车间必不可少的技术文件。生产前用它进行生产准备，生产中用它指挥生产，生产后用它检验生产。

　　因此，不论生产类型如何，都必须有章可循，即都必须有工艺规程。通常，大批大量生产类型要求有细致和严密的组织工作，因此要求有比较详细的工艺规程。单件小批生产的分工比较粗，因此工艺规程可简单一些。

　　4. 工艺规程的格式

　　通常，工艺规程按表格（卡片）形式表示。在我国，各机械制造厂使用的工艺规程表格的形式不尽一致，但基本内容是相同的。在单件小批生产中，一般只编写简单的机械加工工艺过程卡片（表14-6）；在大批大量生产中，需要详细和完整的工艺文件，故要求各工序都有工序卡（表14-7），如对半自动及自动机床，则要求有机床调整卡，对检验工序则要求有检验工序卡等；在中批生产中，多采用机械加工工艺卡片，其包含的内容介于工艺过程卡和工序卡之间。

表14-6　机械加工工艺过程卡片（JB/T 9165.2—1998）

厂名		机械加工工艺过程卡片	产品型号		零（部）件图号					
			产品名称		零（部）件名称			共　页	第　页	
材料牌号		毛坯种类		毛坯外形尺寸		每毛坯可制件数		每台件数		备注
工序号	工序名称	工序内容		车间	工段	设备	工艺装备		工时	
									准终	单件
描图										
描校										
底图号										
装订号										
								设计（日期）	审核（日期）	标准化（日期）	会签（日期）
标记	处数	更改文件号	签字	日期	标记	处数	更改文件号	签字	日期	

表 14-7　机械加工工序卡片（JB/T 9165.2—1998）

厂　名	机械加工工序卡片	产品型号		零（部）件图号			
		产品名称		零（部）件名称		共　页	第　页
		车　间	工序号	工序名称		材料牌号	
描图	（工序图）	毛坯种类	毛坯外形尺寸	每毛坯可制件数		每台件数	
		设备名称	设备型号	设备编号		同时加工件数	
描校		夹具编号		夹具名称		切削液	
底图号		工位器具编号		工位器具名称		工序工时	
						准终	单件
装订号							

工步号	工步内容	工艺装备	主轴转速 /(r/min)	切削速度 /(m/min)	进给量 /(mm/r)	背吃刀量/mm	进给次数	工步工时	
								机动	辅助

							设计 （日期）	审核 （日期）	标准化 （日期）	会签 （日期）
标记	处数	更改文件号	签字	日期	标记	处数	更改文件号	签字	日期	

　　一般情况下单件小批生产的工艺文件简单一些，可用工艺过程卡片来指导生产。但是，对于产品的关键零件或复杂零件，即使是单件小批生产也应制订较详细的工艺规程（包括填写工序卡和检验卡等），以确保产品质量。

四、制订机械加工工艺规程的原则、主要内容及步骤

　　制订机械加工工艺规程的原则是，在保证设计要求的前提下，充分利用现有生产条件、严格遵守安全文明生产要求，使生产消耗最少。制订工艺规程是工艺准备中最重要的一项工作，其主要内容及步骤包括以下几方面：

　　1）研究和分析设计要求。通过阅读装配图和零件图，充分了解产品的用途、性能、工作条件，熟悉零件在产品中的地位和作用。审查图样上的尺寸、视图和技术要求是否完整、正确、统一；找出主要技术要求并分析关键的技术问题；审查零件的结构工艺性（详见第16章）。如果发现问题，应同产品设计部门联系，共同研究解决办法，俗称工艺会签。

　　2）确定毛坯种类。依据零件的作用、生产纲领及结构，确定毛坯的类型。常用毛坯的种类有铸件、锻件、型材、焊接件、冲压件等。毛坯的选择通常是由产品设计者来完成的，工艺人员在设计机械加工工艺规程之前，首先要熟悉毛坯的特点。例如，对于铸件应了解其分型面、浇口和冒口的位置以及铸件公差和起模斜度等，这些都是设计工艺规程时不可缺少的原始资料。毛坯

的种类和质量与机械加工关系密切。例如精密铸件、压铸件、精锻件等，毛坯质量好，精度高，它们对保证加工质量、提高劳动生产率和降低机械加工工艺成本有重要作用。当然，这里所说的降低机械加工工艺成本是以提高毛坯制作成本为代价的。在选择毛坯时，应从实际出发，除了要考虑零件的作用、生产纲领及其结构以外，还要充分考虑国情、厂情及实际生产条件。

3）拟订机械加工工艺路线。工艺路线是机械加工工艺规程的核心，其主要内容有选择定位基准、确定加工方法、安排加工顺序以及安排热处理、检验和其他工序等。通常，应该在对几种工艺路线进行分析与比较的基础上，选出一种适合生产条件、确保加工质量、高效和低成本的最佳工艺路线。

4）确定工艺装备。确定满足各工序要求的工艺装备（包括机床、夹具、刀具和量具等），对需要改装或重新设计的专用工艺装备应提出具体设计任务。

5）确定各主要工序的技术要求和检验方法。

6）确定各工序的加工余量，计算工序尺寸和公差。

7）确定切削用量。目前，在单件小批生产中，切削用量多由操作者自行决定，机械加工工艺过程卡中一般不作明确规定。在中批，特别是在大批大量生产中，为了保证生产的合理性和节奏均衡，则要求必须规定切削用量，并不得随意改动。

8）确定时间定额。

9）填写工艺文件。

第二节　定位基准及其选择

一、基准

基准是确定机械零件上几何要素之间相互关系所依据的点、线或面。在机械产品设计、制造过程中，经常涉及基准问题，如设计时的零件尺寸标注、制造时的工件定位、检验时的零部件测量以及装配时的零部件安装等都要用到基准的概念。通常，把基准分为设计基准和工艺基准两大类。

1. 设计基准

在设计图上用以标注设计要求（尺寸或位置等）的基准称为设计基准。设计基准可以是点，也可以是线或者面。例如，在图14-4中所示的阶梯轴中，左端面是键槽、肩面和右端面的设计基准；中心线是外圆和键槽的设计基准。当然也可以说右端面是左端面的设计基准，故有些情况下，设计基准是可逆的。

2. 工艺基准

零件在加工、测量和装配过程中所采用的基准称为工艺基准。工艺基准按用途可分为：

（1）定位基准　在加工时用于工件定位的基准，称为定位基准。定位基准是获得零件尺寸的直接基准，具有很重要的地位。定位基准还可进一步分为粗基准和精基准。未经机械加工的定位基准称为粗基准，经过机械加工的定位基准称为精基准。工艺规程中第一道机械加工工序所采用的定位基准都是粗基准。如采用V形块大外圆定位铣图14-4所示阶梯轴的键槽，则大外圆是该工序的定位基准。

（2）工序基准　在加工工序中，要保证的工序要求所依据的基准，称为工序基准。如以 V 形块定位时，由于实际外圆的尺寸不同，外圆与 V 形块的实际接触位置是不同的，故通常以 V 形块两工作表面的交线（点）K 作为调整铣刀位置的参考点，由此形成工序尺寸 H，而 K 就是工序尺寸的基准（图 14-4b）。

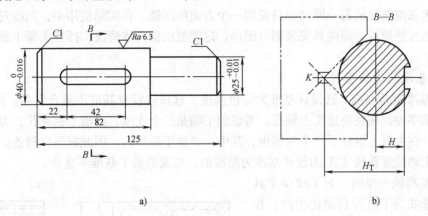

图 14-4　基准的示例

（3）测量基准　在加工中或加工后用来测量工件的形状、位置和尺寸误差所采用的基准，称为测量基准。

（4）装配基准　在装配时用来确定零件或部件在产品中的相对位置所采用的基准，称为装配基准。

二、定位基准的选择

1. 粗基准的选择

1）选不加工的表面作为粗基准，以保证加工表面和不加工表面之间的相对位置要求，如图 14-5 所示的零件加工示例。

2）选加工余量最（较）小表面作为粗基准，以保证所有加工表面具有充分的余量。

3）选重要表面（或大的表面）作为粗基准，以保证重要表面余量均匀和最少的总切除量。如机床床身零件加工中，如果选床腿面为粗基准，可以看出，由于毛坯尺寸有误差，使床身导轨面的余量不均匀，一方面增加了整个的加工余量，同时加工后导轨面各处的硬度可能不均匀，如图 14-6a 所示。如果选床身导轨面为粗基准，则以床腿面为精基准加工导轨面时，将使导轨面的余量均匀，如图 14-6b 所示。

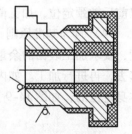

图 14-5　选不加工表面为粗基准

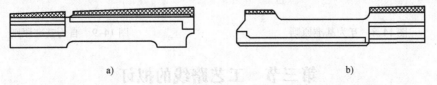

图 14-6　机床床身零件加工时的粗基准选择

4）选毛坯上尽可能平整、光洁和足够大的表面作为粗基准，以保证定位准确、夹紧可靠。因此，不应选有飞边、浇冒口等缺陷的表面作为粗基准。

5）在同一尺寸方向上，粗基准只能使用一次。因为粗基准的定位面很粗糙，重复使用将造成较大的定位误差。

上述粗基准选择的每一原则都只说明一个方面的问题。在实际应用中，划线安装有时可以同时兼顾这些原则，而夹具安装则有困难，这就要根据具体情况，抓住主要矛盾，解决主要问题。

2. 精基准的选择原则

（1）基准重合原则　选设计基准为定位基准，这样就没有基准不重合误差。图 14-7 所示为主轴箱零件，现在要加工主轴孔，考虑到主轴是三个支承，内墙上也有孔，为了保证三个孔同心，在夹具上设计了三个镗模板，其中一个置于箱体内，因此需要以箱盖面为定位基准。但是主轴位置孔尺寸 B_2 的设计基准为箱底面，这就造成了基准不重合。

（2）基准统一原则　为了减少夹具类型和数量或为了进行自动化生产，在零件的加工过程中，采取单一基准，这就是基准统一原则。采用了统一的基准，必然会带来基准不重合。因此基准重合原则和基准统一原则是有矛盾的，应根据具体情况处理。

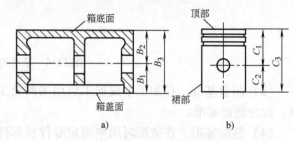

图 14-7　基准重合原则示例

（3）互为基准原则　对某些空间位置精度要求很高的零件，通常采用互为基准、反复加工的原则。例如，车床主轴要求前后轴颈与前锥孔同心（图 14-8），工艺上采用以前后轴颈定位，加工通孔、后锥孔和前锥孔，再以前锥孔及后锥孔定位加工前后轴颈。经过几次反复，由粗加工、半精加工至精加工，最后以前后轴颈定位，加工前锥孔，保证了较高的同轴度。

（4）自为基准原则　对于某些精度要求很高的表面，在精密加工时，为了保证加工精度，要求加工表面的余量很小并且均匀，这时常以加工面本身定位，待到夹紧后将定位元件移去，再进行加工。如内燃机连杆零件的小头孔加工，其最后一道工序镗孔，就是以小头孔本身定位的，如图 14-9 所示。

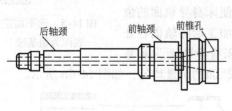

图 14-8　互为基准原则

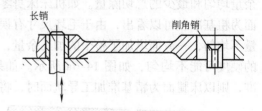

图 14-9　自为基准原则

第三节　工艺路线的拟订

工艺路线是指从毛坯制造到完成成品所经过的机械加工及热处理等全部工艺流程，它是工艺规程的总体布局。拟订工艺路线是制订工艺规程中关键性的一步，直接影响加工的质量和效率，因此必须周密考虑。

一、加工方法选择

了解各种加工方法所能达到的经济精度及表面粗糙度是拟订零件加工工艺路线的基础。

1. 经济精度

各种加工方法（车、铣、刨、磨、钻、镗、铰等）所能达到的加工精度和表面粗糙度都是在一定范围内的。任何一种加工方法，只要精心操作、细心调整、选择合适的切削用量，其加工误差和表面粗糙度值就可以减小。但是，一般情况下，加工误差和表面粗糙度值越小，所耗费的时间与成本会越多。

统计资料表明，加工误差和加工成本之间成反比例关系，如图 14-10 所示。可以看出，对一种加工方法来说，加工误差小到一定程度（如曲线中 A 点的左侧），加工成本提高很多，加工误差却降低很少；加工误差大到一定程度后（如曲线中 B 点的右侧），即使加工误差增大很多，加工成本却降低很少。这说明一种加工方法在 A 点的左侧或 B 点的右侧应用都是不经济的。例如在表面粗糙度值 $Ra < 0.4\mu m$ 的外圆加工中，通常用磨削加工方法而不用车削加工方法。因为车削加工方法很难满足该表面粗糙度的要求。但是，对表面粗糙度值 $Ra = 1.6 \sim 2.5\mu m$ 的外圆加工中，则多用车削加工方法而不用磨削加工方法，因为这时车削加工方法比较经济。实际上，每种加工方法都有一个经济

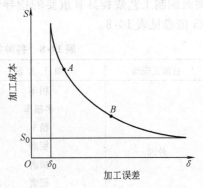

图 14-10　加工误差与加工成本的关系

合理的控制加工误差和表面粗糙度的范围，该范围对应的加工精度（或表面粗糙度值）称为经济精度。即经济精度是指在正常加工条件下（采用符合质量标准的设备、工艺装备和标准技术等级的工人，不延长加工时间）所能保证的加工精度和表面粗糙度。

应该指出，随着机械工业的不断发展，提高机械加工精度的研究工作一直在进行，因此各种方法的经济精度也在不断提高。

2. 加工方法的选择

一般情况下，应根据零件的精度（包括尺寸精度、形状精度和位置精度以及表面粗糙度）要求，并考虑本车间（或本厂）现有的工艺条件及加工经济精度的因素来选择加工方法。表 14-8 列出了各种加工方法的经济精度和表面粗糙度，可供选择加工方法时参考。

对于那些有特殊要求的加工表面，例如，相对于本厂工艺条件来说，尺寸特别大或特别小，工件材料难加工，技术要求高，则首先应考虑在本厂能否加工的问题。如果在本厂加工有困难，就需要考虑是否需要外协加工或者增加投资，增添设备，开展必要的工艺研究工作，以扩大工艺能力，满足对加工提出的精度要求。

因此在选择加工方法时应考虑的主要问题有：

1）所选择的加工方法能否达到零件的精度要求。

2）零件材料的可加工性能如何。例如有色金属宜采用切削加工方法，不宜采用磨削加工方法，因为有色金属易堵塞砂轮工作面。

3）生产率对加工方法有无特殊要求。例如为满足大批大量生产的需要，齿轮内孔通常多采用拉削加工方法加工。

4）本厂的工艺能力和现有加工设备的加工经济精度如何。技术人员必须熟悉本车间、本厂现有加工设备的种类、数量、加工范围和精度水平以及工人的技术水平，以充分利用现有资源，不断地对原有设备、工艺装备进行技术改造，挖掘企业潜力，创造经济效益。

二、典型表面的加工方案

外圆、内孔和平面加工是最常见的机械加工特征，俗称典型表面。根据这些表面的加工精度和表面粗糙度要求，选择其最终加工方法，然后辅以先导工序的预加工方法，组成该表面的加工方案。长期的生产实践形成了一些比较成熟的典型表面加工方案，熟悉这些加工方案对编制工艺规程具有重要的指导作用。不同加工方案所能达到的加工精度和表面粗糙度 Ra 值参见表 14-8。

表 14-8　各种加工方法的经济精度和表面粗糙度 Ra 值

被加工表面	加工方法	加工精度（IT）	表面粗糙度 Ra 值/μm
外圆	粗车	11~12	12.5~50
	半精车	9~10	3.2~6.3
	精车	7~8	0.8~1.6
	粗磨	8~10	1.6~6.3
	精磨	6~8	0.2~0.8
	研磨	5	0.2 以下
	超精加工	5	0.2 以下
	精细车（金刚车）	5~6	0.2 以下
内孔	钻孔	11~13	12.5~100
	扩孔	10~11	1.6~50
	粗铰	8~9	1.6~6.3
	精铰	6~7	0.8~1.6
	半精镗	8~10	1.6~3.2
	精镗（浮动镗）	7~9	0.8~1.6
	精细镗（金刚镗）	6~7	0.1~0.4
	粗磨	9~10	1.6~3.2
	精磨	7~9	0.4~0.8
	研磨	6 以上	0.025~0.1
	珩磨	6~7	0.05~0.2
	拉孔	7~9	0.8~1.6
平面	粗刨、粗铣	11~12	12.5~50
	半精刨、半精铣	9~10	3.2~6.3
	精刨、精铣	7~8	1.6~3.2
	拉削	7~8	0.8~1.6
	粗磨	8~11	0.8~1.6
	精磨	6~8	0.2~0.8
	研磨	5~6	0.2 以下

1. 外圆表面的加工方案

零件的外圆表面加工可以采用下列 4 种基本加工方案。

(1) 粗车—半精车—精车　这是应用最广的一条加工方案。只要工件材料可以切削加工，加工精度等于或小于 IT7，表面粗糙度 Ra 值等于或大于 $0.8\mu m$ 的外圆表面都可以用这种加工方案加工。如果加工精度要求较低，可以只取粗车 (IT11、IT12)；也可以只取粗车—半精车 (IT9、IT10)。

(2) 粗车—半精车—粗磨—精磨　对于黑色金属材料，特别是对半精车后有淬火要求、加工精度等于或小于 IT6、表面粗糙度 Ra 值等于或大于 $0.16\mu m$ 的外圆表面，一般可安排用这种加工方案加工。

(3) 粗车—半精车—精车—金刚石车　这种加工方案主要适用于工件材料为有色金属 (如铜、铝)、不宜采用磨削加工方法加工的外圆表面。金刚石车是在精密车床上用金刚石车刀进行车削，精密车床的主运动系统多采用液体静压轴承或空气静压轴承，进给运动系统多采用液体静压轨或空气静压导轨，因而主运动平稳，送进运动比较均匀，少爬行，可以有比较高的加工精度和比较小的表面粗糙度。目前，这种加工方法已有用于尺寸精度为 $0.1\mu m$ 数量级和表面粗糙度 Ra 值为 $0.01\mu m$ 数量级的超精密加工之中。

(4) 粗车—半精车—粗磨—精磨—研磨、超精加工、镜面磨或抛光　这是在前面加工方案 (2) 的基础上增加研磨、超精加工、镜面磨或抛光等精密、超精密加工或光整加工工序。这些新增的加工方法大多以减小表面粗糙度，提高尺寸精度、形状和位置精度为主要目的，有些加工方法，如抛光等则以减小表面粗糙度为主。

2. 孔的加工方案

零件的孔加工可以采用下列 4 种基本加工方案。

(1) 钻 (粗镗)—粗拉—精拉　这种加工方案多用于大批大量生产盘套类零件的圆孔、单键孔和花键孔加工。其加工质量稳定、生产率高。当工件上没有铸出或锻出毛坯孔时，第一道工序需安排钻孔；当工件上已有毛坯孔时，则第一道工序需安排粗镗孔，以保证孔的位置精度。如果模锻孔的精度较好，也可以直接安排拉削加工。拉刀是定尺寸刀具，经拉削加工的孔一般为 H7 的基准孔。

(2) 钻—扩—铰—精铰　这是一种应用最为广泛的孔加工方案，在各种生产类型中都有应用，多用于中、小孔加工。其中扩孔有纠正位置精度的能力，铰孔只能保证尺寸、形状精度和减小孔的表面粗糙度，不能纠正位置精度。当孔的尺寸精度、形状精度要求比较高，表面粗糙度又要求比较小时，往往安排一次手铰加工。有时，用端面铰刀手铰，可用来纠正孔的轴线与端面之间的垂直度误差。铰刀也是定尺寸刀具，所以经过铰孔加工的孔一般也是7 级精度的基准孔。

(3) 钻 (或粗镗)—半精镗—精镗—浮动镗或金刚镗　下列情况下的孔，多采用这种加工方案加工：①单件小批生产中的箱体孔系加工；②位置精度要求很高的孔系加工；③非铁金属材料的孔系加工，需要由金刚镗来保证其尺寸、形状和位置精度及表面粗糙度要求。

在这种加工方案中，当工件毛坯上已有毛坯孔时，第一道工序安排粗镗，无毛坯孔时则第一道工序安排钻孔。后面的工序视零件的精度要求，可安排半精镗，也可安排半精镗—精镗或安排半精镗—精镗—浮动镗、半精镗—精镗—金刚镗。

(4) 钻 (或粗镗)—粗磨—半精磨—精磨—研磨或珩磨　这种加工方案主要用于淬硬

零件加工或精度要求高的孔加工。

对上述孔的加工方案作两点补充说明：①上述各孔加工方案的终加工工序，其加工精度在很大程度上取决于操作者的操作水平（刀具刃磨、机床调整、对刀等）。②对孔径为微米的特小孔加工，需要采用特种加工方法，如电火花打孔、激光打孔、电子束打孔等。

3. 平面的加工方案

零件的平面加工可以采用以下4种基本加工方案。

（1）粗铣—半精铣—精铣—高速铣　在平面加工中，铣削加工用得最多。这主要是因为铣削生产率高。近代发展起来的高速铣，其加工精度比较高（IT6、IT7），表面粗糙度值也比较小（$Ra0.16 \sim 1.25 \mu m$）。在这种加工方案中，视被加工面的精度和表面粗糙度的技术要求，可以只安排粗铣或安排粗铣（IT11、IT12）、半精铣（IT9、IT10）；粗、半精、精铣（IT7、IT8）以及粗、半精、精、高速铣。

（2）粗刨—半精刨—精刨—刮研或研磨　刨削加工也是应用比较广泛的一种平面加工方法。同铣削加工相比，由于生产率稍低，因此，从发展趋势上看，不像铣削加工应用那样广泛。但是，对于窄长面的加工来说，刨削加工的生产率并不低。

刮研是获得精密平面的传统加工方法。例如，精密平面一直采用手工刮研的方法来保证平面度的要求。由于这种加工方法劳动量大，生产率低，在大批量生产的一般平面加工中有被磨削取代的趋势。但在单件小批生产或修配工作中，仍有广泛应用。

（3）粗铣（刨）—半精铣（刨）—粗磨—精磨—研磨—精密磨或抛光　如果被加工平面有淬火要求，则可在半精铣（刨）后安排淬火。淬火后需要安排磨削工序，视平面精度和表面粗糙度要求，可以只安排粗磨，也可只安排粗磨—精磨，还可以在精磨后安排研磨或精密磨。

（4）粗拉—精拉　这种加工方案主要在大批大量生产中采用。生产率高，尤其对有沟槽或台阶的表面，拉削加工的优点更加突出。例如，某些内燃机气缸体的底平面、曲轴半圆孔以及分界面等就是全部在一次拉削中直接拉出的。但是，由于拉刀和拉削设备昂贵，因此，这种加工方案只适合在大批大量生产中使用。

三、加工阶段的划分

当零件的精度要求比较高时，若将加工面从毛坯面开始到最终的精加工或精密加工都集中在一个工序中连续完成，则难以保证零件的精度要求或浪费人力、物力资源。因此，必须把高精度零件的加工工艺过程划分为几个阶段。根据精度要求不同，可以划分为：

1. 粗加工阶段

在粗加工阶段，主要是去除各加工表面的余量，并加工精基准，因此这一阶段关键的问题是提高生产率。

2. 半精加工阶段

在半精加工阶段，进一步减小粗加工中留下的误差，使加工面达到一定的精度，为精加工作好准备，并完成一些次要表面的加工，如钻孔、攻螺纹、铣键槽等。

3. 精加工阶段

在精加工阶段，应确保尺寸、形状和位置精度达到或基本达到（精密件）图样规定的精度要求以及表面粗糙度要求。

4. 精密、光整加工阶段

对那些精度要求很高的零件，在工艺过程的最后安排珩磨或研磨、精密磨、超精加工、金刚石车、金刚镗或其他特种加工方法加工，以达到零件最终的精度要求。

高精度零件的中间热处理工序，自然地把工艺过程划分为几个加工阶段。

零件在上述各加工阶段中加工，可以保证有充足的时间消除热变形和粗加工产生的残余应力，使后续加工精度提高。另外，在粗加工阶段发现毛坯有缺陷时，就不必进行下一加工阶段的加工，避免浪费。此外还可以合理地使用设备，低精度机床用于粗加工，精密机床专门用于精加工，以保持精密机床的精度水平；合理地安排人力资源，高技术工人专门从事精密、超精密加工，这对保证产品质量、提高工艺水平来说都是十分重要的。

四、工序的集中与分散

同一个工件，同样的加工内容，可以安排两种不同形式的工艺规程：一种是工序集中，另一种是工序分散。所谓工序集中，是使每个工序中包括尽可能多的工步内容，因而使总的工序数目减少，夹具的数目和工件的安装次数也相应地减少。所谓工序分散，是将工艺路线中的工步内容分散到更多的工序中去完成，因而每道工序的工步少，工艺路线长。

工序集中有利于保证各加工面间的相互位置精度要求，有利于采用高生产率机床，节省安装工件的时间，减少工件的搬动次数。工序分散可使每个工序使用的设备和夹具比较简单，调整、对刀也比较容易，对操作工人的技术水平要求较低。由于工序集中和工序分散各有特点，所以生产上都有应用。

例如，传统的流水线、自动线生产多采用工序分散的组织形式（个别工序也有相对集中的形式，如对箱体类零件采用专用组合机床加工孔系）。这种组织形式可以实现高生产率生产，但是适应性较差，特别是那些工序相对集中、专用组合机床较多的生产线，转产比较困难。当零件的加工精度要求比较高时，常需要把工艺过程划分为不同的加工阶段，在这种情况下，工序必须比较分散。

采用高效自动化机床，以工序集中的形式组织生产（典型的例子是采用加工中心机床组织生产），除了具有上述工序集中的优点以外，生产适应性强，转产相对容易，因而虽然设备价格昂贵，但仍然受到越来越多的重视。

五、工序顺序的安排

零件上的全部加工表面应安排用一个合理的加工顺序进行加工，这对保证零件质量、提高生产率、降低加工成本都至关重要。

1. 工序顺序的安排原则

（1）先基准后其他　这条原则的含义是：①工艺路线开始安排的加工面应该是选作定位基准的精基准面，然后再以精基准定位，加工其他表面；②为保证一定的定位精度，当加工面的精度要求很高时，精加工前一般应先精修一下精基准。例如，精度要求较高的轴类零件（机床主轴、丝杠，发动机曲轴等），其第一道机械加工工序就是铣端面，钻中心孔，然后以顶尖孔定位加工其他表面。再如，箱体类零件（如车床主轴箱、气缸体、气缸盖及变速箱壳体等）也都是先安排定位基准面的加工（多为一面、两孔），再加工孔系和其他平面。

（2）先主后次　即先加工主要表面，后加工次要表面。这里所说的主要表面是指设计基准面和主要工作面，而次要表面是指键槽、螺孔等其他表面。次要表面和主要表面之间往往有相互位置要求，因此，一般要在主要表面达到一定的精度之后，再以主要表面定位加工次要表面。要注意的是，"后加工"的含义并不一定是整个工艺过程的最后。

（3）先粗后精　对于精度和表面质量要求较高的零件，其粗、精加工应该分开（详见本节"加工阶段的划分"）。

（4）先面后孔　这条原则的含义是：①当零件上有较大的平面可作定位基准时，可先加工出来作定位面，以面定位加工孔，这样可以保证定位稳定、准确，安装工件往往也比较方便；②在毛坯面上钻孔，容易使钻头引偏，若该平面需要加工，则应在钻孔之前先加工平面。

在特殊情况下（如对某项精度有特殊要求）有例外。例如加工车床主轴箱的主轴孔止推面时，为保证止推面与主轴轴线垂直度的要求，精镗主轴孔后，以孔定位手铰止推面就属于这种例外。

2. 热处理工序及表面处理工序的安排

为了改善切削性能而进行的热处理工序（如退火、正火、调质等），应安排在切削加工之前。

为了削除内应力而进行的热处理工序（如人工时效、退火、正火等），最好安排在粗加工之后。有时为减少运输工作量，对精度要求不太高的零件，把去除内应力的人工时效或退火安排在切削加工之前（即在毛坯车间）进行。

为了改善材料的物理力学性能，半精加工、精加工之前常安排淬火、淬火—回火、渗碳淬火等热处理工序。对于整体淬火的零件，淬火前应将所有切削加工的表面加工完。因为淬硬后，再切削就有困难了。对于那些变形小的热处理工序（如高频感应加热淬火、渗氮），有时允许安排在精加工之后进行。

对于高精度精密零件（如量块、量规、铰刀、样板、精密丝杠等），在淬火后可安排深冷处理（使零件在低温介质中继续冷却到零下 $140 \sim 160$℃），以稳定零件的尺寸和提高耐磨性。

为了提高零件表面的耐磨性或耐蚀性而安排的热处理工序以及以装饰为目的而安排的热处理工序和表面处理工序（如镀铬、阳极氧化、镀锌、发蓝处理等），一般都放在工艺过程的最后。

3. 其他工序的安排

检查、检验工序，去毛刺、平衡、清洗工序等也是工艺规程的重要组成部分。

检查、检验工序是保证产品质量合格的关键工序之一。每个操作工人在操作过程中和操作结束以后都必须自检。在工艺规程中，下列情况下应安排检查工序：①零件加工完毕之后；②从一个车间转到另一个车间的前后；③工时较长或重要的关键工序的前后。

除了一般性的尺寸检查（包括形位误差的检查）以外，X 射线检查、超声波探伤检查等多用于工件（毛坯）内部的质量检查，一般安排在工艺过程开始时。磁力探伤、荧光检验主要用于工件表面质量的检验，通常安排在精加工的前后进行。密封性检验、零件的平衡、零件的重量检验一般安排在工艺过程的最后阶段进行。

切削加工之后，应安排去毛刺处理。零件表层或内部的毛刺会影响装配操作、装配质量，甚至会影响整机性能，因此应给予充分重视。工件在进行装配之前，一般都应安排清洗。采用磁力夹紧工件的工序（如在平面磨床上用电磁吸盘夹紧工件），若工件被磁化，则应安排去磁处理，并在去磁后进行清洗。

第四节 工序内容的确定

零件工艺路线确定后，可以进一步确定每道工序的具体内容，如选择机床及夹具，确定加工余量，计算工序尺寸及其上、下极限偏差，确定切削用量及时间定额等。

一、机床及工夹量具的选择

（一）机床的选择

在拟定工艺路线时，已经同时确定了各工序所用机床的类型、是否需要设计专用机床等。在具体确定机床型号时，还必须考虑以下基本原则：

1）机床的加工规格范围应与零件的外部形状、尺寸相适应。

2）机床的精度应与工序要求的加工精度相适应。

3）机床的生产率应与工件的生产类型相适应。一般单件小批生产宜选用通用机床，大批大量生产宜选用高生产率的专用机床、组合机床或自动机床。

4）采用数控机床加工的可能性。在中小批量生产中，对于一些精度要求较高、工步内容较多的复杂工序，应尽量考虑采用数控机床加工。

5）机床的选择应与现有生产条件相适应。选择机床应当尽量考虑到现有的生产条件，除了新厂投产以外，原则上应尽量发挥原有设备的作用，并尽量使设备负荷平衡。

各种机床的规格和技术性能可查阅有关的手册或机床说明书。

（二）工艺装备的选择

工艺装备主要包括夹具、刀具和量具，其选择原则如下：

1. 夹具的选择

在单件小批生产中，应尽量选用通用夹具或组合夹具。在大批大量生产中，则应根据加工要求设计制造专用夹具。

2. 刀具的选用

合理地选用刀具，是保证产品质量和提高切削效率的重要条件。在选择刀具形式和结构时，应考虑以下主要因素：

（1）生产类型和生产率 单件小批生产时，一般尽量选用标准刀具；在大批大量生产中广泛采用专用刀具、复合刀具等，以获得高的生产率。

（2）工艺方案和机床类型 不同的工艺方案，必然要选用不同类型的刀具。例如孔的加工，可以采用钻—扩—铰，也可以采用钻—粗镗—精镗等工艺，显然所选用的刀具类型是不同的。机床的类型、结构和性能，对刀具的选择也有重要的影响。如立式铣床加工平面一般选用立铣刀或面铣刀，而不会用圆柱铣刀等。

（3）工件的材料、形状、尺寸和加工要求 刀具的类型确定以后，根据工件的材料和加工性质确定刀具的材料。工件的形状和尺寸有时将影响刀具结构及尺寸，譬如一些特殊表面（如T形槽）的加工，就必须选用特殊的刀具（如T形槽铣刀）。此外，所选的刀具类型、结构及精度等级必须与工件的加工要求相适应，如粗铣时应选用粗齿铣刀，而精铣时则选用细齿铣刀等。

3. 量具的选择

在选择量具前首先要确定各工序加工要求如何进行检测。工件的几何公差要求一般是依靠机床和夹具的精度而直接获得的，操作工人通常只检测工件的尺寸公差和部分几何公差，而表面粗糙度一般是在该表面的最终加工工序用目测方法来检验的。但在专门安排的检验工序中，必须根据检验卡片的规定，借助量仪和其他的检测手段全面检测工件的各项加工要求。

选择量具时应使量具的精度与工件加工精度相适应，量具的量程与工件的被测尺寸大小相适应，量具的类型与被测要素的性质（孔或外圆的尺寸值还是几何误差值）和生产类型相适应。一般说来，单件小批生产广泛采用游标卡尺、千分尺等通用量具，大批大量生产则采用极限量规和高效专用量仪等。

各种通用量具的使用范围和用途，可查阅有关的专业书籍或技术资料，并以此作为选择量具时的参考依据。

当需要设计专用设备或专用工艺装备时，应依据工艺要求提出专用设备或专用工装设计任务书。设计任务书是一种指示性文件，其上应包括与加工工序内容有关的必要参数、所要求的生产率、保证产品质量的技术条件等内容，作为设计专用设备或专用工艺装备的依据。

二、加工余量的确定

(一) 加工余量的定义

1. 加工总余量（毛坯余量）与工序余量

毛坯尺寸与零件设计尺寸之差称为加工总余量。加工总余量等于加工过程中各个工步切除金属层厚度的总和。每一工序所切除的金属层厚度称为工序余量。加工总余量和工序余量的关系可用下式表示

$$Z_0 = Z_1 + Z_2 + Z_3 + \cdots + Z_i = \sum_{i=1}^{n} Z_i \qquad (14\text{-}2)$$

式中　Z_0——加工总余量；

　　　Z_1——工序余量（公称余量）；

　　　n——机械加工工序数。

工序余量等于相邻两工序基本尺寸之差，可表示为

$$Z_i = l_{i-1} - l_i = d_{i-1} - d_i \qquad (14\text{-}3)$$

式中　Z_i——本道工序的工序余量；

　　　l_i——本道工序的基本尺寸；

　　　l_{i-1}——上道工序的基本尺寸。

工序余量有单边余量和双边余量之分，非对称结构的加工表面一般为单边余量（图 14-11a），对称结构表面的加工余量包括双边余量（图 14-11b、c）。

由于工序尺寸有公差，实际的加工余量也有一定公差范围，其公差大小等于本道工序尺寸公差与上道工序尺寸公差之和。以被包容面（如轴）为例，加工余量公差（图 14-12）可表示如下

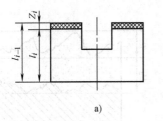
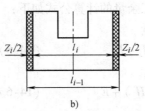
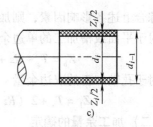

图 14-11　单边余量与双边余量

$$T_Z = Z_{\max} - Z_{\min} = T_a + T_b \qquad (14\text{-}4)$$

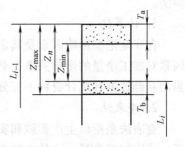

式中　T_Z——工序余量公差；

　　　$Z_{\max}$——工序最大余量；

　　　$Z_{\min}$——工序最小余量；

　　　T_b——加工面在本道工序的工序尺寸公差；

　　　T_a——加工面在上道工序的工序尺寸公差。

　　一般情况下，工序尺寸的公差按"入体原则"标注。即对于被包容尺寸（轴的外径，实体长、宽、高），其最大的工序尺寸就是公称尺寸（上极限偏差为零）；对于包容尺

图 14-12　被包容面（轴）的加工余量及公差

寸（孔的直径、槽的宽度），其最小工序尺寸就是公称尺寸（下极限偏差为零）。毛坯尺寸公差按双向对称极限偏差形式标注。被包容面与包容面粗、半精、精加工的工序余量如图 14-13 所示。图中，加工面安排了粗加工、半精加工和精加工。$d_坯$、d_1、d_2、d_3 分别为毛坯、粗、半精、精加工工序尺寸；$T_坯/2$、T、T_2 和 T_3 分别为毛坯、粗、半精、精加工工序尺寸公差；Z_1、Z_2、Z_3 分别为粗、半精、精加工工序标称余量，Z_0 为毛坯余量。

2. 工序余量的影响因素

　　工序余量的影响因素比较复杂，除前述第一道粗加工工序余量与毛坯制造精度有关以外，其他工序的工序余量主要受以下几个方面因素的影响。

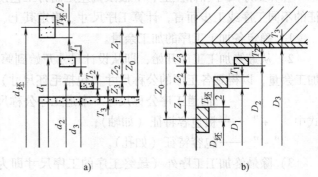

图 14-13　工序余量示意图
a) 被包容面粗、半精、精加工的工序余量
b) 包容面粗、半精、精加工的工序余量

　　（1）上道工序的表面质量　上道工序的表面质量包括上道工序产生的表面粗糙度值 Rz（轮廓最大高度）和表面缺陷层深度 H_a，如图 14-14 所示。在本道工序加工时，应将它们切除掉。

　　（2）上道工序的加工误差　上道工序的加工误差包括尺寸误差和位置误差，由相应的公差 T_a 限制。上道工序的加工精度越低，则本道工序的加工余量应越大，即应切除上道工序的所有加工误差。

　　（3）本工序的安装误差　本工序的安装误差 E_a 将直接影响被加工表面与切削刀具的相对位置，所以加工余量中应包括这项误差。

综合上述各影响因素，则加工余量的计算公式如下：

对于平面或槽加工的单边余量

$$Z_b = T_a + Rz + H_a + E_a \qquad (14\text{-}5)$$

对于孔轴加工的双边余量

$$Z_b = T_a + 2(Rz + H_a) + E_a \qquad (14\text{-}6)$$

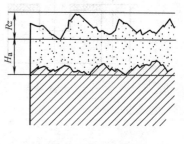

图 14-14　工件表层结构

（二）加工余量的确定

确定加工余量的方法有三种：计算法、查表法和经验法。

1. 计算法

在完全把握影响因素及其定量关系的前提下，计算法是比较理想的。但要准确度量不同因素对加工余量的影响关系，必须具备一定的测量手段和掌握充分的统计资料。但如果所积累的基础数据和统计资料不充分，计算法则失去意义。

2. 查表法

查表法是指以生产实践和实验研究积累的经验数据为基础，并结合实际加工情况加以修正，确定加工余量。这种方法方便、迅速，生产上应用广泛。

3. 经验法

经验法是指由一些有经验的工程技术人员或工人根据经验确定加工余量的大小。由于主观上怕出废品的缘故，经验法确定的加工余量往往偏大。

三、工序尺寸与公差的确定

计算工序尺寸和标注上、下极限偏差是制订工艺规程的主要工作之一。对于同一加工特征的不同工序或工步而言，计算工序尺寸、确定其上、下极限偏差的步骤如下：

1）确定各加工工序的加工余量。

2）从最终加工工序开始，即从设计尺寸开始到第一道加工工序，逐次考虑每道工序的加工余量，以得到各工序的公称尺寸（包括毛坯尺寸），即

前道工序公称尺寸 = 本道工序公称尺寸 ± 本道工序余量 　　　(14-7)

式中　"+"——被包容特征（如轴）；

"−"——包容特征（如孔）。

3）除最终加工工序外（最终工序的工序尺寸即为设计尺寸），其他各加工工序按各自所采用的加工方法所对应的经济精度确定工序尺寸公差。

4）按"入体原则"标注工序尺寸的上、下极限偏差。

例 14-1　某心轴直径为 $\phi 60_{-0.013}^{\ 0}$ mm（IT5）、表面粗糙度值为 $Ra0.04\mu m$，心轴毛坯为锻件，并要求高频淬火。已知心轴工艺路线为：粗车—半精车—高频淬火—粗磨—精磨—研磨。现计算各工序的工序尺寸及其上、下极限偏差。

解：1）确定加工余量。由机械工艺设计手册查得：研磨余量为 0.01mm、精磨余量为 0.1mm、粗磨余量为 0.3mm、半精车余量为 1.1mm、粗车余量为 4.5mm，由式（14-2）可计算得出加工总余量为 6.01mm。取总加工余量为 6mm，并把粗车余量修正为 4.49mm。

2）计算各加工工序的公称尺寸。研磨工序的公称尺寸即为设计尺寸（φ60mm），其他各工序公称尺寸依次为

精磨　　60mm + 0. 01mm = 60. 01mm

粗磨　　60. 01mm + 0. 1mm = 60. 11mm

半精车　60. 11mm + 0. 3mm = 60. 41mm

粗车　　60. 41mm + 1. 1mm = 60. 51mm

毛坯　　60. 51mm + 4. 49mm = 66mm

3）确定各工序的加工精度和表面粗糙度值。根据机械工艺设计手册查得各工序精度和表面粗糙度值（除研磨工序之外）。其中，精磨为 IT6 和 $Ra0.2\mu m$；粗磨为 IT8 和 $Ra1.6\mu m$；半精车为 IT10 和 $Ra3.2\mu m$；粗车为 IT12 和 $Ra12.5\mu m$。

4）根据上述经济加工精度查公差表，获得精磨等工序公差数值依次为：0.019、0.046、0.12、0.30，锻造毛坯公差为 ±2mm。按"入体原则"标注精磨等工序尺寸的上、下极限偏差依次为：$\phi 60.01_{-0.019}^{0}$mm、$\phi 60.11_{-0.046}^{0}$mm、$\phi 60.41_{-0.12}^{0}$mm、$\phi 60.51_{-0.3}^{0}$mm 和毛坯尺寸 ϕ（66±2）mm。

第五节　工艺尺寸链

在零件加工过程中，通常会出现工艺基准与设计基准不重合、同一工序的不同加工特征交错进行加工的情况，此时，必须应用尺寸链的基本理论，建立相关工艺过程中的相关尺寸关系，即形成工艺尺寸链，并应用尺寸链计算公式进行工序尺寸及其上、下极限偏差的计算。

一、尺寸链的基本概念

尺寸链是揭示零件加工和装配过程中尺寸间内在联系的重要手段。以图 14-15 所示的定位套为例，来说明工艺尺寸链的基本概念。在图 14-15 中，A_0 与 A_1 为定位套的设计尺寸，该加工零件时，尺寸 A_0 不便直接测量，但可以通过测量 A_2 间接保证 A_0 的要求，这就需要分析 A_1、A_2 与 A_0 之间的内在联系。

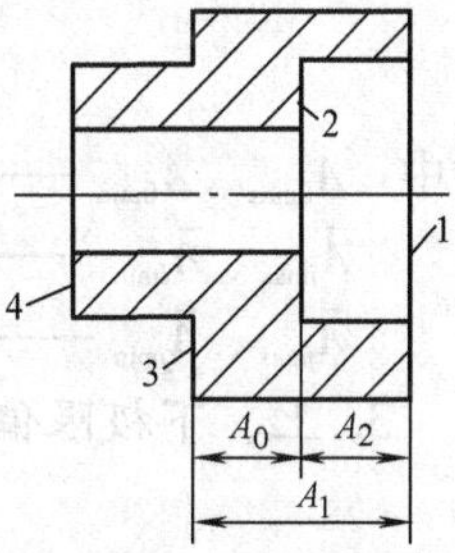

1. 尺寸链的定义

尺寸链是一组构成封闭形式的、相互联系的尺寸集合，其中任何一个尺寸的变化都将影响其他尺寸的相应变化。

2. 尺寸链的基本术语

（1）尺寸链的环　它是指尺寸链中的每一个尺寸，如图 14-15 中的 A_1、A_2 与 A_0。

（2）封闭环　它是指在加工或装配过程中最后自然形成的尺寸，如图 14-15 中的 A_0。

图 14-15　尺寸链示例
1～4—端面

（3）组成环　它是指除封闭环之外的其余尺寸，如图 14-15 中的 A_1 与 A_2。

（4）增环　该组成环的增大或减小，使封闭环产生相应的变化（增大或减小），称之为增环，如图 14-15 中的 A_1，通常用 $\vec{A_i}$ 表示。

（5）减环　该组成环的增大或减小，使封闭环产生相反的变化（减小或增大），称之为减环，如图 14-15 中的 A_2，通常用 $\overleftarrow{A_j}$ 表示。

3. 尺寸链增减环的判别方法

尺寸链增减环可以按照其定义直接观测判别，但当尺寸链比较复杂时，可以按照尺寸链回路法进行判别。回路法的基本原理是：对于一个尺寸链，在封闭环旁画一箭头（方向任选），然后沿箭头所指方向绕尺寸链一圈。并给各组成环标上与绕行方向相同的箭头。凡与封闭环箭头同向的为减环，反向的为增环。

4. 尺寸链的分类

尺寸链的分类方法主要有四种：按尺寸链功能可将其分为工艺尺寸链和装配尺寸链；按尺寸链间相互联系可将其分为独立尺寸链和并联尺寸链；按尺寸链环的几何特征可将其分为长度尺寸链和角度尺寸链；按尺寸链空间位置可将其分为直线、平面和空间尺寸链。

二、尺寸链的计算公式

尺寸链的计算有极值法和概率法两种方法。在极值法中，考虑了组成环的极限情况，即可能出现的最不利情况，故计算结果绝对可靠，而且计算简单，因此极值法应用广泛。但是在成批大量生产中，实际尺寸按正态分布，即各环均出现极限尺寸的可能性不大，此时极值法就显得过于保守，尤其是当封闭环公差较小时，导致各组成环公差太小而使制造困难。在这种情况下，可以采用概率法。限于篇幅，这里只介绍极值法的计算公式。

1. 公称尺寸的计算

$$A_0 = \sum_{i=1}^{m} \vec{A}_i - \sum_{j=1}^{n} \overleftarrow{A}_j \tag{14-8}$$

式中 i、m——增环的序列号、增环数；

j、n——减环的序列号、减环数。

2. 极限尺寸的计算

$$A_{0max} = \sum_{i=1}^{m} \vec{A}_{imax} - \sum_{j=1}^{n} \overleftarrow{A}_{jmin} \tag{14-9}$$

$$A_{0min} = \sum_{i=1}^{m} \vec{A}_{imin} - \sum_{j=1}^{n} \overleftarrow{A}_{jmax} \tag{14-10}$$

式中 A_{0max}、A_{0min}——封闭环的最大、最小极限尺寸；

$\vec{A}_{imax}$、$\vec{A}_{imin}$——增环的最大、最小极限尺寸；

$\overleftarrow{A}_{jmax}$、$\overleftarrow{A}_{jmin}$——减环的最大、最小极限尺寸。

3. 上、下极限偏差的计算

$$ES(A_0) = \sum_{i=1}^{m} ES(\vec{A}_i) - \sum_{j=1}^{n} EI(\overleftarrow{A}_j) \tag{14-11}$$

$$EI(A_0) = \sum_{i=1}^{m} EI(\vec{A}_i) - \sum_{j=1}^{n} ES(\overleftarrow{A}_j) \tag{14-12}$$

式中 $ES(A_0)$、$EI(A_0)$——封闭环的上、下极限偏差；

$ES(\vec{A}_i)$、$EI(\vec{A}_i)$——增环的上、下极限偏差；

$ES(\overleftarrow{A}_j)$、$EI(\overleftarrow{A}_j)$——减环的上、下极限偏差。

4. 公差和平均公差的计算

$$T_0 = \sum_{i=1}^{m} T_i + \sum_{j=1}^{n} T_j \tag{14-13}$$

$$T_M = \frac{T_0}{m+n} \tag{14-14}$$

式中　T_0——封闭环公差；

　T_i、　T_j——增环、减环公差；

　　T_M——组成环的平均公差。

三、工艺尺寸链的典型案例及求解方法

1. 工艺基准与设计基准不重合的尺寸换算

在工序设计中，定位基准（或测量基准）与设计基准不重合时需要进行尺寸换算。

如图 14-16a 所示的支承座，已知表面 A、B、C 已加工好，现以 A 面定位镗孔，试求该工序的调整尺寸 L_3。

解： 建立工艺尺寸链，其简图如图 14-16b 所示，L_0 为封闭环，L_2、L_3 为增环，L_1 为减环。

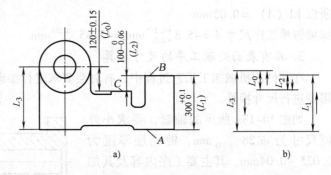

图 14-16　工艺基准与设计基准不重合的尺寸换算示例

按式（14-8）计算公称尺寸：

因为 $L_0 = L_2 + L_3 - L_1$，代入已知数据后得：$120\text{mm} = 100\text{mm} + L_3 - 300\text{mm}$

所以 $L_3 = 120\text{mm} + 300\text{mm} - 100\text{mm} = 320\text{mm}$

按式（14-11）、式（14-12）分别计算上、下极限偏差：

因为 $\text{ES}(L_0) = \text{ES}(L_2) + \text{ES}(L_3) - \text{EI}(L_1)$，代入数据后得：$0.15\text{mm} = 0 + \text{ES}(L_3) - 0$

所以 $\text{ES}(L_3) = 0.15\text{mm}$

因为 $\text{EI}(L_0) = \text{EI}(L_2) + \text{EI}(L_3) - \text{ES}(L_1)$，代入数据后得：$-0.15\text{mm} = -0.06\text{mm} + \text{EI}(L_3) - 0.1\text{mm}$

所以 $\text{EI}(L_3) = 0.01\text{mm}$

即镗孔工序尺寸 $L_3 = 320^{+0.15}_{+0.01}\text{mm}$

2. 多尺寸同时保证问题中的尺寸换算

在工序的同一加工中，要求同时保证两个或两个以上有关联的设计尺寸时，需要进行尺寸换算。

如图 14-17a 所示的齿轮孔，已知设计要求为：内孔 $\phi 40^{+0.05}_{0}\text{mm}$、键槽深度 $46^{+0.3}_{0}\text{mm}$；内孔和键槽的工序内容及其加工顺序为：①精镗孔至 $\phi 39.6^{+0.1}_{0}\text{mm}$；②插键槽至尺寸 A；③热处理；④磨内孔，保证内孔 $\phi 40^{+0.05}_{0}\text{mm}$ 和键槽深度 $46^{+0.3}_{0}\text{mm}$。

解： 建立工艺尺寸链，其简图如图14-17b所示，A_0 为封闭环（磨内孔时间接保证的尺

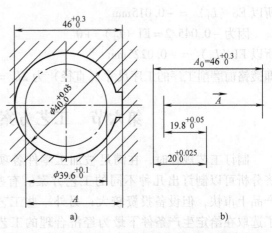

图 14-17　多设计尺寸同时保证时的尺寸换算示例

寸），A、$20_{0}^{+0.025}$为增环，$19.8_{0}^{+0.05}$为减环。

按式（14-8）计算公称尺寸：

因为 $46mm = A + 20mm - 19.8mm$

所以 $A = 45.8mm$

按式（14-11）、式（14-12）分别计算上、下极限偏差：

因为 $0.3mm = ES（A） + 0.025mm - 0$

所以 $ES（A） = 0.275mm$

因为 $0 = EI（A） + 0 - 0.05mm$

所以 $EI（A） = 0.05mm$

即插键槽工序尺寸 $A = 45.8_{+0.05}^{+0.275}mm = 45.85_{0}^{+0.225}mm$

3. 具有表面处理工序的尺寸换算

在零件的机械加工工艺过程中，有时会要求进行渗碳、镀铬等表面处理工序，因此，也需要进行尺寸换算。

如图 14-18a 所示的轴套，要求小外圆尺寸为 $\phi 28_{-0.045}^{0} mm$，镀铬层厚度为 $0.025 \sim 0.04mm$，其主要工序内容及其加工顺序是：车—磨—镀铬（大批量加工时一般直接控制镀层厚度，镀后不再加工），试求小轴镀铬前磨削工序的工序尺寸 L_1。

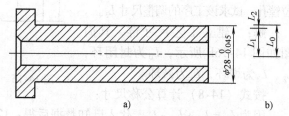

图 14-18 具有表面处理工序的尺寸换算示例

解：建立工艺尺寸链，其简图如图 14-18b 所示（由半径和镀层构成），L_0 为封闭环，这是只有增环，没有减环的案例。按镀层厚度要求令 $L_2 = 0.025_{0}^{+0.015}mm$。

按式（14-8）计算公称尺寸：

因为 $L_0 = L_1 + L_2$，代入已知数据后得：$14mm = L_1 + 0.025mm$

所以 $L_1 = 14mm - 0.025mm = 13.975mm$

按式（14-11）、式（14-12）分别计算上、下极限偏差：

因为 $0 = ES（L_1） + 0.015mm$

所以 $ES（L_1） = -0.015mm$

因为 $-0.045/2 = EI（L_1） + 0$

所以 $EI（L_1） = -0.0225mm$

即镀铬前磨削工序的工序尺寸（直径）为 $2L_1 = \phi 27.95_{-0.045}^{-0.03}mm$。

第六节 工艺方案的技术经济分析

制订工艺规程时，在满足被加工零件各项技术要求及交货期的条件下，通过技术经济分析可以制订出几种不同的工艺方案。有些工艺方案的生产准备周期短，生产率高，产品上市快，但设备投资较大；另外一些工艺方案的设备投资较少，但生产率偏低。为了选取在给定生产条件下最为经济合理的工艺方案，必须对各种不同的工艺方案进行经济分析。

所谓经济分析，是指通过比较各种不同工艺方案的生产成本，选出其中最为经济的加工方案。生产成本通常包括两部分费用，一部分与工艺过程直接有关，另一部分与工艺过程不直接有关（如行政人员工资、厂房折旧费、照明费等）。与工艺过程直接有关的费用称为工艺成本，工艺成本占零件生产成本的 70% ~75%。对工艺方案进行经济分析时，只需分析与工艺过程直接有关的工艺成本即可，因为在同一生产条件下，不同的工艺方案中与工艺过程不直接有关的费用基本上相等。

一、工艺成本的组成

工艺成本由可变费用与不变费用两部分组成。可变费用与零件的年产量有关，它包括材料费（或毛坯费）、操作工人工资、通用机床和通用工艺装备维护折旧费等。不变费用与零件年产量无关，它包括专用机床、专用工艺装备的维护折旧费以及与之有关的调整费等。因为专用机床、专用工艺装备是专为加工某一工件所用的，它不能用来加工其他工件，而专用设备的折旧年限是一定的，因此专用机床、专用工艺装备的费用与零件的年产量无关。

零件加工全年工艺成本 S 与单件工艺成本 S_t 可用下式表示

$$S = VN + C \tag{14-15}$$

$$S_t = V + \frac{C}{N} \tag{14-16}$$

式中　N——零件的年产量；
　　　V——可变成本；
　　　C——不变成本。

图 14-19 所示为工艺成本与年产量的关系。S 与 N 呈直线变化关系（图 14-19a），全年工艺成本的变化量与年产量的变化量呈正比关系。S_t 与 N 呈双曲线变化关系（图 14-19b），A 区相当于设备负荷很低的情况，此时若 N 略有变化，S_t 就变化很大；而在 B 区，情况则不同，

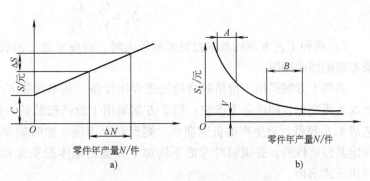

图 14-19　工艺成本与年产量的关系

a）全年工艺成本 S 与年产量 N 的关系　b）单件工艺成本 S_t 与年产量 N 的关系

即使 N 变化很大，S_t 的变化也不大，不变费用 C 对 S_t 的影响很小，这相当于大批大量生产的情况。在数控加工和计算机辅助制造条件下，全年工艺成本 S 随零件年产量 N 的变化率与单件工艺成本 S_t 随零件年产量 N 的变化率都将减缓，尤其是在年产量 N 取值较小时，此种减缓趋势更为明显。

二、工艺方案的经济性对比

对几种不同工艺方案进行经济评比时，一般可分为以下两种情况：

1）当需评比的工艺方案均采用现有设备或其基本投资相近时，可用工艺成本评价各工

艺方案经济性的优劣。

① 两加工方案中少数工序不同、多数工序相同时，可通过计算少数不同工序的单件工序成本 S_{t1} 与 S_{t2} 进行评比

$$S_{t1} = V_1 + \frac{C_1}{N}, \ S_{t2} = V_2 + \frac{C_2}{N}$$

当年产量 N 为一定数时，可根据上式直接计算出 S_{t1} 与 S_{t2}，若 $S_{t1} > S_{t2}$，则第2方案为可选方案。当年产量 N 为一变量时，则可根据上式作出曲线进行比较，如图14-20a所示。当年产量 N 小于临时年产量 N_k 时，方案2为可选方案；当年产量 N 大于 N_k 时，方案1为可选方案。

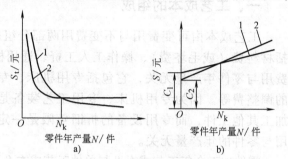

② 在两加工方案中，当多数工序不同、少数工序相同时，则以该零件加工全年工艺成本（S_1，S_2）进行比较，如图14-20b所示

$$S_1 = NV_1 + C_1$$
$$S_2 = NV_2 + C_2$$

图 14-20 工艺成本比较图
a）单件工艺成本比较　b）全年工艺成本比较

当年产量 N 为一定数时，可根据上式直接算出 S_1 及 S_2，若 $S_1 > S_2$，则第2方案为可选方案。当年产量 N 为变量时，可根据上式作图比较，如图14-20b所示。由图中可知，当 $N < N_k$ 时，第2方案的经济性好；当 $N > N_k$ 时，第1方案的经济性好；当 $N = N_k$ 时，$S_1 = S_2$，有 $N_k V_1 + C_1 = N_k V_2 + C_2$，即

$$N_k = \frac{C_2 - C_1}{V_1 - V_2} \tag{14-17}$$

2）两种工艺方案的基本投资差额较大时，则在考虑工艺成本的同时，还要考虑基本投资差额的回收期限。

若第1方案采用了价格较贵的先进专用设备，基本投资 K_1 大，工艺成本 S_1 稍高，但生产准备周期短，则产品上市快；第2方案采用了价格较低的一般设备，基本投资 K_2 少，工艺成本 S_2 稍低，但生产准备周期长，则产品上市慢。这时如单纯比较工艺成本是难以全面评定其经济性的，必须同时考虑不同加工方案的基本投资差额的回收期限。投资回收期 T 可用下式求得

$$T = \frac{K_1 + K_2}{(S_2 - S_1) + \Delta Q} = \frac{\Delta K}{\Delta S + \Delta Q} \tag{14-18}$$

式中　ΔK——基本投资差额；

　　ΔS——全年工艺成本节约额；

　　ΔQ——由于采用先进设备促使产品上市快，工厂从产品销售中取得的全年增收总额。

投资回收期必须满足以下要求：回收期限应小于专用设备或工艺装备的使用年限；回收期限应小于该产品由于结构性能或市场需求因素决定的生产年限；回收期限应小于国家所规定的标准回收期，采用专用工艺装备的标准回收期为 2~3 年，采用专用机床的标准回收期为 4~5 年。

在决定工艺方案的取舍时，虽然一定要作经济分析，但算经济账不能只算投资账。例

如，某一工艺方案虽然投资较大，工件的单件工艺成本也许相对较高，但若能使产品上市快，迅速占领市场，工厂可以从中取得较大的经济收益，从工厂整体经济效益分析，选取该工艺方案加工仍是可行的。

思考与练习题

14-1 了解工序、安装、工位、工步和走刀的基本含义。

14-2 如图 14-21 所示的小轴，毛坯尺寸为 $\phi35\text{mm}$，其机械加工工艺过程为：在锯床上下料；在第一台车床上车两端面及钻中心孔；在第二台车床上车 $\phi30\text{mm}$ 和 $\phi18\text{mm}$ 外圆；在第三台车床上车 M20 外圆、螺纹并倒角；在铣床利用回转工作台和两把三面刃铣刀铣四方面。试将工艺过程划分为若干工序、安装、工位和工步。

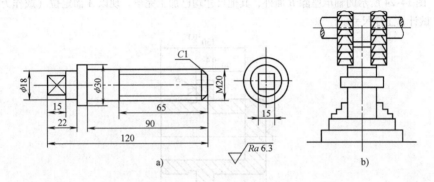

图 14-21 习题 14-2 图

14-3 某机床厂年产 MK1320 型数控磨床 1000 台，已知磨床主轴的备品率为 12%，机械加工废品率为 3%，试计算磨床主轴的年生产纲领，并说明其所属生产类型及其工艺特点。

14-4 何谓基准？基准分成哪几种？试举例说明各种基准的应用。

14-5 一批大批量生产的光轴，材料为 45 钢，直径要求为 $\phi25_{-0.08}^{0}\text{mm}$、表面粗糙度 Ra 值为 $0.16\mu\text{m}$、长度为 58mm，试确定该光轴的加工方案。

14-6 图 14-22 所示飞轮的材料为铸铁，试选择加工时的粗基准。

14-7 轴承套材料为 45 钢，其孔加工工序为扩孔、粗镗、半精镗、精镗、精磨，已知各工序尺寸为精磨 $\phi72.5_{0}^{+0.03}\text{mm}$、精

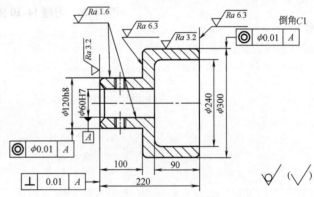

图 14-22 习题 14-6 图

镗 $\phi71.8_{0}^{+0.046}\text{mm}$、半精镗 $\phi70.5_{0}^{+0.19}\text{mm}$、粗镗 $\phi68_{0}^{+0.3}\text{mm}$、扩孔 $\phi64_{0}^{+0.46}\text{mm}$、模锻孔 $\phi59_{-2}^{+1}\text{mm}$。试计算各工序加工余量及余量公差。

14-8 轴套零件及其设计如图 14-23a 所示，其有关工序如图 14-23b、c 所示，试求工序尺寸 A_1、A_2 和 A_3 的公称尺寸及其上、下极限偏差。

14-9 传动轴的直径要求为 $\phi40_{-0.016}^{0}\text{mm}$、渗碳层深度为 0.5~0.8mm，其加工工序及其工序尺寸为：精车外圆至 $\phi40.4_{-0.1}^{0}\text{mm}$；渗碳并控制渗碳深度为 L_2，精磨外圆保证设计要求（直径和渗碳层深度）。试求 L_2（公称尺寸及其上、下极限偏差）。

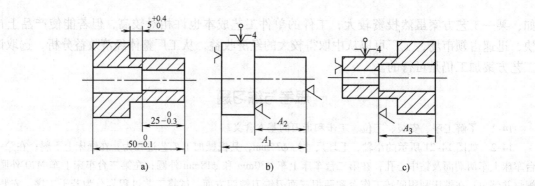

图 14-23 习题 14-8 图

14-10 图 14-24 所示的轴承座除 B 面外，其他尺寸均已加工完毕。现以 A 面定位（或作为测量基准）加工 B 面，试计算工序尺寸。

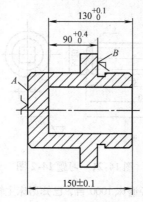

图 14-24 习题 14-10 图

第十五章　工件的安装与夹具

工件的安装与夹具的使用是机械加工中的一个重要问题，它不仅直接影响加工精度与产品质量，还直接影响生产率与工件制造成本。巧妙地设计和应用工装夹具还可以扩大机床的使用范围，在生产实际中应用十分广泛。本章主要介绍工件安装与夹具设计的基本原理与部分应用实例。

第一节　工件的安装

一、工件安装概述

为了在机床上对工件的表面进行加工，并且达到设计图样上为该表面规定的精度，首先必须把工件正确地固定到机床上。把工件固定到机床上使用的装置统称为机床夹具，例如各式压板、台虎钳、自定心卡盘和专用夹具等。通常把固定工件的工作称为安装或装夹。在大多情况下，安装（或装夹）包括两个方面的工作内容：首先把工件在机床上或夹具中放置好，使它相对于刀具占据正确的加工位置。工件只有处于这个位置，才有可能经过加工达到对该表面提出的各项精度要求，这一步工作称为定位。第二步是把已经处于正确的待加工位置上的工件可靠地固定住，并且不使之发生变形，以便在加工过程中，在切削力、重力、离心力以及振动等的影响下能够保持它在定位过程中获得的正确位置，这一步工作称为夹紧。这里有必要指出，采用某些夹具安装工件时，定位和夹紧是同时实现的。

二、工件的安装方式

根据工件加工批量、精度和工件大小的不同，工件的安装方式也不同。工件的安装方式大致可以归纳为直接找正安装、划线找正安装和专用夹具安装三种。

1. 直接找正安装

对于形状简单的工件可以采用直接找正定位的装夹方法，即用划针、百分表等直接在机床上找正工件的位置。例如在单动卡盘上加工一个套筒零件，要求待加工表面 A 与表面 B 同轴，如图 15-1 所示。若同轴度要求不高，可按外表面 B 用划针找正（定位精度可达 0.5mm 左右）；若同轴度要求较高，则可用百分表找正（定位精度可达 0.02mm 左右）；若外表面 B 不需要加工，只要求镗 A 孔时能切去均匀的余量，则应以 A 孔找正装夹，使 A 孔的轴线按机床主轴轴线定位。

直接找正定位的装夹费时费事，因此一般只适用于以下情况：

1）工件批量小，采用夹具不经济时。这种方法常在单件小批生产的加工车间，修理、试制工具的车间中得到应用。

2）对工件的定位精度要求特别高（如小于 0.005 ~ 0.01mm），采用夹具不能保证精度时，只能用精密量具直接找正定位。

2. 划线找正安装

对于一些批量不大但结构复杂的零件（如车床主轴箱），采用直接找正装夹法会顾此失彼，这时就有必要按照零件图的要求在毛坯或半成品上先划出中心线、对称线及各待加工表面的加工线，并检查它们相对于各不加工表面的尺寸和位置，然后按照划好的线找正工件在机床上的位置。对于形状复杂的工件，通常需要经过几次划线。划线找正的定位精度一般只能达到 0.2~0.5mm。

图 15-2 所示为划线找正安装法示例，工件安装在龙门刨床上刨削其表面。预先根据零件图在工件上划出待加工表面的轮廓线。当工件放到龙门刨床工作台上后，将划针端点贴近所划的轮廓线（不接触），起动工作台，带动工件作缓慢运动，目测轮廓线相对于针端有无高低变动。因划针盘固定于不动的刀架上，针端是不动的，若轮廓线左右有高低变动，则说明它与工作台运动方向不平行。此时可在工件左、右底脚处适当加些垫片以消除两端的高度差，如此反复目测找正，直至符合要求时为止。找正后将工件夹紧，以此保证所划轮廓线就是刀尖相对于工件的运动轨迹。

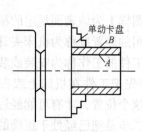

图 15-1 直接找正定位的安装

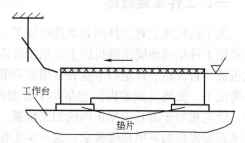

图 15-2 划线找正安装法示例

划线找正需要技术好的划线工，而且非常费时，因此它只适用于以下情况：

1）批量不大、形状复杂的铸件。

2）在重型机械制造中，尺寸和质量都很大的铸件和锻件。

3）毛坯的尺寸公差很大，表面很粗糙，一般无法直接使用夹具时。

3. 专用夹具安装

专用夹具是为完成一种工件的一道工序（或某几道工序）而专门设计制造的夹具。使用专用夹具时，工件在未安装前已预先调整好机床、夹具与刀具间正确的相对位置，工件则安装在夹具之中。所以加工一批工件时，不必再逐个找正定位，按一定的操作方法，将工件直接安装在夹具中，就能保证加工的技术要求。专用夹具安装法省时省力，是一种先进的装夹方法。所以它适用于以下情况：

1）批量较大的中、小尺寸的工件。

2）对某些零件，即使批量不大，但为了达到某些特殊的加工要求，仍需要设计制造专用夹具。

但是制造专用夹具的费用大，周期长，而且一旦产品改型，则为加工此类型产品而设计制造的专用夹具就报废了，所以专用夹具可能制约产品的更新换代。为了解决这个问题，现在出现了组合夹具和成组夹具。

第二节　工件的定位

一、定位原则和定位类型

1. 六点定位原则

一个没有受到任何约束的物体在空间有6个自由度：沿 x、y、z 方向移动的3个自由度以及绕3条坐标轴线转动的3个自由度。约束了物体的全部自由度，意味着它在空间的位置就完全确定了。在讨论工件定位这个问题的时候仍然使用"自由度"这个词，但它的含义却发生了变化，它不是指工件在某一方向有无运动的可能，而是指工人在装工件的时候，工件在某一方向的位置是否具有确定性，若在某一方向的位置具有确定性，则工件在此方向的自由度被限制了，否则，就称工件在此方向具有自由度。因此，在讨论工件的定位问题时，往往采用"不定度"一词，而不采用"自由度"。

例如，在一长方体工件上铣一条槽（图15-3），槽到基准面 B 的距离、槽底的高度位置、槽的长度等都有公差要求，两面的平行度也有要求。如果用调整法进行加工，铣刀的高度位置和它相对于机床工作台中心线的位置已经是调整好的，机床工作台的进给距离也已经调整妥当，则在安装工件的时候必须按要求把它摆到一个完全确定的位置上，也就是说，必须约束工件的全部自由度。

把该工件和铣床上的 x、y、z 坐标系统联系在一起进行考虑的情况如图15-4所示，x 轴的方向是铣床工作台的纵向进给方向。由于刀具的位置已事先调好，如果装工件时它的高度位置不符合要求，则铣出的槽深度不正确。因此，必须约束工件在 z 方向的自由度$\vec{z}$。如果工件倾斜了，铣出来的槽底和基准面 A 将不平行。装工件时，为了使它获得水平位置，必须约束工件绕 x 和 y 两条轴线倾斜的自由度$\hat{x}$和$\hat{y}$。为此，可在适当的高度上平行于 xOy 平面的平面上布置3个定位用的支承点1、2、3。装工件时，只要工件上用作定位基准的表面（本例中为底面 A）和这3个支承点保持接触，它的高度、水平度也就确定了。也就是说，约束了$\vec{z}$、$\hat{x}$和$\hat{y}$3个自由度；为了得到尺寸 a，工件在 y 方向的位置必须符合要求。在装工件时必须约束它在 y 方向的自由度$\vec{y}$；而为了保证槽和基准面 B 的平行度，它不能处于绕 z 轴的任意的偏斜位置，应当使基准面 B 平行于 xOz 坐标平面，也就是必须约束自由度$\hat{z}$。为了约束$\vec{y}$和$\hat{z}$，可以在一个适当的、平行于 xOz 坐标平面的平面上布置两个定位用的支承点4和5。装工件的时候，只要工件的定位基准面（本例中为 B 面）和这两个支承点保持接触，

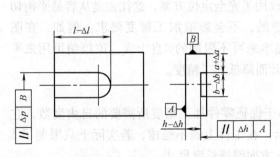

图 15-3　带槽工件的尺寸

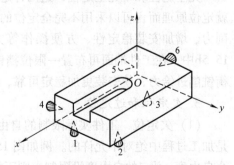

图 15-4　用定位支承点约束工件的自由度

它在 y 方向的位置和绕 z 轴的角度位置就不再是任意的，而是完全确定的，即约束了 $\vec{y}$ 和 $\vec{z}$ 两个自由度。最后，为了保证得到需要的槽长度 l，在装工件的时候，它在 x 轴方向的位置也不应当是任意的。在平行于 yOz 坐标平面的一个平面上布置第 6 个支承点 6，只要工件的定位面和这个支承点保持接触，它在 x 方向上的位置也就是完全确定的，即约束了自由度 $\vec{x}$。这种利用适当地布置 6 个定位支承点来限制（约束）工件的 6 个自由度，使工件在空间占有唯一的、完全确定位置的原则称为六点定位原则，简称六点定则。

2. 完全定位和不完全定位

实际加工中不是每个工件都需要限制全部 6 个自由度的，究竟应限制哪几个自由度，需根据零件加工要求而定。例如图 15-5 所示的 3 个工件有 3 种不同的加工要求：图 15-5a 所示工件上铣一条不通槽，在 x、y、z 3 方向上都有位置尺寸要求和平行度要求，因而必须限制全部的 6 个自由度；图 15-5b 所示工件上铣一台阶面，在 y 轴方向上无尺寸要求，故 $\vec{y}$ 自由度可不予限制，只要限制其余 5 个自由度就行了，而不会影响加工精度；图 15-5c 所示工件上铣上平面，只需保证高度尺寸 z 与上下面平行，因而只要限制 $\vec{z}$、$\vec{x}$、$\vec{y}$ 3 个自由度就够了，其余 3 个自由度可不予限制，且不会影响加工精度。

由此，可以引出常见的两种定位类型：

（1）完全定位 工件的 6 个自由度完全被限制，使工件在空间占有唯一的、完全确定的位置的一种定位，如图 15-5a 所示。

（2）不完全定位 工件的 6 个自由度并没有完全被限制，但已能满足加工要求的一种定位，如图 15-5b、c 所示。

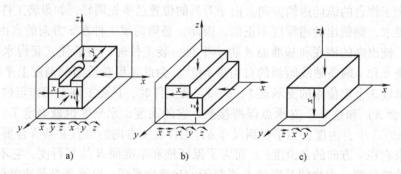

图 15-5 工件应限制自由度的确定

完全定位和不完全定位，这两种定位类型都是正确可行的，生产中用得很广泛。有时，就定位原理而言可以采用不完全定位的场合却改用了完全定位方案，这往往是从容易平衡切削力、增加安装稳定性、方便操作等方面考虑的，不会影响加工精度要求。例如，在图 15-5b 中，在工件端面再布置一限位挡销，限制本来可不限制的 $\vec{y}$ 自由度。该挡销可用来平衡铣削进给力，使安装更加稳定可靠，不会因此而降低加工精度。

3. 欠定位和过定位

（1）欠定位 工件实际限制的自由度数小于保证零件加工精度所需要的自由度数，它是加工过程中绝对不允许的。例如图 15-4 所示，在工件上铣不通槽，若实际上只限制了 5 个自由度，沿 $\vec{y}$ 的自由度没限制，则不能满足 y 方向键槽长度尺寸。

（2）过定位 用一个以上的定位支承点同时限制（消除）工件的某一个自由度，

这种重复定位的现象称为过定位。是否允许过定位存在，应当根据具体情况进行具体的分析。

在某些情况下，形式上发生了过定位，但是在一定条件下，这种过定位不但是无害的，反而是有益的、必需的。如图 15-4 所示，用三个定位支承点来支承工件的底面，约束工件 3 个自由度，是正确的。但是，如果工件的尺寸比较大，底面已经经过加工，有较好的平面度，就宁可采用两块较长的定位支承板来取代三个定位支承点。这样不但可以起到较好的支承作用，也可以减小工件在夹紧过程中的变形，增加工件在切削力作用下的稳定性。两块支承板相当于 4 个支承点，约束 3 个自由度，形式上形成了过定位。

在另一些情况下，过定位可能带来一些问题。这时，必须对定位方式进行分析，采取相应的措施以消除不良影响。例如，加工连杆大头孔时连杆采用端面在平面上定位，小头孔在长销上定位，再加上一个防转挡销，如图 15-6 所示。长销可以约束工件的 $\vec{x}$、$\vec{y}$、$\hat{x}$、$\hat{y}$ 4 个自由度，平面应当约束 $\vec{z}$、$\hat{x}$、$\hat{y}$ 3 个自由度。$\hat{x}$、$\hat{y}$ 两个自由度被重复约束，出现了过定位。这时，由于希望两孔中心距的误差尽可能地小，因而希望减小长销和连杆小头孔之间的间隙，而严格控制长销和定位平面之间的垂直度误差又非易事，在定位之后，工件的端面不可能和夹具上的定位支承面很好地接触。在夹紧力的作用下，刚性较小的连杆体发生弯曲变形，端面和支承面发生接触。加工完大头孔以后除去夹紧力，工件恢复原状，使大、小孔轴心线出现平行度误差。因此，夹具中不允许出现这类形式的过定位。图 15-7 所示为滚齿时齿轮毛坯的安装方式。其中，毛坯用内孔和一个端面在心轴和环形支承面上定位；心轴约束齿轮毛坯 4 个自由度 $\vec{x}$、$\vec{y}$、$\hat{x}$、$\hat{y}$。

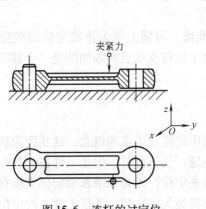

图 15-6　连杆的过定位

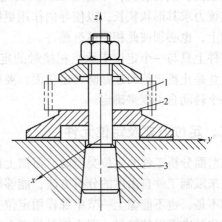

图 15-7　滚齿时齿轮毛坯的安装方式
1—齿轮毛坯　2—环形支撑块　3—心轴

环形支承面应当约束齿轮毛坯 3 个自由度 $\vec{z}$、$\hat{x}$ 和 $\hat{y}$。$\hat{x}$ 和 $\hat{y}$ 两个自由度被重复约束，形成过定位。在心轴轴心线和环形支承面之间有垂直度误差，在齿轮毛坯内孔轴心线和它的定位端面之间有垂直度误差的情况下，由于心轴和齿轮毛坯内孔之间要求配合紧密以减小齿轮的几何偏心，齿轮毛坯端面和环形支承面之间将在一个点上发生接触。在夹紧力的作用下，工件和心轴都可能发生变形，造成加工误差。为了避免这样形式的过定位可能引起的不良后果，在设计心轴的时候应对它和环形支承面之间的垂直度提出严格的要求；而在加工齿轮毛坯时，内孔和作为定位基准面的端面之间也应保证较高的垂直度。

4. 正确配置定位支承点来提高定位的精度和稳定性

图15-8所示的工件定位方案，用1～6共6个定位支承点来限制工件的6个自由度。如果仅从限制工件的6个自由度的观点来看，这也能起到完全定位的作用。但是，从定位的精度和稳定性来看，这种定位支承点配置方法，使工件定位稳定性极差，定位精度也低。

下面来说明如何正确地配置定位支承点。与工件上定位基准面A保持接触的3个定位支承点，是分布在同一平面（xOy坐标平面）内的。这种分布在同一平面内的3个定位支承点，只能限制一个移动自由度和两个转动自由度。工件上与这种分布在同一平面内的3个定位支承点相接触的定位基准，一般称为主要定位面。作为主要定位面的定位基准面，通常要承受较大的外力，如切削力和夹紧力等；同时，工件定位的稳定性也主要取决于它。因此，工件上选作主要定位面的表面，应该力求其面积尽可能地大些，而3个定位支承点的分布，也必须尽量彼此远离和分散。这样便可提高定位的稳定性。

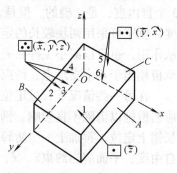

图15-8　长方体工件定位方案

与工件上定位基准面B保持接触的两个定位支承点，也是分布在同一平面（yOz坐标平面）内的。这种分布在同一平面内的两个定位支承点，只能限制一个移动自由度和一个转动自由度。工件上与这种分布在同一平面内的两个定位支承点相接触的定位基面，通常称为导向定位面。顾名思义，导向定位面主要是起引导方向的作用。选作导向定位面的定位基面，应该力求其形状狭长，以使导向作用更好。同样，这两个定位支承点在导向定位面的纵长方向上，也必须彼此相距越远越好。

工件上只与一个定位支承点相接触的定位基准面，习惯上称为止推定位面或防转定位面。究竟是止推定位面还是防转定位面，要根据这个定位支承点所限制的是一个移动自由度还是一个转动自由度来确定。

二、定位方式及定位元件

在前面分析工件的定位类型时，习惯上都是利用定位支承点的概念。这是因为利用定位支承点来限制工件自由度的分析方法，能够简化问题，便于分析。但是工件在夹具中实际定位时却不是，也不能像上一节中那样用定位支承点来定位。因为如果真用定位支承点与工件上的定位基准面保持接触，那么接触尖点上的压强将极大。这样，不仅工件上的定位基准面将因尖点作用而被压出压痕，而且定位支承点本身也将因接触压力极大而迅速磨损。因此，工件在夹具中实际定位时，都是根据工件上已被选作定位基准面的形状，而采用相应结构形状的定位元件来定位的。

（一）工件以平面定位

工件以平面定位时，常用的定位元件分为主要支承和辅助支承两大类。主要支承是指能够限制工件自由度，具有独立定位作用的定位元件；辅助支承是不起限制工件自由度作用的支承。

1. 主要支承

主要支承根据其在夹具体中的高度位置能否调整分为固定支承、可调支承、自位（浮动）支承三种形式。它们的结构尺寸都已标准化，可从有关夹具设计手册中查到。

（1）固定支承 这种支承与夹具体作固定连接，使用中不拆卸、不调节，常用的有支承钉和支承板两种，如图 15-9 所示。

1）球头支承钉或锯齿头支承钉。工件以粗基准定位时，由于基准面是粗糙不平的毛坯表面，若令其与平整的平面保持接触，则只有此粗基准上的三个最高点与之接触。为了保证定位稳定可靠，对于作为主要定位面的粗基准而言，一般必须采用三点支承方式。所以工件以粗基准定位时，选用图 15-9b、c 所示的球头支承钉或锯齿头支承钉定位元件。

球头支承钉与定位平面为点接触，可保证接触点位置的相对稳定，但它易磨损，且使定位面产生压陷，夹紧后给工件带来较大的安装误差，同时装配时也不易使三个球头支承钉处于同一平面。锯齿头支承钉与定位面的摩擦力较大，可阻碍工件移动，加强定位的稳定性，但齿槽中易积屑，故常用在粗基准侧面定位。

2）平头支承钉和支承板。工件以精基准（光面）定位时，基准面虽然经过加工，也不会绝对平整。因此，这时也还是不可能采用与工件上精基准作全面接触的整体大平面式的定位元件来定位。实际上，供工件以精基准作平面定位时所用的定位元件，一般仍然是小平面式的。常用的有图 15-9a 所示的平头支承钉和图 15-9d、e 所示的支承板。

图 15-9d 中的支承板，结构简单、制造方便，但由于沉头螺钉处积屑不易消除，一般仅用于侧平面定位。图 15-9e 中支承板清除切屑方便，但制造略嫌麻烦。

工件以精基准作平面定位时所用的平头支承钉或支承板，一般在其安装到夹具体上后，再进行最终磨削，以使位于同一平面内的各支承钉或支承板保持等高，且与夹具体底面保持必要的位置精度（如平行或垂直）。因此，在自行设计非标准的类似定位元件或采用上述标准定位元件时，须注意在高度尺寸 H 上预留最终磨削余量。

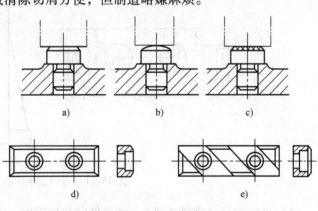

a) b) c)

d) e)

图 15-9 支承钉和支承板

（2）可调支承 可调支承是指支承钉的高度可以进行调节。图 15-10 所示为几种常用的可调支承。调整时要先松后调，调好后用防松螺母锁紧。

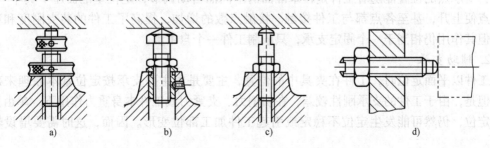

a) b) c) d)

图 15-10 几种常用的可调支承

可调支承主要用于工件以粗基准面定面、定位基面的形状复杂（如成形面、台阶面等）以及各批毛坯的尺寸与形状变化较大时的情况。

图 15-11a 所示的工件，其毛坯为砂型铸件。加工时，先以 A 面定位铣 B 面，再以 B 面定位镗双孔。铣 B 面时，若采用固定支承，由于定位基面 A 的尺寸和形状误差较大，铣完后，B 面与两毛坯孔（图中虚线）的距离尺寸 H_1、H_2 变化也大，致使镗孔时余量很不均匀，甚至余量不够。因此，将固定支承改为可调支承，在加工同批毛坯的最初几件时，必须按毛坯的孔心位置划出顶面加工线，然后根据这一划线的线痕找正，并调节与箱体底面相接触的可调支承，使其高度调节到找正位置。经过这样的调节，便可使可调支承的高度大体满足同批毛坯的定位要求。

此外，对于生产系列化的产品，当采用同一夹具来加工同一类型不同规格的零件时，也常采用可调支承，如图 15-11b 所示。在不同规格的销轴端部铣槽时，槽的尺寸相同，但销轴长度不同。这时不同规格的销轴可以共用一个夹具加工，工件在 V 形块上定位，而工件的轴向定位则采用可调支承。可调支承在一批工件加工前调整一次。在同一批工件加工中，它的作用与固定支承相同。

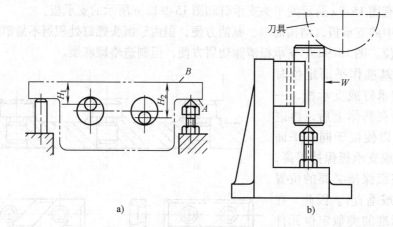

图 15-11　可调支承的应用

（3）自位支承（浮动支承）　在工件定位过程中，支承本身所处的位置随工件定位基准面位置的变化而自动与之适应。图 15-12 所示为夹具中常见的几种自位支承。其中图 15-12a、b 所示为两点式自位支承，图 15-12 所示为三点式自位支承。这类支承的工作特点是：支承点的位置能随着工件定位基准面的不同而自动调节，定位基准面压下其中一点，其余点便上升，甚至各点都与工件接触。接触点数的增加，提高了工件的装夹刚度和稳定性，但其作用仍相当于一个固定支承，只限制工件一个自由度。

2. 辅助支承

工件以平面定位时，工件在夹具中的位置，主要是由主要支承按定位基本原理来确定的。但是，由于工件的支承刚性较差，在切削力、夹紧力或工件本身重力作用下，单由主要支承定位，仍然可能发生定位不稳定或引起工件加工部位变形。因而，这时需要增设辅助支承。

辅助支承只能起提高工件支承刚性的辅助定位作用，而决不能允许它破坏主要支承应起的定位作用。图 15-13 所示为夹具中常用的三种辅助支承。图 15-13a 为螺旋式辅助支承；

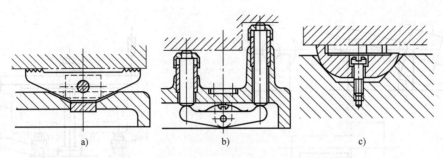

图 15-12　夹具中常见的自位支承
a)、b) 两点式　c) 三点式

图15-13b为自位式辅助支承，滑柱 1 在弹簧 2 的作用下与工件接触，转动手柄使顶柱 3 将滑柱锁紧；图 15-13c 为推引式辅助支承，工件夹紧后转动手轮 4 使斜楔 6 左移将滑销 5 与工件接触。继续转动手轮可使斜楔 6 的开槽部分胀开而锁紧。辅助支承一般用于以下场合：

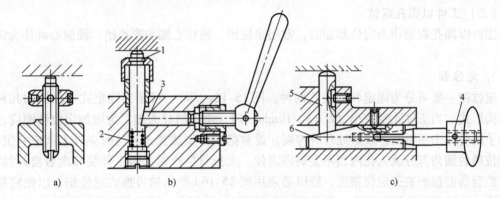

图 15-13　夹具中常用的三种辅助支承
a) 螺旋式　b) 自位式　c) 推引式
1—滑柱　2—弹簧　3—顶柱　4—手轮　5—滑销　6—斜楔

（1）起预定位作用　如图 15-14 所示，当工件的重心超出主要支承所形成的稳定区域（即图中 V 形块的区域）时，工件上重心所在一端便会下垂，而使另一端向上翘起，于是使工件上的定位基准脱离定位元件。为了避免出现这种情况，在将工件放在定位元件上时，能基本上接近其正确定位位置，应在工件重心所在部位下方设置辅助支承，以实现预定位。对于重量较重的工件而言，设置这种起预定位作用的辅助支承是十分必要的。因为这类工件若放入夹具而偏离其正确定位位置过大，往往无法靠手力或夹紧力纠正，所以力求放入夹具后能尽量接近其正确的定位位置。

（2）提高夹具工作的稳定性　如图 15-15 所示，在壳体工件 1 的大头端面上，需要沿圆周钻一组紧固用的通孔。这时，工件是以其小头端的中央孔和小头端面作为定位基准，而由夹具上的稳定位销 2 和支承环 3 来定位的。由于小头端面太小，工件又高，钻孔位置离开工件中心又远，因此受钻削力后定位很不稳固。为了提高工件定位的稳固性，须在图示位置相应增设三个均匀分布的辅助支承 4。在工件从夹具上卸下前先要把辅助支承调低，工件每次定位夹紧后须进行调节，使辅助支承顶部刚好与工件表面接触。

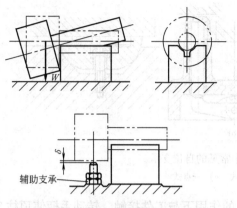

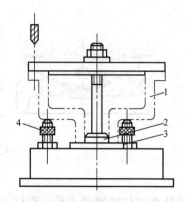

图 15-14 辅助支承起预定位作用

图 15-15 辅助支承提高夹具工作的稳定性
1—工件 2—稳定位销 3—支承环 4—辅助支承

（二）工件以圆孔定位

工件以圆孔表面作为定位基面时，常用定位销、圆柱心轴和圆锥销、圆锥心轴作为定位元件。

1. 定位销

定位销一般可分为固定和可换式两种。图 15-16a、b、c 所示为固定式定位销的几种典型结构形式。当工件孔径较小（$D = 3 \sim 10$mm）时，由于销径太细，为增加定位销刚度，避免销子因受撞击而折断，或热处理时淬裂，通常把根部倒成圆角。这时夹具上就应有沉孔，使定位销的圆角部分沉入孔内而不会妨碍定位。大批量生产时，因工件装卸次数极其频繁，定位销容易磨损而丧失定位精度，所以必须用图 15-16d 所示的可换式定位销，以便定期维修更换。为了使工件顺利装入，定位销的头部应有 15°倒角。固定式定位销和可换式定位销的标准结构可参阅《夹具设计手册》。

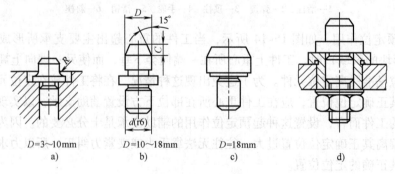

D=3~10mm   D=10~18mm   D=18mm
a)   b)   c)   d)

图 15-16 定位销
a)、b)、c) 固定式 d) 可换式

2. 圆柱心轴

常用圆柱心轴的结构形式如图 15-17 所示。图 15-17a 所示为间隙配合心轴，该心轴装卸工件方便，但定心精度不高。为了减少因配合间隙而造成的工件倾斜，工件常以孔和端面联合定位，因而要求工件孔与定位端面有较高的垂直度，最好能在一次装夹中加工出来。使用开口垫圈可实现快速装卸工件，开口垫圈的两端面应互相平行。当工件内孔与端面垂直度

误差较大时，应采用球面垫圈。

图 15-17b 所示为过盈配合心轴，由导向部分1、工作部分2及传动部分3组成。导向部分的作用是使工件迅速而准确地套入心轴。这种心轴制造简单、定心准确、不用另设夹紧装置，但装卸工件不便、易损伤工件定位孔，因此多用于定心精度要求高的精加工。

图 15-17c 所示为花键心轴，用于加工以花键孔定位的工件。当工件定位孔的长径比 $L/d > 1$ 时，工作部分可稍带锥度。设计花键心轴时，应根据工件的不同定位方式来确定定位心轴的结构，其配合可参考上述两种心轴。

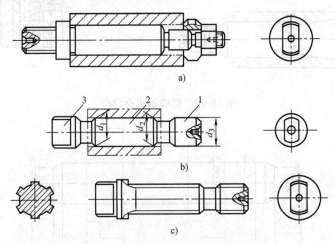

图 15-17　常用圆柱心轴的结构形式
1—导向部分　2—工作部分　3—传动部分
a) 间隙配合心轴　b) 过盈配合心轴　c) 花键心轴

3. 圆锥销

圆锥销定位如图 15-18 所示，它限制了工件的 $\vec{x}$、$\vec{y}$、$\vec{z}$ 三个自由度。图 15-18a 所示方式用于粗基准定位，图15-18b所示方式用于精基准定位。工件在单个圆锥销上定位容易倾斜，为此，圆锥销一般与其他定位元件组合定位，如图 15-19 所示。图 15-19a 所示为工件在双圆锥销上定位；图15-19b所示为圆锥—圆柱组合心轴，锥度部分使工件准确定心，圆柱部分可减小工件倾斜；图 15-19c 所示为以工件底面作为主要定位基面，圆锥销是活动的，即使工件的孔径变化较大，也能准确定位。以上三种定位方式均限制工件五个自由度。

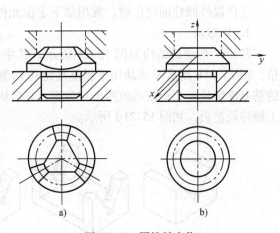

图 15-18　圆锥销定位

4. 圆锥心轴（小锥度心轴）

如图 15-20 所示，工件在小锥度心轴上定位，并靠工件定位圆孔与心轴的弹性变形夹紧工件。这种定位方式的定心精度较高，不用另设夹紧装置，但工件的轴向位移误差较大，传递的转矩较小，适用于工件定位孔公差等级不低于 IT7 的精车和磨削加工，不能加工端面。

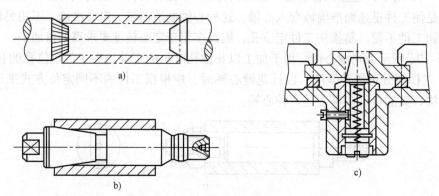

图 15-19　圆锥销组合定位

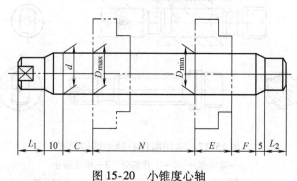

图 15-20　小锥度心轴

（三）工件以外圆柱面定位

工件以外圆柱面定位时，常用如下定位元件。

1. V 形块

常用 V 形块的结构如图 15-21 所示。其中图 15-21a 所示 V 形块用于较短的精基准定位，图 15-21b 所示 V 形块用于粗基准定位和阶梯面定位，图 15-21c 所示 V 形块用于较长的精基准定位和相距较远的两个定位面。V 形块不一定采用整体结构的钢体，可在铸铁底座上镶淬硬垫板，如图 15-21d 所示。

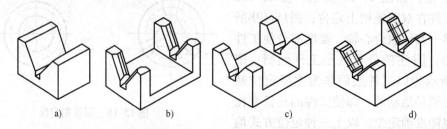

图 15-21　V 形块的结构类型

V 形块有固定式和活动式之分。固定式 V 形块在夹具体上的装配，一般用两个定位销和 2~4 个螺钉联接，活动式 V 形块的应用如图 15-22 所示。图 15-22a 所示为加工轴承座孔时的定位方式，活动 V 形块除限制工件一个移动自由度外，还兼有夹紧作用。图 15-22b 所示为加工连杆孔的定位方式，活动 V 形块限制工件一个转动自由度，还兼有夹紧作用。

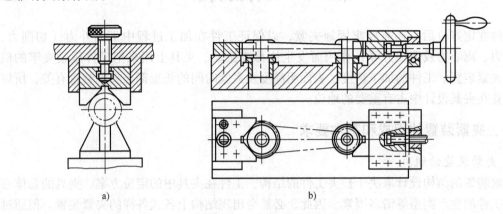

图 15-22 活动 V 形块的应用

V 形块定位的最大优点就是对中性好，它可使一批工件的定位基准轴线对中在 V 形块两斜面的对称平面上，而不受定位基准直径误差的影响。V 形块定位的另一个特点是无论定位基准是否经过加工，是完整的圆柱面还是局部弧面，都可采用 V 形块定位。因此，V 形块是用得最多的定位元件。

2. 定位套

为了限制工件沿轴向的自由度，常与端面联合定位。图 15-23 所示为常用的两种定位套。用端面作为主要定位面时，应限制套的长度，以免夹紧时工件产生不允许的变形。定位套结构简单、制造容易，但定心精度不高，一般适用于精基准定位。

3. 半圆套

图 15-24 所示为半圆套定位装置，下面的半圆套是定位元件，上面的半圆套起夹紧作用。这种定位方式主要用于大型轴类零件不便于轴向装夹的零件。定位基准面的公差等级不低于 IT9，半圆的最小内径取工件定位基面的最大直径。

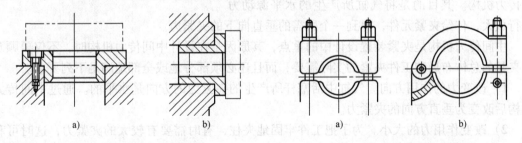

图 15-23 常用的两种定位套　　　　　图 15-24 半圆套定位装置

值得注意的是，以上内容主要介绍了常用的定位面和定位元件的基本情况，但在零件和夹具上具体该用哪个面定位，还应根据零件的精度要求等具体情况结合设计基准、工艺基准和装配基准要求，综合分析，并按粗、精加工的基准选择原则，来选取具体的定位面和定位元件。

第三节　工件的夹紧

工件在定好位后，还需要牢固地夹紧，以保证工件在加工过程中不因外力（切削力、工件重力、离心力或惯性力等）作用而发生位移或振动。夹具上用来把工件压紧夹牢的机构称为夹紧装置。工件的加工精度、表面粗糙度及夹紧时间的长短都与夹紧装置有关，所以夹紧装置在夹具设计中占有重要的地位。

一、夹紧装置的组成和基本要求

1. 夹紧装置的组成

夹紧装置的结构设计取决于被夹工件的结构、工件在夹具中的定位方案、夹具的总体布局以及工件的生产类型等诸多因素。因此，必然会出现结构上各式各样的夹紧装置。但通过对夹紧装置中各组成部分的功能及要求夹紧装置应起作用所进行的分析研究发现，各种夹紧装置都不外乎主要由以下三个部分组成，如图 15-25 所示。

（1）力源装置　夹紧装置中产生源动力的部分称为力源装置。常用的力源装置有气动、液压、电动等。图 15-25 中的气缸 1 便是一种力源装置。在采用手动夹紧的夹紧装置（如自定心卡盘的夹紧装置）中，源动力由人力产生，故没有力源装置。

（2）夹紧元件　夹紧装置中直接与工件的被夹压面接触并完成夹压作用的元件称为夹紧元件。图 15-25 中的压板 4，属夹紧元件。

（3）中间传力机构　力源装置所产生的源动力通常不直接作用在夹紧元件上，而是为达到一定目的通过中间环节来进行力的传递。这种介于力源装置和夹紧元件间的中间环节称为中间传力机构。图 15-25 中的斜楔 2 和滚子 3 即组成了该夹紧装置的中间传力机构。其目的是将气缸所产生的水平源动力

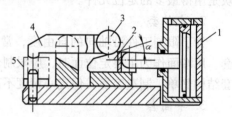

图 15-25　夹紧装置的组成示例
1—气缸（动力装置）　2—斜楔　3—滚子（传力装置）　4—压板（夹紧元件）　5—工件

进行放大，传给夹紧元件，得到一个所需的垂直向下的夹紧力。

中间传力机构是夹紧装置设计中的重点，其原因是在设计中间传力机构时，不仅要顾及到夹具的总体布局和工件夹紧的实际需要，而且还必须部分地或全部地满足下列要求。

1）改变力的作用方向。气缸中活塞杆所产生的夹紧力的方向是水平的。通过中间传力机构后改变为垂直方向的夹紧力。

2）改变作用力的大小。为了把工件牢固地夹住，有时需要有较大的夹紧力，这时可利用中间传动机构（如斜楔、杠杆等）将原始力增大，以满足夹紧工件的需要。

3）起自锁作用。在力源消失以后，工件仍能得到可靠的夹紧。这一点对于手动夹紧特别重要。

2. 夹紧装置的基本要求

夹紧装置的设计和选用是否合理，对保证工件的加工质量、提高劳动生产率、降低加工成本和确保工人的生产安全都有很大的影响。对夹紧装置的基本要求如下。

1）夹紧时不能破坏工件在夹具中占有的正确位置。

2）夹紧力要适当，既要保证在加工过程中工件不移动、不转动、不振动，同时又要在夹紧时不损伤工件表面或产生明显的夹紧变形。

3）夹紧机构要操作方便，夹压迅速、省力。大批量生产中应尽可能采用气动、液动夹紧装置，以减轻工人的劳动强度和提高生产率。在小批量生产中，采用结构简单的螺钉压板时，也要尽量设法缩短辅助时间。手动夹紧机构所需要的力一般不要超过100N。

4）结构要紧凑简单，要有良好的结构工艺性，尽量使用标准件。手动夹紧机构还须有良好的自锁性。

3. 夹紧力的确定

力有三个要素，确定夹紧力就要确定夹紧力的作用点、大小和方向。只有夹紧力的作用点分布合理，大小适当，方向正确，才能获得良好的效益。

（1）夹紧力作用方向的选择　夹紧力应垂直于主要定位基准面。如图15-26所示，工件孔与左端面有一定的垂直度要求，镗孔时，工件以左端面与定位元件的B面接触，限制3个自由度，以底面与A面接触，限制两个自由度，夹紧力垂直于B面，这样不管工件左端面与底面有多大的垂直度误差，都能保证镗出的孔轴线与左端面垂直。如图15-26b、c所示，若夹紧力方向垂直于A面，则会由于工件左端面的垂直度误差而影响被加工孔轴线与左端面的垂直度。

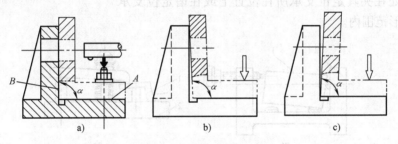

图15-26　夹紧力作用位置

a）工件安装方式　b）、c）夹紧力作用方向不正确

夹紧力的方向最好与切削力、工件重力方向一致，这样既可减小夹紧力，又可缩小夹紧装置的结构。图15-27a所示为钻削时轴向切削力F_x、夹紧力F_1和F_2、工件重力G都垂直于定位基准面的情况，三者方向一致，钻削转矩由这些同向力作用在支承面上产生的摩擦力矩所平衡，此时所需的夹紧力最小。图15-27b所示为夹紧力F_1、F_2与轴向切削力F_x和工件重力G方向相反的情况，这时所用的夹紧力除了要平衡轴向力F_x与重力G之外，还要由夹紧力产生的摩擦阻力矩来平衡钻削转矩，因此需要很大的夹紧力。

（2）夹紧力作用点的选择　夹紧力作用点是指夹紧元件与工件接触的位置。夹紧力作用点的选择，应包括正确确定作用点的数目和位置。选择夹紧力作用点时要注意下列问题。

1）在确定夹紧力作用点的数目时，应遵从的原则为：对刚性差的工件，夹紧力的作用点应增多，力求避免单点集中夹紧，从而减小工件的夹紧变形。图15-28所示的薄壁圆筒因其径向刚度很差，故采用弹性套筒或特殊卡爪实现多点夹紧；但夹紧点越多，夹紧机构将越复杂，夹紧的可靠性也越差。故能采用单点夹紧时，应尽量避免采用多点夹紧；必须采用多点夹紧时，在许可范围内，应力求夹紧点数目为最小。

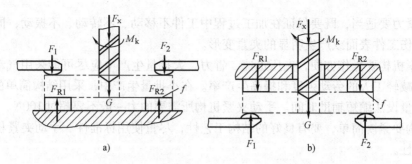

图 15-27 夹紧方向对夹紧力大小的影响

a）夹紧力与切削力、工件重力方向相同 b）夹紧力与切削力、工件重力方向相反

2）夹紧力作用点的位置应能保证工件定位稳定，而不会引起工件在夹紧过程中产生位移或偏转。

由图 15-29 可看出，当夹紧力作用点的位置确定不当时，夹紧过程中，将使工件偏转或移动，从而使工件的定位位置遭到破坏。当将作用点改换到图中点画线所示位置时，就不会因夹紧而破坏工件的定位了。因此，要求夹紧力作用点应处在夹具定位支承所在位置上或在诸定位支承所围成的图形范围内。

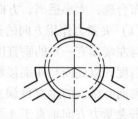

图 15-28 薄壁圆筒的多点夹紧

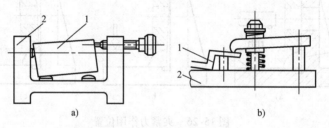

图 15-29 夹紧力作用点示例

1—工件 2—夹具

3）夹紧力的作用点应处于工件刚性较大的部位和方向上。由于工件的结构和形状大多较为复杂，故工件的刚度在不同的部位和不同方向上是不同的。图 15-30 所示为连杆夹紧示意图，连杆两端大、小头处刚性最好，杆身处刚性较差。且杆身的横向（图中虚线箭头所指的方向）刚性又为最差。因此，夹紧力着力点最好应布置在连

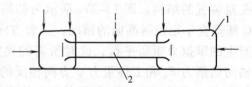

图 15-30 连杆夹紧示意图

1—连杆头部 2—杆身

杆的头部（图中实线箭头所指的部位）垂直于端面的方向上，而不应布置在杆身上。

4）夹紧力作用点应尽可能靠近工件的被加工面，以提高夹紧刚性。

图 15-31 所示工件的被加工面为 A 面和 B 面。因该两面处于工件的长悬臂的端头，若只采用夹紧力 W_1 进行夹紧，虽可保证工件在加工中不会产生移动，但因 W_1 的作用点远离被加工面，造成加工面同夹紧点间形成一悬臂很长的悬臂梁，使工件的夹紧刚度很差。这种夹紧方式，加工时不仅会产生较大的振动，影响加工质量，而且还可能

引起悬臂折裂。若在尽可能靠近加工面处增设一个辅助支承，再用夹紧力 W_2 将悬臂夹紧，则夹紧点与加工部位间的悬臂梁长度大大缩短，从而使夹紧刚度得到很大的提高。

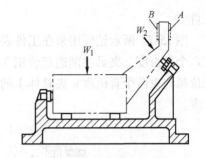

图 15-31　夹紧力作用点靠近加工面

（3）夹紧力大小的估算　夹紧力的大小对于保证定位稳定、夹紧可靠以及确定夹紧装置的结构尺寸，都有很大关系。夹紧力过小，则夹紧不稳固，在加工过程中工件会发生位移而破坏定位。结果，轻则影响加工质量，重则造成安全事故。夹紧力过大，则没有必要，反而增大夹紧变形，对加工质量不利。此外，夹紧装置的结构尺寸也无谓地加大了。所以，夹紧力的大小必须恰当。

要确定夹紧力，必须先知道切削力，切削力是计算夹紧力的主要依据。但目前对切削力的计算还没有成熟的系统计算公式与数据。所以，在实际设计工作中，大都根据同类夹具的使用情况，按类比法进行经验估计，很少用计算方法来确定夹紧力的大小。对于一些关键性工序的重要夹具，有时就需要通过试验或实测来确定所需夹紧力。

对于初学者来说，可以按下面的粗略计算方法来估计夹紧力的大小

$$Q = kQ'$$

式中　Q'——在最不利加工条件下，与切削力相平衡的计算夹紧力；

　　　Q——所需夹紧力；

　　　k——安全系数。

用于粗加工时，取 $k = 2.5 \sim 3$；用于精加工时，取 $k = 1.5 \sim 2$。

第四节　典型机床夹具

本节将对钻床夹具和铣床夹具作简单的介绍，其目的在于通过对典型夹具的结构和工作原理的介绍，了解夹具的组成部分以及常用的定位元件和夹紧装置，以便在设计机器零件时正确地设计零件的结构，给定位和夹紧提供方便。

一、钻床夹具

钻床夹具中使用最广泛的是各式钻模。在钻模中，用钻套引导钻头或铰刀，钻套的作用一方面是引导刀具和增加刀具的刚性，另一方面是保证刀具和工件之间正确的相对位置。

钻模的种类很多，这里只介绍常用的两种。

1. 固定式钻模

这是一种在套筒上钻孔用的钻模，如图 15-32 所示。它保证孔的中心线和套筒轴心线正交，并保证孔到套筒设计基准端面的距离。夹具中工件装在定位销 6 上约束四个自由度，端面限制工件一个自由度。钻头由快换钻套 1 引导，保证要求的孔位置尺寸 L。使用衬套 2 是为了避免频繁地更换钻套而引起钻模板（夹具体）的磨损。旋紧螺母 5 即可将工件夹紧。压板 4 开有缺口，可以很方便地从心轴上取下，以便快速装卸

工件。

图 15-33 所示钻模用来在工件表面一定方位上钻一个斜向孔。定位时必须约束工件的全部六个自由度，夹具中削边定位销 3 约束工件一个自由度，即确定工件的圆周方位；短圆柱定位销约束两个自由度；夹具体 1 的平面和工件上面积较大的端面接触，约束工件的 3 个自由度。

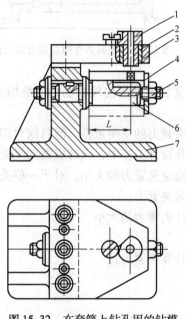

图 15-32　在套筒上钻孔用的钻模
1—钻套　2—衬套　3—钻模板　4—压板
5—螺母　6—定位销　7—夹具体

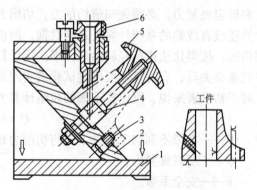

图 15-33　平面和两孔定位钻模
1—夹具体　2—平面支承　3—削边定位销
4—圆柱定位销　5—快速夹紧螺母　6—特殊快换钻套

现在分析一下削边定位销 3 的作用。如果用短圆柱销而不削边，则削边定位削 3 不但约束工件绕其定位孔（和圆柱定位销 4 接触）轴心线偏转的自由度，而且还会约束工件在其定位孔和与削边定位削 3 接触的孔的连心线方向偏移的自由度，而圆柱定位销 4 已经有了这个作用，即能够约束工件在该方向上的自由度，因此，这个自由度被重复约束，发生过定位。为避免出现过定位，对削边定位销 3 进行削边，使它不能在两定位孔连心线方向起约束工件自由度的作用。钻套的底端做成斜面，对在倾斜表面上开孔的钻头前端起更好的扶正作用。快速夹紧螺母 5 的结构比较特别，从它的螺孔的两端在相对的方向上把螺纹削去了，孔扩大了。卸工件时，螺母在旋出几圈之后即可倾斜一个角度，从而直接从螺杆上取下（而不是旋下）。装上新的工件后，可以把螺母倾斜着直接套上螺杆，扳正以后，再旋转几圈即可压紧工件，从而缩短装卸工件所需的时间。

2. 回转式钻模

回转式钻模用来在工件表面的同一圆周线上钻多个孔。图 15-34 所示为回转式钻模。工件的定位方式和夹紧方式与图 15-32 所示的钻模基本相同，但定位时用分度定位器 4 约束工件绕其自身轴线偏转的自由度，这在图 15-32 所示的钻模中是没有的。在支承板 6 圆周相应的位置上有槽，分度以后，分度定位器4即依次落入这些槽中，以保证钻得的各孔之间正确的相对圆周位置。

二、铣床夹具

铣床夹具是最常见的夹具之一。在铣床上除了使用台虎钳、万能分度头之外，还广泛使用各种形式的专用夹具。铣床夹具除了具有定位元件、夹紧元件、分度机构、夹具体之外，还通常使用对刀元件。

图15-35所示为铣槽夹具。工件用外圆表面在V形块1中定位，端面则支承在支承套7上。转动手柄时，通过偏心轮3和V形块2夹紧工件。夹具体5底面的定位键6保证夹具在铣床工作台上的正确安装。刀具的位置借助于对刀块4进行调整。

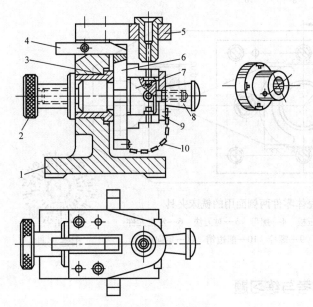

图 15-34　回转式钻模

1—夹具体　2—锁紧螺母　3—套筒　4—分度定位器　5—钻模板
6—支承板　7—心轴　8—螺母　9—压板　10—链条

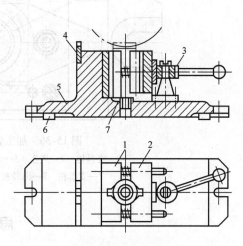

图 15-35　铣槽夹具

1、2—V形块　3—偏心轮　4—对刀块
5—夹具体　6—定位键　7—支承套

图15-36所示为加工壳体零件两侧面用的铣床夹具。工件如图中双点画线所示，以一面两孔（一大孔、一小孔）作定位基准在夹具定位元件6和削边销10上定位。旋紧螺母4，旋紧左边的螺栓9，通过回转板8将右边的螺栓下拉，使左、右压板3夹紧工件。对刀块5用以确定夹具相对于刀具的正确位置。两只定向键11的下半部与铣床工作台的T形槽相配，用以确定夹具在铣床工作台上的安装位置，保证夹具的纵长方向与工作台的纵向进给方向一致。夹具两端开口U形槽（耳座）用以放置T形槽螺钉，旋紧其上的螺母，即可将夹具紧固在工作台上。

铣削加工常是多刀多刃的断续切削，粗铣时更是切削用量大、切削力大，而且切削力的方向和大小也是变化的，因而加工时极易产生振动。所以设计铣床夹具时应特别注意工件定位的稳定性和夹紧的可靠性，要求夹紧力足够大和自锁性良好，切忌夹紧机构因振动而松夹。此外，为了增加刚度减小变形，一些承受切削力的元件，特别是夹具体往往做得特别粗壮。

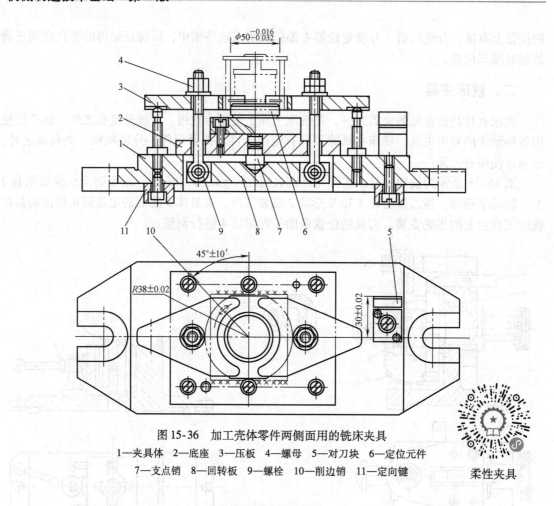

图 15-36 加工壳体零件两侧面用的铣床夹具

1—夹具体 2—底座 3—压板 4—螺母 5—对刀块 6—定位元件
7—支点销 8—回转板 9—螺栓 10—削边销 11—定向键

柔性夹具

思考与练习题

15-1 为什么说工件夹紧不等于定位？

15-2 试述定位误差的概念。

15-3 不完全定位和过定位是否均不允许存在？为什么？

15-4 什么是六点定位原理？

15-5 什么是欠定位？

15-6 车床夹具与车床主轴的连接方式有哪几种？

15-7 何谓联动夹紧机构？设计联动夹紧机构时应注意哪些问题？

15-8 定位键起什么作用？它有几种结构形式？

15-9 机床夹具由哪几部分组成？各有何作用？

15-10 为什么夹具具有扩大机床工艺范围的作用？试举三个实例说明。

15-11 试分析比较可调支承、自位支承和辅助支承的作用和应用范围。

15-12 钻床夹具在机床上的位置是根据什么确定的？车床夹具在机床上的位置是根据什么确定的？

15-13 铣刀相对于铣床夹具的位置是根据什么确定的？

15-14 辅助支承主要起什么作用？

15-15 如何选择夹紧力作用的方向？

第十六章 零件的结构工艺性

机械产品及零件的制造，包括毛坯生产、切削加工、热处理和装配等许多阶段，都是有机地联系在一起的。结构设计时，必须全面考虑，使零件在各个生产阶段都具有良好的工艺性。当各生产阶段对结构的工艺性要求有矛盾时，应综合考虑、统筹安排。本章只讨论零件结构的切削加工工艺性和装配工艺性。

第一节 基本概念

零件本身的结构，对加工质量、生产率和经济效益有重要的影响，为了获得较好的技术经济效果，在设计零件结构时，不仅要考虑如何满足使用要求，还应当综合考虑零件的加工技术经济性、可装配性和零件的结构工艺性等问题。

零件的结构工艺性是指所设计的零件在满足使用要求的前提下，加工该零件的难易程度。它包括毛坯成形（锻造、铸造等）、切削加工、热处理、装配、调试、检测、维修等工作。它既是评价零件结构设计优劣的重要技术经济指标之一，又是零件结构设计优劣带来的结果。

零件的结构工艺性良好，是指设计的零件，能用生产率高、劳动量小、材料消耗少和生产成本低的加工方法制造出来，并能获得良好的技术经济效益。

零件结构工艺性的好坏是相对的，随着科学技术的发展，先进工艺和新技术的不断涌现，零件的结构工艺也在不断变化。由于电火花、电解、激光、电子束和超声波加工等工艺的发展，使原来难加工的材料、复杂形面、精密微孔等的加工变得较为容易和方便。

例如图16-1a所示阀套上的精密方孔，若用传统机械切削方法整体加工工艺性很差，但用现代电火花加工，其结构工艺性则是良好的，因为可用四个电极把四个方孔同时加工出来，如图16-1b所示。

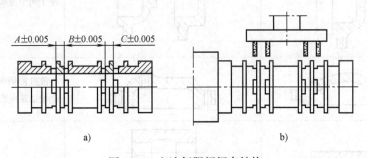

图 16-1 电液伺服阀阀套结构

第二节 零件切削加工的结构工艺性

在整个机械制造中，一般说来，切削加工所消耗的工时、费用较多，因此，零件切削加工结构工艺性的好坏，直接影响切削加工的经济性。通常切削加工的结构工艺性与零件的加工方法和工艺过程密切相关，为了获得良好的工艺性，设计人员首先要了解和熟悉常见加工方法的工艺特点、典型表面的加工方案以及工艺过程的基本知识，在具体设计零件结构时，除考虑满足使用要求外，通常还应注意如下几方面的问题。

一、便于安装和减少安装次数

通过增加工艺凸台、装夹凸缘或装夹孔等结构，便于准确地定位、可靠地夹紧，有利于保证加工质量和提高生产效益。改变结构或增加辅助安装面，可减少安装次数。所增加工艺凸台、辅助安装面等纯工艺性结构在零件加工后再切除，见表 16-1。

表 16-1 便于安装和减少安装次数的结构工艺性图例

序号	改 进 前	改 进 后	要点与说明
1			改进前不易安装定位，改进后增加工艺凸台易于安装定位
2			改进前不便用压板装夹，改进后增设装夹边缘或装夹工艺孔便于可靠夹紧
3			改进前不便用卡盘装夹，通过改变结构或增加辅助安装面便于用卡盘装夹
4			改进前倾斜加工表面和斜孔会增加装夹次数，不便于装夹
5			改进前从两端加工，改进后可减少一次安装

（续）

序号	改　进　前	改　进　后	要点与说明
6	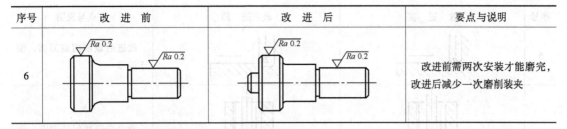		改进前需两次安装才能磨完，改进后减少一次磨削装夹

二、便于加工和测量

　　设计时要便于刀具的引进和退出，注意设计必要的螺纹退刀槽、砂轮越程槽、刨削退刀槽、插削让刀孔，并尽量避免内表面加工和便于使用标准、通用量具测量，见表 16-2。

表 16-2　便于加工和测量的结构工艺性图例

序号	改　进　前	改　进　后	要点与说明
1			改进前封闭 T 形槽无法进刀、不易对刀和退刀
2			改进前孔位太靠近侧壁，无法进刀
3			改进后设螺纹退刀槽，便于退刀
4			改进后设砂轮越程槽，便于磨削

（续）

序号	改 进 前	改 进 后	要点与说明
5			改进后设刨削退刀槽，便于退刀
6			改进后设插削让刀孔，便于插削时退刀
7			改进后使箱体内端面不与齿轮端面直接接触，则该内端面可不加工，避免了加工内端面
8			改进后使外表面沟槽加工比内表面沟槽加工方便，易保证精度
9			
10			改进后的尺寸标注更便于使用通用量具测量并便于直接检测
11			

三、有利于保证加工质量和提高生产率

应使零件有足够的刚性，以便减小工件在夹紧力或切削力作用下的变形。孔的轴线应与其端面垂直并且同类结构要素应尽量统一，减少刀具种类。为了减少加工量，应尽量采用标准型材。设计中应尽量减少走刀次数并使零件便于多件一起加工。此外，应特别注意合理采

用零件的组合，简化零件结构，尽量避免内表面的加工，见表16-3。

表 16-3 利于保证加工质量和提高生产率的结构工艺性图例

序号	改 进 前	改 进 后	要点与说明
1			改进前刚性差，改进后设加强筋板可提高其刚性
2			改进前在曲面或斜壁上钻头不易定位，改进后可避免在曲面或斜壁上钻孔
3			
4			改进后同类结构要素尽量统一，减少刀具种类
5			改进后部分支撑面改为台阶面，可减小加工面积
6			改进后铸出凸台，减小加工面积
7			改进后加工表面尽量等高布置，便于加工
8			改进后的结构可多件合并加工，便于提高生产率

（续）

序号	改 进 前	改 进 后	要点与说明
9	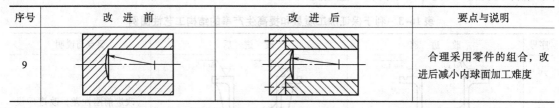		合理采用零件的组合，改进后减小内球面加工难度

四、提高零件的标准化程度，尽量采用标准件并使用标准刀具进行加工

设计产品时，应尽量按国标、部标或厂标选用标准件，以利于降低产品成本。

零件上的结构要素如孔径、中心孔、锥度、螺纹直径和螺距、齿轮模数等参数应尽量与标准刀具相符，以便于使用标准刀具加工，避免设计和制造专用刀具，降低加工成本。

五、合理选用零件的尺寸精度和表面粗糙度参数值

零件上不需要加工的表面，不设计成加工面。在满足使用和市场竞争要求的前提下，适当降低表面的精度与粗糙度等级，越容易加工和降低成本。尺寸公差、几何公差和表面粗糙度数值，应按国家标准选取，以便使用通用量具进行检验。

此外，确定零件的精度时还要结合本单位的具体加工条件（如设备和工人的技术水平等），并要考虑与先进的工艺方法相适应。

必须注意：零件的结构工艺性是一个实践性很强且非常重要的问题，上述内容只是一般原则和个别示例。设计零件时应根据具体要求和条件运用工艺学知识与实际经验，并参考相关零件结构工艺性手册，综合分析、灵活运用，才能设计出结构工艺性好的零件。

第三节　零部件装配的结构工艺性

零部件装配的结构工艺性是指在一定生产条件下，零部件的结构能以最短的装配周期、最小的装配劳动量就能达到装配技术要求的性质。通常在设计时应考虑如下问题。

一、合理选择安装方法和装配基准面

尽量避免装配时的手工修配和切削加工，有同轴度要求的两个零件相连接时，应设计出装配定位基准面，见表16-4。

表16-4　选择安装方法和装配基准面的工艺性图例

序号	改 进 前	改 进 后	要点与说明
1	轴肩定位	N 削面圆销定位　N	改进后修刮圆销面 调整后比调整前修轴肩与端面的加工面小

（续）

序号	改 进 前	改 进 后	要点与说明
2	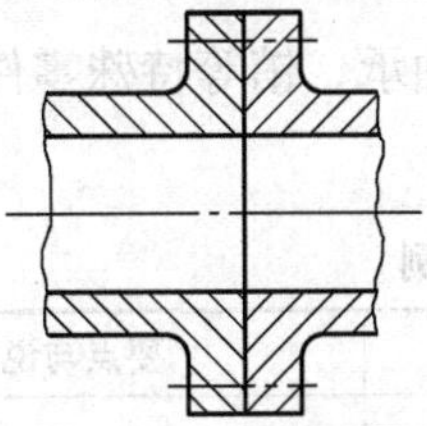	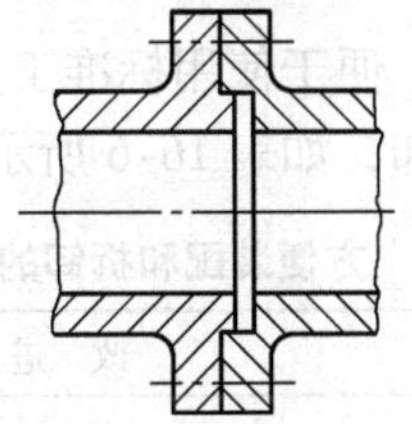	有同轴度要求的零件相连接时应有定位基面，便于对正
3	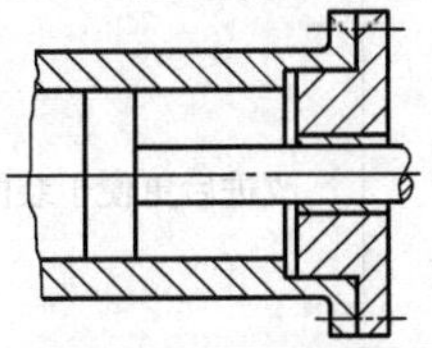	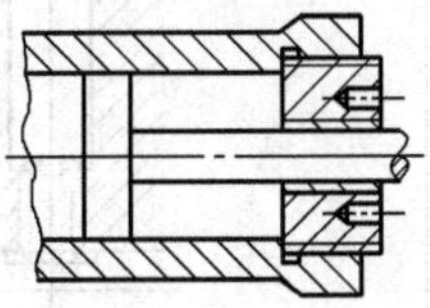	改进后设置了圆柱面为装配基面，减少了调整量，易保证精度

二、尽量减少配合面数，使结合可靠

使配合面数尽可能少，避免可能出现的干涉现象，见表16-5。

表 16-5　尽量减少配合面数，使结合可靠的装配工艺性图例

序号	改 进 前	改 进 后	要点与说明
1	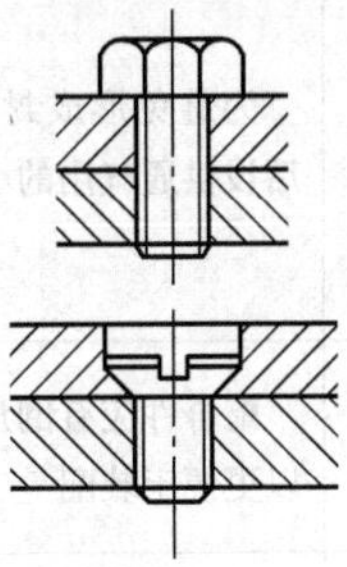	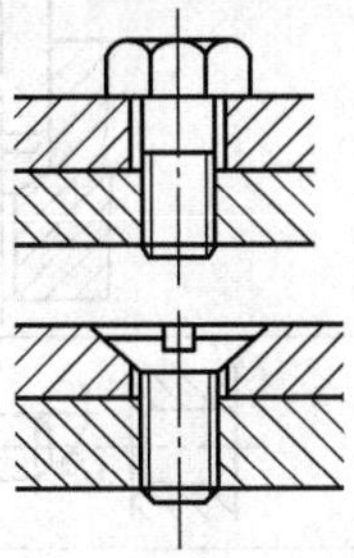	改进前不易将两件紧固
2	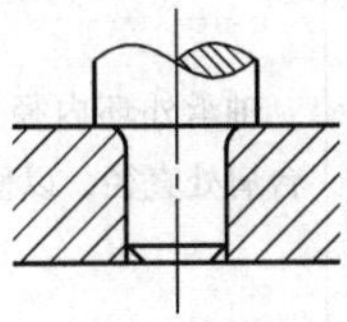	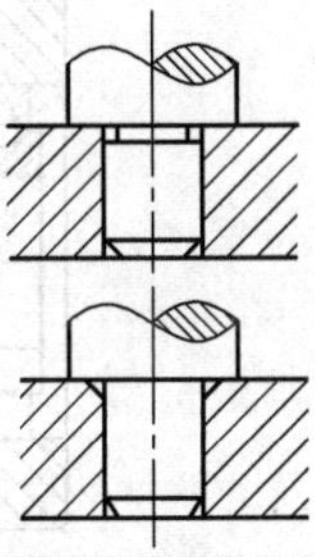	改进前两件的圆角不可能完全一致，端面难以贴紧
3	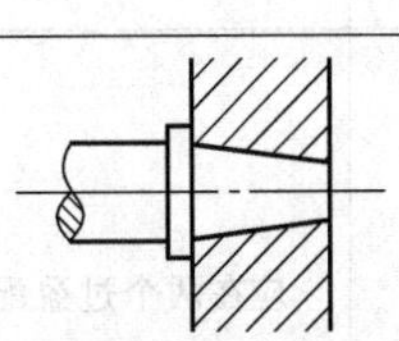	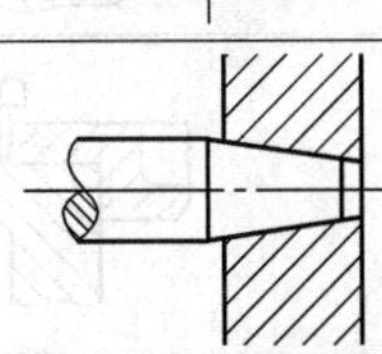	改进前圆销面和轴肩难以同时起轴向定位作用
4	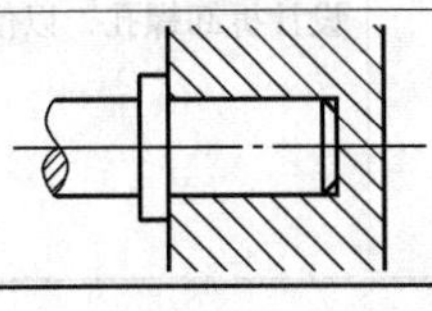	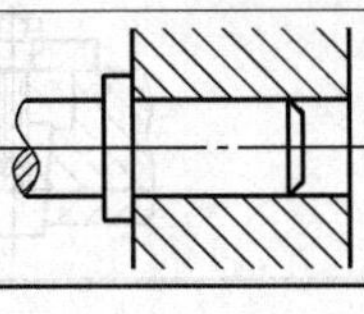	改进前难以同时保证轴与孔间的轴向配合尺寸

三、便于装配和拆卸

设计产品要便于装配与维修，便于使用标准工具。在设计轴承、销等特殊零件和过盈配合的装配结构时，首先应便于拆卸，如表 16-6 所示。

表 16-6 方便装配和拆卸的结构工艺性图例

序号	改 进 前	改 进 后	要点与说明
1			改进后更便于装配
2			改进后更便于使用标准通用工具
3			为避免形成封闭空间，改进后设供通气用的小孔或沟槽
4			配合件应有倒角或导向部分，以更便于装配
5			轴承外环内径应小于套筒孔台肩处直径，以便于拆轴承
6			应在两个过盈配合的零件上设计拆卸螺孔，以便于拆卸

　　值得注意的是，零部件结构的装配工艺性与零件的结构工艺性一样，也是一个实践性很强且非常重要的问题，上述内容只是一般原则和个别示例。设计产品时应根据技术、经营、管理和市场等各方面的具体要求和条件，运用装配工艺学知识与实际经验，并参考相关零件装配结构工艺性手册、设计标准，综合分析、灵活运用，才能设计出装配结构工艺性好的产品，满足用户要求，取得良好的技术经济效益。

思考与练习题

16-1　为什么产品设计时必须考虑零件结构的加工工艺性和装配工艺性?

16-2　零件的结构工艺为什么会发生变化?

16-3　具体设计零件结构时，除考虑满足使用要求外，通常还应注意哪些方面的问题?

16-4　设计零件结构时什么情况下更应注意便于刀具的引进和退出?

16-5　增加工艺凸台的作用是什么? 加工后如何处理工艺凸台?

16-6　零件的刚性对零件的结构工艺有什么影响?

16-7　选择零件的毛坯时为什么应尽量采用标准型材?

16-8　零件的加工工艺性好，是否其装配工艺性也一定好? 为什么?

16-9　为什么零件同类结构要素应尽量统一?

16-10　什么情况下应设计出零件的装配定位基准面?

16-11　为什么要使配合面数尽可能少?

16-12　在设计轴承、销等特殊零件和过盈配合的装配结构时，首先要考虑什么因素?

16-13　为什么选取尺寸公差、几何公差和表面粗糙度数值时，应尽量按国家标准选取?

16-14　为什么说零件的装配结构工艺性与零件的结构工艺性都是实践性很强且非常重要的问题?

16-15　通常如何减小内球面的加工难度?

第五篇 现代加工制造技术

现代科学技术的发展与交叉融合，不仅给制造技术提出了新的要求，也给制造技术提供了强大的支持。因此，近年来涌现出了许多新的制造技术，根据现代机械制造技术的发展趋势，本篇将主要介绍特种加工技术和先进制造技术方面的内容。

第十七章 特种加工技术

随着现代工业的发展，特别是宇航工业、石油工业等的迅速发展，特种高硬度材料日益增多，产品形状日趋复杂，传统的切削加工方法已难以胜任。特种加工正是为适应现代工业发展的需要，解决传统的切削加工方法难以解决的问题而发展起来的。

特种加工的原理完全不同于传统的切削方法，它主要利用电能、光能、声能、化学能等进行加工，加工过程中工件与所用工具之间没有显著的切削力，工具材料的硬度可以低于工件材料的硬度。因此，它能加工普通切削加工不能加工的高硬度、难切削材料和形状复杂的零件。

目前特种加工已经成为机械制造业中重要的加工方法，并为新产品的设计、特种材料的使用提供了有效的加工条件。随着科学技术的进一步发展，特种加工的应用将会更加广泛。

第一节 电火花加工

一、电火花加工的基本原理

当拉开电闸或插头接触不良时，往往会产生火花放电，使得接触件表面产生一些麻点和不整齐的缺口。这种由于放电而形成金属材料表面损坏的现象称为电蚀。电火花加工就是利用火花放电现象产生电蚀而对金属材料进行的一种加工。电蚀实际上是电热和介质流体动力综合作用的结果。图 17-1 所示为电火花加工原理示意图。

在充满液体绝缘介质（如煤油、变压器油等）的工具电极和工件电极之间的间隙（几微米到几十微米之间）中施加脉冲电压后，在间隙中产生很大的电场强度，使部分工作绝缘介质被电离分解成负电子和正离子。在被分解的负电子逐渐奔向阳极（工件），正离子奔向阴极（工具）的过程中，又冲击绝缘介质的其他原子，使其电离。如此连锁反应，该处绝缘介质迅速被击穿，形成了火花放电通道。然而，电极的阳极和阴极表面分别受到电子和离子的轰击以及瞬时的高温作用，使阳极和阴极都产生电蚀破坏。但是，阳极和阴极表面所获得的能量大小不同，所以电蚀量是不一样的。随着工具电极不断地向工件作进给运动，保持一定的放电间隙，工具电极的形状被复制在工件上。加工过程中所产生的金属微粒，则被

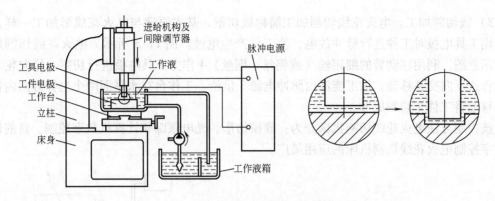

图 17-1 电火花加工原理示意图

流动液体介质带走。

火花放电时,两个电极的电蚀量不相同的现象称为"极性效应"。当阳极电蚀量大于阴极电蚀量时,称正极性效应;反之,则称为负极性效应。

用脉冲持续时间较短(如 $50\mu s$)的脉冲进行加工时,阳极的蚀除速度大于阴极。此时,工件应接阳极,工具应接阴极,即采用正极性加工。反之,用较长的脉冲(脉冲持续时间大于 $300\mu s$)进行加工时,则阴极的蚀除速度大于阳极,即采用负极性加工。

二、电火花加工的工艺特点及应用

1. 电火花加工工艺特点

1)电火花加工可以用来加工任何导电材料,不受被加工材料物理力学性能的影响。对于任何高强度、高硬度、特别难以切削的耐热合金,均可进行加工。

电火花加工

2)由于加工时,工具电极并不回转,所以如果将工具电极做成任何截面的形状,即可加工出各种复杂形状的通孔或不通孔。又因加工时没有显著的机械切削力,有利于小型、薄壁、窄槽和型腔工件的加工,也适于精密的细微加工。

3)脉冲参数可以任意调节,故可以在同一台机床上连续进行粗、半精、精加工。加工后的尺寸精度视加工方式而异,穿孔可达 $0.01 \sim 0.05mm$,型腔可达 $0.1mm$ 左右;表面粗糙度 Ra 值为 $0.4 \sim 1.6\mu m$。

2. 电火花加工的应用

1)异形通孔加工。通孔加工是电火花加工中应用最广的一种,它可以加工各种截面的型孔、小孔($\phi 0.01 \sim 3mm$)等。例如,冷冲落料或冲孔凹模、拉丝模和喷丝孔等。

有时还可加工规则的曲线孔。

2)型腔模加工。型腔模包括锻模、挤压模、压铸模等。因属不通孔加工,故比较困难,液体介质循环困难,电蚀产物的排除条件差;型腔形状复杂,各处深浅不一,使工具电极各处损耗不同,且无法靠进给补偿;金属蚀除量一般比较大,使生产率受到影响。因此,在型腔模加工中,关键是电蚀产物的排除、降低工具电极的损耗及合理选择脉冲参数。

为了解决电蚀产物排除问题,工具电极上通常开有冲油孔,用压力油将电蚀产物强迫排除,如图 17-2 所示。为了提高加工精度,常选用耐蚀性高的电极材料,如石墨、纯铜等,以减少工具电极的损耗,并采用多电极进行粗、精加工,使型腔逐步成形。

3）线切割加工。电火花线切割加工简称线切割，基本原理与电火花成形加工一样，也是利用工具电极对工件进行脉冲放电，使工件产生电蚀。图17-3所示为电火花线切割加工装置示意图，利用移动着的细钼丝（或钨丝、铜丝）4作为工具电极进行切割。导向轮5使钼丝作正反向交替移动，加工能源由脉冲电源3供给。工作台在水平面两个坐标方向内各自进给移动将工件2切割成形。

按控制方法电火花线切割机床分为：靠模仿形、光电跟踪和计算机数字控制。目前计算机数字控制电火花线切割机床的应用最广。

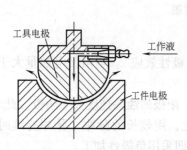

图17-2　开有冲油孔的工具电极

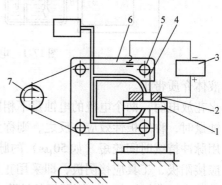

图17-3　电火花线切割加工装置示意图
1—绝缘夹具　2—工件　3—脉冲电源　4—细钼丝
5—导向轮　6—支架　7—储丝筒

与电火花成形加工相比，电火花线切割省掉了成形工具电极，大大降低了工具电极的成本，并减少了生产准备工时。因为它的加工面积和工件的电蚀量很小，所以加工同样尺寸的工件，线切割机床的功率可以小得多，这对加工贵重金属（如锆合金等）具有特别重要的意义。做工具电极的钼丝不断移动，磨损很小，加工精度较高，尺寸精度可达0.01～0.02mm，表面粗糙度Ra值可达1.6μm或更小。对要求配合间隙比较大的冲模，可以同时加工出凹模和凸模。

由于电火花线切割工艺具有上述一系列优点，它已广泛用于加工各种硬质合金、冲模、样板、各种形状复杂的板状小型零件等。并且可以将同一种工件叠起来加工。因此，线切割工艺在机械制造中得到了广泛的应用。

第二节　电解加工和电解磨削

一、电解加工的基本原理

金属生锈是常见的一种腐蚀现象。如果将两块通以直流电的金属板放入导电的电解液中（如质量分数为10%～20%的食盐水），接正电的金属板（阳极）的腐蚀就会加快，这称为金属的阳极溶解。利用阳极溶解原理对金属进行加工的方法称为电解加工。

电解加工原理示意图如图17-4所示。当工件和电极间接通低电压、大电流直流电后，工件发生腐蚀。工件接正极，工具电极接负极，工件和电极间保持一定的间隙（一般为

0.1～0.8mm）。随着工件的腐蚀，工具电极在进给机构的控制下，以一定速度向下进给。同时用大流量的液压泵，将电解液以0.5～2.5MPa的压力注入到工具电极和工件之间的间隙中，液流通过时，电解的腐蚀物很快被冲刷掉，使加工得以持续进行，并按工具电极的形状加工出所需要的型面。

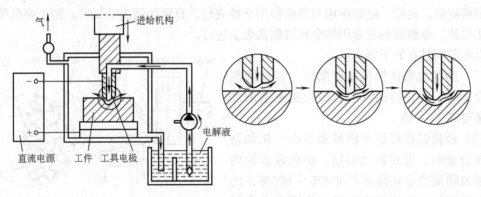

图17-4 电解加工原理示意图

电解加工使用的电源是直流稳压电源，采用的电压一般为6～24V，电流一般为500～20000A。工具材料常用黄铜和不锈钢等制造。电解液常用氯化钠、硝酸钠和氯酸钠的水溶液。电解加工在专用的电解加工机床上进行。

二、电解加工工艺特点及应用

电解加工具有如下特点：

1）不受金属材料本身硬度和强度限制，可以加工硬质合金、淬火钢、不锈钢、耐热合金等高硬度、高强度及高韧性的导电材料。

2）能以简单的进给运动一次加工出形状复杂的型腔或型面；加工中无切削力和切削热，加工表面无残余应力和毛刺，能获得较低的表面粗糙度，表面粗糙度 Ra 值可达0.2～0.8μm。

3）生产率较高，约为电火花加工的5～10倍，在某些情况下比切削加工的生产率还高。

4）加工精度不太高，平均精度为0.1mm左右。

5）附属设备较多，造价昂贵，占地面积大。

6）电解液腐蚀机床，且容易污染环境。

电解加工可用于加工各种型腔模具（锻模、压模等）、各种型孔（六方孔、半圆孔、花键孔、内齿等）、小孔、枪炮管的来复线、汽轮机的叶片和整体叶轮等。

电解加工在20世纪60年代发展较快，后曾因加工精度不太高等因素一度发展缓慢。近年来电解加工又有了新的发展，如采用质量分数在30%以下的硝酸钠电解液代替氯化钠电解液，以提高加工精度和减少机床腐蚀；采用混气电解，使电解液成雾状泡沫进入加工间隙，从而减小加工间隙，以提高加工精度。至于污染环境问题，目前正在研究和解决之中。

三、电解磨削工艺的特点及应用

电解磨削是将电解作用与机械磨削相结合的一种复合加工方法，其原理示意图如

图17-5所示。高速旋转的由铜或石墨作为结合剂的导电砂轮接直流电源负极，被加工工件接直流电源正极，两者保持一定的接触压力，砂轮表面突出的磨料使砂轮导电体与工件之间有一定的间隙。当电解液从间隙中流过时，工件产生阳极溶解，工件表面上形成一层极薄的阳极薄膜，其硬度远比金属本身低，很快被导电砂轮中的磨料刮除，工件上露出新的金属表面并继续电解。这样，电解作用与磨削作用交换进行，直到达到加工要求。加工中电解的作用是主要的。电解磨削在专用的电解磨削机床上进行。

电解磨削具有如下特点：

（1）磨削效率比纯机械磨削高　例如磨削硬质合金时，比普通的金刚石砂轮机械磨削加工效率要高3~5倍。

（2）砂轮的损耗远比机械磨削小　例如磨削硬质合金时，采用机械磨削，碳化硅砂轮的磨损量为硬质合金切除量的400%~600%，而采用电解磨削，砂轮的磨损量仅为硬质合金切除量的50%~100%。

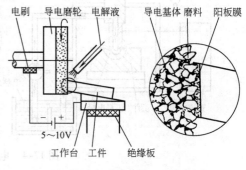

图17-5　电解磨削原理示意图

（3）磨削的表面质量好　表面粗糙度Ra值一般为$0.2~0.025\mu m$，甚至可小于$0.01\mu m$；由于磨削压力小，磨削热少，磨削表面不产生残余应力、变形、烧伤、裂纹和毛刺等缺陷。

（4）所需辅助设备较多，投资费用较高　电解液腐蚀机床，对环境有一定污染，应注意防护。电解磨削适合于磨削高强度、高硬度、热敏性和磁性材料等，多用于磨削高精度和表面质量要求很高的零件及成形磨削，也可磨削硬质合金刀具。

第三节　超声波加工

一、超声波加工的基本原理

超声波加工是利用工具作高频振动，通过磨粒对工件进行加工的。如图17-6所示，加工时，工具以一定的压力作用在工件上，加工区送入磨粒液，高频振动的工具端面捶击工件表面上的磨粒，通过磨粒将加工区的材料粉碎。磨粒液的循环流动，带走被粉碎下来的材料微粒，并使磨粒不断更新。工具逐渐深入到材料中，工具形状便复现在工件上。

为了使工具获得高频振动，生产中常用电能直接转换为机械振动。超声波发生器将发出的高频交变电流供给换能器。

换能器是用镍和镍铝合金等材料做成的，这些材料在磁场作用下稍微缩短，而当去除磁场后又恢复原状。因此在高频交变磁场作用下，换能器产生相应的高频振动，振幅扩大棒将振幅放大后，传给工具并驱动工具振动。工具与工件之间的磨料液是靠泵循环供应的。由于工具获得高频的振动，大大强化与加速磨粒对工件表面的冲击破碎过程。

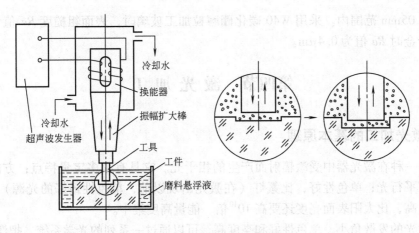

图 17-6　超声波加工原理图

二、超声波加工的工艺特点及应用

超声波加工具有如下特点：

1）主要适用于加工各种不导电的硬脆材料。对于导电的硬质金属材料，也能进行加工，但生产率低些。

2）由于工具通常不需要旋转，因此，易于加工出各种复杂形状的内表面和成形表面等。采用中空形状工具，还可以实现各种形状的套料。

3）加工过程中，工具对加工材料的宏观作用力小，热影响小，特别对加工某些不能承受较大机械应力的零件比较有利。

4）因为材料的碎除是靠磨料的直接作用，故磨料硬度一般应比加工材料高，而工具材料的硬度可以低于加工材料的硬度。通常可用中碳钢及各种成形管材和线材作工具。

目前，在各工业部门中，超声波加工主要用于硬脆材料的孔加工、套料、切割、雕刻以及研磨金刚石拉丝模等。图 17-7 所示为超声波加工应用举例。

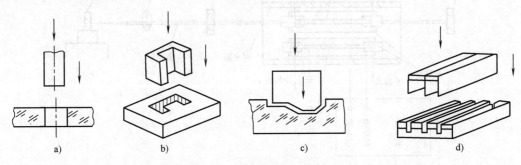

图 17-7　超声波加工应用举例
a）加工圆孔　b）加工异形孔　c）加工形腔　d）多片切割

此外，在加工难切硬质金属材料及贵重脆性材料时，利用工具作高频振动，还可以与其他加工（如切削加工和电加工）配合，进行复合加工。

一般超声波加工的孔径范围为 0.1~90mm，深度可达 100mm 以上。加工孔的尺寸误差在 0.02 ~ 0.05mm 范围内。采用 W40 碳化硼磨粒加工玻璃时，表面粗糙度 Ra 值为 0.8μm，加工硬质合金时 Ra 值为 0.4μm。

第四节 激 光 加 工

一、激光加工的基本原理

激光是一种在激光器中受激辐射而产生的相干光。它具有很多宝贵特点：方向性极好，几乎是一束平行光；单色性好，比氪灯（在激光出现以前，单色性最好的光源）还要纯万倍；亮度极高，比太阳表面亮度还要高 10^{10} 倍，能量高度集中。

由于激光的发散角小、单色性好和亮度高，可以通过一系列的光学系统，把激光束聚焦成一个极小的光斑（直径仅有几微米到几十微米），获得 $10^8 \sim 10^{10}$ W/cm^2 的高能量密度，温度可达上万摄氏度。当能量密度极高的激光照射到工件的被加工表面时，照射斑点局部区域的材料在 10^{-3}s（甚至更短的时间）内急剧熔化和气化，熔化和气化的物质被爆炸性地高速（比声速还快）喷射出来。熔化和气化物质高速喷射所产生的反冲力又在工件内部形成一个很强烈的冲击波。工件在高温熔融和冲击波的同时作用下被打出一个小孔。激光加工就是利用这种原理进行的。

图 17-8 所示为固体激光器加工原理示意图。工作物质是固体激光器的核心，常用的工作物质有红宝石、钕玻璃等。光泵（脉冲氙灯）是激励工作物质的一种光源。当工作物质受到光泵的激发后，吸收特定波长的光，在一定条件下可形成工作物质中亚稳态粒子数大于低能态粒子数的状态，这种现象称为粒子数反转。此时一旦有少数激发粒子自发辐射发出光子，即可感应所有其他激发粒子产生受辐射跃迁，造成光放大，并通过谐振腔的反馈作用产生振荡，由谐振腔一端输出激光。通过透镜将激光束聚焦到工件的待加工表面，就可以进行预定的加工。

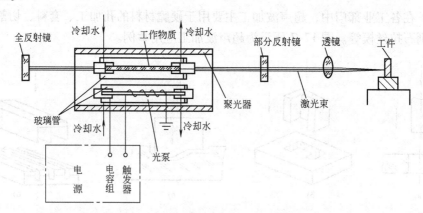

图 17-8 固体激光器加工原理示意图

能量密度极高的激光束照射到被加工表面时，一部分光能被反射，一部分光能穿透物质，而剩余的光能被加工表面吸收并转换成热能。对不透明的物质，因为光的吸收深度非常小，所以热能的转换只发生在表面的极浅层，再由热的传导作用传递到物质的内部。由加工表面吸收并转换成的热能使照射斑点的局部区域迅速熔化以致气化蒸发，并形成小凹坑，同时由于热扩散使斑点周围的金属熔化。随着激光能量的继续被吸收，凹坑中金属蒸气迅速膨胀，压力突然增大，相当于产生一个微型爆炸，把熔融物高速喷射出来。熔融物高速喷射所产生的反冲压力又在工件内部形成一个方向性很强的冲击波。这样，工件材料就在高温熔融和冲击波的同时作用下，蚀除了部分物质，从而打出一个具有一定锥度的小孔。激光束加工就是根据这样的机理进行的。

二、激光加工的工艺特点及应用

近年来激光加工在国内外各个行业都得到飞速发展，在汽车业、仪表行业、模具制造业等越来越多地应用了激光加工技术，效果十分理想。激光加工的工艺特点和应用领域主要有以下几方面：

1. 激光打孔

利用激光打微型小孔，目前已广泛应用于金刚石拉丝模、钟表及仪表中的宝石轴承、陶瓷、玻璃等非金属材料和硬质合金、不锈钢等金属材料的小孔加工等方面。

激光打孔是利用材料的蒸发现象以去除材料为目的激光加工，为了保证加工精度，必须采用最佳的能量密度和照射时间，使加工部分快速蒸发，并防止加工区外的材料由于传热而温度上升以致熔化。因此，打孔适宜采用脉冲激光，经过多次重复照射后将孔打成，这样有利于提高孔的几何精度，并且使孔周围的材料不受热影响。

激光打孔的最大优点是效率非常高，特别是对金刚石和宝石等特硬材料，打孔时间可以缩短到切削加工方法的1%以下。例如加工宝石轴承，采用工件自动传递，用激光打孔的方法，3台激光打孔机即可代替25台钻床和50名工作人员的工作量。这不仅大大地提高了生产率，减轻了工人的劳动强度，而且加工质量也有所提高。

激光打孔的尺寸精度可达IT7，表面粗糙度 Ra 值 $0.08 \sim 0.16 \mu m$。值得注意的是，激光打孔以后，被蚀除的材料要重新凝固，除大部分飞溅出来变为小颗粒外，还有一部分粘附在孔壁，甚至有的还要粘附到聚焦的物镜及工件表面。为此，大多数激光加工机都采取了吹气或吸气措施，以排除蚀除产物。有的还在聚焦的物镜上装有一块透明的保护膜，以避免损坏聚焦物镜。

2. 激光切割

激光切割的原理和激光打孔的原理基本相同，都是基于聚焦后的激光具有极高的能量密度，而使工件材料瞬时汽化蚀除的。所不同的是，进行激光切割时，工件与激光束之间要有相对移动。一般小型工件多由机床工作台的移动来完成，对大件则移动激光器比较方便，使工件或激光器根据所需切割（或加工型面）的形状来移动。

为了提高生产率，一般切割时，可在激光照射部位同时喷吹氧（对金属）、氮（对非金属）等气体，其作用是吹去熔化物并提高加工效率。此外，对金属吹氧，还可利用氧与高温金属的反应，促进照射点的熔化；对非金属喷吹氮等惰性气体，则可利用气体的冷却作用，防止切割区周围部分材料的熔化和燃烧。如果切割直线，还可借助于柱面透镜将激光束聚焦成线，以提高切割速度。

激光切割不仅具有切缝窄、速度快、热影响区小，在加工中无机械作用力、省材料、成本低等优点，而且可以在任何方向上切割，可以十分方便地切割出各种曲线形状，包括内尖角。例如，在大规模集成电路中，可用激光划片，它可将 $1cm^2$ 的硅片切割成几十个集成电路块或上百个晶体管的管芯。目前激光已成功地用于切割钢板、不锈钢、钛、钽、铌、镍等金属材料以及石英、陶瓷、塑料、木材、布匹、纸张等非金属材料，其工艺效果都较好。激光切割还可用于化学纤维喷丝头的型孔加工、精密雕刻及动平衡去重等。

3. 激光焊接

激光焊接与激光打孔的原理稍有不同，焊接时不需要那样高的能量密度使工件材料气化蚀除，而只要将激光束直接辐射到材料表面，通过激光与材料的相互作用，使材料局部熔化，以达到焊接的目的。因此，激光焊接所需要的能量密度比激光切割要低，通常可通过减小激光输出功率来实现。必须按照工件的加工特性，正确选择工艺参数，避免工件由于蒸发而使焊接变成去除材料的加工。激光焊接具有以下一些优点：

1）激光焊接时，由于照射时间短，焊接过程极为迅速，不仅有利于提高生产率，而且被焊材料不易氧化，熔深大，焊缝深宽比大，热影响区及变形却很小，适合于对热敏感性很强的晶体管元件的焊接。激光焊接还为高熔点及氧化迅速的材料的焊接提供了新的工艺方法。例如用陶瓷作基体的集成电路，采用其他焊接方法很困难，而使用激光焊接则比较方便。

2）激光焊接既没有焊渣，也不需要去除工件的氧化膜，甚至可以透过玻璃对真空管内的零件进行焊接，是普通焊接所无法实现的，因此它特别适合于微型精密焊接。

3）激光不仅能焊接同类材料，而且还可以焊接不同种类的材料，甚至还可以焊接金属与非金属，并且易于实现自动化。

此外，由于被焊零件和传递能量所用的装置之间没有机械接触，可避免或大大减小加工变形，因此激光焊接还适于焊接金属丝、块状以及片状零件。微电子线路集成元件的扁平引线与印制电路板的安装连接，是薄片材料激光点焊的典型例子。

4. 激光热处理

用大功率激光进行金属表面热处理是近年来发展起来的一项崭新工艺。激光金属硬化处理的作用原理是，用激光对金属工件表面扫描，其红外光能量被零件表面吸收而形成高温，工件表面在极短时间内被加热到相变温度，时间的长短则由扫描速度所决定，并由于热量迅速向工件内部传导而使表面冷却。其冷却速度很高，一般可达 $5000℃/s$，因此实现了工件表层材料的相变硬化。

激光表面热处理与火焰淬火、感应加热淬火等相比有很多独特的优点，如工件表层的加热速度极快，内部受热很少，工件不产生热变形；不需淬火介质；硬化均匀，硬度高（达60HRC 以上），硬化深度可精确控制等。因此，特别适合于对齿轮等形状复杂的零件进行表面淬火，并可以对零件局部进行热处理；同时，由于是敞开式作业不必使用炉子加热，也适合于大型零件的表面淬火。

第五节 电子束加工与离子束加工

一、电子束加工基本原理

电子束加工（Electron Beam Machining，EBM）是近年来发展较快的新兴特种加工。电

子束加工原理示意图如图 17-9 所示。在真空条件
下由电子枪射出的高速运动的电子束经电磁透镜聚
焦后轰击工件表面，在轰击处形成局部高温，使材
料瞬时熔化和气化，达到去除材料或使材料改性的
目的。电磁透镜实际上是一个通以直流电的多匝线
圈，利用其产生的磁场力的作用使电子束聚焦。偏
转器也是一个多匝线圈，通以不同的交变电流产生
不同的磁场，改变电子束的方向。如果使偏转电流
按一定程序变化，电子束便将按照预定的轨迹运动
进行加工。电子束加工必须在真空中进行，因为只
有在真空中，电子才能高速运动。此外加工时产生
的金属蒸气会影响电子发散，必须不断地把金属蒸
气抽出去。

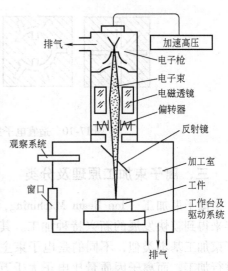

图 17-9 电子束加工原理示意图

控制电子束能量密度的大小和能量注入时间，
就可以达到不同的加工目的，如只使材料局部加热就可进行电子束热处理；使材料局部熔化
可进行电子束焊接；提高电子束能量密度，使材料熔化和气化，就可进行打孔、切割等加
工；利用较低能量密度的电子束轰击高分子材料时产生化学变化的原理，进行电子束光刻
加工。

二、电子束加工特点及应用

1. 电子束加工特点

1）由于电子束能够极其微细地聚焦，如最小能聚焦到 $0.1\mu m$。所以加工面积可以很
小，能加工微孔、窄缝、半导体集成电路等，是一种精密微细的加工方法。

2）由于电子束能量密度很高，去除材料主要靠瞬时蒸发。同时由于电子束加工是非接
触式加工，工件不受机械力作用，不易产生应力和变形，所以加工材料范围很广，对特硬、
难熔材料，脆性、韧性材料，导体、非导体及半导体材料都可加工。

3）可以通过磁场或电场对电子束的强度、位置、聚焦等进行直接控制，所以整个加工
过程便于实现自动化。特别是在电子束爆光中，从加工位置找准到加工图形的扫描，都可实
现自动化。在电子束打孔和切割时，可以通过电气控制加工异形孔，实现曲面弧形切割等。

4）由于电子束加工是在真空中进行的，因而产生的污染少，加工表面在高温时也不易
氧化，特别适用于加工易氧化的金属与合金材料，以及纯度要求极高的半导体材料。

2. 电子束加工的应用

按其功率密度和能量注入时间的不同，可用于打孔、切割、蚀刻、焊接、热处理和光刻
加工等。

电子束加工最小孔径可达 $0.003\sim0.02mm$，打孔的速度极高，例如在 $0.1mm$ 厚的
不锈钢板上加工直径为 $0.02mm$ 的孔，每秒钟可加工 3000 个孔。为了使人造纤维具有
光泽、松软、富有弹性、透气性好，喷丝头的型孔截面应设计成图 17-10a 所示的各种
形状。这些细微异型孔用电子束加工十分方便，此外，电子束还可以加工弯孔、曲面
等（图 17-10b、c）。

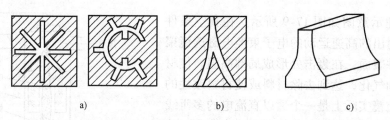

a)　　　　　　　b)　　　　　　　c)

图 17-10　适宜电子束加工的细微异型孔、弯孔、曲面

三、离子束加工原理及分类

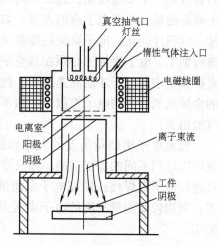

图 17-11　离子束加工示意图

离子束加工（Ion Beam Machining，IBM）也是近年来得到较快发展的新兴特种加工。其加工原理与电子束加工基本类似，不同的是电子束主要通过热效应进行加工，而离子因质量比电子大千万倍，撞击工件时能引起变形、分离、破坏等机械作用。图 17-11 所示为离子束加工示意图。惰性气体氩气由入口注入电离室。灼热的灯丝发射电子，电子在阳极的吸引和电磁线圈的偏转作用下，高速向下螺旋运动。氩在高速电子撞击下被电离为离子。阳极与阴极各有数百个直径为 0.3mm 的小孔，上下位置对齐，形成数百条较准直的离子束，均匀分布在直径为 50mm 的小圆面积上。调整加速电压，可得到不同速度的离子束，实施不同的加工。

离子束加工的物理基础是离子束射到材料表面时所发生的撞击效应、溅射效应和注入效应。具有一定动能的离子斜射到工件材料（靶材）表面时，可以将表面的原子撞击出来，这就是离子的撞击效应和溅射效应。如果将工件直接作为离子轰击的靶材，工件表面就会受到离子刻蚀（也称离子铣削）。如果将工件放置在靶材附近，靶材原子就会溅射到工件表面进行溅射沉积吸附，使工件表面镀上一层薄膜。如果离子能量足够大并垂直工件表面撞击时，离子就会钻进靶材表面，这就是离子的注入效应。

离子束加工按照其所利用的物理效应和达到的目的不同，可以分为四类，即利用离子撞击和溅射效应的离子刻蚀、离子溅射沉积和离子镀，以及利用注入效应的离子注入。

四、离子束加工的应用

离子束加工的应用范围正在日益扩大、不断创新。目前用于改变零件尺寸和表面力学物理性能的离子束加工有：用于从工件上作去除加工的离子刻蚀加工、用于给工件表面添加离子镀膜的加工及用于表面改性的离子注入加工等。

1. 离子刻蚀

离子刻蚀是从工件上去除材料，是一个撞击溅射过程。当离子束轰击工件，入射离子的动量传递到工件表面原子，传递能量超过了原子间的键合力时，靶原子就从工件表面撞击溅射出来，达到刻蚀的目的。刻蚀的分辨率可达到微米级甚至亚微米级，但刻蚀速度较低。

　　离子刻蚀用于加工陀螺仪空气轴承和动压马达上的沟槽，分辨率高，精度、重复一致性好。加工非球面透镜能达到其他方法不能达到的精度。离子束刻蚀应用的另一个方面是刻蚀高精度的图形，如集成电路、声表面波器件、磁泡器件、光电器件和光集成器件等微电子学器件亚微米图形的离子束刻蚀。

2. 离子镀膜

　　离子镀膜加工有溅射沉积和离子镀两种。离子镀时工件不仅接受靶材溅射来的原子，还同时受到离子的轰击，这使离子镀具有许多独特的优点。如离子镀附着力强、膜层不易脱落。离子镀技术已用于镀制润滑膜、耐蚀膜、装饰膜等。如在表壳或表带上镀氮化钛膜，呈金黄色，其反射比与18K金镀膜的相近，而耐磨性和耐蚀性大大优于镀金膜和不锈钢，其价格仅为黄金的1/60。离子镀装饰膜还用于工艺美术品的首饰、景泰蓝等，以及金笔套、餐具等的修饰上。

　　用离子镀方法在切削工具表面镀氮化钛、碳化钛等超硬层，可以提高刀具寿命。一些试验表明，在高速钢刀具上用离子镀镀氮化钛，刀具寿命可提高 1~2 倍，也可用于处理齿轮滚刀、铣刀等复杂刀具。

3. 离子注入

　　离子注入是向工件表面直接注入离子，它不受热力学限制，可以注入任何离子，且注入量可以精确控制。注入的离子固溶于工件材料，质量分数可达 10%~30%，深入深度可达 $2\mu m$。利用离子注入可以改变金属表面的物理化学性能，可以制得新的合金，从而改善金属表面的抗蚀性能、抗疲劳性能、润滑性能和耐磨性能。如把 C、N 注入碳化钨中，这些被注入的细粒起了润滑作用，提高了材料的使用寿命。又如在低碳钢中注入 N、B、Mo 等，在磨损过程中，表面局部温升形成温度梯度，使注入离子向衬底扩散，同时注入的离子又被表面的位错网格捕集，不能推移很深。这样，在材料磨损过程中，不断在表面形成硬化层，提高了耐磨性。

　　离子注入的应用范围在不断扩大，今后将会发现更多的应用。但离子注入金属改性还处于研究阶段，其生产率还比较低，成本也高。

思考与练习题

17-1　什么是特种加工？它与传统的切削加工有何不同？

17-2　试述电火花加工的基本原理。

17-3　为什么电火花加工一般都要在液体介质中进行？常见的工作液有哪些？

17-4　什么是电火花线切割加工？有何工艺特点？

17-5　电解加工的原理是什么？有何主要特点？

17-6　电解磨削和机械磨削有何不同？

17-7　超声波加工主要用于哪些材料？超声波加工有何特点？

17-8　试述激光加工的原理和特点。

17-9　试述电子束加工的基本原理。

第十八章 先进制造技术

现代科学技术的发展与交叉融合，不仅给制造技术提出了新的要求，也给制造技术提供了强大的支持。因此，近年来涌现出了许多先进制造技术，主要分为现代设计技术、先进制造工艺技术、柔性自动化制造技术、系统管理技术四大研究领域。由于教材篇幅所限，此处不能一一介绍。根据先进制造技术的发展趋势，结合我国国情，本章将扼要地介绍柔性自动化加工技术、现代集成制造系统、快速原型制造技术和先进制造模式四方面的内容。

第一节 柔性自动化加工技术

制造自动化是制造业发展的标志，通常将制造自动化的发展分为五个阶段（图 18-1）。从早期的满足大批大量生产要求的刚性自动化，发展到以计算机数控为基础的柔性自动化，依靠了许多基础单元技术、系统集成技术及其相关装备的长足发展。其中，计算机数字控制（CNC）技术、分布式数字控制（DNC）技术、柔性制造系统（FMS）等，已能较好地解决多品种、中小批量的自动化加工问题。

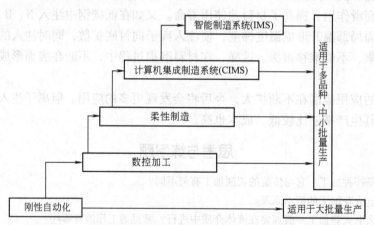

图 18-1 制造自动化发展的五个阶段

一、数控加工技术

数控机床集传统的机械制造技术、计算机技术、现代控制技术、传感检测技术、信息处理技术、网络通信技术、液压气动技术、光机电技术于一体，是现代制造技术的基础。它的广泛使用给机械制造业的生产方式、产品结构、产业结构带来了深刻的变化。数控机床是制造业实现自动化、柔性化、集成化生产的基础，是关系到国家战略地位和体现国家综合国力的重要基础性产业，其水平的高低及拥有量是衡量一个国家工业现代化水平的重要标志。

数控机床是一种利用数控技术,按照事先编好的程序实现动作的机床。它由程序载体、输入装置、CNC单元、伺服系统、位置反馈系统和机床机械部件构成。数控机床的特点如下:

(1)加工精度高、加工质量稳定 数控机床是高度综合的机电一体化产品,它由精密机械和自动化控制系统组成。所以,机床的传动系统与机床的结构都有很高的刚度和热稳定性。在设计传动结构时采取了减少误差的措施,并由数控装置进行补偿,所以数控机床有较高的加工精度。数控机床加工零件,不受零件复杂程度的限制,这一点是普通机床无法与之相比的。由于数控机床是按所编程序自动进行加工的,消除了操作者的人为误差,提高了同批零件加工尺寸的一致性,使加工质量稳定,产品合格率高。对于需多道工序完成的零件,特别是箱体类零件,使用加工中心,一次安装能进行多道工序连续加工,减小了安装误差,使零件加工精度得到了提高。

(2)加工生产率高 数控机床具有良好的刚性,可以进行强力切削,而且空行程可采用快速进给,节省了机动和空行程的时间。数控机床进给量和主轴转速范围都较大,可以选择最合理的切削用量。在数控机床上加工零件,对工夹具要求低,机床不需进行复杂的调整,数控机床有较高的重复定位精度,大大地缩短了生产准备周期,节省了测量和检测时间。所以,数控机床比一般普通机床的生产率高得多。如果采用加工中心,实现自动换刀,利用转台自动换位,使一台机床上实现多道工序加工,缩短半成品周转时间,生产效率的提高将尤为明显。

(3)减轻劳动强度、改善劳动条件 利用数控机床进行加工,首先,按图样要求编制加工程序,然后输入程序,调试程序,安装零件进行加工,观察监视加工过程并装卸零件。除此而外,不需要进行繁重的重复性手工操作,劳动强度与紧张程度均可大为减轻,劳动条件也因此得到相应的改善。

(4)适应性强、经济效益好 在数控机床上改变加工对象时,只需重新编写加工程序,不需要制造与更换许多工具、夹具和模具,更不需要新机床。由于节省了大量工艺装备费用,同时加工精度高,质量稳定,降低了废品率,使生产成本下降,生产率又较高,所以能够获得良好的经济效益。

(5)有利于生产管理的现代化 利用数控机床加工,能准确地计算零件的加工工时,并有效地简化检验、工夹具和半成品的管理工作,易于构成柔性制造系统(FMS)和计算机集成制造系统(CIMS)。

数控机床是一种高度自动化的机床,有一般机床所不具备的许多优点,但其初期投资大,维修费用高,要求管理及操作人员的素质也较高,因此,应合理地选择及使用数控机床,以提高企业经济效益和竞争力。通常,机床的选择与工件的复杂程度、批量大小等有关。从经济角度出发,数控机床适用于加工:

1)多品种小批量零件。

2)结构较复杂、精度要求较高的零件。

3)需要频繁改型的零件。

4)价格昂贵、不允许报废的关键零件。

5)需要最小生产周期的急需零件。

二、计算机数控（CNC）系统

1. CNC 系统的基本原理

CNC 系统是在硬件式数控（NC）系统的基础上发展起来的，由一台计算机完成早期 NC 数控装置的所有功能，并用存储器完成数控加工程序的存储。由于 CNC 综合了现代计算机技术、自动控制技术、传感器及测量技术、机械制造技术等领域的最新成就，使机械加工技术达到了一个崭新的水平，从而成为数控机床发展史上的一个重要里程碑。CNC 与传统的硬件式数控（NC）相比有很多的优点，其许多数控功能是靠软件实现的，因而具有更大的柔性，很容易通过改变软件来实现数控功能的更改或扩展。目前，硬件式数控已被计算机数控所取代。

2. CNC 系统的核心

CNC 系统的核心是计算机数字控制装置，即 CNC 装置，其由硬件（数控系统本体器件）和软件（系统控制程序，如编译、中断、诊断、管理、刀补、插补等）组成。系统中的一些功能，可以用硬件电路实现，也可以用软件实现。新一代的 CNC 系统，大都是采用软件实现数控系统的绝大多数功能。增加或更新系统功能时，只需要更换控制软件即可，因此具有更好的通用性和灵活性。

3. CNC 机床

CNC 系统是一个位置控制系统，其主要任务是根据加工程序及相关数据，进行刀具与工件的相对运动控制，完成零件的自动加工。CNC 机床工作主要包括六个环节：

（1）建立坐标系　起动 CNC 机床，CNC 控制装置和可编程序控制器将对数控系统各组合部分的工作状态进行检查和诊断，并设置初始状态。若系统一切正常，将自动运行到机床参考点或提示操作者通过手动操作运行到机床参考点，以建立机床坐标系，并显示机床刀架或工作台等的当前位置。

（2）输入数据　将数控程序及有关刀具补偿数据等输入 CNC 装置。操作者可直接通过数控操作面板的键盘编写和输入数控程序，也可以通过磁盘输入或采用计算机直接通信方式输入。输入数据之后，通过译码及预处理，生成供插补程序和机床各控制程序需要的内部表达形式的信息表。

（3）译码　把程序段中的各数据段依据其前面的文字地址送到相应的译码缓冲存储区中，并同时完成对程序段的语法检查，发现语法错误立即报警。经过译码，数控程序段的各地址码在译码缓冲存储区中占有固定的位置，译码缓冲存储区各地址是已知的，通过首地址加某地址码在该区域中的偏移量，可以得到某地址码数据存放区域的起始地址。

（4）预处理　它主要包括刀具长度补偿、半径补偿计算（包括绝对值和增量值）、象限及进给方向判断、进给速度换算和机床辅助功能判断，以最直接、最方便的形式将数据送入工作寄存器，提供给插补运算。刀具半径补偿的作用除将零件轮廓轨迹转换成刀具中心轨迹外，还包括程序段之间的自动转换和过切削判别。速度处理的首要工作是依据合成速度计算各运动坐标方向的分速度，并对机床允许的最低、最高速度进行限制处理。

（5）插补运算　对一条已知起点和终点的待加工曲线上进行"数据点密化"，即插补运算。根据数控指令中 G 代码提供的轨迹类型（直线、顺圆或逆圆）及所在的象限、平面等选择相应的插补运算公式，保证在一定精度范围内计算出一段直线或圆弧的一系列中间点的坐标值，并逐次以增量坐标值或脉冲序列形式列出，使伺服电动机以一定的速度移动，控制刀具按照预定的轨迹运动。

（6）输出 实现了机床的位置伺服控制和 M、S、T 等辅助功能的强电控制，从而达到起动机床主轴、改变主轴速度、换刀和控制加工进给运动等整个数控加工自动化的目的。

三、柔性制造系统

柔性制造系统（Flexible Manufacturing System，FMS）源于机械加工领域，其兼顾了生产率和柔性，因此具有强大的生命力。FMS 是由数控加工设备、物料运储装置和计算机控制系统组成的柔性自动化制造系统。它包括多个柔性制造单元，能根据制造任务或生产环境的变化迅速进行调整，适用于多品种、中等批量生产。所谓柔性，就是通过编程或稍加调整就可同时加工不同的工件。

1. FMS 的基本组成

图 18-2 所示为 FMS 的基本组成示意图，FMS 主要由自动加工系统、物流系统和计算机控制系统（软硬件）组成。

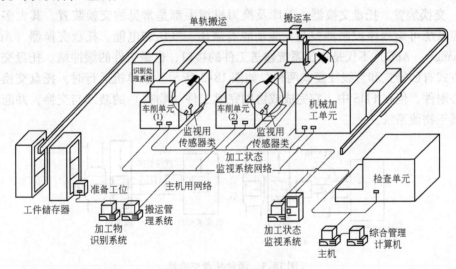

图 18-2　FMS 的基本组成示意图

2. 加工系统

加工系统主要由数控机床、加工中心等加工设备以及工件清洗、在线检测等辅助设备构成。加工设备在工件、刀具和控制三个方面都具有可与其他子系统相连接的标准接口。加工系统的性能直接影响着 FMS 的性能，加工系统也是 FMS 中耗资最多的部分，因此恰当地配置和选用加工系统是 FMS 成功与否的关键。

一般将金属加工的 FMS 分为加工回转体（轴、盘套等）和非回转体（箱体、板形等）两大类。用于加工非回转体类工件的 FMS 由立、卧式加工中心，数控组合机床（数控专用机床、可换主轴箱机床、模块化多动力头数控机床等）和托盘交换器等构成；用于加工回转体类工件的 FMS 由数控车床、车削中心、数控组合机床和上下料机械手或机器人及棒料输送装置等构成。

3. 物流系统

在 FMS 中流动的物料主要包括工件、刀具、夹具、切屑及切削液。物流系统是 FMS 从进口到出口，实现对上述物料自动识别、储存、分配、输送、交换和管理的系统。由于工件和刀具的流动频率较高，故 FMS 的物流系统主要由工件流系统和刀具流系统两部分组成。物流系统主要包括输送装置、交换装置、缓冲装置和储存装置等基本装置。

（1）输送装置 它可以依照 FMS 控制与管理系统指令，将物料从某一指定点送往另一指定点。

1）输送方式。常用的工件输送方式有环型和直线型两种。刀具输送方式也广泛采用直线型和环型，因为这两种输送方式容易实现柔性，便于控制和成本较低。

2）输送设备。在 FMS 中使用的输送设备主要有输送带、有轨输送车、无轨输送车、自动诱导输送车、堆装起重机、行走机器人等。其中以输送带、有轨输送车用得最多。

3）输送系统结构。在一般情况下，FMS 的输送系统由一种输送方式和一种输送设备构成，但也有的由两种或三种输送方式和两种或三种输送设备组合而成。通常在以 FMC 为模块组合而成的 FMS 中，单元间的外部输送设备和单元内的输送设备往往是不同类型的，单元内部使用的是机器人，单元间采用的是输送带。

（2）交换装置 托盘交换器、刀库及换刀机械手都是常见的交换装置，其大多由加工设备数控系统可编程序控制器控制，驱动源有液压、气压和电能。托盘交换器（Automatic Pallet Changer，APC）不仅是加工系统输送工件的接口，也是工件的缓冲站。托盘交换器按其运动方式有回转式和直线往复式两种，如图 18-3 所示。在单机运行时，托盘交换器属于加工中心附件，但在 FMS 中，它完成或协助完成工件（物料）的装卸与交换，并起缓冲作用，故属于物流系统。

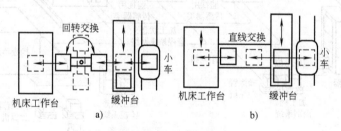

图 18-3 两种托盘交换器
a) 回转式 b) 直线往复式

（3）物流系统的物料储存装置 FMS 的物料储存装置包括立体仓库、水平回转型自动料架、垂直回转型自动料架和缓冲料架。立体仓库由库房、堆垛机、控制计算机和物料识别装置等组成。立体仓库的优点是：自动化程度高、料位额定存放重量大、料位空间尺寸大、料位总数量没有严格的限制、可根据实际需求扩展、占地面积小等，故在 FMS 中得到了广泛应用。

4. 计算机控制系统

FMS 的计算机控制系统是实现 FMS 加工过程和物流过程控制、协调、调度、监测和管理的软硬件系统。它由计算机、工业控制机、可编程序控制器、通信网络、数据库、相应的控制与管理软件等组成，是 FMS 的神经中枢和命脉，也是各子系统之间的联系纽带。控制与管理系统的基本功能包括：

（1）数据分配功能 向 FMS 内的各种设备发送数据、加工艺流程、工时标准、生产调度计划、数控加工程序、设备控制程序、工件检验程序等。

（2）控制与协调功能 控制系统内各设备的运行并协调各设备间的各种活动，使物料分配与输送能及时满足加工设备对被加工工件的需求，工件加工质量满足设计要求。

（3）决策与优化功能 根据当前生产任务和系统内的资源状况，决策生产方案，优化资源分配，使各设备达到最佳使用状态，保证任务的按时、按质完成和以最少的投入获得最大的利润。

（4）操作支持功能 通过系统的人机交互界面，使操作者对系统进行操作、监视、控制和数据输入，在系统发生故障后使系统可通过人工介入而实现再起动和继续运行。

第二节 现代集成制造系统 CIMS

信息化是制造业发展的重要手段。随着计算机技术、自动化技术、科学管理技术、网络技术等的发展，全球市场、全球制造的逐步形成，制造业信息化、制造系统集成化技术也有了更加深入的发展，并由此形成了现代集成制造系统。

1. 计算机集成制造

1973 年美国学者哈林顿（Joseph Harrington）博士提出了计算机集成制造（Computer Integrated Manufacturing，CIM）的概念，其中包括系统、信息化两个基本观点。

（1）系统的观点 企业的各个生产环节，即从市场分析、产品设计、加工装配、经营管理到售后服务是一个不可分割的整体，要紧密连接，统一考虑。该观点强调了企业的功能集成与整体优化。

（2）信息化的观点 整个生产过程的实质是一个数据的采集、传递、加工处理的过程。该观点强调了企业的信息化与信息集成的重要性。

CIM 是信息时代的一种组织、管理企业生产经营的理念，它借助计算机软硬件，综合运用现代制造技术、管理技术、信息技术、自动化技术和系统工程技术等，将企业生产经营全过程，即从市场分析到产品销售和售后服务整个产品生命周期中的信息进行统一的管理与控制，通过人、技术和管理三要素的有机结合，优化企业生产经营涉及的相关活动，以求得经济效益。

CIMS 是基于 CIM 理念的一种新型生产系统。图 18-4 所示为 1985 年美国制造工程师学会（SME）发表的 CIMS 轮图，其基本含义是，在计算机网络和数据库技术支持下，实现企业经营、生产等主要环节的集成。

计算机集成制造系统是以集成企业内部资源为基础，以企业运行总体最优化为目标，集多种高新技术为一体的现代制造系统。它是在信息技术、自动化技术与制造技术的基础上，通过计算机及其软件技术实现制造过程中各种分散自动化系统的有机集成。因

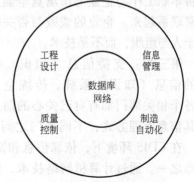

图 18-4 1985 年美国制造工程师学会（SME）发表的 CIMS 轮图

此，CIMS 在功能上包含了一个企业的全部生产经营活动，其主要功能及其目标通过工程设计分系统、制造自动化分系统、质量控制分系统和信息管理分系统予以体现。

（1）信息管理分系统　通过市场预测、经营决策、生产计划、产品销售、原材料供应、成本核算、财务、人力资源等管理信息以及计算、分析和决策功能等，规划实现制造目标的方案、方法和途径，有效利用资源，优化生产过程。

（2）工程设计分系统　通过计算机辅助产品设计（CAD）、工艺设计（CAPP）、生产准备（如夹具设计或配置、刀具设计或配置等）、产品制造（CAM）、试制与测试等，使产品开发活动高效、低耗、优质，并保证一次成功率。

（3）制造自动化分系统　在信息流的支持下，通过各种数控机床、加工中心、测量机、工业机器人、立体仓库等完成零部件和产品的制造及装配，并通过有效的生产管理与控制，达到优质、高效、低耗、敏捷和绿色制造的效果。

（4）质量控制分系统　通过质量分配、质量决策、质量检验、质量评价等方法和手段，保证从产品设计、制造、检验到后勤服务等全过程的质量，以支持和监督制造目标的实现。

1993 年美国 SME 发表了新版 CIMS 轮图，如图 18-5 所示。该轮图有六层结构，表明了 CIMS 的目标、主要功能及基本结构，其将顾客作为制造业一切活动的核心，强调了人、组织和协同工作，强调了基于制造基础设施、资源和企业责任之下的组织、管理生产等的全面考虑。其中：

第一层：顾客是驱动轮的轴心。表明了企业任何活动的目的是为顾客服务，只有迅速和圆满地满足顾客的愿望和要求，才能赢得市场。市场是企业获得利润和继续发展的基础。

第二层：企业组织及其团队人员的协同工作方法。在传统的企业管理理念中，面对市场和顾客的是供销人员。在 CIMS 环境下，企业中的每一个人都必须具有市场意识，都要了解市场及其企业在市场中的地位和作用，要将本职工作与企业的市场竞争能力紧密联系起来。企业的成败与否关键在于人与组织，而不是技术。

第三层：支持信息（知识）共享的信息（知识）系统。传统企业的各个相关部门都有自己关心的信息

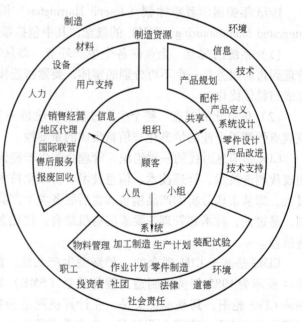

图 18-5　1993 年美国 SME 发表的新版 CIMS 轮图

及其信息处理方式，不同部门之间不仅信息传递速度慢，而且信息冗余、不具备共享基础。在 CIMS 环境下，依靠信息和知识组织生产的各项活动，因此，信息是企业最重要的资源之一。通过计算机网络技术，建立一个信息（知识）共享系统，使企业各个相关部门的相关人员能够及时地获取和处理自己所关心的信息，同时使产生的信息对其他部门和相关人员有用。信息共享系统是提高企业相关人员工作效率和工作质量的手段和工具。

第四层：企业各项活动涉及的主要功能。将企业的相关活动分为 3 大部分 19 个主要功能，这是企业参与市场竞争的基本功能，涉及产品研发（如产品规划、产品定义、系统设计、零件设计、工艺设计、产品改进和技术支持等）、产品制造与生产管理（生产计划、作业调度、零件加工、产品装配、调试试验、物料管理等）、产品市场的开发与售前售后服务（如用户支持、销售经营、地区代理、国际联营、售后服务、产品报废回收等）。

第五层：企业生产经营与管理。承担企业生产经营的责任，根据市场和生产需要，合理地组织和配置资源，如原材料、半成品、设备、资金、技术、信息和人力资源等。组织生产和市场营销，是企业内部活动与外部环境的接口。

第六层：企业的外部环境。企业是社会中的一个经济实体，受到来自顾客、竞争者、合作者和其他相关因素的影响，如顾客的需求变化；原材料等的供货渠道和价格等变化；交通、能源、基础设施等的变化；政治形式和政策法规等的变化等。企业高层管理人员必须将企业置身于整个市场环境中，才能高瞻远瞩地作出有利于企业发展的英明决策。

2. 现代集成制造系统

1998 年，我国 863 计划/CIMS 主题专家组根据全球制造业的发展趋势和中国国情，提出了现代集成制造系统（Contemporary Integrated Manufacturing Systems，CIMS）的概念及其相关论点。现代集成制造系统是一种基于计算机集成制造理念的、数字化、信息化、智能化、绿色化、集成化的综合制造系统，其利用现代信息技术、现代管理技术与制造技术，在全球的制造环境范围内，将产品生命周期各阶段与企业内、外部相关的活动和资源集成起来，力争使企业的运行达到理想运行状态，企业能够针对变幻莫测的市场具有快速敏捷的应变能力，从而提高企业创新能力与综合竞争能力。这里的制造包含产品生命周期各类活动的广义制造概念，即从新产品开发初期的市场需求分析、产品定义以及随后的产品研究开发、设计、生产、支持（包括质量、销售、采购、发送、服务）和产品最后报废、环境处理等所有的涵盖整个产品生命周期的各类活动。其要点是：

1）将信息、现代管理和制造技术相结合，并用于企业产品全生命周期的各个阶段。

2）通过人/组织、经营和技术的有效集成，实现信息集成、过程及资源优化、系统的运行优化。现代集成制造系统如图 18-6 所示，其通过信息集成实现物流控制与价值体现。

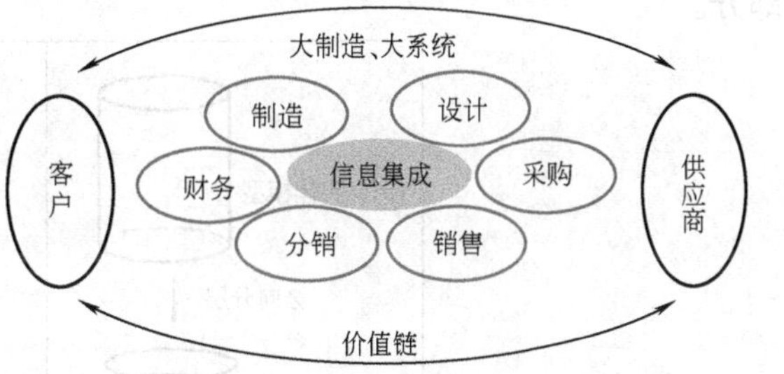

图 18-6　现代集成制造系统

3）通过改善和挖掘企业新产品开发时间、质量、成本、服务和环境的能力，提高企业对市场的应变能力和竞争能力。

3. 现代集成制造系统的关键技术

实现现代集成制造系统所涉及的关键技术主要包括：

1）CAD/CAM/CAE/PDM 技术，可迅速进行产品开发、设计与评价。

2）MRP Ⅱ/ERP 技术，可有效加强企业进行现代化管理。

3）将信息技术引入到生产加工中，以提高生产率和产品质量。如能够快速响应的数控技术（NC）、快速原型制造技术（RPM）、工业机器人等。

4）基于设计过程重组和优化的并行工程技术。

5）加快产品开发的虚拟制造技术。

6）基于网络的异地设计、制造的网络化技术、协同生产技术。

7）基于企业及企业间物流优化的供应链管理技术、电子商务技术。

8）系统运行的先进控制技术等。

第三节　快速原型制造技术

随着全球市场一体化的形成，制造业的竞争十分激烈，产品的开发速度日益成为竞争的主要矛盾。在这种情况下，自主快速产品开发（快速设计和快速工模具）的能力成为制造业全球竞争的实力基础。同时，制造业为满足日益变化的用户需求，又要求制造技术有较强的灵活性，能够以小批量甚至单件生产而不增加产品的成本。因此，产品开发的速度和制造技术的柔性就变得十分关键了。

快速原型制造技术（Rapid Prototyping Manufacturing，RPM）就是在这种社会背景下，于20世纪80年代后期产生于美国并很快扩展到日本及欧洲，它是近年来制造技术领域的一项重大突破。

一、快速原型制造技术的原理

快速原型制造技术是集材料成形、CAD、数控、激光等技术为一体的综合技术，是实现从零件设计到三维实体原型制造一体化的系统技术。

快速原型制造技术的基本原理是：在没有任何模具、刀具和工装的条件下，根据三维CAD模型的分层数据，对材料进行堆积（或叠加），快速地制造出任意复杂程度的产品原型或零件的一种数字化成形技术（图18-7）。快速原型制造的主要内容及其相关步骤包括四部分。

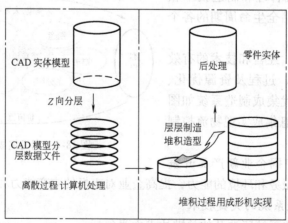

图 18-7　RPM 技术原理

（1）零件 CAD 数据模型的构建　有两种构建三维 CAD 数据模型的方法：

1）基于构思的三维造型：设计人员应用各种三维 CAD 造型系统，如 UG、Pro/E、Solidworks 等进行零件的三维实体造型，即将设计人员所构思的零件概念模型转变为三维 CAD 数据模型。

2）基于实体数据的三维造型：设计人员通过三坐标测量机、激光扫描仪、核磁共振图像、实体影像等方法对三维实体进行反求、计算并建立三维模型。

（2）数据转换文件的生成 由三维造型系统将零件 CAD 数据模型转换成一种可被快速成形系统接受的数据文件，如 STL、IGES 等格式文件。STL 文件是对三维实体内、外表面进行离散化后形成的三角形文件，STL 文件易于进行模型的分层切片处理，故已成为目前绝大多数快速成形系统所接受的文件格式。目前，所有 CAD 造型系统也均具有对三维实体输出 STL 文件的功能。

（3）模型的分层切片 将三维实体模型沿给定的方向（一般沿 z 轴）切成一个个二维薄片，即进行离散化。可以根据快速成形系统的成形精度选择薄片的厚度，如 0.05 ~ 0.5mm。

（4）快速堆积成形 即以平面加工方式有序地连续叠加，得到三维实体。随着 RPM 技术的发展和人们对该项技术认识的深入，它的内涵也在逐步扩大。目前快速原型技术包括一切由 CAD 直接驱动的成形过程，而主要的技术特征就是成形的快捷性。对于材料的转移形式可以是自由添加、去除以及添加和去除相结合等形式。

二、RPM 技术的典型工艺方法

RPM 技术的具体工艺有 30 余种，根据所采用的材料及对材料处理方式的区别，可归纳为以下 4 类方法。

1. 选择性液体固化

选择性液体固化的原理是：将激光聚焦到液态光固化材料（如光固化树脂）表面，令其有规律地固化，由点到线、到面，完成一个层面的建造，而后升降平台移动一个层片厚度的距离，重新覆盖一层液态材料，再建造一个层面，由此层层叠加成为一个三维实体。该方法的典型实现工艺为立体光刻（Stereo Lithography，SL），如图 18-8 所示。其工作原理及其主要工艺过程包括：由计算机控制激光发射及其扫描轨迹，被光点扫描到的液体将发生固化。液面始终处于激光的焦平面，聚焦后的光斑在液面上按计算机指令逐点扫描，逐点固化（分层固化）。一层扫描完成后，除该层及之前成形部分，其余仍是液态树脂。升降台带动工作台下降一层高度，成形面上又布满一层树脂。刮平器刮平树脂液面，再进行下一层的扫描；新固化的一层牢固地粘在前一层上。如此重复直到整个零件制造完毕，即得到一个三维实体模型。SL 方法是目前 RPM 技术领域中，技术上最为成熟的方法。SL 工艺成形的零件精度可达到和小于 0.1mm。

2. 选择性层片粘接

选择性层片粘接采用激光或刀具对箔材进行切割。首先切割出工艺边框和原型的边缘轮廓线，而后将不属于原型的材料切割成网格状。通过升降平台的移动和箔材的送给可以切割出新的层片并将其与先前的层片粘接在一起，这样层层叠加后得到一个块状物，最后将不属于原型的材料小块剥除，就获得所需的三维实体。层片添加的典型工艺是分层实体制造（Laminated Object Manufacturing，LOM），如图 18-9 所示。该方法中箔材可以是涂覆纸（涂有粘接剂覆层的纸）、涂覆陶瓷箔、金属箔或其他材质基的片材。LOM 工艺只需在片材上切割出零件截面的轮廓，而不用扫描整个截面。因此易于制造大型实体零件，零件精度小于0.15mm。

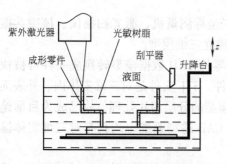

图18-8　立体光刻工艺原理图

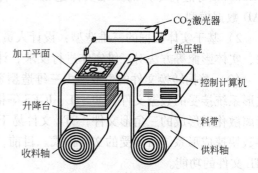

图18-9　分层实体制造工艺原理图

3. 选择性粉末熔接/粘接

选择性粉末熔接/粘接的原理是：对于由粉末铺成的有很好密实度和平整度的层面，有选择地直接或间接将粉末熔化或粘接，形成一个层面，铺粉压实，再熔接或粘接成另一个层面并与原层面熔接或粘接，如此层层叠加为一个三维实体。所谓直接熔接，是将粉末直接熔化而连接；间接熔接是指仅熔化粉末表面的粘结涂层，以达到互相连接的目的。粘接则是指将粉末采用粘结剂粘接。其典型工艺有选择性激光烧结（Selective Laser Sintering，SLS），其原理如图18-10所示。这里的粉末材料主要有蜡、聚碳酸酯、水洗砂等非金属粉以及金属粉，如铁、钴、铬以及它们的合金。SLS工艺的特点是材料适应面广，并可直接制造金属零件。三维印刷（3D Printing，3DP）、无木模铸型（Patternless Casting Mold，PCM）等工艺也属于这类方法。

4. 挤压成形

挤压成形是指将热熔性材料（ABS、尼龙或蜡）通过加热器熔化，挤压喷出并堆积一个层面，然后将第二个层面用同样的方法建造出来，并与前一个层面熔结在一起，如此层层堆积而获得一个三维实体。采用熔融挤压成形的典型工艺为熔融沉积成形（Fused Deposition Modeling，FDM），其原理如图18-11所示。该工艺不用激光，因而使用、维护简单，成本较低。用蜡成形的零件原型，可以直接用于石蜡铸造。用ABS工程塑料制造的原型因具有较高强度而在产品设计、测试与评估等方面得到广泛应用。

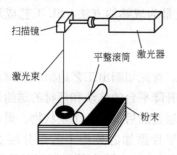

图18-10　选择性激光烧结原理图

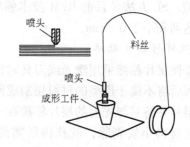

图18-11　熔融挤压成形方法

三、RPM 的应用

RPM 除在制造业得到应用外，在医学、康复、考古工程、建筑工程等领域均有应用，并且还在向新的领域发展。

RPM 在产品开发中的关键作用和重要意义是很明显的，它不受复杂形状的任何限制，可迅速地将显示于计算机屏幕上的设计变为可进一步评估的实物。根据原型可对设计的正确性、造型合理性、可装配和干涉进行具体的检验。对形状较复杂而贵重的零件，如直接依据 CAD 模型不经原型阶段就进行加工制造，这种简化的做法风险极大，往往需要多次反复才能成功，不仅延误了开发的进度，而且往往需花费更多的资金。通过原形的检验可将复杂贵重零件的开发风险降到最低限度。

一般来说采用 RPM 快速产品开发技术可减少产品开发成本 30%～70%，减少开发时间 50%。例如，日本一家公司开发照相机机体采用 RPM 技术仅需 3～5 天（从 CAD 建模到原型制作），花费 4000 美元，而用传统的方法则至少需要一个月，耗费 20000 美元。

应用 RPM 技术快速制作工具和模具一般被称为快速工/模具技术（Rapid Tooling，RT），由于传统模具制作过程复杂、耗时、费用高，母模的制造往往成为设计和制造的瓶颈。应用 RPM 技术可大大简化母模的制造过程，而且制造周期短、成本低、综合经济效益好。目前主要制作的模具有：低熔点合金模具、漆装成形模具、实型铸造模具、电铸模具、环氧树脂模具等。

第四节　先进制造模式

生产管理是制造业发展的杠杆。世界制造业的发展经历了少品种小批量生产、少品种大批量生产和多品种小批量生产模式的变化，先后出现了物料需求计划（Material Requirements Planning，MRP）、准时制（Just in Time，JIT）生产、精益生产、敏捷制造、绿色制造（Green Manufacturing，GM）等科学的生产管理理念与制造模式。

一、敏捷制造

敏捷制造（Agile Manufacturing，AM）是美国通用汽车公司和里海大学 1991 年提出的一种新型生产模式，其应用"竞争-合作-协同"机制，使制造系统在满足低成本和高质量的同时，对变幻莫测的市场需求作出快速反应。敏捷制造企业通过采用现代通信技术，以敏捷、动态、优化的形式，组织新产品开发，通过动态联盟、先进生产技术和高素质员工的全面集成，快速响应客户需求，及时将开发的新产品投放市场，提高企业的竞争能力，从而赢得竞争的优势。

敏捷制造企业的主要特征是：

1）核心竞争力，即企业获得一定生产力、效率和有效参与市场竞争所需的技能。

2）快速响应市场的能力，即判断和预见市场变化，并对其作出快速反应的能力。

3）柔性生产的能力，即以同样的设备与人员生产不同产品或实现不同目标的能力。

4）快速提供产品的能力，即以最短周期完成产品开发、制造、供货等的能力。

5）准确把握策略的能力，即针对竞争规则及手段的变化、新的竞争对手的出现、国家政策法规的变化、社会形态的变化等作出快速反应的能力。

6）有效处理日常工作的能力，即快速、有效地协调和处理日常运作过程中出现的各种变化的能力，如用户对产品规格、配置及售后服务要求的变化、用户定货量和供货时间的变化、原料供货出现问题及设备出现故障等作出快速响应。

敏捷制造涉及了 4 个方面的新概念：

（1）新的企业概念　将一个车间、一个企业的制造系统扩展到全国乃至全世界，通过企业网络建立信息交流高速公路，以竞争能力和信誉为依据选择合作伙伴，组成动态的"虚拟企业"，而不同于传统的有围墙的由有形空间构成的实体企业，虚拟企业倡导"强强联手，发挥优势，以求双赢"。

（2）新的组织管理概念　精简组织机构，不断改进过程；提倡以"人"为中心，用分散决策代替集中控制，用协商机制代替阶控制机制；提高经营管理目标，精益求精，尽善尽美地满足用户的特殊需要；强调技术和管理的结合，在先进柔性制造技术的基础上，通过企业内部的多功能项目组与企业外部的多功能项目组，集成全球范围内的各种资源，实现技术、管理和人的集成。敏捷企业的基层组织是多学科群体，是以任务为中心的一种动态组合。敏捷企业强调权力分散，把职权下放到项目组。提倡"基于统观全局的管理"模式，要求各个项目组都能了解全局的远景，胸怀企业全局，明确工作的目标、任务和时间要求，而完成任务的中间过程则完全可以自主。

（3）新的产品概念　产品进入市场之后，可以根据用户的需要进行改变，得到新的功能和性能，即使用柔性的、模块化的产品设计方法，依靠极大丰富的通信资源和软件资源，进行性能和制造过程仿真。敏捷制造的产品保证用户在整个产品生命周期内满意，企业的这种质量跟踪将持续到产品报废为止，甚至包括产品的更新换代。

（4）新的生产概念　产品成本与批量无关，从产品看是单件生产，而从具体的实际和制造部门看，却是大批量生产。高度柔性的、模块化的、可伸缩的制造系统的规模是有限的，但在同一系统内可生产出产品的品种却是无限的。

二、精益生产

美国曾以福特方法（即用于汽车生产的流水线技术）赢得了全世界制造技术的优势，但是，这种优势因当今市场需求的发生变化而逐渐丧失，而日本的绝大多数企业在借鉴福特方法的基础上，不断更新技术和改进管理，适应了不断变化着的市场需求，创造出了一种"全企业的灵活的生产系统"。日本产品在许多行业里把美国等国家的商品挤出了市场。德国一向以产品质量和技术的高超而自豪，但在制造工业领域也找到了与日本的差距。在激烈的竞争面前，以美国麻省理工学院为代表的美国有关机构与学术团体注重了对日本企业的研究，特别是重点研究丰田汽车公司的生产系统之后，于 1990 年提出了精益生产的新概念，其核心是追求消除包括库存在内的一切浪费，并围绕此目标发展了一系列具体方法，逐步形成了一套独具特色的生产经营管理体系。

精益生产的目标是通过系统结构、人员结构、运行方式和市场供求等多方面的改革，使生产系统能适应用户需求的不断变化，精简生产过程中一切无用的东西，最终达到包括产、供、销在内的各方面最优的结果。

精益生产的核心内容是准时制生产方式，该种方式通过看板管理，成功地制止了过量生产，实现了"在必要的时刻生产必要数量的必要产品"，从而彻底消除产品制造过程中的浪费以及由之衍生出来的种种间接浪费，实现生产过程的合理性、高效性和灵活性。JIT 方式是一个完整的技术综合体，包括经营理念、生产组织、物流控制、质量管理、成本控制、库存管理、现场管理等在内的较为完整的生产管理技术与方法体系。

精益生产的基本思想主要体现在以下几个方面：

1）以人为中心，充分挖掘人的潜力，发挥人的主观能动性与特长，简化企业组织机构，精简岗位与人员，实现优化管理，极大地提高工作效率。

2）简化产品开发和生产准备工作，采取"主查"制和并行工程的方法，及时发现每道工序或每件产品任何故障的机制，并能迅速发现问题的根源。

3）快速响应市场，强调团队工作（Team Work）方式、准时制（JIT）生产物流管理方式，保证最小的库存和最少的在制品数。

4）以最小的投入获得最大的产出，并以系统全优作为优化的目标。

精益生产通过零次（废）品、零库存、零故障，消除一切浪费，实现及时制造，并确保在多样性产品要求下的优质、高效和低耗。

三、绿色制造

绿色制造也称环境意识制造（Environ- mentally Conscious Manufacturing，ECM）、面向环境的制造（Manufacturing for Environment，MFE）等。美国制造工程师协会（SME）于 1996年发表了绿色制造的蓝皮书《Green Manufacturing》，系统地提出了绿色制造的概念、内涵和主要内容。

绿色产品是在其生命过程（设计、制造、使用和销毁过程）中，符合特定的环境保护和人类健康的要求，对生态环境无害或危害极小，资源利用率最高，能源消耗最低的产品。随着科学技术的不断发展和市场竞争的日益激烈，人们在关心产品质量、寿命、功能和价格的同时，更加关心产品对环境带来的不良影响。

因此，绿色制造是一种综合考虑环境影响和资源消耗的现代制造模式，其目标是使得产品从设计、制造、包装、运输、使用到报废处理的整个生命周期中，废弃资源和有害排放物最小，对环境的负面影响最小，对健康无害，资源利用效率最高，并使企业经济效益和社会效益最高。绿色制造的"制造"涉及产品整个生命周期，是一个"大制造"的概念，并且涉及多学科的交叉与集成，体现了现代制造科学的"大制造、大过程、学科交叉"的特点。

绿色制造的主要内容包括三个方面：

（1）绿色设计　绿色设计是获得绿色产品的基础。它是指在产品生命周期的全过程中，充分考虑对资源和环境的影响，在考虑产品的功能、质量、开发周期和成本的同时，优化有关设计因素，使得产品及其制造过程对环境的影响和资源的消耗最小。因此，绿色设计准则包括：①环境准则：降低物流和能源的消耗、减小环境污染，有利于职业健康和安全生产；②技术准则：具有规定的功能和预期寿命、保证产品质量；③经济性准则：费用最低和利润最大；④人机工程准则：满足个性化需求和良好的使用性能。

（2）绿色材料　绿色材料（Green Material，GM）也称环境协调材料（Environmental Conscious Material，ECM），是指具有良好使用性能，并对资源和能源消耗少，对生态与环境污染小，有利于人类健康，再生利用率高或可降解循环利用，在制备、使用、废弃直至再生循环利用的整个过程中，都与环境协调共存的一大类材料。绿色材料开发不仅包括直接具有净化、修复环境等功能的高新技术材料的开发，也包括对使用量大、使用面广的传统材料的改造，使其"环境化"。

绿色材料与环境具有良好的协调性。这表现在两个方面：①在其生命周期全程（原材料获取、生产、加工、使用、废弃、再生等）具有很低的环境负荷值；②具有很高的循环再生率。

（3）绿色制造工艺 大量的研究和实践表明，产品制造过程的工艺方案不一样，物料和能源的消耗将不一样，对环境的影响也将不一样。绿色工艺规划就是要根据制造系统的实况，尽量采用物料和能源消耗少、废弃物少、对环境污染小的工艺路线。

机械加工中的绿色制造工艺主要包括干式切削、干式磨削和少屑或无屑加工。少屑或无屑加工是利用精密铸造工艺，使工件一次成形，减少切削加工量；干式加工就是在加工过程中不用切削液的加工法。近年来，在高速切削工艺发展的同时，工业发达国家的机械制造行业受到环境立法和降低制造成本的双重压力，正在利用现有刀具材料的优势探索干式切削加工工艺。国外不仅在汽车行业，而且在中小型制造业，都有应用干式切削。根据有关部门统计，目前在西欧已有近一半企业采用了干式切削，德国企业尤为普遍。但干式切削并不是简单地取消切削液就能实现的，有意义且经济可行的干式切削加工要求仔细分析特定的边界条件和掌握干式切削加工的复杂因素，并为干式切削工艺系统的设计提供所需的信息数据。干式磨削由于会使磨削液的效果完全丧失，因此，目前在实际加工中应用不多。其中较为有效的一种方法是强冷风磨削。

（4）绿色包装 绿色包装是国际环保发展趋势的需求，是避免新的贸易壁垒的重要内容，是国际贸易的强有力手段之一。它是指采用对环境和人体无污染、可回收重用或可再生的包装材料及其制品进行包装。绿色包装必须符合"3R1D"原则，即减少包装材料消耗（Reduce）；包装容器的再填充使用（Reuse 或 Refill）；包装材料的循环再利用（Recycle）；包装材料具有可降解性（Degradable）。绿色包装技术研究的内容大致可以分为包装材料、包装结构和包装废弃物回收处理三个方面。

思考与练习题

18-1 简述数控机床的基本组成。
18-2 简述 CNC 的主要特点。
18-3 简述 FMS 的基本组成。
18-4 简述 CIMS 的基本含义及其内涵。
18-5 比较不同先进制造模式与系统的特点。
18-6 简述敏捷制造作为一种新的制造模式的表征。
18-7 简述精益生产的核心内容。
18-8 简述绿色制造的目标及其主要内容。

参考文献

[1] 孙玉芹，孟兆新. 机械精度设计基础 [M]. 北京：科学出版社，2003.

[2] 张辽远. 现代加工技术 [M]. 北京：机械工业出版社，2002.

[3] 韩容第. 现代机械加工技术 [M]. 北京：电子工业出版社，2003.

[4] 刘舜尧. 机械制造基础 [M]. 长沙：中南大学出版社，2002.

[5] 魏康民. 机械制造技术 [M]. 北京：机械工业出版社，2004.

[6] 齐国光，陈良浩. 机械制造工艺学 [M]. 东营：石油大学出版社，2001.

[7] 郑华林，张茂. 计算机辅助工艺过程设计 [M]. 北京：石油工业出版社，1997.

[8] 陆剑中，周志明. 金属切削原理 [M]. 北京：机械工业出版社，1993.

[9] 朱明臣. 金属切削原理与刀具 [M]. 北京：机械工业出版社，1995.

[10] 吴善元. 金属切削原理与刀具 [M]. 北京：机械工业出版社，1995.

[11] 冯之敬. 机械制造工程原理 [M]. 北京：清华大学出版社，1999.

[12] 戴署. 金属切削机床 [M]. 北京：机械工业出版社，1996.

[13] 周根然. 工程材料与机械制造基础（下）[M]. 北京：航空工业出版社，1997.

[14] 傅水根. 机械制造工艺基础 [M]. 北京：清华大学出版社，1998.

[15] 唐梓荣. 机械加工基础 [M]. 北京：北京航空航天大学出版社，1991.

[16] 翁世修，吴振华. 机械制造技术基础 [M]. 上海：上海交通大学出版社，1999.

[17] 吴明友. 数控机床加工技术 [M]. 南京：东南大学出版社，2000.

[18] 黄鹤汀，吴善元. 机械制造技术 [M]. 北京：机械工业出版社，1997.

[19] 蔡建国，吴祖育. 现代制造技术导论 [M]. 上海：上海交通大学出版社，2000.

[20] 安承业. 机械加工工艺基础 [M]. 天津：天津大学出版社，1998.

[21] 华楚生. 机械制造技术基础 [M]. 重庆：重庆大学出版社，2000.

[22] 孙大涌. 先进制造技术 [M]. 北京：机械工业出版社，2000.

[23] 盛晓敏. 先进制造技术 [M]. 北京：机械工业出版社，2000.

[24] 任守榘. 现代制造系统分析与设计 [M]. 北京：科学出版社，1999.

[25] 严隽琪. 制造系统信息集成技术 [M]. 上海：上海交通大学出版社，2001.

[26] 卢清萍. 快速原型制造技术 [M]. 北京：高等教育出版社，2001.

[27] 于骏一，邹青. 机械制造技术基础 [M]. 北京：机械工业出版社，2004.

[28] 艾兴、肖诗纲. 切削用量简明手册 [M]. 北京：机械工业出版社，1994.

[29] 李蓓智，马登哲. 现代制造业管理信息系统 [M]. 上海：上海交通大学出版社，2003.

[30] 全国公差与配合标准化技术委员会. GB/T 1800.1—2009 产品几何技术规范（GPS）极限与配合 第1部分：公差、偏差和配合的基础 [S]. 北京：中国标准出版社，2009.

[31] 全国公差与配合标准化技术委员会. GB/T 1800.2—2009 产品几何技术规范（GPS）极限与配合 第2部分：标准公差等级和孔、轴极限偏差 [S]. 北京：中国标准出版社，2009.

[32] 全国公差与配合标准化技术委员会. GB/T 1801—2009 产品几何技术规范（GPS）极限与配合 公差带和配合的选择 [S]. 北京：中国标准出版社，2009.

[33] 全国形状和位置公差标准化技术委员会. GB/T 1182—2008 产品几何技术规范（GPS）几何公差 形状、方向、位置和跳动公差标注 [S]. 北京：中国标准出版社，2008.

[34] 全国形状和位置公差标准化技术委员会. GB/T 1184—1996 形状和位置公差 未注公差值 [S]. 北京：中国标准出版社，1997.

[35] 全国公差与配合标准化技术委员会. GB/T 4249—2009 产品几何技术规范（GPS） 公差原则 [S]. 北京：中国标准出版社，2009.

[36] 全国刀具标准化技术委员会. GB/T 12204—2010 金属切削 基本术语 [S]. 北京：中国标准出版社，2011.

[37] 全国刀具标准化技术委员会. GB/T 18376.1—2008 硬质合金牌号 第 1 部分：切削工具用硬质合金牌号 [S]. 北京：中国标准出版社，2008.

[38] 全国滚动轴承标准化技术委员会. GB/T 275—1993 滚动轴承与轴和外壳的配合 [S]. 北京：中国标准出版社，1995.

[39] 全国滚动轴承标准化技术委员会. GB/T 307.1—2005 滚动轴承 向心轴承 公差 [S]. 北京：中国标准出版社，2006.

[40] 全国滚动轴承标准化技术委员会. GB/T 307.3—2005 滚动轴承 通用技术规则 [S]. 北京：中国标准出版社，2006.

[41] 全国滚动轴承标准化技术委员会. GB/T 307.4—2012 滚动轴承 公差 第 4 部分：推力轴承公差 [S]. 北京：中国标准出版社，2013.

[42] 全国滚动轴承标准化技术委员会. GB/T 4199—2003 滚动轴承 公差 定义 [S]. 北京：中国标准出版社，2004.

[43] 全国滚动轴承标准化技术委员会. GB/T 7811—2007 滚动轴承 参数符号 [S]. 北京：中国标准出版社，2007.

[44] 全国螺纹标准化技术委员会. GB/T 193—2003 普通螺纹 直径与螺距系列 [S]. 北京：中国标准出版社，2004.

[45] 全国螺纹标准化技术委员会. GB/T 196—2003 普通螺纹 基本尺寸 [S]. 北京：中国标准出版社，2004.

[46] 机械工业部机械标准化研究所. GB/T 14791—1993 螺纹术语 [S]. 北京：中国标准出版社，1995.

[47] 全国螺纹标准化技术委员会. GB/T 197—2003 普通螺纹 公差 [S]. 北京：中国标准出版社，2004.

[48] 全国螺纹标准化技术委员会. GB/T 2516—2003 普通螺纹 极限偏差 [S]. 北京：中国标准出版社，2004.

[49] 全国齿轮标准化技术委员会. GB/T10095.1—2008 圆柱齿轮 精度制 第 1 部分：轮齿同侧齿面偏差的定义和允许值 [S]. 北京：中国标准出版社，2008.

[50] 全国齿轮标准化技术委员会. GB/T10095.2—2008 渐开线圆柱齿轮精度第 2 部分：径向综合偏差与径向跳动的定义和允许值 [S]. 北京：中国标准出版社，2008.

[51] 全国齿轮标准化技术委员会. GB/Z 18620.1—2008 圆柱齿轮 检验实施规范 第 1 部分：轮齿同侧齿面的检验 [S]. 北京：中国标准出版社，2008.

[52] 全国齿轮标准化技术委员会. GB/Z 18620.2—2008 圆柱齿轮 检验实施规范 第 2 部分：径向综合偏差、径向跳动、齿厚和侧隙的检验 [S]. 北京：中国标准出版社，2008.

[53] 全国齿轮标准化技术委员会. GB/Z 18620.3—2008 圆柱齿轮 检验实施规范 第 3 部分：齿轮坯、轴中心距和轴线平行度的检验 [S]. 北京：中国标准出版社，2008.

[54] 全国齿轮标准化技术委员会. GB/Z 18620.4—2008 圆柱齿轮 检验实施规范 第 4 部分：表面结构和接触斑点的检验 [S]. 北京：中国标准出版社，2008.

[55] 中华人民共和国机械工业部. GB/T 2484—2006 固结磨具 一般要求 [S]. 北京：中国标准出版社，2007.

[56] 中华人民共和国机械工业部. GB/T 2476—1994 普通磨料 代号 [S]. 北京：中国标准出版社，1995.